U0955549

"十四五"职业教育国家规划教材

"十二五"职业教育国家规划教材
普通高等教育"十一五"国家级规划教材
普通高等教育"十三五"住建部规划教材
普通高等教育"十二五"住建部规划教材
普通高等教育国家级精品教材
高等职业技术教育土建类专业系列教材

建筑力学与结构

（第 6 版）

主　编　胡兴福
副主编　武鲜花　鲁　维　张　琨
主　审　李　辉

武汉理工大学出版社
·武　汉·

内容提要

本书包括：建筑力学预备知识、建筑结构计算基本原则、受弯构件、受压及受拉构件、受扭构件、预应力混凝土构件、钢筋混凝土楼（屋）盖、多层及高层钢筋混凝土房屋、砌体房屋的构造、钢结构、建筑地基与基础、建筑结构施工图等内容。

本书是“互联网＋”创新教材，采用 AR 技术（增强现实技术），通过 3D 模型、3D 动画等形式，直观地展示了抽象的、复杂的结构和构件。

本书可作为高等职业教育工程造价、建设工程管理、建设工程监理专业教材，也可作为建筑装饰工程技术、建筑经济信息化管理、房地产经营与估价、现代物业管理、建筑设计、建筑室内设计等专业教材，也可作为岗位培训教材或供有关工程技术人员参考。

图书在版编目(CIP)数据

建筑力学与结构/胡兴福主编. -- 6 版. -- 武汉 ：武汉理工大学出版社，2025. 1.（2025.4 重印）
-- ISBN 978-7-5629-7308-9

Ⅰ. TU3

中国国家版本馆 CIP 数据核字第 2024L3L809 号

项目负责人：戴皓华　　**责任编辑**：王品品
责任校对：张　晨　　**装帧设计**：芳华时代
出版发行：武汉理工大学出版社
社　址：武汉市洪山区珞狮路 122 号
邮　编：430070
网　址：http://www.wutp.com.cn
邮　箱：33925682@qq.com
印刷者：荆州市精彩印刷有限公司
经销者：各地新华书店
开　本：787×1092　1/16
印　张：20
插　页：1
字　数：502 千字
版　次：2025 年 1 月第 6 版
印　次：2025 年 4 月第 2 次印刷
印　数：3001—8000 册
定　价：48.00 元

凡购本书，如有缺页、倒页、脱页等印装质量问题，请向出版社发行部调换。
本书购书热线电话：027-87523148　87391631　87165708（传真）

第 6 版前言

本书是普通高等教育国家精品教材，"十一五""十二五""十四五"国家级规划教材，住房和城乡建设部"十二五""十三五"规划教材。

本书分为 13 个学习单元，即课程学习导引、建筑力学预备知识、建筑结构计算基本原则、受弯构件、受压及受拉构件、受扭构件、预应力混凝土构件、钢筋混凝土楼(屋)盖、多层及高层钢筋混凝土房屋、砌体房屋的构造、钢结构、建筑地基与基础、建筑结构施工图，其内容满足高等职业教育工程造价、建设工程管理等专业的教学需要。

本书优化内容结构，将力学知识和结构知识有机融合，基本构件以受力类型为主线，按受弯构件、受压及受拉构件、受扭构件的顺序编排，突出了课程内容的内在逻辑联系，避免了学习力学的抽象感和空洞感。本书充分体现"必需、够用"原则和能力本位思想，以基本原理、基本概念和结构构造为重点，以结构施工图识读能力培养为落脚点。本书确实践行课程思政，不仅注重知识传授、技能培养与价值塑造的融合，各学习单元还列举了典型课程思政元素。本书开发了数字化资源，包括 3D 模型、3D 动画等内容，即采用增强现实技术(Augmented Reality，简称 AR)展示抽象的、复杂的结构和构件，加深读者对抽象理论知识的理解，通过下载 APP，用手机直接扫描相应的插图即可观看。本书配有教学目标、单元小结、思考题、习题、多媒体课件和习题参考答案，方便教学。

本书在保持第 5 版特色基础上，主要做了以下修订：

(1)根据《工程结构通用规范》(GB 55001—2021)、《建筑与市政地基基础通用规范》(GB 55003—2021)、《钢结构通用规范》(GB 55006—2021)、《砌体结构通用规范》(GB 55007—2021)、《混凝土结构通用规范》(GB 55008—2021)、《混凝土结构设计标准(2024 年版)》(GB/T 50010—2010)、《建筑抗震设计标准(2024 年版)》(GB/T 50011—2010)等最新标准和《混凝土结构施工图平面整体表示方法制图规则和构造详图》(22G101)系列图集，对全书内容进行了全面更新；

(2)根据国家专业教学标准，对教材内容进行了适当增删。

本书由四川建筑职业技术学院胡兴福、山西工程科技职业大学武鲜花、江西建设职业技术学院鲁维、黑龙江建筑职业技术学院张琨、中国建筑第八工程局华南公司胡铮修订，胡兴福任主编，武鲜花、鲁维、张琨任副主编。修订具体分工是：胡兴福课程学习导引和第 2、3 章，武鲜花第 4、5、6、11 章，鲁维第 7、8、12 章，张琨第 1、9 章全部及第 3、4、5 章部分内容，胡铮第 11、12 章部分内容。

四川建筑职业技术学院李辉教授担任本书主审，在此表示衷心的感谢。

限于编者水平，书中错漏难免，恳请读者指正。

本书配有多媒体课件和习题参考答案，选用本教材的老师可拨打 13469981083 或发邮件到 33925682@qq.com 联系有关赠阅事宜。

编　者

2024 年 11 月

目　　录

0　课程学习导引 ………………………………………………………………… (1)
0.1　建筑结构的基本概念 ……………………………………………………… (1)
0.2　建筑结构的历史和发展趋势 ……………………………………………… (3)
0.3　本课程的任务、内容、学习目标及学习要求 ……………………………… (4)
思考题………………………………………………………………………………… (4)
1　建筑力学预备知识 ……………………………………………………………… (5)
1.1　力的概念 ………………………………………………………………………… (5)
1.1.1　力的含义 ……………………………………………………………………… (5)
1.1.2　力的三要素 …………………………………………………………………… (5)
1.2　静力学公理 ……………………………………………………………………… (6)
1.2.1　作用力与反作用力公理 ……………………………………………………… (6)
1.2.2　二力平衡公理 ………………………………………………………………… (6)
1.2.3　加减平衡力系公理 …………………………………………………………… (6)
1.2.4　力的平行四边形法则 ………………………………………………………… (6)
1.3　约束与约束反力 ………………………………………………………………… (7)
1.3.1　约束与约束反力的概念 ……………………………………………………… (7)
1.3.2　柔体约束 ……………………………………………………………………… (7)
1.3.3　光滑接触面约束 ……………………………………………………………… (8)
1.3.4　圆柱铰链约束 ………………………………………………………………… (8)
1.3.5　链杆约束 ……………………………………………………………………… (8)
1.3.6　固定铰支座 …………………………………………………………………… (9)
1.3.7　可动铰支座 …………………………………………………………………… (9)
1.3.8　固定端支座………………………………………………………………… (10)
1.4　物体的受力分析及受力图…………………………………………………… (10)
1.4.1　物体受力分析及受力图的概念…………………………………………… (10)
1.4.2　物体的受力图举例………………………………………………………… (11)
1.5　力的合成与分解……………………………………………………………… (12)
1.5.1　平面汇交力系的合成……………………………………………………… (12)
1.5.2　力的分解…………………………………………………………………… (14)
1.6　力矩和力偶…………………………………………………………………… (15)
1.6.1　力矩………………………………………………………………………… (15)
1.6.2　力偶………………………………………………………………………… (16)
1.7　平面力系的平衡……………………………………………………………… (17)
1.7.1　力的平移定理……………………………………………………………… (17)

1.7.2 平面力系的平衡……(17)
1.7.3 静定结构与超静定结构的概念……(20)
1.8 变形固体基本概念……(20)
1.8.1 变形固体及其基本假设……(20)
1.8.2 杆件变形……(21)
1.8.3 内力、应力的概念……(22)
1.8.4 应变的概念……(23)
1.8.5 强度、刚度、稳定性的概念……(23)
思考题……(25)
习题……(25)
2 建筑结构计算基本原则……(29)
2.1 荷载分类及荷载代表值……(29)
2.1.1 荷载分类……(29)
2.1.2 荷载代表值……(29)
2.2 建筑结构设计方法……(32)
2.2.1 结构的功能及其极限状态……(32)
2.2.2 概率极限状态设计法的实用设计表达式……(34)
2.3 建筑结构材料及其设计指标……(36)
2.3.1 建筑钢材……(36)
2.3.2 混凝土……(39)
2.3.3 钢筋与混凝土的共同工作……(41)
2.3.4 砌体材料……(44)
思考题……(51)
习题……(52)
3 受弯构件……(53)
3.1 受弯构件的内力……(53)
3.1.1 概述……(53)
3.1.2 梁的内力——剪力和弯矩的计算……(54)
3.1.3 梁的内力图……(57)
3.2 钢筋混凝土受弯构件……(61)
3.2.1 构造要求……(61)
3.2.2 正截面承载力计算……(66)
3.2.3 受弯构件斜截面承载力计算……(78)
3.2.4 变形及裂缝宽度验算的概念……(86)
3.3 钢受弯构件……(87)
3.3.1 钢受弯构件的形式……(87)
3.3.2 钢梁的稳定性及其保证措施……(88)
3.3.3 梁的支座……(91)
3.3.4 梁的拼接……(91)

思考题 …………………………………………………………… (93)
习题 ……………………………………………………………… (94)
4　受压及受拉构件 ……………………………………………… (96)
4.1　受压及受拉构件的内力 ………………………………………… (97)
4.1.1　轴心受力构件的内力 ………………………………………… (97)
4.1.2　偏心受力构件 ……………………………………………… (100)
4.2　钢筋混凝土受压构件 ………………………………………… (101)
4.2.1　构造要求 …………………………………………………… (101)
4.2.2　钢筋混凝土轴心受压构件承载力计算 ……………………… (104)
4.2.3　钢筋混凝土偏心受压构件正截面承载力计算 ……………… (106)
4.3　砌体受压构件 ………………………………………………… (112)
4.3.1　受压砌体破坏特征 ………………………………………… (112)
4.3.2　无筋受压砌体承载力计算 ………………………………… (113)
4.3.3　配筋砌体构造 ……………………………………………… (117)
4.4　钢柱 …………………………………………………………… (118)
4.4.1　截面形式 …………………………………………………… (118)
4.4.2　轴心受压构件的稳定性 …………………………………… (119)
4.4.3　轴压柱头与柱脚 …………………………………………… (120)
思考题 ……………………………………………………………… (122)
习题 ………………………………………………………………… (122)
5　受扭构件 ………………………………………………………… (124)
5.1　受扭构件内力计算 …………………………………………… (124)
5.1.1　作用在受扭构件上的荷载 ………………………………… (124)
5.1.2　内力计算 …………………………………………………… (125)
5.2　钢筋混凝土受扭构件 ………………………………………… (126)
5.2.1　矩形截面纯扭构件剪应力分布 …………………………… (126)
5.2.2　素混凝土受扭构件与钢筋混凝土受扭构件的破坏特征 …… (126)
5.2.3　钢筋混凝土受扭构件的配筋构造要求 …………………… (127)
思考题 ……………………………………………………………… (128)
习题 ………………………………………………………………… (128)
6　预应力混凝土构件 ……………………………………………… (129)
6.1　预应力混凝土的基本原理 …………………………………… (129)
6.1.1　基本概念及特点 …………………………………………… (129)
6.1.2　预加应力的方法 …………………………………………… (130)
6.2　预应力混凝土的材料及主要构造要求 ……………………… (131)
6.2.1　预应力筋 …………………………………………………… (131)
6.2.2　混凝土 ……………………………………………………… (132)
6.2.3　构造要求 …………………………………………………… (132)
思考题 ……………………………………………………………… (134)

7　钢筋混凝土楼(屋)盖 ………………………………………………………… (135)
7.1　现浇肋形楼盖 ……………………………………………………………… (136)
7.1.1　受力特点 ……………………………………………………………… (136)
7.1.2　单向板肋形楼盖 …………………………………………………… (136)
7.1.3　双向板肋形楼盖 …………………………………………………… (140)
7.2　装配式楼盖 ………………………………………………………………… (142)
7.2.1　结构平面布置方案 ………………………………………………… (142)
7.2.2　预制板的形式 ……………………………………………………… (143)
7.2.3　预制梁 ……………………………………………………………… (144)
7.2.4　装配式楼盖的连接 ………………………………………………… (144)
7.3　钢筋混凝土楼梯 …………………………………………………………… (147)
7.3.1　钢筋混凝土楼梯的类型 …………………………………………… (147)
7.3.2　现浇板式楼梯的构造 ……………………………………………… (148)
7.3.3　现浇梁式楼梯的构造 ……………………………………………… (149)
7.3.4　装配式楼梯的构造 ………………………………………………… (150)
思考题……………………………………………………………………………… (153)
8　多层及高层钢筋混凝土房屋 …………………………………………………… (154)
8.1　常用结构体系 ……………………………………………………………… (154)
8.1.1　框架结构体系 ……………………………………………………… (154)
8.1.2　剪力墙结构体系 …………………………………………………… (155)
8.1.3　框架-剪力墙体系 …………………………………………………… (156)
8.1.4　筒体体系 …………………………………………………………… (157)
8.2　框架结构 …………………………………………………………………… (158)
8.2.1　框架结构类型 ……………………………………………………… (158)
8.2.2　框架结构的受力特点 ……………………………………………… (158)
8.2.3　现浇框架节点构造 ………………………………………………… (160)
8.3　剪力墙结构 ………………………………………………………………… (161)
8.4　框架-剪力墙结构简介 ……………………………………………………… (162)
8.4.1　框架-剪力墙结构的受力特点………………………………………… (162)
8.4.2　框架-剪力墙的构造要求……………………………………………… (162)
8.5　多层及高层钢筋混凝土房屋抗震措施 …………………………………… (163)
8.5.1　地震基本知识 ……………………………………………………… (163)
8.5.2　多层及高层钢筋混凝土房屋抗震措施 …………………………… (166)
思考题……………………………………………………………………………… (176)
9　砌体房屋的构造 ……………………………………………………………… (178)
9.1　砌体房屋的受力特点 ……………………………………………………… (178)
9.2　砌体房屋构造要求 ………………………………………………………… (179)
9.2.1　墙、柱高厚比的概念………………………………………………… (179)
9.2.2　一般构造要求 ……………………………………………………… (179)

9.2.3　框架填充墙与主体连接构造 …………………………………………… (181)
9.2.4　防止或减轻墙体开裂的主要措施 …………………………………… (181)
9.3　过梁、墙梁和挑梁……………………………………………………… (184)
9.3.1　过梁 ………………………………………………………………… (184)
9.3.2　墙梁 ………………………………………………………………… (186)
9.3.3　挑梁 ………………………………………………………………… (188)
9.4　砌体房屋的抗震措施 ………………………………………………… (189)
9.4.1　震害特点 …………………………………………………………… (189)
9.4.2　抗震设计的一般规定 ……………………………………………… (190)
9.4.3　抗震构造措施 ……………………………………………………… (192)
思考题……………………………………………………………………… (198)
10　钢结构……………………………………………………………… (199)
10.1　钢结构的连接………………………………………………………… (199)
10.1.1　焊接连接…………………………………………………………… (199)
10.1.2　螺栓连接…………………………………………………………… (203)
10.2　钢屋盖………………………………………………………………… (206)
10.2.1　钢屋盖的组成和布置……………………………………………… (206)
10.2.2　屋盖支撑体系……………………………………………………… (206)
10.2.3　钢檩条……………………………………………………………… (208)
10.2.4　轻钢屋架的构造…………………………………………………… (208)
思考题……………………………………………………………………… (214)
11　建筑地基与基础…………………………………………………… (215)
11.1　地基与基础的概念…………………………………………………… (215)
11.1.1　地基………………………………………………………………… (215)
11.1.2　基础………………………………………………………………… (215)
11.2　土的物理性质指标与岩土的工程分类……………………………… (216)
11.2.1　土的物理性质指标………………………………………………… (216)
11.2.2　岩土的工程分类…………………………………………………… (217)
11.3　建筑基础……………………………………………………………… (220)
11.3.1　浅基础……………………………………………………………… (220)
11.3.2　桩基础……………………………………………………………… (229)
思考题……………………………………………………………………… (236)
12　建筑结构施工图…………………………………………………… (237)
12.1　概述…………………………………………………………………… (237)
12.1.1　结构施工图的基本内容…………………………………………… (237)
12.1.2　结构施工图的图示特点…………………………………………… (238)
12.1.3　结构施工图识读的一般方法……………………………………… (238)
12.2　结构设计说明………………………………………………………… (238)
12.3　基础图………………………………………………………………… (239)

12.3.1 条形基础……(239)
12.3.2 独立基础……(241)
12.4 楼(屋)盖结构平面布置图……(244)
12.4.1 楼(屋)盖结构平面布置图的内容……(244)
12.4.2 楼(屋)盖结构平面布置图的图示方法……(244)
12.4.3 楼(屋)盖结构平面布置图的识读……(246)
12.5 梁、板、柱配筋图……(248)
12.5.1 钢筋混凝土梁的配筋图……(248)
12.5.2 钢筋混凝土板的配筋图……(248)
12.5.3 钢筋混凝土柱的配筋图……(248)
12.6 楼梯结构详图……(250)
12.7 混凝土结构施工图平面整体表示方法……(250)
12.7.1 梁……(253)
12.7.2 柱……(256)
12.7.3 剪力墙……(256)
12.7.4 现浇混凝土板式楼梯……(261)
12.7.5 现浇混凝土楼面与屋面板……(262)
12.7.6 独立基础、条形基础、筏形基础、桩基础……(273)
12.8 钢屋架施工图……(289)
12.8.1 型钢及其连接的表示方法……(289)
12.8.2 尺寸标注……(292)
12.8.3 钢屋架施工图的识读……(293)
思考题……(295)
附录1 钢筋的公称截面面积、计算截面面积及理论质量……(296)
附录2 常用型钢规格表……(298)
参考文献……(308)

AR 数字资源目录

2 建筑结构计算基本原则

图 2.6 钢筋的绑扎接头 …… 43

图 2.7 同一连接区段内的纵向受拉钢筋绑扎搭接接头 …… 43

图 2.11 网状配筋砌体 …… 47

图 2.12 组合砖砌体 …… 48

图 2.13 配筋砌块砌体 …… 48

3 受弯构件

图 3.13 梁的配筋 …… 62

图 3.20 板的配筋 …… 65

图 3.22 适筋梁工作的三个阶段 …… 67

图 3.23 梁的正截面破坏 …… 68

图 3.34 斜截面破坏形态 …… 79

图 3.46 梁的整体失稳 …… 89

图 3.48 梁局部失稳 …… 90

图 3.49 腹板加劲肋的布置 …… 90

4 受压及受拉构件

图 4.7 轴压柱箍筋形式 …… 103

图 4.8 偏压柱箍筋形式 …… 103

图 4.9 柱纵筋接头构造 …… 104

表 4.4 偏心受压构件破坏形式 …… 107

表 4.5 受压砌体破坏特征 …… 112

7 钢筋混凝土楼(屋)盖

图 7.1 楼盖的结构形式 …… 135

图 7.7 次梁的钢筋布置 …… 139

图 7.9 附加横向钢筋布置 …… 140

图 7.25 双向叠合板整体式接缝构造 …… 147

图 7.27 板式楼梯的配筋 …… 149

图 7.29 平台板配筋 …… 149

图 7.31 梁式楼梯的踏步板 …… 150

图 7.32 斜梁的配筋 …… 150

8 多层及高层钢筋混凝土房屋

图 8.13 剪力墙内分布钢筋的连接 …… 162

图 8.14 连系梁配筋构造 …… 163

图 8.17 柱箍筋的类别 …… 172

图 8.18　框架梁、柱纵向钢筋在节点区的锚固和搭接 …………………………………… 173
图 8.19　高层框架梁、柱纵向钢筋在节点核心区的锚固和搭接 ……………………… 174
图 8.20　抗震墙的约束边缘构件 ………………………………………………………… 175
11　建筑地基与基础
图 11.15　基础梁纵向钢筋与箍筋构造 ………………………………………………… 227
12　建筑结构施工图
图 12.11　梁平法施工图平面注写方式示例 …………………………………………… 253
图 12.16　柱平法施工图截面注写方式示例 …………………………………………… 258
图 12.17　剪力墙平法施工图列表注写方式示例 ……………………………………… 259
图 12.24　基础主梁 JL 与基础次梁 JCL 标注图示 …………………………………… 269
图 12.40　板支座原位标注 ……………………………………………………………… 280

0 课程学习导引

知识目标

理解建筑结构的类型及特点。

思政元素举例

爱国主义、辩证思维。

0.1 建筑结构的基本概念

建筑是供人们生产、生活和进行其他活动的房屋或场所。建筑物中由若干构件连接而成的能承受"作用"的平面或空间体系称为建筑结构,在不致混淆时可简称结构。这里所说的"作用"是使结构产生效应(如结构或构件的内力、应力、位移、应变、裂缝等)的各种原因的统称。作用分为直接作用和间接作用。直接作用习惯上称为荷载,系指施加在结构上的集中力或分布力系,如结构的自重、楼面荷载、雪荷载、风荷载等。间接作用指引起结构外加变形或约束变形①的原因,如地基变形、混凝土收缩、温度变化、地震作用等。间接作用不能称为荷载。

建筑结构由水平构件、竖向构件和基础组成。水平构件包括板、梁等,用以承受竖向荷载;竖向构件包括柱、墙等,用以支承水平构件或承受水平荷载;基础用以将建筑物承受的荷载传至地基。

建筑结构有不同的分类方法。按照所用的材料不同,建筑结构可分为混凝土结构、砌体结构、钢结构、木结构等类型。

(1)混凝土结构

混凝土结构是钢筋混凝土结构、预应力混凝土结构和素混凝土结构的总称,其中钢筋混凝土结构应用最为广泛。

钢筋混凝土结构具有以下优点:

①易于就地取材。钢筋混凝土的主要材料是砂、石,而这两种材料几乎到处都有,并且水泥和钢材的产地在我国分布也较广,这有利于降低工程造价。

②耐久性好。钢筋混凝土结构中,钢筋被混凝土紧紧包裹而不易锈蚀,即使在侵蚀性介质条件下,也可采用特殊工艺制成耐腐蚀的混凝土,因此具有很好的耐久性,几乎不用维修。

③抗震性能好。钢筋混凝土结构,特别是现浇结构具有很好的整体性,能抵御地震作用,这对于地震区的建筑物有重要意义。

④可模性好。混凝土拌合物是可塑的,可根据工程需要制成各种形状的构件,这给合理选择结构形式及构件断面提供了方便。

---

① 由温度变化、材料胀缩等引起的受约束结构或构件中潜在的变形称为约束变形;由地面运动、地基不均匀变形等引起的结构或构件的变形称为外加变形。

⑤耐火性好。在钢筋混凝土结构中，钢筋被混凝土包裹着，而混凝土的导热性很差，因此发生火灾时钢筋不致很快达到软化温度而造成结构破坏。

⑥刚度大，承载力较高。

由于上述优点，钢筋混凝土结构不但被广泛应用于多层与高层住宅、宾馆、写字楼以及单层与多层工业厂房等工业与民用建筑中，而且水塔、烟囱、核反应堆等特种结构也多采用钢筋混凝土结构。钢筋混凝土的主要缺点是自重大，抗裂性能差，现浇结构模板用量大、工期长、环境污染大等。但随着科学技术的不断发展，这些缺点可以逐渐克服，例如采用轻集料混凝土可以减轻结构自重，采用预应力混凝土可以提高构件的抗裂性能，采用装配式混凝土结构可以减少模板用量、缩短工期、减少环境污染。

(2)砌体结构

由块体(砖、石材、砌块)和砂浆砌筑而成的墙、柱作为建筑物主要受力构件的结构称为砌体结构，它是砖砌体结构、石砌体结构和砌块砌体结构的统称。

砌体结构主要有以下优点：

①取材方便，造价低廉。砌体结构所用的原材料如黏土、砂子、天然石材等几乎到处都有，因而比钢筋混凝土结构更为经济，并能节约水泥、钢材和木材。砌块砌体还可节约土地，使建筑向绿色建筑、环保建筑方向发展。

②具有良好的耐火性及耐久性。一般情况下，砌体能耐受 400℃ 的高温。砌体耐腐蚀性能良好，完全能满足预期的耐久年限要求。

③具有良好的保温、隔热、隔音性能，节能效果好。

④施工简单，技术容易掌握和普及，也不需要特殊的设备。

砌体结构的主要缺点是自重大，强度低，整体性差，砌筑劳动强度大。

砌体结构在多层建筑特别是在多层民用建筑中应用广泛。

砌体的抗压能力较高而抗弯及抗拉能力较低，因此，在实际工程中，砌体结构主要用于房屋结构中以受压为主的竖向承重构件(如墙、柱等)，而水平承重构件(如梁、板等)多为钢筋混凝土结构。这种由两种及两种以上材料作为主要承重结构的房屋称为混合结构。

(3)钢结构

钢结构系指以钢材为主制作的结构。

钢结构具有以下主要优点：

①材料强度高，自重轻，塑性和韧性好，材质均匀；

②便于工厂生产和机械化施工，便于拆卸；

③具有优越的抗震性能；

④无污染、可再生、节能、安全，符合建筑可持续发展的原则，可以说钢结构的发展是 21 世纪建筑文明的体现。

钢结构易腐蚀，需经常油漆维护，故维护费用较高。钢结构的耐火性差。当温度达到 250℃时，钢结构的材质将会发生较大变化；当温度达到 500℃时，结构会瞬间崩溃，完全丧失承载能力。

钢结构的应用日益增多，尤其是在高层建筑及大跨度结构(如屋架、网架、悬索等结构)中。

(4)木结构

木结构是指全部或大部分用木材制作的结构。这种结构易于就地取材，制作简单，对环境污染小，但易燃、易腐蚀、变形大，并且木材使用受到国家严格限制，因此以前很少采用，但随着装配式建筑的推广，木结构的应用将会增多。

0.2 建筑结构的历史和发展趋势

建筑结构有着悠久的历史。我国黄河流域的仰韶文化遗址就发现了公元前5000年—前3000年的房屋结构痕迹。金字塔(建于公元前2700年—前2600年)、万里长城都是结构发展史上的辉煌之作。17世纪工业革命后，资本主义国家工业化的发展推动了建筑结构的发展。17世纪开始使用生铁，19世纪初开始使用熟铁建造桥梁和房屋。自19世纪中叶开始，钢结构得到了蓬勃发展。1824年水泥的发明使混凝土得以问世，20多年后出现了钢筋混凝土结构。1928年预应力混凝土结构的出现使混凝土结构的应用范围更为广泛。目前世界上最高的建筑为迪拜哈利法塔，162层，总高度828m，2010年1月完工。

我国建筑结构领域也取得了辉煌成就。2008年建成的上海环球金融中心，高492m，共101层；2009年建成的广州塔总高600m，其中主塔体高450m，天线桅杆高150m；2016年建成的上海中心大厦，建筑主体118层，总高度632m。

建筑结构的发展趋势主要表现在以下几个方面：

(1)材料方面

混凝土将向轻质高强方向发展。目前我国规范已采用C80混凝土，将来混凝土强度将普遍达到100N/mm^2，特殊工程可达400N/mm^2。

高强钢筋发展较快。目前我国普通钢筋的主导钢筋强度已达到500MPa，今后将会应用更高强度的钢筋。

砌体结构材料的发展方向也是轻质高强。途径之一是发展空心砖。国外空心砖的抗压强度普遍可达30～60N/mm^2，甚至高达100N/mm^{2}以上，孔洞率达40%以上。另一途径是在黏土内掺入可燃性植物纤维或塑料珠，煅烧后形成气泡空心砖，它不仅自重轻，而且隔声、隔热性能好。砌体结构材料另一个发展趋势是采用高强砂浆。

钢结构材料主要是向高效能方向发展。除提高材料强度外，还应大力发展型钢。如H型钢可直接作梁和柱，采用高强螺栓连接，施工非常方便。压型钢板也是一种新产品，它能直接作屋盖，也可在上面浇一层混凝土作楼盖。作楼盖时，压型钢板既是楼板的抗拉钢筋，又是模板。

(2)结构方面

空间钢网架、悬索结构、薄壳结构成为大跨度结构发展的方向。空间钢网架最大跨度已超过100m。

组合结构也是结构发展的方向。目前型钢混凝土、钢管混凝土、压型钢板叠合梁等组合结构已广泛应用，在超高层建筑结构中还采用钢框架与内核心筒共同受力的组合体系，能充分利用材料优势。

(3)施工技术方面

预应力混凝土楼盖和预应力混凝土框架结构有较快发展。在高层建筑中，大模板、滑模等施工方法得到广泛推广和应用。

装配式结构是发展方向。装配式结构是指在工厂生产各种部品部件，在施工现场通过组装和连接而成的结构。发展装配式结构是建造方式的重大变革，有利于节约资源能源、减少施工污染、提升劳动生产效率和质量安全水平。我国将积极推动装配式混凝土结构、钢结构和现代木结构等装配式结构发展，引导新建公共建筑优先采用钢结构，鼓励景区、农村建筑推广采用现代木结构，并计划到2025年左右，使装配式建筑占新建建筑面积的比例达到30%左右。

0.3 本课程的任务、内容、学习目标及学习要求

建筑结构或构件必须具有足够的可靠性，即承受荷载后应不致破坏和失稳，变形、裂缝等也不超过规定的限值，并能达到规定的工作年限。在满足可靠性的同时，还应具有经济性。可靠和经济是一对矛盾。例如，当构件材料、受力、截面形状等确定后，构件截面尺寸过小，则可能承载能力不够而导致结构破坏，或者因变形或裂缝过大而不能正常工作；反之，如果构件截面尺寸过大，则构件承载能力将过于富裕，势必增加造价，造成不必要的浪费。实际工程中，需要通过结构设计来解决这对矛盾。建筑结构设计所要解决的根本问题，就是要在结构的可靠与经济之间选择一种合理的平衡，使所建造的结构既经济合理又安全可靠。结构设计是一个复杂的综合过程，一般需要先对结构进行总体布置，然后对构件进行受力分析、荷载计算、内力计算、选择尺寸和材料、构造处理，等等，最后绘出结构施工图。这些都是建筑力学与结构所要研究的课题。由此可见，建筑力学与结构的内容是十分丰富和复杂的。本课程仅研究其最基本的内容。具体讲，就是研究结构或构件在荷载作用下的平衡规律及简单静定结构的内力计算方法，研究钢筋混凝土结构基本构件承载力的计算方法以及钢筋混凝土结构、砌体结构、钢结构的基本构造要求，为正确识读结构施工图奠定基础。

本课程的内容有建筑力学和建筑结构两方面，具体包括力学基本知识，建筑结构计算基本原则，钢筋混凝土结构基本构件承载力计算，钢筋混凝土结构、砌体结构、钢结构的基本构造要求，结构施工图等内容。

通过本课程的学习，要求理解力学的基本概念、基本理论和基本方法，能进行结构的受力分析和简单静定结构的内力计算，理解结构计算的基本原则，掌握钢筋混凝土受弯构件和受压构件的承载力计算方法，能正确识读结构施工图，并能理解建筑施工中的一般结构问题。

本课程是工程造价、建设工程监理、建设工程管理等专业的重要专业基础课。学习本课程：一是要加强练习。二是要理论联系实际。本课程的理论本身就来源于生产实践，它是前人大量工程实践的经验总结。因此，学习本课程时，应通过实习、参观等渠道向工程实践学习，加强练习，真正做到理论联系实际。三是要注意培养自己综合分析问题的能力。结构问题的答案往往不是唯一的，即使是同一构件在给定荷载作用下，其截面形式、截面尺寸、配筋方式和数量都可以有多种答案。这时往往需要综合考虑适用、材料、造价、施工等多方面因素，才能做出合理选择。四是要注意学习有关规范。结构设计规范是国家颁布的关于结构设计计算和构造要求的技术规定和标准，设计、施工等工程技术人员都必须遵循，熟悉并学会应用有关规范是学习本课程的重要任务之一，因此，学习中应自觉结合课程内容学习有关规范，以达到逐步熟悉并正确应用之目的。

思 考 题

0.1 什么是建筑结构？按所用材料不同，建筑结构可以分为哪几类？各有何特点？

0.2 什么是作用？什么是荷载？二者有什么区别和联系？

1　建筑力学预备知识

知识目标

1. 掌握静力学公理和常见约束的约束反力；
2. 理解力的投影和力矩的计算；
3. 了解变形固体、强度、刚度、稳定性的概念；
4. 了解平面几何图形的性质。

能力目标

1. 能进行物体的受力分析并画受力图；
2. 能利用平面力系的平衡方程求解物体平衡问题。

思政元素举例

辩证思维、严谨务实精神。

1.1　力的概念

1.1.1　力的含义

人们在长期的生产劳动和日常生活中逐渐形成并建立了力的概念。例如，由于受到地球的引力（重力）作用而使下落的物体速度加快；楼面梁需要有墙或柱的支持力作用才能保持稳定的静止状态；楼板受到人群或家具压力的作用而产生弯曲变形，等等。力可定义为：力是物体之间相互的机械作用，这种作用的效果是使物体的运动状态发生改变，或者使物体发生变形。

既然力是物体与物体之间的相互作用，那么，力不可能脱离物体而单独存在。有受力物体，必定有施力物体。

1.1.2　力的三要素

实践证明，力对物体的作用效果取决于三个要素：力的大小、力的方向和力的作用点。这三个要素通常称为力的三要素。

描述一个力时，要全面表明力的三要素，因为任一要素发生改变时，都会对物体产生不同的效果。

在国际单位制中，力的单位为牛顿（N）或千牛顿（kN）。1kN＝1000N。

力是一个既有大小又有方向的物理量，所以力是矢量。力用一段带箭头的线段来表示。线段的长度表示力的大小；线段与某定直线的夹角表示力的方位，箭头表示力的指向；线段的起点或终点表示力的作用点。

用外文字母表示力时，印刷体用黑体字 $\boldsymbol{F}$，手写时用加一箭线的细体字 $\vec{F}$。而普通字母 F 只表示力的大小。

1.2　静力学公理

静力学公理是人类在长期的生产和生活实践中，经过反复观察和试验总结出来的普遍规律。它阐述了力的一些基本性质，是静力分析的基础。

1.2.1　作用力与反作用力公理

两个物体之间的作用力和反作用力，总是大小相等，方向相反，沿同一直线，并分别作用在这两个物体上。

作用力与反作用力的性质应相同。作用力与反作用力公理概括了两个物体之间相互作用力之间的关系，在分析物体受力时将有重要的作用。

1.2.2　二力平衡公理

作用在同一物体上的两个力，使物体平衡的必要和充分条件是，这两个力大小相等，方向相反，且作用在同一直线上。

这个公理说明了作用在同一物体上两个力的平衡条件。当一个物体只受两个力而保持平衡时，这两个力一定满足二力平衡公理。若一根杆件只在两点受力作用而处于平衡，则作用在此两点的二力的方向必在这两点的连线上。

注意，不能把二力平衡问题与作用力和反作用力关系混淆起来。

放置在桌面上的物体保持静止，试分析物体所受的力以及它们的反作用力。

1.2.3　加减平衡力系公理

作用于刚体的任意力系中，加上或减去任意平衡力系，并不改变原力系的作用效应。

推论：力的可传性原理

作用在刚体上的力可沿其作用线移动到刚体内的任意点，而不改变原力对刚体的作用效应。

现实中的一些现象都可以用力的可传性原理进行解释。例如，用绳拉车和用同样大小的力在同一直线沿同一方向推车，对车产生的运动效应相同。

根据力的可传性原理，力对刚体的作用效应与力的作用点在作用线的位置无关。

加减平衡力系公理和力的可传性原理都只适用于刚体。对于变形体，由于力的移动会导致物体发生不同的变形，因而作用效应不同。

1.2.4　力的平行四边形法则

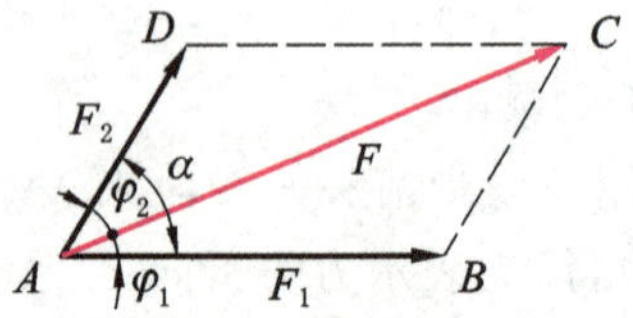

图 1.1　力平行四边形

作用于物体上的同一点的两个力，可以合成为一个合力，合力也作用于该点，合力的大小和方向由这两个力为边所构成的平行四边形的对角线来表示。如图 1.1 所示。

此公理说明力的合成遵循矢量加法，只有当两个力共线时，才可采用代数加法。

两个共点力可以合成为一个力；反之，一个已知力也可以分解为两个力。在工程实际问题中，常常把一个力沿直角坐标方向进行分解。

推论：三力平衡汇交定理

一刚体受共面不平行的三个力作用而平衡时，这三个力的作用线必汇交于一点。

三力平衡汇交定理常常用来确定物体在共面不平行的三个力作用下平衡时其中未知力的方向。

1.3 约束与约束反力

1.3.1 约束与约束反力的概念

在工程实际中，任何构件都受到与它相互联系的其他构件的限制，而不能自由活动。例如，房屋中的梁受到两端柱子的约束而保持稳定，桥梁受到桥墩的支持而静止，等等。

一个物体的运动受到周围物体的限制时，这些周围物体就称为该物体的约束。

物体受到的力一般可以分为两类：一类是使物体运动或使物体有运动趋势，称为主动力，如重力、水压力等，主动力在工程上称为荷载；另一类是对物体的运动或运动趋势起限制作用的力，称为被动力。

约束对物体运动的限制作用是通过约束对物体的作用力实现的，通常将约束对物体的作用力称为约束反力，简称反力，约束反力的方向总是与约束所能限制的运动方向相反。

通常主动力是已知的，约束反力是未知的。确定约束反力是力学中的重要问题。下面分析几种常见约束对物体的约束反力。

1.3.2 柔体约束

由柔软的绳子、链条或胶带所构成的约束称为柔体约束。由于柔体约束只能限制物体沿柔体约束的中心线离开约束的运动，所以柔体约束的约束反力必然沿柔体的中心线而背离物体，即拉力，通常用 $\boldsymbol{F}_T$ 表示。

如图 1.2(*a*)所示的起重装置中，桅杆和重物一起所受绳子的拉力分别是 $\boldsymbol{F}_{T1}$、$\boldsymbol{F}_{T2}$ 和 $\boldsymbol{F}_{T3}$(图 1.2(*b*))，而重物单独受绳子的拉力则为 $\boldsymbol{F}_{T4}$(图 1.2(*c*))。

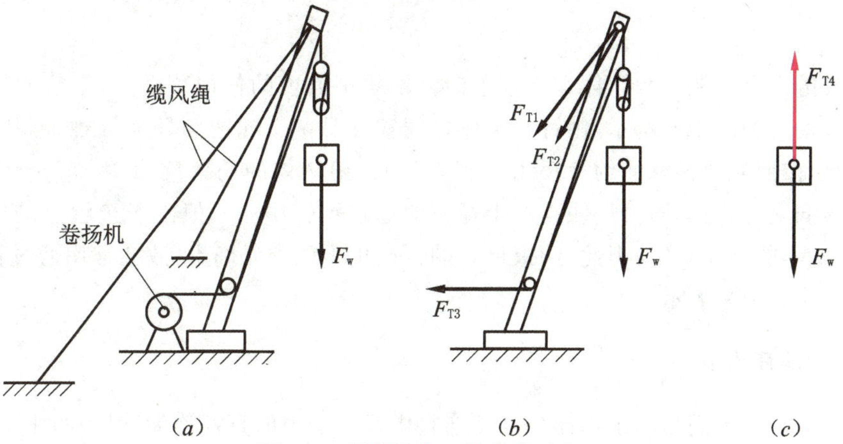

图 1.2 柔体约束及其约束反力

1.3.3 光滑接触面约束

当两个物体直接接触，而接触面处的摩擦力可以忽略不计时，两物体彼此的约束称为光滑接触面约束。光滑接触面对物体的约束反力一定通过接触点，沿该点的公法线方向指向被约束物体，即为压力或支持力，通常用 $\boldsymbol{F}_N$ 表示，如图 1.3 所示。

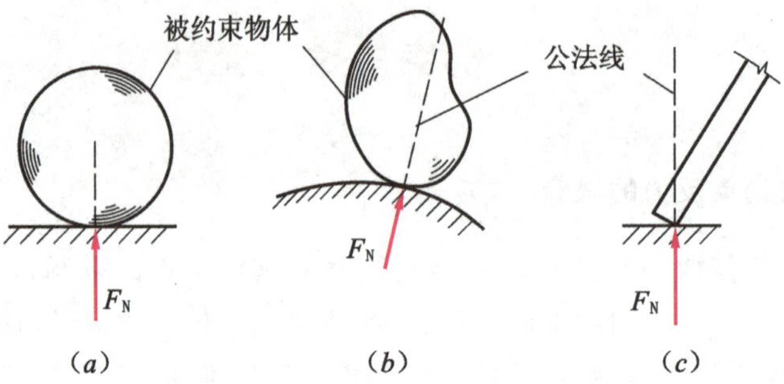

图 1.3 光滑接触面约束及其约束反力

1.3.4 圆柱铰链约束

圆柱铰链约束是由圆柱形销钉插入两个物体的圆孔构成，如图 1.4(*a*)、(*b*)所示，且认为销钉与圆孔的表面是完全光滑的，这种约束通常如图 1.4(*c*)所示。由于圆柱形销钉常用于连接两个构件而处在结构物的内部，所以也把它称为中间铰。

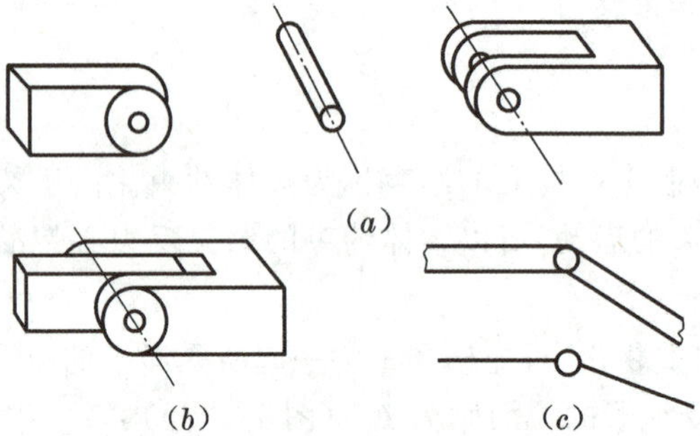

图 1.4 圆柱铰链约束

圆柱铰链约束只能限制物体在垂直于销钉轴线平面内的任何移动，而不能限制物体绕销钉轴线的转动。如图 1.5 所示，销钉和物体之间实际是两个光滑圆柱面接触，当物体受力后，形成线接触，按照光滑接触面约束反力的特点，销钉给物体的约束反力 $\boldsymbol{F}_N$ 应沿接触点 K 公法线方向指向受力物体，即沿接触点的半径方向通过销钉中心。但由于接触点的位置与主动力有关，一般不能预先确定，因此，约束反力的方向也不能预先确定，故通常用通过销钉中心互相垂直的两个分力来表示。

1.3.5 链杆约束

两端用铰链与不同的两个物体分别相连且中间不受力的直杆称为链杆，图 1.6(*a*)、(*b*)中 AB、BC 杆都属于链杆约束。这种约束只能限制物体沿链杆中心线趋向或离开链杆的运动。

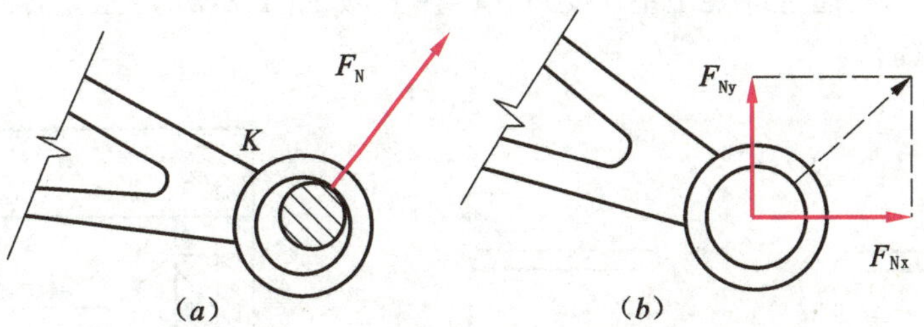

图 1.5 圆柱铰链约束的约束反力

链杆约束的约束反力沿链杆中心线，指向未定。链杆约束的简图及其反力如图 1.6(*c*)、(*d*)所示。链杆都是二力杆，只能受拉或者受压。

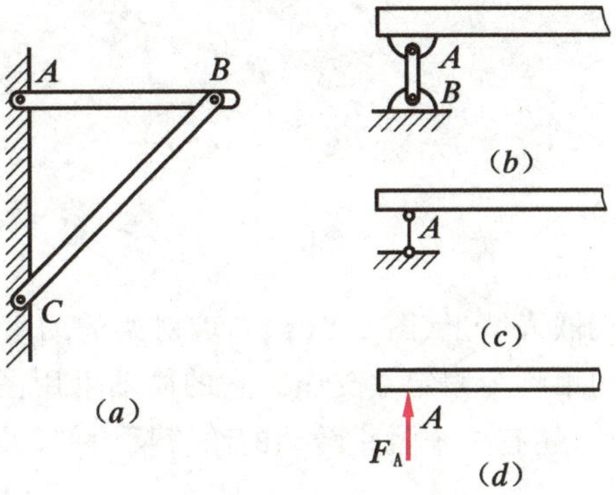

图 1.6 链杆约束及其约束反力

1.3.6 固定铰支座

用光滑圆柱铰链将物体与支承面或固定机架连接起来，称为固定铰支座，如图 1.7(*a*)所示，计算简图如图 1.7(*b*)所示。其约束反力在垂直于铰链轴线的平面内，过销钉中心，方向不定(图 1.7(*a*))。一般情况下可用图 1.7(*c*)所示的两个正交分力表示。

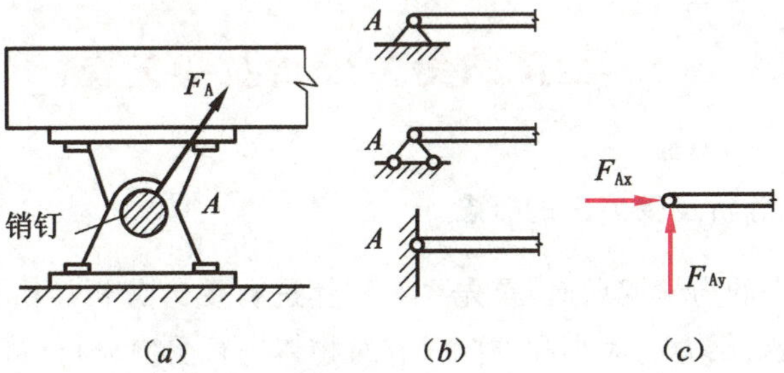

图 1.7 固定铰支座及其约束反力

1.3.7 可动铰支座

在固定铰支座的座体与支承面之间加辊轴就成为可动铰支座，其简图可用图 1.8(*a*)、(*b*)表示，其约束反力必垂直于支承面，如图 1.8(*c*)所示。

在房屋建筑中，梁通过混凝土垫块支承在砖柱上，如图 1.8(d)所示，不计摩擦时可视为可动铰支座(图 1.8(e))。

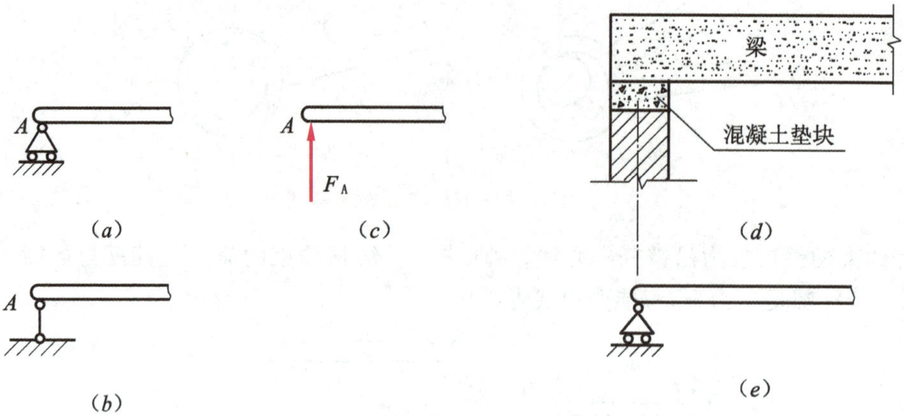

图 1.8　可动铰支座及其约束反力

1.3.8　固定端支座

如房屋的雨篷、挑梁，其一端嵌入墙里(图 1.9(a))，墙对梁的约束既限制它沿任何方向移动，同时又限制它的转动，这种约束称为固定端支座。它的简图可用图 1.9(b)表示，它除了产生水平和竖直方向的约束反力外，还有一个阻止转动的约束反力偶，如图 1.9(c)所示。

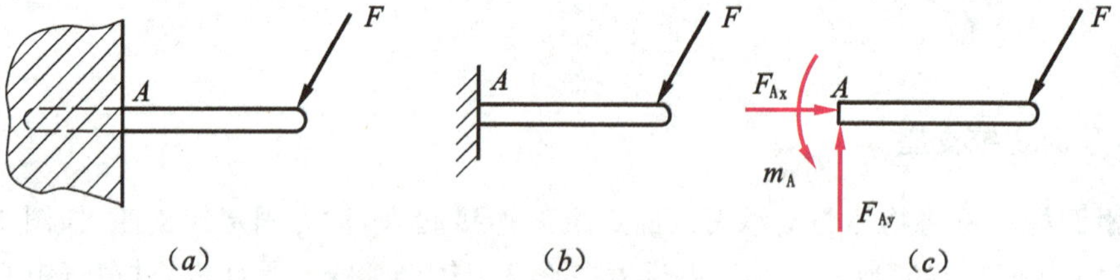

图 1.9　固定端支座及其约束反力

1.4　物体的受力分析及受力图

1.4.1　物体受力分析及受力图的概念

在解决工程实际中的力学问题时，首先要对物体进行受力分析。由于主动力在实际问题中通常已经给出，而约束反力的大小和方向只有对物体进行受力分析后，利用力学规律通过计算才能确定，所以正确对物体进行受力分析是解决力学问题的前提。

在受力分析时，当约束被人为地解除时，即人为地撤去约束时，必须在接触点上用一个相应的约束反力来代替。

在物体的受力分析中，通常把被研究的物体的约束全部解除后单独画出，称为脱离体。把全部主动力和约束反力用力的图示表示在脱离体上，这样得到的图形，称为受力图。物体的受力图形象地反映了物体全部受力情况，它是进一步利用力学规律进行计算的依据。

画受力图的步骤如下：

(1)明确分析对象，画出分析对象的分离简图；

(2)在脱离体上画出全部主动力；

(3)在脱离体上画出全部的约束反力，注意约束反力与约束应一一对应。

1.4.2　物体的受力图举例

【例 1.1】　重量为 $\boldsymbol{F}_W$ 的小球放置在光滑的斜面上，并用绳子拉住，如图 1.10(*a*)所示。画出此球的受力图。

【解】　以小球为研究对象，解除小球的约束，画出脱离体，小球受重力(主动力)$\boldsymbol{F}_W$，同时小球受到绳子的约束反力(拉力)$\boldsymbol{F}_{TA}$ 和斜面的约束反力(支持力)$\boldsymbol{F}_{NB}$(图 1.10(*b*))。

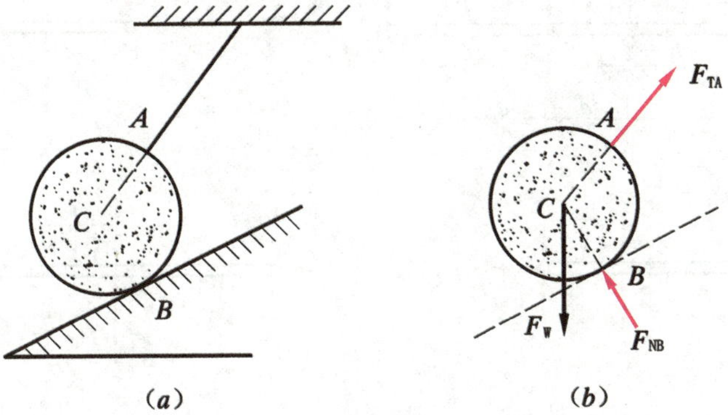

图 1.10　例 1.1 图

【例 1.2】　水平梁 *AB* 受已知力 $\boldsymbol{F}$ 作用，*A* 端为固定铰支座，*B* 端为移动铰支座，如图 1.11(*a*)所示。梁的自重不计，画出梁 *AB* 的受力图。

【解】　取梁为研究对象，解除约束，画出脱离体，画主动力 $\boldsymbol{F}$；*A* 端为固定铰支座，它的反力可用方向、大小都未知的力 $\boldsymbol{F}_A$ 表示，但指向可任意假设，或者用水平和竖直的两个未知力 $\boldsymbol{F}_{Ax}$ 和 $\boldsymbol{F}_{Ay}$ 表示；*B* 端为移动铰支座，它的约束反力用 $\boldsymbol{F}_B$ 表示，受力图如图 1.11(*b*)、(*c*)所示。

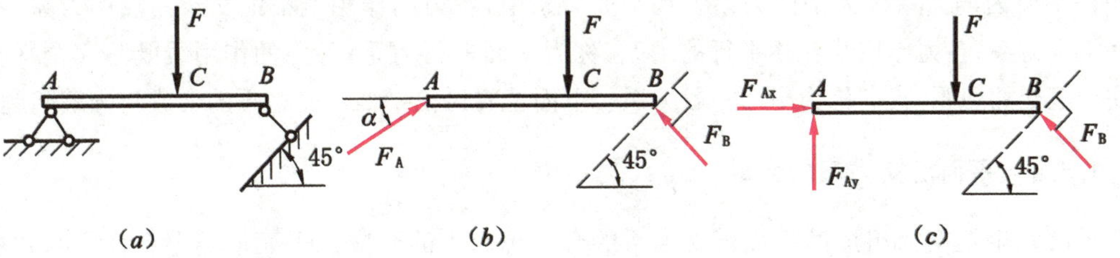

图 1.11　例 1.2 图

【例 1.3】　如图 1.12(*a*)所示，梁 *AC* 与 *CD* 在 *C* 处铰接，并支承在三个支座上，画出梁 *AC*、*CD* 及全梁 *AD* 的受力图。

【解】　取梁 *CD* 为研究对象并画出脱离体，梁上有主动力 $\boldsymbol{F}$；*D* 端为移动铰支座，其约束反力 $\boldsymbol{F}_D$ 应垂直于支承面；*C* 处为圆柱铰约束，它的反力用水平和竖直的两个未知力 $\boldsymbol{F}_{Cx}$ 和 $\boldsymbol{F}_{Cy}$ 表示，如图 1.12(*b*)所示。

取梁 *AC* 为研究对象并画出脱离体，梁上有主动力分布荷载 *q*；*B* 端为移动铰支座，其约束反力应垂直于支承面；*A* 处为固定铰支座，它的反力用水平和竖直的两个未知力 $\boldsymbol{F}_{Ax}$ 和 $\boldsymbol{F}_{Ay}$ 表示；*C* 处反力 $\boldsymbol{F}_{Cx}'$ 和 $\boldsymbol{F}_{Cy}'$ 分别是 $\boldsymbol{F}_{Cx}$ 和 $\boldsymbol{F}_{Cy}$ 的反作用力。如图 1.12(*c*)所示。

以整个梁为研究对象，画出脱离体，主动力有 $\boldsymbol{F}$ 和 q，A、B、D 处约束反力 $\boldsymbol{F}_{\mathrm{Ax}}$、$\boldsymbol{F}_{\mathrm{Ay}}$、$\boldsymbol{F}_{\mathrm{B}}$ 和 $\boldsymbol{F}_{\mathrm{D}}$，$C$ 铰在整个梁的内部，反力不再画出。如图 1.12(d)所示。

画受力图时应注意：

(1)明确研究对象。一般来讲，在一个要研究的具体问题中，总是选取与待求未知力直接发生联系的物体作为研究对象。

(2)使用解除约束时，解除几个约束，应有几个约束反力与之相对应，不能漏画，也不能多画。与研究对象不直接相关的力不进行分析。

(3)物体之间的内部作用力不进行分析和画出。

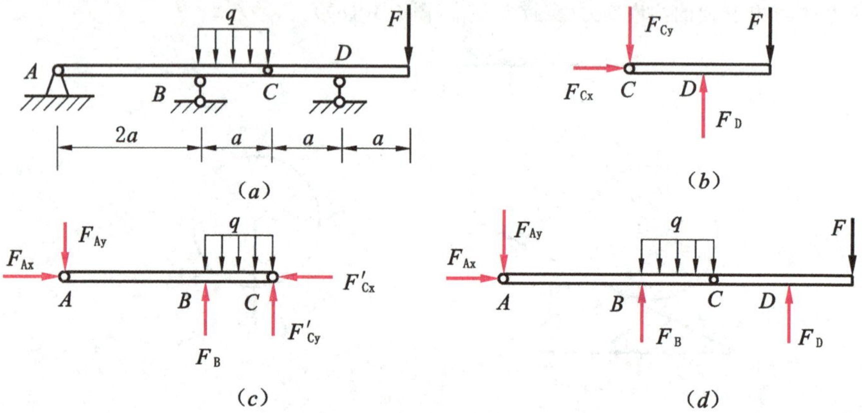

图 1.12 例 1.3 图

1.5 力的合成与分解

为了便于研究问题，我们将力系按各力作用线的分布情况进行分类。凡各力的作用线都在同一平面内的力系称为平面力系。在平面力系中，各力的作用线都汇交于一点的力系，称为平面汇交力系；各力作用线互相平行的力系，称为平面平行力系；各力的作用线既不完全平行又不完全汇交的力系，我们称为平面一般力系。下面主要讨论平面汇交力系的合成与分解问题。

1.5.1 平面汇交力系的合成

求解几个汇交力组成的平面汇交力系的合力称为力的合成。平面汇交力系合成的方法主要有几何法(力的平行四边形法则)和解析法。本书主要介绍解析法，这种方法是以力在坐标轴上的投影为基础的。

1.5.1.1 力在坐标轴上的投影

如图 1.13(a)所示，设力 $\boldsymbol{F}$ 作用在物体上的 A 点，在力 $\boldsymbol{F}$ 作用的平面内取直角坐标系 xOy，从力 $\boldsymbol{F}$ 的两端 A 和 B 分别向 x 轴作垂线，垂足分别为 a 和 b，线段 ab 称为力 $\boldsymbol{F}$ 在坐标轴 x 上的投影，用 $\boldsymbol{F}_{\mathrm{x}}$ 表示。同理，从 A 和 B 分别向 y 轴作垂线，垂足分别为 a' 和 b'，线段 $a'b'$ 称为力 $\boldsymbol{F}$ 在坐标轴 y 上的投影，用 $\boldsymbol{F}_{\mathrm{y}}$ 表示。

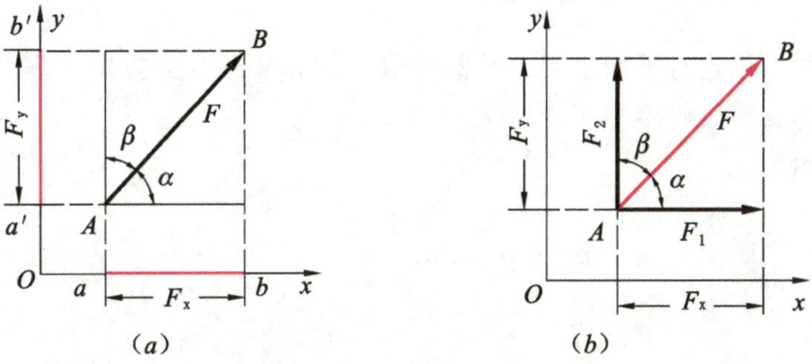

图 1.13 力在坐标轴上的投影

力在坐标轴上的投影为代数量，其正负号规定如下：力的投影从开始端到末端的指向，与坐标轴正向相同为正；反之，为负。

若已知力的大小为 F，它与 x 轴的夹角为 α，则力在坐标轴的投影的绝对值为：

$$F_x = F\cos\alpha \tag{1.1}$$

$$F_y = F\sin\alpha \tag{1.2}$$

投影的正负号由力的指向确定。从投影的定义可以得出，当力与坐标轴垂直时，力的投影等于零；当力与坐标轴平行时，投影的大小为力的实际大小。

反过来，如图 1.13(b)所示，当已知力的投影 F_x 和 F_y，则力的大小 F 和它与 x 轴的夹角 α 分别为：

$$F = \sqrt{F_x^2 + F_y^2} \tag{1.3}$$

$$\alpha = \arctan\left|\frac{F_y}{F_x}\right| \tag{1.4}$$

力的指向由投影的正负号确定。

【例 1.4】 图 1.14 中各力的大小均为 100N，求各力在 x、y 轴上的投影。

【解】 利用投影的定义分别求出各力的投影：

$$F_{1x} = F_1\cos45° = 100\times\frac{\sqrt{2}}{2} = 70.7\text{N}$$

$$F_{1y} = F_1\sin45° = 100\times\frac{\sqrt{2}}{2} = 70.7\text{N}$$

$$F_{2x} = -F_2\times\cos0° = -100\text{N}$$

$$F_{2y} = F_2\sin0° = 0$$

$$F_{3x} = F_3\sin30° = 100\times\frac{1}{2} = 50\text{N}$$

$$F_{3y} = -F_3\cos30° = -100\times\frac{\sqrt{3}}{2} = -86.6\text{N}$$

$$F_{4x} = -F_4\cos60° = -100\times\frac{1}{2} = -50\text{N}$$

$$F_{4y} = -F_4\sin60° = -100\times\frac{\sqrt{3}}{2} = -86.6\text{N}$$

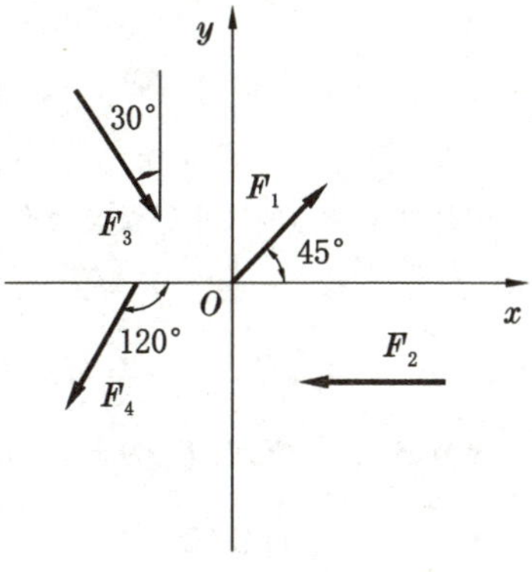

图 1.14 例 1.4 图

1.5.1.2　平面汇交力系合成的解析法

利用力的投影可以进行平面汇交力系的合成。首先介绍合力投影定理：合力在任意轴上的投影等于各分力在同一轴上投影的代数和。

数学式子表示为：

如果

$$\boldsymbol{F}=\boldsymbol{F}_1+\boldsymbol{F}_2+\cdots+\boldsymbol{F}_n \tag{1.5}$$

则

$$F_x=F_{1x}+F_{2x}+\cdots+F_{nx}=\sum F_{ix} \tag{1.6}$$

$$F_y=F_{1y}+F_{2y}+\cdots+F_{ny}=\sum F_{iy} \tag{1.7}$$

平面汇交力系的合成结果为一合力。当平面汇交力系已知时，首先选定直角坐标系，求出各力在 x、y 轴上的投影，然后利用合力投影定理计算出合力的投影，最后根据投影的关系求出合力的大小和方向。

【例 1.5】　如图 1.15 所示，已知 $F_1=F_2=100\text{N}$，$F_3=150\text{N}$，$F_4=200\text{N}$，试求其合力。

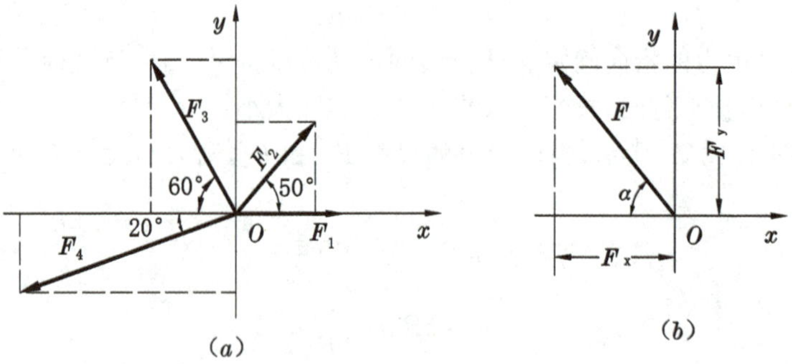

图 1.15　例 1.5 图

【解】　取直角坐标系 xOy。

分别求出已知各力在两个坐标轴上投影的代数和为：

$$F_x=\sum F_{ix}=F_1+F_2\cos50^\circ-F_3\cos60^\circ-F_4\cos20^\circ$$
$$=100+100\times0.6428-150\times0.5-200\times0.9397=-98.66\text{N}$$

$$F_y=\sum F_{iy}=F_2\sin50^\circ+F_3\sin60^\circ-F_4\sin20^\circ$$
$$=100\times0.766+150\times0.866-200\times0.342=138.1\text{N}$$

于是可得合力的大小以及与 x 轴的夹角 α：

$$F=\sqrt{F_x^2+F_y^2}=\sqrt{(-98.66)^2+138.1^2}=169.7\text{N}$$

$$\alpha=\arctan\left|\frac{F_y}{F_x}\right|=\arctan1.4=54^\circ28'$$

因为 F_x 为负值，而 F_y 为正值，所以合力在第二象限，指向左上方(图 1.15(b))。

1.5.2　力的分解

利用四边形法则可以进行力的分解。通常情况下将力分解为相互垂直的两个分力 $\boldsymbol{F}_1$ 和 $\boldsymbol{F}_2$，如图 1.13(b)所示，则两个分力的大小为：

$$F_1=F\cos\alpha \tag{1.8}$$

$$F_2 = F\sin\alpha \tag{1.9}$$

力的分解和力的投影既有根本的区别又有密切联系。分力是矢量，而投影为代数量；分力 $\boldsymbol{F}_1$ 和 $\boldsymbol{F}_2$ 的大小等于该力在坐标轴上投影 F_x 和 F_y 的绝对值，投影的正负号反映了分力的指向。

1.6 力矩和力偶

1.6.1 力矩

在日常生活和实践中，人们发现力对物体的作用，除能使物体产生移动外，还能使物体产生转动，其移动效应可用力在坐标轴上的投影来描述。那么，力对物体的转动效应如何描述将是本节中要重点学习的内容。

1.6.1.1 力矩的概念

从实践中知道，力可使物体移动，又可使物体转动，例如当我们拧螺母时(图 1.16)，在扳手上施加一力 $\boldsymbol{F}$，扳手将绕螺母中心 O 转动，力越大或者 O 点到力 $\boldsymbol{F}$ 作用线的垂直距离 d 越大，螺母越容易被拧紧。因此，力的转动效应取决于力 $\boldsymbol{F}$ 的大小以及 O 点到力 $\boldsymbol{F}$ 作用线的垂直距离 d 的长短。将 O 点到力 $\boldsymbol{F}$ 作用线的垂直距离 d 称为力臂，将力 $\boldsymbol{F}$ 与 O 点到力 $\boldsymbol{F}$ 作用线的垂直距离 d 的乘积 Fd 并加上表示转动方向的正负号称为力 $\boldsymbol{F}$ 对 O 点的力矩，用 $M_O(\boldsymbol{F})$ 表示，即

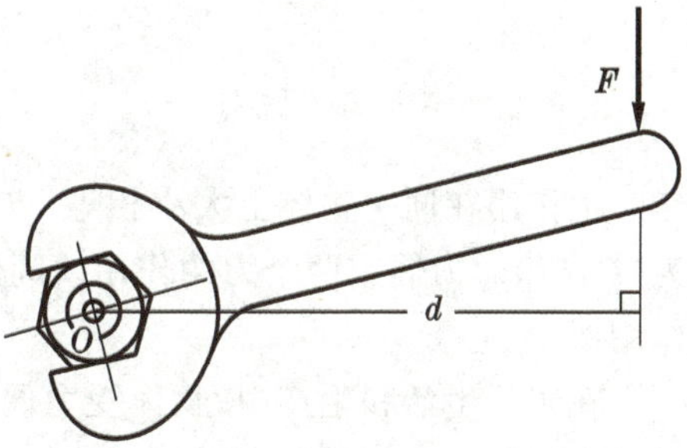

图 1.16　力矩的概念

$$M_O(\boldsymbol{F}) = \pm Fd \tag{1.10}$$

O 点称为力矩中心，简称矩心。

正负号的规定：力使物体绕矩心逆时针转动时，力矩为正；反之，为负。

力矩的单位：牛顿米(N · m)或者千牛米(kN · m)。

力矩的大小与矩心的位置有关，同一个力对于不同的矩心，力矩是不相同的，因此计算时必须明确矩心的位置。当力的作用线通过矩心时，力矩为零，这一点将在以后的分析解题中得到广泛的应用。

1.6.1.2 合力矩定理

可以证明：合力对平面内任意一点之矩，等于所有分力对同一点之矩的代数和。即：

若

$$\boldsymbol{F} = \boldsymbol{F}_1 + \boldsymbol{F}_2 + \cdots + \boldsymbol{F}_n \tag{1.11}$$

则

$$M_O(\boldsymbol{F}) = M_O(\boldsymbol{F}_1) + M_O(\boldsymbol{F}_2) + \cdots + M_O(\boldsymbol{F}_n) \tag{1.12}$$

该定理不仅适用于平面汇交力系，而且可以推广到任意力系。

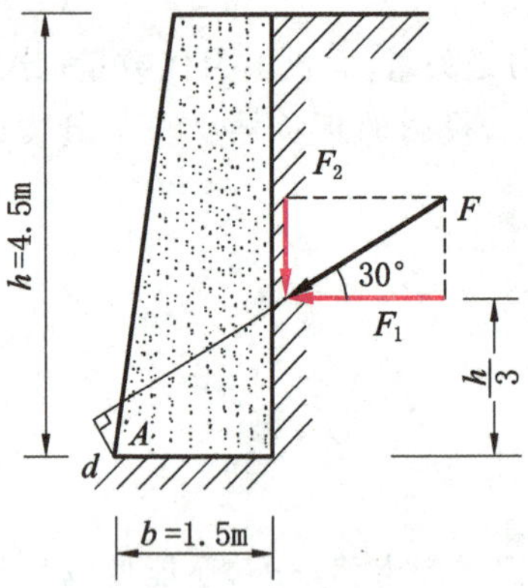

图 1.17　例 1.6 图

应用合力矩定理可以简化力矩的计算。在求力对某点力矩时，若力臂不易计算，就可以将该力分解为两个互相垂直的分力，两个分力对点的力臂容易计算，就可以方便地求出两个分力对该点之矩的代数和来代替原力对该点之矩，这种方法将是合力矩定理在今后计算中的主要应用。

【例 1.6】 如图 1.17 所示，每 1m 长挡土墙所受的压力的合力为 **F**，它的大小为 160kN，方向如图所示。求土压力 **F** 使墙倾覆的力矩。

【解】 土压力 **F** 可使墙绕点 A 倾覆，故求 **F** 对点 A 的力矩。采用合力矩定理进行计算比较方便。

$$M_A(\boldsymbol{F}) = M_A(\boldsymbol{F}_1) + M_A(\boldsymbol{F}_2) = F_1 \times \frac{h}{3} - F_2 b$$

$$= 160 \times \cos 30° \times \frac{4.5}{3} - 160 \times \sin 30° \times 1.5$$

$$= 87\text{kN} \cdot \text{m}$$

1.6.2　力偶

1.6.2.1　力偶的概念

把作用在同一物体上大小相等、方向相反但不共线的一对平行力组成的力系称为力偶，记为($\boldsymbol{F}$,$\boldsymbol{F}'$)。力偶中两个力的作用线间的距离 d 称为力偶臂。两个力所在的平面称为力偶的作用面。

在实际生活和生产中，物体受力偶作用而转动的现象十分常见。例如，司机两手转动方向盘，工人师傅用螺纹锥攻螺纹，所施加的都是力偶。

1.6.2.2　力偶矩

由实践经验可知，力偶中的两个力不满足二力平衡条件，不能平衡，也不能对物体产生移动效应，只能对物体产生转动效应。而且，力偶对物体的转动效应与力的大小和力偶臂的乘积有关，因此，用力和力偶臂的乘积再加上适当的正负号所得的物理量称之为力偶，记作 $m(\boldsymbol{F},\boldsymbol{F}')$或 m，即

$$m(\boldsymbol{F},\boldsymbol{F}') = \pm Fd \tag{1.13}$$

力偶正负号的规定：力偶正负号表示力偶的转向，其规定与力矩相同。若力偶使物体逆时针转动，则力偶为正；反之，为负。

力偶矩的单位与力矩的单位相同。力偶对物体的作用效应取决于力偶的三要素，即力偶矩的大小、转向和力偶的作用面的方位。

1.6.2.3　力偶的性质

(1)力偶无合力，不能与一个力平衡和等效，力偶只能用力偶来平衡。力偶在任意轴上的投影等于零。

(2)力偶对其平面内任意点之矩，恒等于其力偶矩，而与矩心的位置无关。

实践证明，凡是三要素相同的力偶，彼此相同，可以互相代替。在平面力系中，力偶对物体

的作用效果完全取决于力偶矩的大小和转向，因此，在表示力偶时，一般不标出力偶中力的大小和力偶臂的大小，只标出力偶的转向和大小，如图 1.18 所示。

图 1.18 力偶

1.6.2.4 平面力偶系的合成

作用在同一物体上的若干个力偶组成一个力偶系，若力偶系的各力偶均作用在同一平面，则称为平面力偶系。

力偶对物体的作用效应只有转动效应，而转动效应由力偶的大小和转向来度量，因此，力偶系的作用效果也只能是产生转动，其转动效应的大小等于各力偶转动效应的总和。可以证明，平面力偶系合成的结果为一合力偶，其合力偶矩等于各分力偶矩的代数和。即：

$$m = m_1 + m_2 + \cdots + m_n = \sum m_i \tag{1.14}$$

1.7 平面力系的平衡

物体在力系的作用下处于平衡状态时，力系应满足一定的条件，这个条件称为力系的平衡条件。本节主要讨论平面力系的平衡条件。

1.7.1 力的平移定理

由力的性质可知：在刚体内，力沿其作用线移动，其作用效应不改变。如果将力的作用线平行移动到另一位置，其作用效应将发生改变，其原因是力的转动效应与力的位置有直接的关系。生活中用力开门的实际效应与力的大小、方向和位置都有关系。

为了保证力在平移后作用效应不发生改变，应附加一定的条件。

通过证明可以得出力的平移定理：**作用于刚体上的力，可以平移到刚体上任意一点，但必须同时附加一个力偶才能与原力等效，附加的力偶矩等于原力对平移点之矩。**

1.7.2 平面力系的平衡

1.7.2.1 平面一般力系的平衡条件

通过理论推导和证明，平面一般力系平衡的充分和必要条件是：**力系中各力在两个任选的直角坐标轴上的投影的代数和分别等于零，各力对任意一点之矩的代数和也等于零。**用数学式子表达为：

$$\begin{cases} \sum F_x = 0 & (1.15a) \\ \sum F_y = 0 & (1.15b) \\ \sum M_O(\boldsymbol{F}) = 0 & (1.15c) \end{cases}$$

以上三个方程称为平面一般力系的平衡方程,前两个为投影方程,后一个为力矩方程。这三个方程是完全独立的,利用这三个方程能够并且最多只能求解三个未知量。

此外平面一般力系的平衡方程还可以表示为二力矩-投影形式和三力矩形式。二力矩-投影形式为:

$$\begin{cases} \sum F_{x}=0 & (1.16a) \\ \sum M_{A}(\boldsymbol{F})=0 & (1.16b) \\ \sum M_{B}(\boldsymbol{F})=0 & (1.16c) \end{cases}$$

附加条件是 x 轴不垂直于 A、B 的连线。

三力矩形式为:

$$\begin{cases} \sum M_{A}(\boldsymbol{F})=0 & (1.17a) \\ \sum M_{B}(\boldsymbol{F})=0 & (1.17b) \\ \sum M_{C}(\boldsymbol{F})=0 & (1.17c) \end{cases}$$

式中 A、B、C 为不共线的任意三点。

1.7.2.2　平面力系平衡的特例

根据平面一般力系的平衡条件可以得出平面特殊力系的平衡条件。

(1)平面汇交力系

如果平面汇交力系中的各力作用线都汇交于一点 O,则式中 $\sum M_{O}(\boldsymbol{F})=0$,即平面汇交力系的平衡条件为力系的合力为零,其平衡方程为:

$$\begin{cases} \sum F_{x}=0 & (1.18a) \\ \sum F_{y}=0 & (1.18b) \end{cases}$$

平面汇交力系有两个独立的方程,可以求解两个未知量。

(2)平面平行力系

力系中各力在同一平面内,且彼此平行的力系称为平面平行力系。它是平面一般力系的特殊情况,利用平面一般力系的平衡条件不难得出平面平行力系的平衡条件。

设有作用在物体上的一个平面平行力系,取 x 轴与各力垂直,则各力在 x 轴上的投影恒等于零,即 $\sum F_{x}\equiv 0$。因此,根据平面一般力系的平衡方程可以得出平面平行力系的平衡方程:

$$\begin{cases} \sum F_{y}=0 & (1.19a) \\ \sum M_{O}(\boldsymbol{F})=0 & (1.19b) \end{cases}$$

同理,利用平面一般力系平衡的二力矩-投影形式,可以得出平面平行力系平衡方程的又一种形式:

$$\begin{cases} \sum M_{A}(\boldsymbol{F})=0 & (1.20a) \\ \sum M_{B}(\boldsymbol{F})=0 & (1.20b) \end{cases}$$

注意,式中 A、B 连线不能与力平行。平面平行力系有两个独立的方程,所以也只能求解两个未知量。

(3)平面力偶系

在物体的某一平面内同时作用有两个或者两个以上的力偶时，这群力偶就称为平面力偶系。

由于力偶在坐标轴上的投影恒等于零，因此平面力偶系的平衡条件为：平面力偶系中各个力偶的代数和等于零，即：

$$\sum m = 0 \tag{1.21}$$

平面力偶系的平衡方程只有一个，只能求解一个未知量。但是对于平面力偶系来讲，最重要的是力偶只能与力偶保持平衡，因此应注意进行分析。

【例 1.7】 求图 1.19(*a*)所示简支桁架的支座反力。

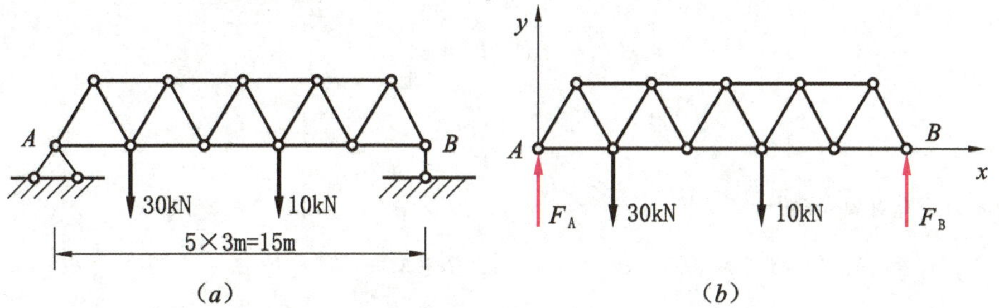

图 1.19　例 1.7 图

【解】 (1)取整个桁架为研究对象。

(2)画受力图(图 1.19(*b*))。桁架上有集中荷载及支座 *A*、*B* 处的反力 $\boldsymbol{F}_A$、$\boldsymbol{F}_B$，它们组成平面平行力系。

(3)选取坐标系，列方程求解：

$$\sum M_B = 0 \qquad 30 \times 12 + 10 \times 6 - F_A \times 15 = 0$$

$$F_A = \frac{360 + 60}{15} = 28\text{kN}(\uparrow)$$

$$\sum F_y = 0 \qquad F_A + F_B - 30 - 10 = 0$$

$$F_B = 40 - 28 = 12\text{kN}(\uparrow)$$

校核：

$$\sum M_A = F_B \times 15 - 30 \times 3 - 10 \times 9 = 12 \times 15 - 90 - 90 = 0$$

说明计算无误。

物体实际发生相互作用时，其作用力是连续分布作用在一定体积和面积上的，这种力称为分布力，也叫分布荷载。例如，物体的重量、水的压力等，如果荷载是连续分布在一个狭长的体积或面积上，则可简化为沿其中心线连续分布的荷载，称为线荷载。

单位长度上分布的线荷载大小称为荷载集度，其单位为牛顿/米(N/m)，如果荷载集度为常量，即称为均匀分布荷载，简称均布荷载。

对于均布荷载可以进行简化计算：认为其合力的大小为 $F_q = qa$，a 为分布荷载作用的长度，合力作用于受载长度的中点。

【例 1.8】 求图 1.20 所示梁支座的反力。

【解】 (1)取梁 *AB* 为研究对象。

(2)画出受力图(图 1.20(*b*))。桁架上有集中荷载 $\boldsymbol{F}$、均布荷载 q 和力偶 M 以及支座 *A*、*B* 处的反力 $\boldsymbol{F}_{Ax}$、$\boldsymbol{F}_{Ay}$ 和 M_A。

(3)选取坐标系，列方程求解：

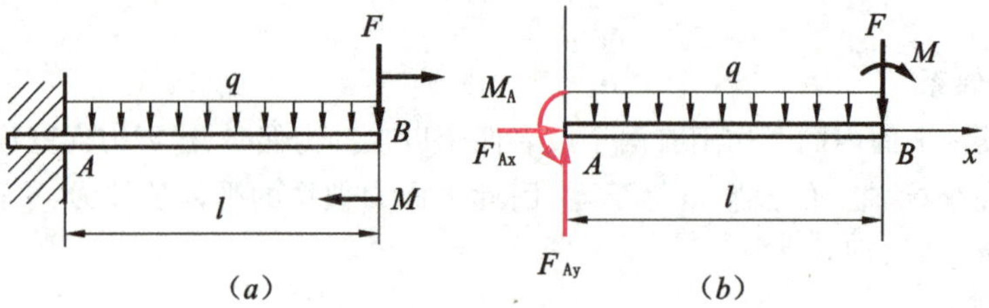

图 1.20　例 1.8 图

$$\sum F_x = 0 \qquad F_{Ax} = 0$$

$$\sum M_A = 0 \qquad M_A - M - Fl - ql \cdot \frac{l}{2} = 0$$

$$M_A = M + Fl + \frac{1}{2}ql^2$$

$$\sum F_y = 0 \qquad F_{Ay} - ql - F = 0$$

$$F_{Ay} = F + ql$$

以整体为研究对象，校核计算结果：

$$\sum M_B = F_{Ay}l + M - M_A - \frac{1}{2}ql^2 = (F + ql)l + M - (M + Fl + \frac{1}{2}ql^2) - \frac{1}{2}ql^2 = 0$$

说明计算无误。

总结例 1.7、例 1.8，可归纳出物体平衡问题的解题步骤如下：

(1)选取研究对象。

(2)画出受力图。

(3)依照受力图的特点选取坐标系，注意投影为零和力矩为零的应用，列方程求解。

(4)校核计算结果。

1.7.3　静定结构与超静定结构的概念

由于物体与物体之间用各种约束相互连接，从而构成了能够承受各种荷载的结构。凡只需要利用静力平衡条件就能计算出结构的全部约束反力和杆件的内力的结构称为静定结构，全部约束反力和杆件的内力不能只用静力平衡条件来确定的结构称为超静定结构。超静定结构的计算，将结合结构的变形进行。

1.8　变形固体基本概念

1.8.1　变形固体及其基本假设

构件是由固体材料制成的，在外力作用下，固体将发生变形，故称为变形固体。在进行静力分析和计算时，构件的微小变形对其结果影响可以忽略不计，因而将构件视为刚体；但是，在进行构件的强度、刚度、稳定性计算和分析时，必须考虑构件的变形。

构件的变形与构件的组成和材料有直接的关系，为了使计算工作简化，把变形固体的某些性质进行抽象化和理想化，作一些必要的假设，同时又不影响计算和分析结果。对变形固体的基本假设主要有：

(1)均匀性假设

即假设固体内部各部分的力学性质相同。实际上组成固体的微粒分布可能并不均匀,彼此性质不完全相同,但是由于微粒数量多且极小,因此,宏观上可以认为固体内的微粒均匀分布,各部分的性质也是均匀的。

(2)连续性假设

即假设组成固体的物质毫无空隙地充满固体的几何空间。实际的变形固体从微观结构来说,微粒之间是有空隙的,但是这种空隙与固体的实际尺寸相比是极其微小的,可以忽略不计。这种假设的意义在于:当固体受外力作用时,度量其效应的各个量都认为是连续变化的,可建立相应的函数进行数学运算。

(3)各向同性假设

即假设变形固体在各个方向上的力学性质完全相同。具有这种属性的材料称为各向同性材料。铸铁、玻璃、混凝土、钢材等都可以认为是各向同性材料。

(4)小变形假设

固体因外力作用而引起的变形与原始尺寸相比是微小的,这样的变形称为小变形。由于变形比较小,在固体分析、建立平衡方程、计算个体的变形时,都以原始的尺寸进行计算。

对于变形固体来讲,受到外力作用发生变形,而变形发生在一定的限度内,当外力解除后,随外力的解除而变形也随之消失的变形,称为弹性变形。但是也有部分变形随外力的解除而变形不随之消失,这种变形称为塑性变形。本书只进行弹性变形和小变形的计算。

总之,材料力学研究的构件是均匀、连续、各向同性的理想弹性体,且限于小变形范围。

1.8.2 杆件变形

1.8.2.1 杆件

在工程实际中,构件的形状可以是各种各样的,但经过适当的简化,一般可以归纳为四类,即杆、板、壳和块。本书重点研究的对象是杆件。所谓杆件,是指长度远大于其他两个方向尺寸的构件。

杆件的形状和尺寸可由杆的横截面和轴线两个主要几何元素来描述。杆的各个截面的形心的连线叫轴线,垂直于轴线的截面叫横截面。

轴线为直线、横截面相同的杆称为等直杆。本书主要研究这种等直杆的变形。

1.8.2.2 杆件变形的基本形式

杆件在不同形式的外力作用下,将发生不同形式的变形。杆件变形的基本形式有下列四种:

(1)轴向拉伸与压缩(图 1.21(a)、(b))。这种变形是在一对大小相等、方向相反、作用线与杆轴线重合的外力作用下,杆件产生长度的改变(伸长或缩短)。

(2)剪切(图 1.21(c))。这种变形是在一对相距很近、大小相等、方向相反、作用线垂直于杆轴线的外力作用下,杆件的横截面沿外力方向发生的错动。

(3)扭转(图 1.21(d))。这种变形是在一对大小相等、方向相反、位于垂直于杆轴线的平

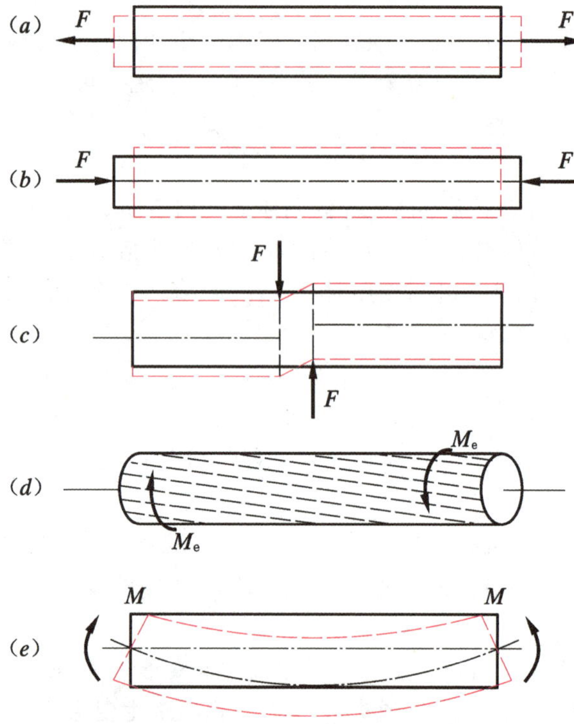

图 1.21　杆件变形的基本形式

面内的力偶作用下,杆的任意两横截面发生的相对转动。例如,机械设备中的传动轴主要产生扭转变形。

(4)弯曲(图 1.21(*e*))。这种变形是在横向力或一对大小相等、方向相反、位于杆的纵向平面内的力偶作用下,杆的轴线由直线弯曲成曲线。例如,房屋建筑中梁、楼板等,它们的变形主要就是弯曲。

1.8.3　内力、应力的概念

(1)内力

构件内各粒子间都存在着相互作用力。当构件受到外力作用时,形状和尺寸将发生变化,构件内各个截面之间的相互作用力也将发生变化,这种因为杆件受力而引起的截面之间相互作用力的变化称为内力。

(2)应力

内力表示的是整个截面的受力情况。在不同粗细的两根绳子上分别悬挂质量相同的物体,则细绳将可能被拉断,而粗绳不会被拉断,这说明构件是否破坏不仅仅与内力的大小有关,而且与内力在整个截面的分布情况有关,而内力的分布通常用单位面积上的内力大小来表示,我们将单位面积上的内力称为应力。应力是内力在某一点的分布集度。

应力根据其与截面之间的关系和对变形的影响,可分为正应力和切应力两种。垂直于截面的应力称为正应力,用 σ 表示;相切于截面的应力称为切应力,用 τ 表示。

在国际单位制中,应力的单位是帕斯卡,简称帕(Pa)。

$$1Pa=1N/m^2$$

工程实际中应力的数值较大，常以千帕(kPa)、兆帕(MPa)或吉帕(GPa)为单位。

$$1kPa=10^3 Pa$$

$$1MPa=10^6 Pa$$

$$1GPa=10^9 Pa$$

$$1MPa=1N/mm^2$$

1.8.4 应变的概念

物体在外力作用下，不但尺寸要改变，同时也可能发生形状的改变。变形既要考虑整个构件的变形，同时也应考虑局部的变形和相对变形，我们用应变表示应力状态下构件的相对变形。应变常有两种基本形态：线应变和切应变。

1.8.4.1 线应变

杆件在轴向拉力或压力作用下，沿杆轴线方向会伸长或缩短，这种变形称为纵向变形；同时，杆的横向尺寸将减小或增大，这种变形称为横向变形。如图 1.21(a)、(b)所示，其纵向变形为：

$$\Delta l=l_1-l \tag{1.22}$$

但是，Δl 随杆件的原长不同而不同。为了避免杆件长度的影响，用单位长度的变形量反映变形的程度，称为线应变。纵向线应变用符号 ε 表示。

$$\varepsilon=\frac{\Delta l}{l}=\frac{l_1-l}{l} \tag{1.23}$$

其中，l 为杆件原长，l_1 为杆件变形后的长度。线应变是一个无量纲的量值。

1.8.4.2 切应变

图 1.21(c)为一矩形截面的构件，在一对剪切力的作用下，截面将产生相互错动，形状变为平行四边形，这种由于角度的变化而引起的变形称为剪切变形。直角的改变量称为切应变，用符号 γ 表示。切应变 γ 的单位为弧度。

1.8.4.3 虎克定律

实验表明，应力和应变之间存在着一定的物理关系。在一定条件下，应力与应变成正比，这就是虎克定律。

用数学公式表达为：

$$\sigma=E\varepsilon \tag{1.24}$$

式中，比例系数 E 称为材料的弹性模量，它与构件的材料有关，可以通过试验得出。

1.8.5 强度、刚度、稳定性的概念

结构和构件总是要受到外力的作用，为了使构件在外力的作用下能够安全地工作，每个构件和结构都应有足够的承受荷载的能力(承载能力)，这种承载能力由以下三方面来衡量：

(1)构件应有足够的强度。所谓强度，就是构件在外力作用下抵抗破坏的能力。

(2)构件应有足够的刚度。所谓刚度,就是构件抵抗变形的能力。

(3)构件应有足够的稳定性。稳定性就是构件保持原有平衡状态的能力。

单元小结

(1)静力学基本概念

力是物体之间的相互作用,这种作用使物体的运动状态改变或者使物体发生变形。力的三要素:大小、方向和作用点。

约束是阻碍物体运动的限制物,约束反力的方向与限制物体运动的方向相反。

(2)静力学公理

作用与反作用公理说明了物体之间的相互关系。

二力平衡公理阐述了二力作用下的平衡条件。

加减平衡力系公理是力系等效的基础。

力的平行四边形法则是力的合成的规律。

(3)平面一般力系的平衡条件

①平面一般力系平衡的充分和必要条件是:平面一般力系中各力在两个任选的直角坐标轴上的投影的代数和分别等于零,以及各力对任意一点之矩的代数和也等于零。

用数学公式表达为:

$$\begin{cases}\sum F_x=0\\ \sum F_y=0\\ \sum M_O(\boldsymbol{F})=0\end{cases}$$

二力矩-投影形式为:

$$\begin{cases}\sum F_x=0\\ \sum M_A(\boldsymbol{F})=0\\ \sum M_B(\boldsymbol{F})=0\end{cases}$$

附加条件是 x 轴不垂直于 A、B 的连线。

三力矩形式为:

$$\begin{cases}\sum M_A(\boldsymbol{F})=0\\ \sum M_B(\boldsymbol{F})=0\\ \sum M_C(\boldsymbol{F})=0\end{cases}$$

式中 A、B、C 应不共线。

②平面力系平衡的特例有如下三种。

平面汇交力系的平衡条件为力系的合力为零,其平衡方程为:

$$\begin{cases}\sum F_x=0\\ \sum F_y=0\end{cases}$$

平面平行力系的平衡方程为：

$$\begin{cases}\sum F_y = 0 \\ \sum M_O(\boldsymbol{F}) = 0\end{cases}$$

平面力偶系中各个力偶的代数和等于零，即

$$\sum m = 0$$

(4)物体平衡问题的解题步骤

①选取研究对象，研究对象上应有主动力和待求力。

②画受力图。

③依照受力图的特点选取坐标系，坐标轴应与未知力平行或垂直，矩心在未知力的交点处，列方程求解。

④校核计算结果。

(5)虎克定律

在一定限度内，应力与应变成正比。

思　考　题

1.1　什么是力？力的作用效果取决于哪些因素？

1.2　投影与分力有何区别？

1.3　二力平衡公理与作用力和反作用力有何不同？

1.4　试判断在下列情况下力投影的正负号：

(1)力从左下方指向右上方。

(2)力从右下方指向左上方。

1.5　试分析力偶与力矩的区别与联系。

1.6　为什么力偶在任意坐标轴上的投影为零？

1.7　平行力系的平衡条件中，如果坐标轴不选取与力平行或垂直，则独立的方程式有几个？平衡方程的形式是否改变？

1.8　什么是强度、刚度和稳定性？

1.9　杆件的变形有哪几种？

1.10　物体的重心是否一定在物体上？试举例说明。

习　　题

1.1　画出图 1.22 所示各物体的受力图(所有的接触面都是光滑的，凡未注明的重力不计)。

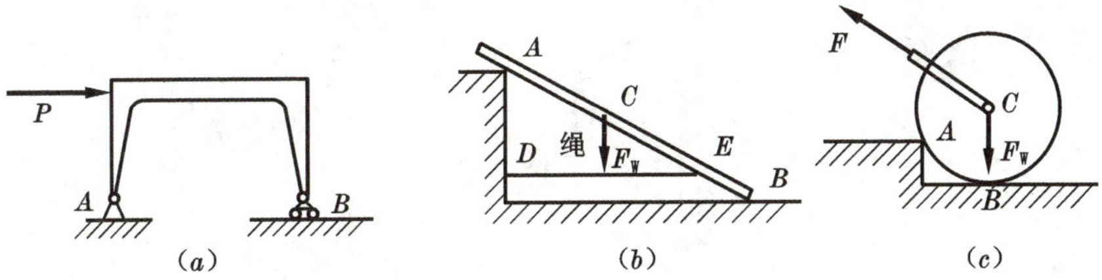

图 1.22　习题 1.1 图

1.2　画出图 1.23 所示 AB 杆的受力图。

1.3　如图 1.24 所示，已知 $F_1 = F_2 = F_3 = F_4 = F_5 = F_6$，$\alpha = 30°$，试分别求各力在坐标轴上的投影。

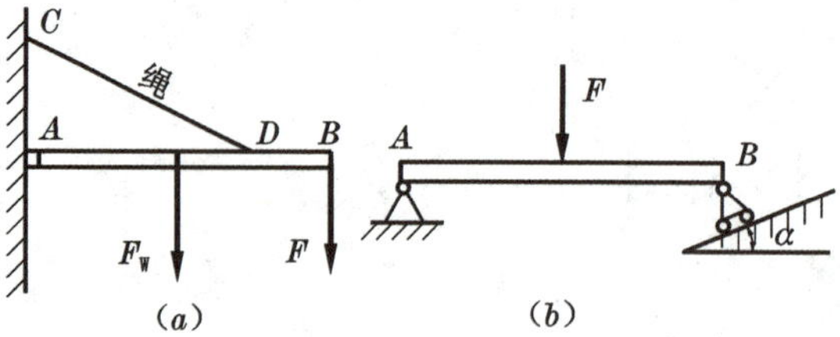

图 1.23 习题 1.2 图

1.4 如图 1.25 所示，$F_1=10\text{N}$，$F_2=6\text{N}$，$F_3=8\text{N}$，$F_4=12\text{N}$。试求其合力。

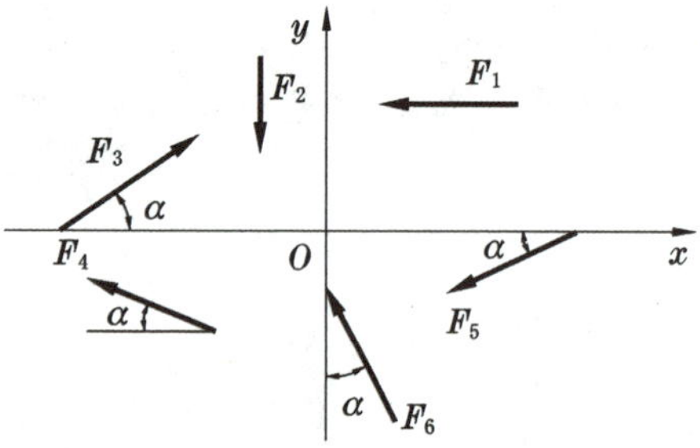

图 1.24 习题 1.3 图

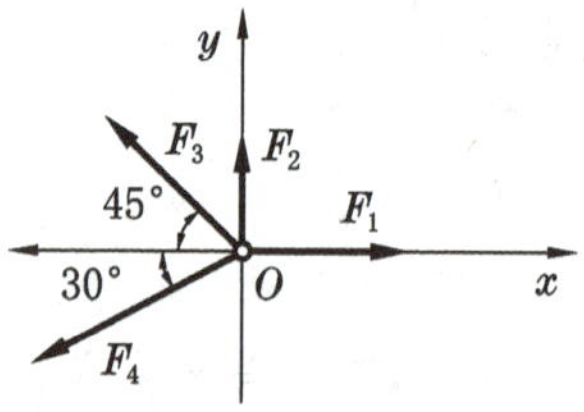

图 1.25 习题 1.4 图

1.5 求图 1.26 中各力对 O 点之矩。

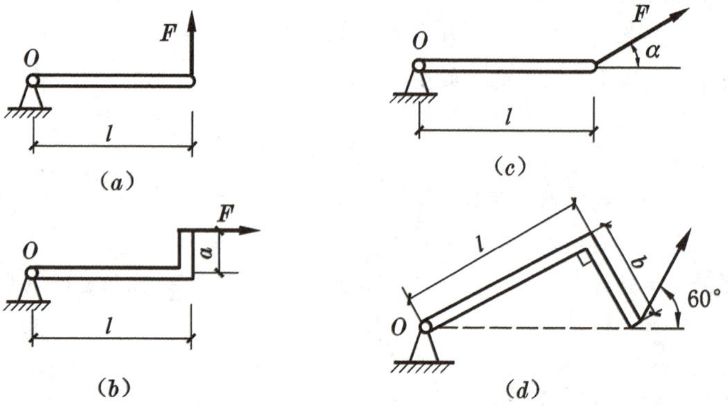

图 1.26 习题 1.5 图

1.6 支架由杆 AB、AC 构成，A、B、C 处都是铰接，在 A 点处有铅垂重力 F_W，求图 1.27 所示三种情况下杆 AB、AC 的受力。

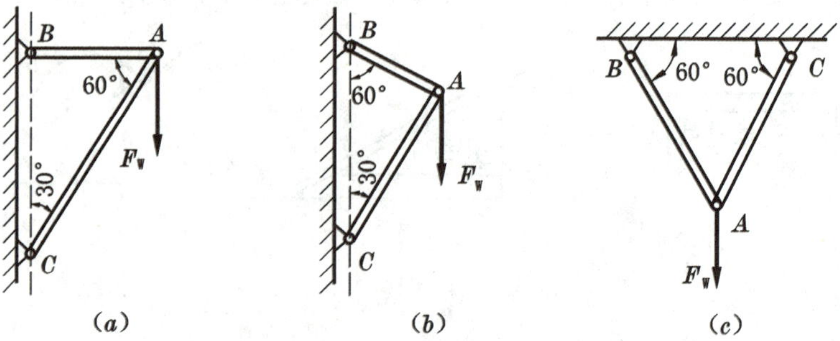

图 1.27 习题 1.6 图

1.7　某厂房柱高 9m，柱上段 BC 重 $F_{W1}=8\text{kN}$，下段重 $F_{W2}=37\text{kN}$，柱顶水平力 $F=6\text{kN}$，各力的作用如图 1.28 所示，试求 O 处的约束反力。

1.8　试求图 1.29 所示支架中各支承点的约束反力。已知物重 $F_W=5\text{kN}$，支架自重不计。

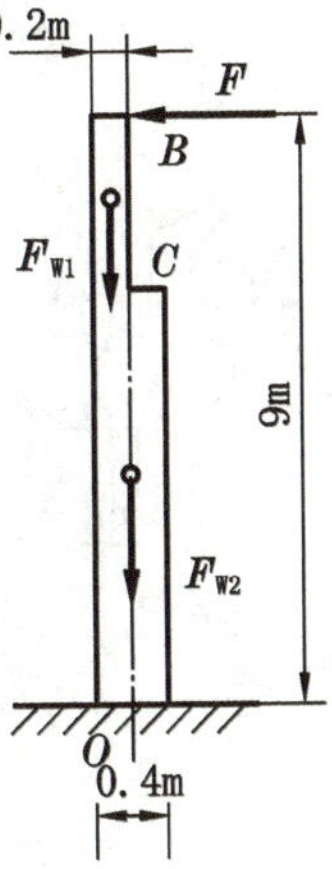

图 1.28　习题 1.7 图

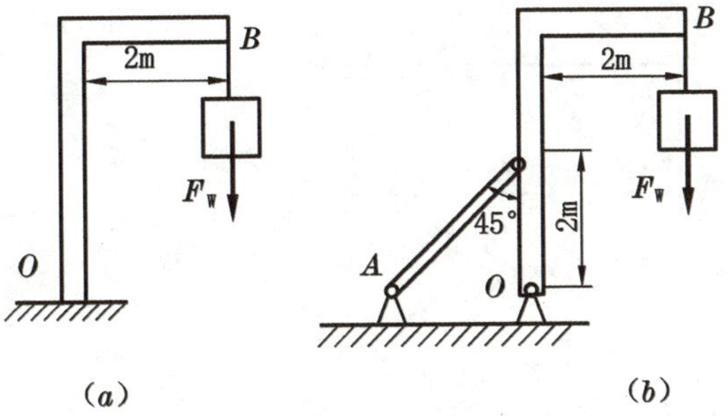

图 1.29　习题 1.8 图

1.9　已知：$F=400\text{N}$，$a=1\text{m}$，$M=100\text{N}\cdot\text{m}$，$q=1000\text{N/m}$，求图 1.30 所示各梁的支座反力。

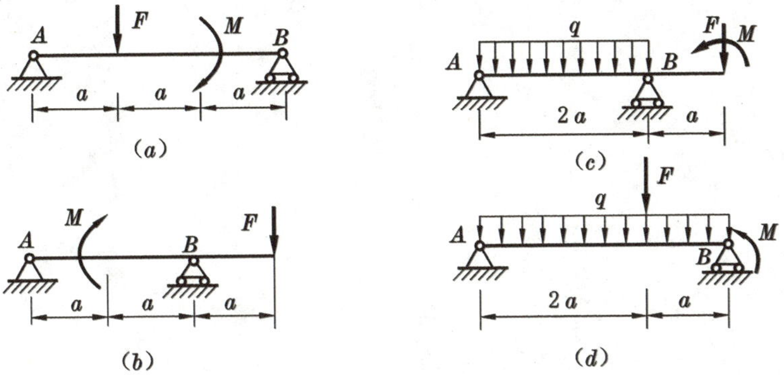

图 1.30　习题 1.9 图

1.10　求图 1.31 所示刚架的支座反力。

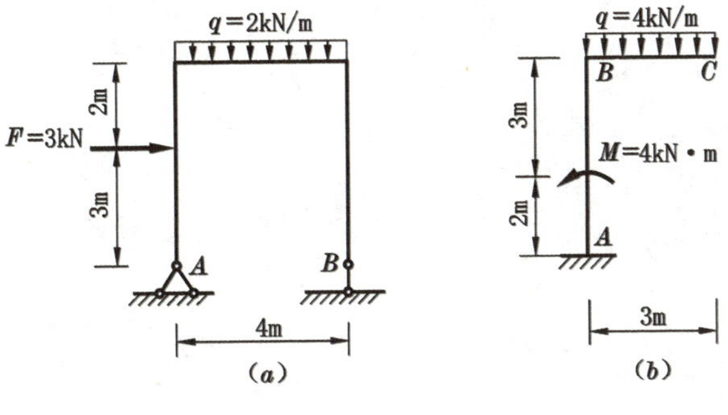

图 1.31　习题 1.10 图

1.11 求图 1.32 所示悬臂梁 A 处的约束反力。

1.12 如图 1.33 所示的起重机的机身自重 $F_{W1}=500kN$，其中力的作用线距右轨 1.5m，起重机的起重量 $F_{W2}=250kN$，凸臂伸出离右轨 10m，要使跑车满载或空载时任何位置起重机都不会翻倒，求平衡锤的最小重量 F_{W3} 以及平衡锤到左轨的距离 x。跑车重量略去不计。

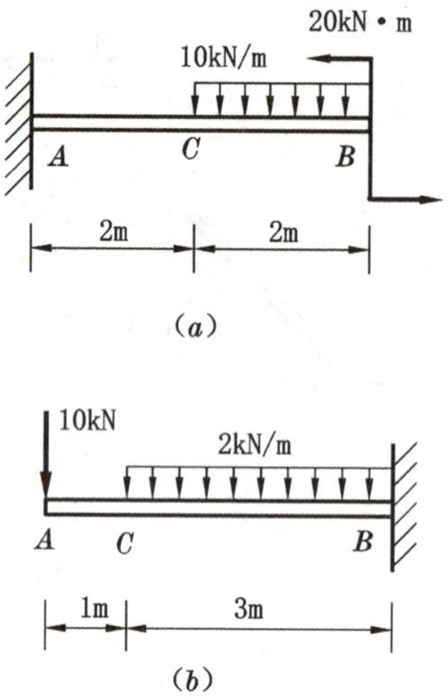

图 1.32 习题 1.11 图

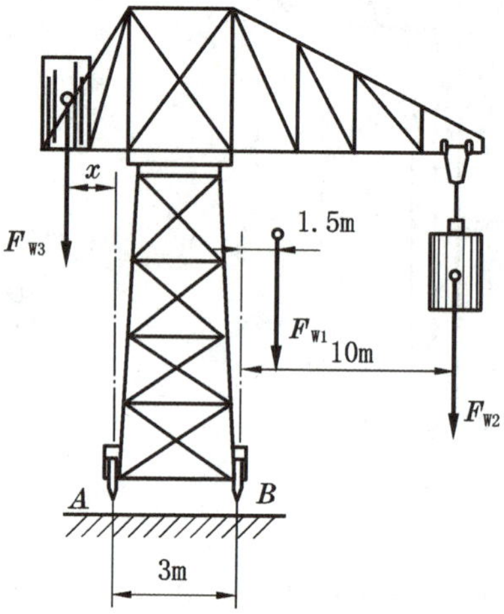

图 1.33 习题 1.12 图

2 建筑结构计算基本原则

知识目标

1. 掌握三类荷载的定义及其代表值的确定方法；
2. 掌握建筑结构应满足的功能要求及功能极限状态的概念；
3. 掌握影响砌体抗压强度的因素；
4. 掌握混凝土与钢筋共同工作的原因及保证粘结力的措施；
5. 理解建筑钢材的品种及规格；
6. 理解砌体材料的种类及强度等级；
7. 理解混凝土结构的耐久性规定。

能力目标

能正确查取材料设计指标。

思政元素举例

规范意识、质量意识、安全意识。

2.1 荷载分类及荷载代表值

前已述及，作用在结构上的集中力或分布力系称为直接作用，也称荷载。

2.1.1 荷载分类

按随时间的变异，结构上的荷载可分为以下三类：

(1)永久荷载

在结构使用期间，其值不随时间变化，或者其变化与平均值相比可忽略不计的荷载称为永久荷载，如结构自重、土压力、预应力等。永久荷载也称为恒荷载。

(2)可变荷载

在结构使用期间，其值随时间变化，且其变化值与平均值相比不可忽略的荷载称为可变荷载，如楼面活荷载、屋面活荷载、风荷载、雪荷载、吊车荷载等。可变荷载也称为活荷载。

(3)偶然荷载

偶然荷载是指在结构使用期间不一定出现，而一旦出现，其量值很大且持续时间很短的荷载，如爆炸力、撞击力等。

2.1.2 荷载代表值

进行结构设计时，对荷载应赋予一个规定的量值，该量值即所谓荷载代表值。永久荷载采用标准值为代表值，可变荷载采用标准值、组合值、频遇值或准永久值为代表值。

2.1.2.1　荷载标准值

作用于结构上荷载的大小具有变异性。例如，对于结构自重等永久荷载，虽可事先根据结构的设计尺寸和材料单位质量计算出来，但由于施工时的尺寸偏差、材料单位质量的变异性等原因，致使结构的实际自重并不完全与计算结果相吻合。至于可变荷载的大小，其不定因素则更多。荷载标准值就是结构在正常使用期间可能出现的最大荷载值，它是荷载的基本代表值。

(1)永久荷载标准值

永久荷载主要是结构自重及粉刷、装修、固定设备的重量。由于结构或非承重构件的自重的变异性不大，一般以其平均值作为荷载标准值，即可按结构构件的设计尺寸和材料或结构构件单位体积(或面积)的自重标准值确定。对于自重变异性较大的材料，在设计中应根据其对结构有利或不利的情况，分别取其自重的下限值或上限值。常用材料和构件的单位自重见《建筑结构荷载规范》。

例如，钢筋混凝土的重度(即单位体积的自重)标准值为 $25kN/m^3$，则截面尺寸为 200mm ×500mm 的钢筋混凝土矩形截面梁的自重标准值为 $0.2 \times 0.5 \times 25 = 2.5kN/m$。

(2)可变荷载标准值

《工程结构通用规范》给出了各种情况下楼面和屋面活荷载。其中，一般使用条件下，民用建筑楼面和屋面均布活荷载标准值见表 2.1、表 2.2。

表 2.1　民用建筑楼面均布活荷载标准值及其组合值系数、频遇值系数和准永久值系数

项次	类别		标准值(kN/m^2)	组合值系数 ψ_c	频遇值系数 ψ_f	准永久值系数 ψ_q
1	(1)住宅、宿舍、旅馆、医院病房、托儿所、幼儿园		2.0	0.7	0.5	0.4
	(2)办公楼、教室、医院门诊室		2.5	0.7	0.6	0.5
2	食堂、餐厅、试验室、阅览室、会议室、一般资料档案室		3.0	0.7	0.6	0.5
3	礼堂、剧场、影院、有固定座位的看台、公共洗衣房		3.5	0.7	0.5	0.3
4	(1)商店、展览厅、车站、港口、机场大厅及其旅客等候室		4.0	0.7	0.6	0.5
	(2)无固定座位的看台		4.0	0.7	0.5	0.3
5	(1)健身房、演出舞台		4.5	0.7	0.6	0.5
	(2)运动场、舞厅		4.5	0.7	0.6	0.3
6	(1)书库、档案库、储藏室(书架高度不超过 2.5m)		6.0	0.9	0.9	0.8
	(2)密集柜书库(书架高度不超过 2.5m)		12.0	0.9	0.9	0.8
7	通风机房、电梯机房		8.0	0.9	0.9	0.8
8	厨房	(1)餐厅	4.0	0.7	0.7	0.7
		(2)其他	2.0	0.7	0.6	0.5
9	浴室、卫生间、盥洗室		2.5	0.7	0.6	0.5
10	走廊、门厅	(1)宿舍、旅馆、医院病房、托儿所、幼儿园、住宅	2.0	0.7	0.5	0.4
		(2)办公楼、餐厅、医院门诊部	3.0	0.7	0.6	0.5
		(3)教学楼及其他可能出现人员密集的情况	3.5	0.7	0.5	0.3

续表 2.1

项次	类别		标准值(kN/m²)	组合值系数 ψ_c	频遇值系数 ψ_f	准永久值系数 ψ_q
11	楼梯	(1)多层住宅	2.0	0.7	0.5	0.4
		(2)其他	3.5	0.7	0.5	0.3
12	阳台	(1)可能出现人员密集的情况	3.5	0.7	0.6	0.5
		(2)其他	2.5	0.7	0.6	0.5

工业与民用建筑的屋面均布活荷载按水平投影面计算。

表 2.2 屋面均布活荷载

项次	类别	标准值(kN/m²)	组合值系数 ψ_c	频遇值系数 ψ_f	准永久值系数 ψ_q
1	不上人的屋面	0.5	0.7	0.5	0
2	上人的屋面	2.0	0.7	0.5	0.4
3	屋顶花园	3.0	0.7	0.6	0.5
4	屋顶运动场	3.0	0.7	0.6	0.4

注:①不上人的屋面,当施工荷载较大时,应按实际情况采用。
②上人的屋面,当兼作其他用途时,应按相应楼面活荷载采用。
③对于因屋面排水不畅、堵塞等引起的积水荷载,应采取构造措施加以防止;必要时,应按积水的可能深度确定屋面活荷载。
④屋顶花园活荷载不包括花圃土石等材料自重。

其余可变荷载,如工业建筑楼面活荷载、风荷载、雪荷载、厂房屋面积灰荷载等详见《建筑结构荷载规范》。

2.1.2.2 可变荷载准永久值

可变荷载准永久值是指在设计基准期内经常达到或超过的荷载值,它对结构的影响类似于永久荷载。

可变荷载准永久值可表示为 $\psi_q Q_k$,其中 Q_k 为可变荷载标准值,ψ_q 为可变荷载准永久值系数。ψ_q 的值见表 2.1、表 2.2。

例如,住宅的楼面活荷载标准值为 2kN/m²,准永久值系数 $\psi_q=0.4$,则活荷载准永久值为 $2\times0.4=0.8$kN/m²。

2.1.2.3 可变荷载组合值

两种或两种以上可变荷载同时作用于结构上时,所有可变荷载同时达到其单独出现时可能达到的最大值的概率极小,因此,除主导荷载(产生最大效应的荷载)仍可以其标准值为代表值外,其他伴随荷载均应以小于标准值的荷载值为代表值,此即可变荷载组合值。

可变荷载组合值可表示为 $\psi_c Q_k$。其中 ψ_c 为可变荷载组合值系数,其值按表 2.1、表 2.2 查取。

2.1.2.4 可变荷载频遇值

可变荷载频遇值是指在设计基准期内被超越的总时间仅为设计基准期一小部分的荷

载值。

可变荷载频遇值可表示为 $\psi_f Q_k$。其中 ψ_f 为可变荷载频遇值系数，其值按表 2.1、表 2.2 查取。

2.2　建筑结构设计方法

2.2.1　结构的功能及其极限状态

2.2.1.1　结构的功能要求

结构设计的目的是使所设计的结构在规定的设计工作年限内能完成预期的全部功能要求。所谓设计工作年限，是指设计规定的结构或结构构件不需进行大修即可按其预定目的使用的年限。换言之，设计工作年限就是房屋建筑在正常设计、正常施工、正常使用和维护下所应达到的持久年限。房屋建筑结构的设计工作年限应不低于表 2.3 的规定。

表 2.3　房屋建筑结构的设计工作年限

类别	类　　别	设计工作年限(年)
1	临时性建筑结构	5
2	普通房屋和构筑物	50
3	特别重要的建筑结构	100

建筑结构在规定的设计工作年限内应满足安全性、适用性和耐久性三项功能要求。

安全性是指结构在正常施工和正常使用的条件下，能承受在施工和使用期间可能出现的各种作用；当发生偶然事件(如爆炸、撞击、人为错误等)时，能保持必要的整体稳固性，不致发生连续倒塌；当发生火灾时，在规定的时间内可保持足够的承载力。

适用性是指结构在正常使用时具有良好的工作性能。例如，不会出现影响正常使用的过大变形或振动，不会产生使使用者感到不安的裂缝宽度等。

耐久性是指在正常维护条件下结构能够正常使用到规定的设计工作年限。例如，结构材料不致出现影响功能的损坏，钢筋混凝土构件的钢筋不致因保护层过薄或裂缝过宽而锈蚀等。

结构的安全性、适用性和耐久性概括起来称为结构的可靠性，它是结构在规定时间(设计工作年限)内和规定条件(正常设计、正常施工、正常使用、正常维护)下完成预定功能的能力。但在各种随机因素的影响下，结构完成预定功能的能力不能事先确定，只能用概率来描述。为此，我们引入结构可靠度的概念，即结构在规定时间(设计工作年限)内和规定条件(正常设计、正常施工、正常使用、正常维护)下完成预定功能的概率。结构的可靠度是结构可靠性的概率度量，即对结构可靠性的定量描述。

结构可靠度与结构使用年限长短有关。《建筑结构可靠性设计统一标准》以结构的设计工作年限为计算结构可靠度的时间基准。当结构的使用年限超过设计工作年限后，并不意味着结构就要报废，但其可靠度将逐渐降低。还应说明，结构的设计工作年限不等同于设计基准期。

2.2.1.2 结构功能的极限状态

结构能满足功能要求，称结构“可靠”或“有效”，否则称结构“不可靠”或“失效”。区分结构工作状态“可靠”与“失效”的界限是“极限状态”。所谓结构的极限状态，是指结构或其构件满足结构安全性、适用性、耐久性三项功能中某一功能要求的临界状态。超过这一界限，结构或其构件就不能满足设计规定的该功能要求，而进入失效状态。

结构极限状态分为以下三类：

(1)承载能力极限状态

这种极限状态对应于结构或结构构件达到最大承载能力或不适于继续承载的变形。承载能力极限状态主要考虑关于结构安全性的功能。超过这一状态，便不能满足安全性的功能。当结构或结构构件出现下列状态之一时，应认定为超过了承载能力极限状态：①结构构件或连接因材料强度不够而破坏，或因过度变形而不适于继续承载；②整个结构或结构的一部分作为刚体失去平衡（如倾覆等）；③结构转变为机动体系；④结构或结构构件丧失稳定（柱子被压曲等）；⑤结构因局部破坏而发生连续倒塌；⑥地基丧失承载力而破坏；⑦结构或结构构件疲劳破坏。

结构或结构构件一旦超过承载能力极限状态，将造成结构全部或部分破坏或倒塌，导致人员伤亡或重大经济损失，因此，在设计中对所有结构和构件都必须按承载力极限状态进行计算，并保证具有足够的可靠度。

(2)正常使用极限状态

正常使用极限状态对应于结构或结构构件达到正常使用的某项规定限值的状态，超过这一状态便不能满足适用性的功能。当结构或结构构件出现下列状态之一时，应认定为超过了正常使用极限状态：①影响正常使用或外观的变形；②影响正常使用的局部损坏（包括裂缝）；③影响正常使用的振动；④影响正常使用的其他特定状态等。

(3)耐久性极限状态

耐久性极限状态对应于结构或结构构件在环境影响下出现的劣化达到耐久性能的某项规定限值或标志的状态。超过这一状态，便不能满足耐久性的功能。当结构或结构构件出现下列状态之一时，应认定为超过了耐久性极限状态：①影响承载能力和正常使用的材料性能劣化；②影响耐久性能的裂缝、变形、缺口、外观、材料削弱等；③影响耐久性能的其他特定状态。

虽然超过正常使用极限状态和耐久性极限状态的后果一般没有超过承载能力极限状态那样严重，但也不可忽视。例如，过大的变形会造成房屋内粉刷层剥落、门窗变形、屋面积水等后果，水池和油罐等结构开裂会引起渗漏等。

2.2.1.3 结构的功能函数

先引入作用效应和结构抗力的概念。

作用效应是指结构上的各种作用，在结构内产生的内力（轴力、弯矩、剪力、扭矩等）和变形（如挠度、转角、裂缝等）的总称，用 S 表示。由直接作用产生的效应，通常称为荷载效应。

结构抗力是结构或构件承受作用效应的能力，如构件的承载力、刚度、抗裂度等，用 R 表示。结构抗力是结构内部固有的，其大小主要取决于材料性能、构件几何参数及计算模式的精确性等。

结构的工作性能可用结构功能函数 Z 来描述。为简化起见，仅以荷载效应 S 和结构抗力 R 两个基本变量来表达结构的功能函数，则有

$$Z=g(S,R)=R-S \tag{2.1}$$

上式中，荷载效应 S 和结构抗力 R 均为随机变量，其函数 Z 也是一个随机变量。

实际工程中，可能出现以下三种情况：当 $Z>0$ 时，结构处于可靠状态；当 $Z<0$ 时，结构处于失效状态；当 $Z=0$ 时，结构处于极限状态。

关系式 $g(S,R)=R-S=0$ 称为极限状态方程。

2.2.2　概率极限状态设计法的实用设计表达式

现行规范采用以概率理论为基础的极限状态设计方法，用分项系数的设计表达式进行计算。

2.2.2.1　按承载能力极限状态设计的实用表达式

结构构件的承载力设计应采用下列极限状态设计表达式：

$$S_{\mathrm{d}}\leqslant R_{\mathrm{d}} \tag{2.2}$$

式中　R_{d}——结构构件的承载力设计值，即抗力设计值；

S_{d}——荷载组合的效应设计值。

下面介绍荷载基本组合的效应设计值的表达式，对于荷载偶然组合的效应设计值可参阅有关规范。

荷载基本组合的效应设计值按下式中最不利值计算：

$$S_{\mathrm{d}}=\gamma_0\Big(\sum_{j\geqslant 1}\gamma_{\mathrm{G}j}S_{\mathrm{G}j\mathrm{k}}+\gamma_{\mathrm{Q1}}\gamma_{\mathrm{L1}}S_{\mathrm{Q1k}}+\sum_{i>1}\gamma_{\mathrm{Q}i}\gamma_{\mathrm{L}i}\psi_{\mathrm{c}i}S_{\mathrm{Q}i\mathrm{k}}\Big) \tag{2.3}$$

式中　γ_0——结构构件的重要性系数，对安全等级为一级或设计工作年限为 100 年及以上的结构构件，不应小于 1.1；对安全等级为二级或设计工作年限为 50 年的结构构件，不应小于 1.0；对安全等级为三级或设计工作年限为 5 年及以下的结构构件，不应小于 0.9；在抗震设计中，不考虑结构构件的重要性系数。

$\gamma_{\mathrm{G}j}$——第 j 个永久荷载分项系数，当其效应对结构不利时取 1.3，当其效应对结构有利时取 $\leqslant 1.0$。

$S_{\mathrm{G}j\mathrm{k}}$——按第 j 个永久荷载标准值 $G_{j\mathrm{k}}$ 计算的荷载效应值。

$\gamma_{\mathrm{Q}i}$——第 i 个可变荷载的分项系数，当其效应对结构不利时取 1.5，当其效应对结构有利时取 0。

$S_{\mathrm{Q}i\mathrm{k}}$——按可变荷载标准值 $Q_{i\mathrm{k}}$ 计算的荷载效应值，其中 S_{Q1k} 为诸可变荷载效应中最大值①。

$\psi_{\mathrm{c}i}$——可变荷载 Q_i 的组合值系数，按《工程结构通用规范》的规定采用。

γ_{L1}、$\gamma_{\mathrm{L}i}$——第 1 个、第 i 个可变荷载考虑结构设计工作年限的调整系数。当设计工作年限为 5 年、50 年、100 年时，分别为 0.9、1.0、1.1。当设计工作年限不为

---

① 当对 S_{Q1k} 无法明显判断其效应设计值为诸可变荷载效应设计值中最大者，可轮次以各可变荷载效应为 S_{Q1k}，选其中最不利的荷载效应组合。

上述值时，可采用直线内插确定。

建筑结构的安全等级见表2.4。

表2.4 建筑结构的安全等级

安全等级	破坏后果
一级	很严重
二级	严重
三级	不严重

注：破坏后果系指危及人的生命、造成经济损失、产生社会影响等。

以上各式中，$\gamma_{Gj}S_{Gjk}$ 和 $\gamma_Q S_{Qk}$ 分别称为永久荷载效应设计值和可变荷载效应设计值。相应地，$\gamma_G G_k$ 和 $\gamma_Q Q_k$ 分别称为永久荷载设计值和可变荷载设计值，它们是荷载代表值与荷载分项系数的乘积。

【例2.1】 某办公楼钢筋混凝土矩形截面简支梁，安全等级为二级，设计工作年限50年，截面尺寸 $b\times h=200\text{mm}\times 400\text{mm}$，计算跨度 $l_0=5\text{m}$。承受均布线荷载：可变荷载标准值7kN/m，永久荷载标准值10kN/m（不包括自重）。求跨中最大弯矩设计值。

【解】 可变荷载组合值系数 $\psi_c=0.7$，结构重要性系数 $\gamma_0=1.0$，$\gamma_L=1.0$。

钢筋混凝土的重度标准值为 25kN/m^3，故梁自重标准值为 $25\times0.2\times0.4=2\text{kN/m}$。

总永久荷载标准值 $g_k=10+2=12\text{kN/m}$

$$M_{gk}=\frac{1}{8}g_k l_0^2=\frac{1}{8}\times12\times5^2=37.5\text{kN}\cdot\text{m}$$

$$M_{qk}=\frac{1}{8}q_k l_0^2=\frac{1}{8}\times7\times5^2=21.875\text{kN}\cdot\text{m}$$

跨中弯矩设计值为：

$$\gamma_0(\gamma_G M_{gk}+\psi_c\gamma_Q\gamma_L M_{qk})=1.0\times(1.3\times37.5+0.7\times1.5\times1.0\times21.875)=71.718\text{kN}\cdot\text{m}$$

2.2.2.2 按正常使用极限状态设计的实用表达式

对于正常使用极限状态，应根据不同的设计要求，采用荷载效应的标准组合、频遇组合或准永久组合，按下列设计表达式进行设计：

$$S_d\leqslant C \tag{2.4}$$

式中 S_d——变形、裂缝等荷载效应的设计值；

C——结构构件达到正常使用要求所规定的限值，如变形、裂缝宽度、应力等。

混凝土结构的正常使用极限状态要求主要通过验算构件的变形、抗裂度或裂缝宽度，使其不超过相应的规定限值来保证。

砌体结构的正常使用极限状态要求，一般情况下可由相应的构造措施保证。

钢结构的正常使用极限状态要求通过构件的刚度验算来保证。

2.3 建筑结构材料及其设计指标

2.3.1 建筑钢材

2.3.1.1 建筑钢材的品种和规格

建筑钢材包括混凝土结构用钢筋及钢结构用型钢和钢板。

1.混凝土结构用钢筋

用于混凝土结构的钢筋应具有较高的强度和良好的塑性，便于加工和焊接，并应与混凝土之间具有足够的粘结力。

钢筋混凝土结构主要使用热轧钢筋，包括热轧光圆钢筋(即 HPB 系列钢筋)、普通热轧带肋钢筋(即 HRB 系列钢筋)、细晶粒热轧带肋钢筋(即 HRBF 系列钢筋)。用于混凝土结构的热轧钢筋的强度等级分为 300MPa、400MPa、500MPa 三级。

余热处理钢筋(即 RRB 钢筋)是热轧后利用热处理原理进行表面控制冷却，并利用芯部余热自身完成回火处理所得的成品钢筋，有一种牌号，即 RRB400。

按照外形不同，钢筋可分为光圆钢筋和变形钢筋(人字纹、螺纹、月牙纹)两种，如图 2.1 所示。HPB300 钢筋为光圆钢筋，HRB400 钢筋、HRBF400 钢筋、RRB400 钢筋、HRB500 钢筋和 HRBF500 钢筋是带肋钢筋。

图 2.1 钢筋的外形

《混凝土结构设计标准(2024 版)》规定，纵向受力普通钢筋(普通钢筋指用于钢筋混凝土结构中的钢筋和预应力混凝土结构中的非预应力钢筋)可采用 HRB400、HRB500、HRBF400、HRBF500、RRB400、HPB300 钢筋；梁、柱和斜撑构件的纵向受力普通钢筋宜采用 HRB400、HRB500、HRBF400、HRBF500 钢筋；箍筋宜采用 HRB400、HRBF400、HPB300、HRB500、HRBF500 钢筋。

各种直径钢筋的公称面积、计算截面面积及理论质量见附录 1。

2.钢结构用钢材

(1)钢材的品种

钢结构用的钢材主要是碳素结构钢和低合金高强度结构钢。

《钢结构设计标准》规定，钢材宜采用 Q235 钢、Q345 钢、Q390 钢、Q420 钢、Q460 钢和 Q345GJ 钢。

(2)钢材的规格

钢结构采用的型材有热轧成型的钢板、型钢以及冷弯(或冷压)成型的薄壁型材。

①热轧钢板

热轧钢板分厚板和薄板。厚板的厚度为 4.5～60mm，宽 0.7～3m，长 4～12m；薄板厚度为 0.35～4mm，宽 0.5～1.5m，长 0.5～4m。此外，还有一种扁钢，厚度为 4～60mm，宽度为 30～200mm，长 3～9m。厚钢板广泛用来组成焊接构件和连接钢板，薄钢板是冷弯薄壁型钢的原料。钢板用符号“—”后加“厚×宽×长”（单位为 mm）的方法表示，如— 12×800×2100。

②热轧型钢

热轧型钢有角钢、槽钢、工字钢、H 型钢、剖分 T 型钢和钢管，如图 2.2 所示。

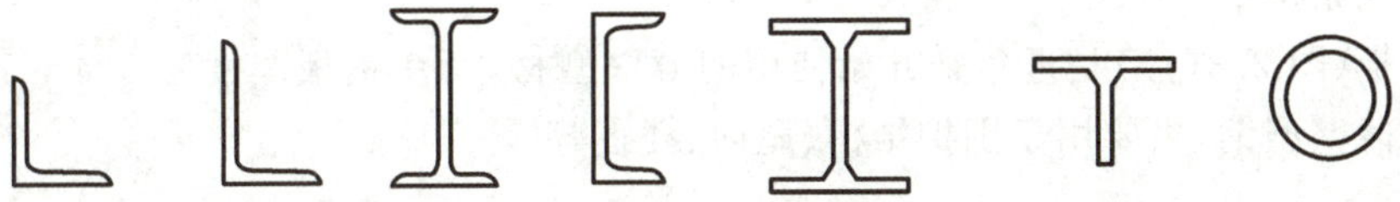

(a)　(b)　(c)　(d)　(e)　(f)　(g)

图 2.2　热轧型钢截面

角钢有等边和不等边两种。等边角钢（也叫等肢角钢），以符号“∟”后加“边宽×厚度”（单位为 mm）表示，如∟ 100×10 表示肢宽 100mm、厚 10mm 的等边角钢。不等边角钢（也叫不等肢角钢）则以符号“L”后加“长边宽×短边宽×厚度”表示，如 L100×80×8 等。我国目前生产的等边角钢，其肢宽为 20～200mm，不等边角钢的肢宽为 25mm×16mm～200mm×125mm。

槽钢有热轧普通槽钢与热轧轻型槽钢。普通槽钢以符号“[”后加截面高度（单位为 cm）表示，并以 a、b、c 区分同一截面高度中的不同腹板厚度，如[30a 指槽钢外廓高度为 30cm 且腹板厚度为最薄的一种。轻型槽钢的表示法如[25Q，其中 Q 是“轻”字的汉语拼音首字母。同样型号的槽钢，轻型槽钢由于腹板薄及翼缘宽而薄，因而截面小但回转半径大，能节约钢材、减少自重。

工字钢分普通工字钢和轻型工字钢。普通工字钢以符号“I”后加截面高度（单位为 cm）表示，如 I16。20 号以上的工字钢，同一截面高度有三种腹板厚度，以 a、b、c 区分（其中 a 类腹板最薄），如 I30b。轻型工字钢的表示法如 I25Q。我国生产的普通工字钢规格有 10～63 号，轻型工字钢规格有 10～70 号。工程中不宜使用轻型工字钢。

热轧 H 型钢①分为宽翼缘 H 型钢、中翼缘 H 型钢和窄翼缘 H 型钢三类，此外还有 H 型钢柱，其代号分别为 HW、HM、HN、HP②。H 型钢的规格以代号后加“高度×宽度×腹板厚度×翼缘厚度”（单位为 mm）表示，如 HW340×250×9×14。H 型钢是一种经工字钢发展而来的经济断面型材，其翼缘内外表面平行，内表面无斜度，翼缘端部为直角，与其他构件联结方便。我国正在积极推广采用 H 型钢。H 型钢桩的腹板与翼缘厚度相同，常用作柱子构件。

剖分 T 型钢系由对应的 H 型钢沿腹板中部对等剖分而成。其代号与 H 型钢相对应，采用 TW、TM、TN 分别表示宽翼缘 T 型钢、中翼缘 T 型钢和窄翼缘 T 型钢，其规格和表示方法亦与 H 型钢相同，如 TN225×200×12 表示截面高度为 225mm、翼缘宽度为 200mm、腹板厚度为 12mm 的窄翼缘剖分 T 型钢。用剖分 T 型钢代替由双角钢组成的 T 形截面，其截面力学性能更为优越，且制作方便。

钢管分为无缝钢管和焊接钢管。以符号“ϕ”后加“外径×厚度”（单位为 mm）表示，如 ϕ400×6。

常用型钢规格见附录 2。

---

① 除热轧 H 型钢外，还有普通焊接 H 型钢和轻型焊接 H 型钢。

② W、M、N、P 分别为英文单词 wide、middle、narrow、pile 的字头。

③冷弯薄壁型材

冷弯薄壁型钢是由2～6mm的薄钢板经冷弯或模压而成型的，其截面各部分厚度相同，转角处均呈圆弧形（图2.3(*a*)～(*i*)）。压型钢板是近年来开始使用的薄壁型材，所用钢板厚度为0.4～2mm。因其壁薄，截面几何形状开展，因而与面积相同的热轧型钢相比，其截面惯性矩大，是一种高效经济的型钢；缺点是因为壁薄，对锈蚀影响较为敏感，故多用于跨度小、荷载轻的轻型钢结构中。

压型钢板（图2.3(*j*)）是近年来开始使用的薄壁型材，所用钢板厚度为0.4～2mm。其优缺点同冷弯薄壁型钢，主要用于围护结构、屋面、楼板等。

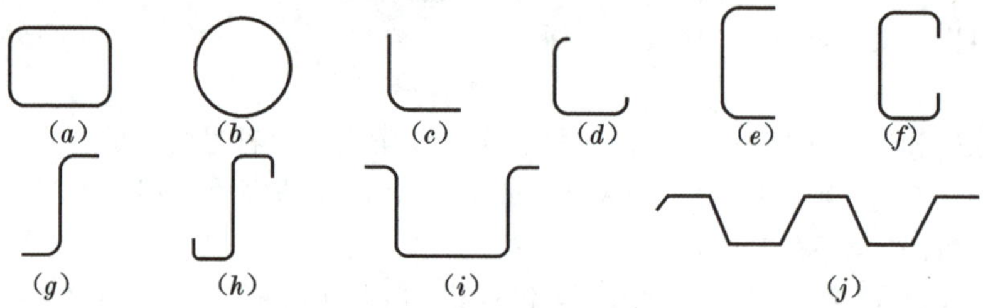

图2.3　冷弯薄壁型材的截面形式

(*a*)～(*i*)冷弯薄壁型钢；(*j*)压型钢板

2.3.1.2　建筑钢材的设计指标

钢材的强度具有变异性。按同一标准生产的钢材，不同时期生产的各批钢材之间的强度不会完全相同；即使同一炉钢轧制的钢材，其强度也会有差异。因此，在结构设计中采用其强度标准值作为基本代表值。所谓强度标准值，是指正常情况下可能出现的最小材料强度值。《建筑结构可靠性设计统一标准》规定，材料强度标准值应具有不小于95%的保证率。对于钢材，国家标准中已规定了每一种钢材的屈服强度废品限值，其保证率大约为97.73%，高于规定的95%，因此规范取国家标准规定的屈服强度废品限值作为钢筋强度的标准值，以使结构设计时采用的钢筋强度与国家规定的钢筋出厂检验强度一致。

强度标准值除以材料分项系数γ_S即为材料强度设计值。

普通钢筋的强度标准值、强度设计值见表2.5。

表2.5　普通钢筋强度标准值、设计值（N/mm²）

牌号	符号	公称直径 d(mm)	屈服强度标准值 f_{yk}	极限强度标准值 f_{stk}	抗拉强度设计值 f_y	抗压强度设计值 f_y'
HPB300	ϕ	6～14	300	420	270	270
HRB400 HRBF400 RRB400	Φ Φ^F Φ^R	6～50	400	540	360	360
HRB500 HRBF500	Φ Φ^F	6～50	500	630	435	410

注：①对轴心受压构件，当采用HRB500、HRBF500钢筋时，f_y'应取400N/mm²。

②横向钢筋的抗拉强度设计值f_{yv}应按表中f_y的数值采用；但用作受剪、受扭、受冲切承载力计算时，其数值大于360N/mm²时应取360N/mm²。

2.3.2 混凝土

2.3.2.1 混凝土的强度等级

根据立方体抗压强度标准值 $f_{cu,k}$ 的大小，混凝土结构中使用的混凝土强度等级分 C20、C25、C30、C35、C40、C45、C50、C55、C60、C65、C70、C75、C80 共 13 级。

《混凝土结构通用规范》规定，对设计工作年限为 50 年的混凝土结构，结构混凝土的强度等级应符合下列规定；对设计工作年限大于 50 年的混凝土结构，结构混凝土的最低强度等级应比下列规定提高：

(1)素混凝土结构构件的混凝土强度等级不应低于 C20；钢筋混凝土结构构件的混凝土强度等级不应低于 C25；预应力混凝土楼板结构的混凝土强度等级不应低于 C30，其他预应力混凝土结构构件的混凝土强度等级不应低于 C40；钢-混凝土组合结构构件的混凝土强度等级不应低于 C30。

(2)承受重复荷载作用的钢筋混凝土结构构件，混凝土强度等级不应低于 C30。

(3)抗震等级不低于二级的钢筋混凝土结构构件，混凝土强度等级不应低于 C30。

(4)采用 500MPa 及以上等级钢筋的钢筋混凝土结构构件，混凝土强度等级不应低于 C30。

2.3.2.2 混凝土的设计指标

同钢筋相比，混凝土强度具有更大的变异性，按同一标准生产的混凝土各批强度会不同，即使用一次搅拌的混凝土其强度也有差异。因此，设计中也应采取混凝土强度标准值来进行计算。

混凝土强度设计值等于混凝土强度标准值除以混凝土材料分项系数 γ_c。

各种强度等级的混凝土强度标准值、强度设计值列于表 2.6、表 2.7。

表 2.6 混凝土强度标准值(N/mm²)

强度	混凝土强度等级												
	C20	C25	C30	C35	C40	C45	C50	C55	C60	C65	C70	C75	C80
$f_{c,k}$	13.4	16.7	20.1	23.4	26.8	29.6	32.4	35.5	38.5	41.5	44.5	47.4	50.2
$f_{t,k}$	1.54	1.78	2.01	2.20	2.39	2.51	2.64	2.74	2.85	2.93	2.99	3.05	3.11

表 2.7 混凝土强度设计值(N/mm²)

强度	混凝土强度等级												
	C20	C25	C30	C35	C40	C45	C50	C55	C60	C65	C70	C75	C80
f_c	9.6	11.9	14.3	16.7	19.1	21.1	23.1	25.3	27.5	29.7	31.8	33.8	35.9
f_t	1.1	1.27	1.43	1.57	1.71	1.80	1.89	1.96	2.04	2.09	2.14	2.18	2.22

2.3.2.3 混凝土结构的耐久性规定

混凝土结构应符合有关耐久性规定，以保证其在化学的、生物的以及其他使结构材料性能恶化的各种侵蚀的作用下达到预期的耐久年限。混凝土结构的耐久性按结构所处环境和设计工作年限设计。其中，使用环境类别按表 2.8 划分。

(1)设计工作年限为50年的混凝土结构,其混凝土材料的耐久性基本要求应符合表2.9的规定。

表2.8　混凝土结构的环境类别

环境类别	条　件
一	室内干燥环境; 无侵蚀性静水浸没环境
二a	室内潮湿环境; 非严寒和非寒冷地区的露天环境; 非严寒和非寒冷地区与无侵蚀性的水或土壤直接接触的环境; 严寒和寒冷地区的冰冻线以下与无侵蚀性的水或土壤直接接触的环境
二b	干湿交替环境; 水位频繁变动环境; 严寒和寒冷地区的露天环境; 严寒和寒冷地区冰冻线以上与无侵蚀性的水或土壤直接接触的环境
三a	严寒和寒冷地区冬季水位变动区环境; 受除冰盐影响环境; 海风环境
三b	盐渍土环境; 受除冰盐作用环境; 海岸环境
四	海水环境
五	受人为或自然的侵蚀性物质影响的环境

注:①室内潮湿环境是指构件表面经常处于结露或湿润状态的环境;
②严寒和寒冷地区的划分应符合现行国家标准《民用建筑热工设计规范》(GB 50176)的有关规定;
③暴露的环境是指混凝土结构表面所处的环境。

表2.9　结构混凝土材料的耐久性基本要求

环境等级	最大水胶比	最低强度等级	水溶性氯离子最大含量(%)	最大碱含量(kg/m^3)
一	0.60	C25	0.30	不限制
二a	0.55	C25	0.20	3.0
二b	0.50(0.55)	C30(C25)	0.15	
三a	0.45(0.50)	C35(C30)	0.15	
三b	0.40	C40	0.10	

注:①氯离子含量系指其占胶凝材料用量的质量百分比;
②预应力构件混凝土中的水溶性氯离子最大含量为0.06%,其最低混凝土强度等级宜按表中的规定提高不少于两个等级;
③素混凝土结构的混凝土最大水胶比及最低强度等级的要求可适当放松;
④有可靠工程经验时,二类环境中的最低混凝土强度等级可为C25;
⑤处于严寒和寒冷地区二b、三a类环境中的混凝土应使用引气剂,并可采用括号中的有关参数;
⑥当使用非碱活性骨料时,对混凝土中的碱含量可不作限制。

(2)一类环境中,设计工作年限为100年的结构混凝土应符合下列规定:

①钢筋混凝土结构的最低强度等级为C30,预应力混凝土结构的最低强度等级为C40。

②混凝土中最大氯离子含量为0.06%。

③宜使用非碱活性骨料;当使用碱活性骨料时,混凝土中的碱含量不得超过3.0kg/m^3。

④混凝土保护层厚度应符合相应的规定;当采取有效的表面防护措施时,混凝土保护层厚度可适当减少。

⑤在使用过程中应有定期维护措施。

(3)对于设计工作年限为100年且处于二类和三类环境中的混凝土结构应采取专门有效的措施。

(4)严寒及寒冷地区的潮湿环境中,结构混凝土应满足抗冻要求,混凝土抗冻等级应符合有关标准的要求。

(5)有抗渗要求的混凝土结构,混凝土的抗渗等级应符合有关标准的要求。

(6)三类环境中的结构构件,其受力钢筋可采用阻锈剂、环氧树脂涂层钢筋等具有耐腐蚀性能的钢筋。

(7)四类和五类环境中的混凝土结构,其耐久性要求应符合有关标准的规定。

2.3.3 钢筋与混凝土的共同工作

2.3.3.1 钢筋与混凝土共同工作的原因

钢筋和混凝土是两种不同性质的材料,在钢筋混凝土结构中之所以能够共同工作,是因为:

(1)钢筋表面与混凝土之间存在粘结作用,这种粘结作用由三部分组成:一是混凝土结硬时体积收缩,将钢筋紧紧握住而产生的摩擦力;二是由于钢筋表面凹凸不平而产生的机械咬合力;三是混凝土与钢筋接触表面间的胶结力。其中机械咬合力约占50%。

(2)钢筋和混凝土的温度线膨胀系数几乎相同(钢筋为1.2×10^{-5},混凝土为$1.0\times10^{-5}\sim1.5\times10^{-5}$),在温度变化时,二者的变形基本相等,不致破坏钢筋混凝土结构的整体性。

(3)钢筋被混凝土包裹着,从而使钢筋不会因大气的侵蚀而生锈变质。

上述三个原因中,钢筋表面与混凝土之间存在粘结作用是最主要的原因。

2.3.3.2 钢筋的弯钩

为了增加钢筋在混凝土内的抗滑移能力和钢筋端部的锚固作用,绑扎钢筋骨架中的受拉光面钢筋末端应做弯钩。标准弯钩的构造要求如图2.4所示。

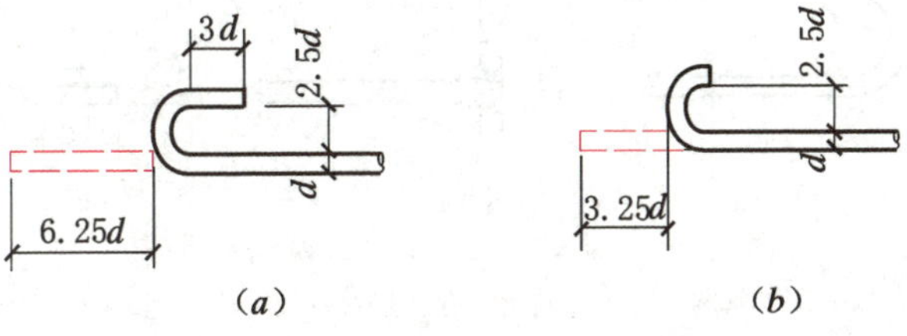

图2.4 光面钢筋端部的弯钩

(a)手工弯半圆弯钩;(b)机器弯半圆弯钩

2.3.3.3　钢筋的锚固

钢筋混凝土构件中，受力钢筋依靠其表面与混凝土的粘结作用或端部构造的挤压作用而达到设计承受应力所需的长度，称为锚固长度。钢筋的锚固长度取决于钢筋强度及混凝土强度，并与钢筋外形有关，它可根据钢筋应力达到屈服强度时钢筋才被拔动的条件确定。

(1)当计算中充分利用钢筋的抗拉强度时，普通受拉钢筋的锚固长度 l_a 按下式计算，且不应小于 200mm：

$$l_a = \zeta_a l_{ab} \tag{2.5}$$

$$l_{ab} = \alpha \frac{f_y}{f_t} d \tag{2.6}$$

式中　l_a——受拉钢筋的锚固长度；

l_{ab}——受拉钢筋的基本锚固长度；

f_y——钢筋的抗拉强度设计值；

f_t——混凝土轴心抗拉强度设计值，当混凝土强度等级高于 C60 时，按 C60 取值；

d——钢筋的公称直径；

α——锚固钢筋的外形系数，按表 2.10 采用；

ζ_a——锚固长度修正系数。当带肋钢筋的公称直径大于 25mm 时取 1.10；环氧树脂涂层带肋钢筋取 1.25；施工过程中易受扰动的钢筋取 1.10；当纵向受力钢筋的实际配筋面积大于其设计计算面积时，其锚固长度可乘以设计计算面积与实际配筋面积的比值(有抗震设防要求及直接承受动力荷载的构件除外)；锚固钢筋的保护层厚度为 $3d$ 时取 0.8，保护层厚度为 $5d$ 时取 0.7，保护层厚度为 $3d$～$5d$ 时按直线内插取值，此处 d 为锚固钢筋的直径。当上述修正系数多于一项时，可按连乘计算，但 ξ_d 不宜小于 0.6。

表 2.10　锚固钢筋的外形系数 α

钢筋类型	光面钢筋	带肋钢筋	螺旋肋钢丝	三股钢绞线	七股钢绞线
α	0.16	0.14	0.13	0.16	0.17

当纵向受拉钢筋末端采用机械锚固措施(图 2.5)时，包括附加锚固端头在内的锚固长度可取基本锚固长度的 0.6 倍。

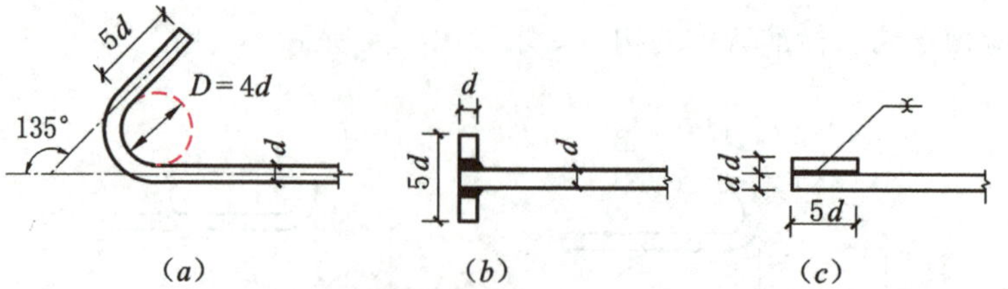

图 2.5　钢筋机械锚固的形式及构造要求

(a)末端带 135°弯钩；(b)末端与钢板穿孔塞焊；(c)末端与短钢筋双面贴焊

(2)当计算中充分利用钢筋的抗压强度时，其锚固长度不应小于相应受拉锚固长度的 0.7 倍。

2.3.3.4 钢筋的接头

在施工中，常常会出现因钢筋长度不够而需要接长的情况。钢筋的接头形式有绑扎搭接接头、焊接接头和机械连接接头。规范规定，轴心受拉及小偏心受拉构件的纵向受力钢筋不得采用绑扎搭接接头；直径大于25mm的受拉钢筋及直径大于28mm的受压钢筋不宜采用绑扎搭接接头。

(1)绑扎搭接接头

绑扎搭接接头的工作原理，是通过钢筋与混凝土之间的粘结强度来传递钢筋的内力。因此，绑扎接头必须保证足够的搭接长度，而且光圆钢筋的端部还需做弯钩(图2.6)。

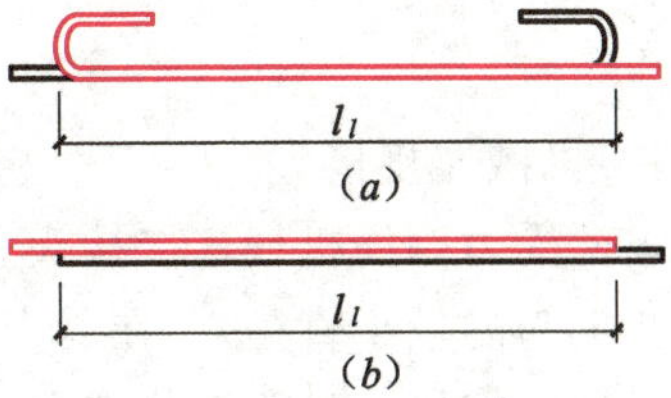

图2.6 钢筋的绑扎接头

(a)光圆钢筋；(b)变形钢筋

纵向受拉钢筋绑扎搭接接头的搭接长度 l_l 应根据位于同一连接区段内的钢筋搭接接头面积百分率按下式计算，且在任何情况下均不应小于300mm。

$$l_l=\zeta_l l_a \geqslant 300\text{mm} \tag{2.7}$$

式中 l_a——受拉钢筋的锚固长度；

ζ_l——受拉钢筋搭接长度修正系数，按表2.11采用。

表2.11 受拉钢筋搭接长度修正系数

同一连接区段搭接钢筋面积百分率(%)	≤25	50	100
搭接长度修正系数 ζ_l	1.2	1.4	1.6

纵向受压钢筋采用搭接连接时，其受压搭接长度不应小于按式(2.7)计算的受拉搭接长度的70%，且在任何情况下均不应小于200mm。

钢筋绑扎搭接接头连接区段的长度为1.3倍搭接长度，凡搭接接头中点位于该长度范围内的搭接接头均属同一连接区段(图2.7)。位于同一连接区段内的受拉钢筋搭接接头面积百分率(即有接头的纵向受力钢筋截面面积占全部纵向受力钢筋截面面积的百分率)，对于梁类、板类和墙类构件，不宜大于25%；对柱类构件，不宜大于50%。当工程中确有必要增大受拉钢筋搭接接头面积百分率时，对梁类构件不应大于50%；对板类、墙类及柱类构件，可根据实际情况放宽。

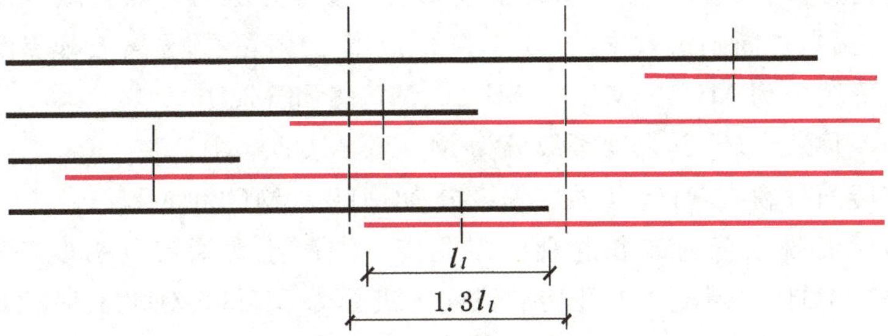

图2.7 同一连接区段内的纵向受拉钢筋绑扎搭接接头

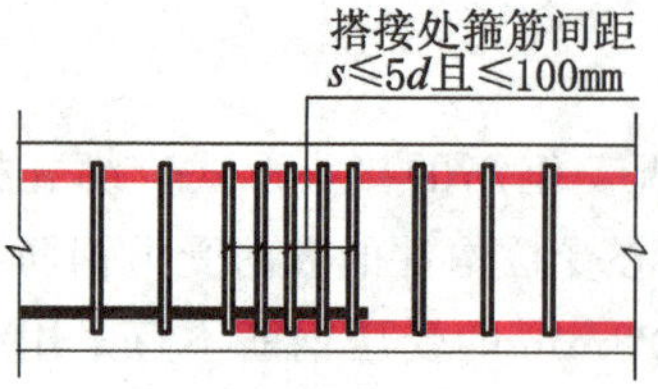

图 2.8 受拉钢筋搭接处箍筋设置
（图中 d 为纵向受拉钢筋较小直径）

同一构件中相邻纵向的绑扎搭接接头宜相互错开。在纵向受力钢筋搭接长度范围内应配置箍筋，其直径不应小于搭接钢筋较大直径的 25%。当钢筋受拉时，箍筋间距 s 不应大于搭接钢筋较小直径的 5 倍，且不应大于 100mm（图 2.8）；当钢筋受压时，箍筋间距 s 不应大于搭接钢筋较小直径的 10 倍，且不应大于 200mm。当受压钢筋直径大于 25mm 时，还应在搭接接头两个端面外 100mm 范围内各设置两个箍筋。

(2)机械连接接头

纵向受力钢筋机械连接接头宜相互错开。钢筋机械连接接头连接区段的长度为 $35d$（d 为连接钢筋的较小直径）。在受力较大处设置机械连接接头时，位于同一连接区段内纵向受拉钢筋机械连接接头面积百分率不宜大于 50%，纵向受压钢筋可不受限制；在直接承受动力荷载的结构构件中不应大于 50%。

(3)焊接接头

纵向受力钢筋的焊接接头应相互错开。钢筋机械连接接头连接区段的长度为 $35d$（d 为连接钢筋的较小直径）且不小于 500mm。位于同一连接区段内纵向受拉钢筋的焊接接头面积百分率不应大于 50%，纵向受压钢筋可不受限制。

2.3.4 砌体材料

2.3.4.1 砌体材料种类及强度等级

砌体的材料主要包括块材和砂浆。

1. 块材

块材是砌体的主要组成部分，通常占砌体总体积的 78% 以上。我国目前的块材主要有以下几类：

(1)砖

砖分为烧结砖和非烧结砖两大类。烧结砖包括烧结普通砖、烧结多孔砖。常用的非烧结砖有蒸压灰砂砖、蒸压粉煤灰砖、混凝土砖等。

烧结普通砖简称普通砖，分烧结黏土砖、烧结页岩砖、烧结煤矸石砖、烧结粉煤灰砖等。烧结普通砖的强度等级分为 MU30、MU25、MU20、MU15 和 MU10。

烧结多孔砖简称多孔砖。与烧结普通黏土砖相比，其突出的优点是减轻墙体自重 1/4～1/3，节约原料和能源，提高砌筑效率约 40%，降低成本 20%左右，显著改善保温隔热性能。烧结多孔砖的强度等级分为 MU30、MU25、MU20、MU15 和 MU10。

蒸压灰砂砖简称灰砂砖，其强度等级分为 MU25、MU20、MU15。

蒸压粉煤灰砖简称粉煤灰砖，其强度等级分为 MU25、MU20、MU15。

混凝土砖包括混凝土普通砖和混凝土多孔砖。混凝土普通砖的强度等级分为 MU30、MU25、MU20、和 MU15。混凝土多孔砖的强度等级分为 MU30、MU25、MU20、MU15。

(2)砌块

砌块根据尺寸大小，可分为小型、中型、大型三类。高度在 180～350mm 的一般称为小型砌块，高度在350～900mm之间一般称为中型砌块，高度大于900mm的一般称为大型砌块。砌块的强度等级分为MU20、MU15、MU10、MU7.5、MU5五级。

(3)石材

石材按加工后的外形规则程度分为料石和毛石两种。料石又可分为细料石和粗料石。石材的强度等级分为MU100、MU80、MU60、MU50、MU40、MU30、MU20。

2.砂浆

砌体中砂浆的作用是将块材连成整体，从而改善块材在砌体中的受力状态，使其应力均匀分布，同时因砂浆填满了块材间的缝隙，也降低了砌体的透气性，提高了砌体的防水、隔热、抗冻等性能。按配料成分不同，砂浆分为以下几种：

(1)水泥砂浆

水泥砂浆的主要特点是强度高，耐久性和耐火性好，但其流动性和保水性差，相对而言施工较困难。在强度等级相同的条件下，采用水泥砂浆砌筑的砌体强度要比用其他砂浆时低。水泥砂浆常用于地下结构或经常受水侵蚀的砌体部位。

(2)水泥混合砂浆

水泥混合砂浆包括水泥石灰砂浆、水泥黏土砂浆，其强度较高，且耐久性、流动性和保水性均较好，便于施工，容易保证施工质量，常用于地上砌体，是最常用的砂浆。

(3)非水泥砂浆

非水泥砂浆有石灰砂浆、黏土砂浆、石膏砂浆。石灰砂浆强度较低，耐久性也差，流动性和保水性较好，通常用于地上砌体。黏土砂浆强度低，可用于临时建筑或简易建筑。石膏砂浆硬化快，可用于不受潮湿的地上砌体。

(4)专用砂浆

在采用混凝土砖及砌块以及蒸养硅酸盐砖砌筑时，为保证砌体质量，提高砌体的粘结性能，在普通砂浆中掺入外加剂(如石灰膏、电石膏、粉煤灰等无机掺加料及有机塑化剂、早强剂、缓凝剂、防冻剂)构成专用砂浆。与传统砂浆相比，专用砂浆的和易性和粘结性好，可使砌体饱满、整体性好，减少墙体开裂和渗漏，提高砌体建筑质量。

混凝土砖及砌块砌筑用砂浆强度等级用“Mb××”表示，蒸养硅酸盐砖砌体用砂浆强度等级用“Ms××”表示，普通砂浆强度等级用“M××”表示。

3.砌体材料的选用

《砌体结构通用规范》规定了不同使用环境下，砌体材料的最低强度等级以及抗冻、抗渗、耐酸、耐碱等性能指标。

砌体结构所处的环境类别应依据气候条件及结构的使用环境条件按表2.12分类。

表2.12 砌体结构使用环境分类表

环境类别	环境名称	环境条件
1	干燥环境	干燥室内、外环境；室外有防水防护环境
2	潮湿环境	潮湿室内或室外环境，包括与无侵蚀性土和水接触的环境
3	冻融环境	寒冷地区潮湿环境
4	氯侵蚀环境	与海水直接接触的环境，或处于滨海地区的盐饱和的气体环境
5	化学侵蚀环境	有化学侵蚀的气体、液体或固态形式的环境，包括有侵蚀性土壤的环境

(1)块体材料

砌体结构不应采用非蒸压硅酸砖、非蒸压硅酸盐砌块及非蒸压加气混凝土制品。长期处于200℃以上或急热急冷的部位，以及有酸性介质的部位，不得采用非烧结墙体材料。下列部位或环境中的填充墙不应使用轻骨料混凝土小型空心砌块或蒸压加气混凝土砌块砌体：建(构)筑物防潮层以下墙体；长期浸水或化学侵蚀环境；砌体表面温度高于80℃的部位；长期处于有振动源环境的墙体。

处于环境类别1类和2类的承重砌体，所用块体材料的最低强度等级应符合表2.13的规定。处于环境类别3类的承重砌体，所用块体材料的抗冻性能和最低强度等级应符合表2.14的规定。处于环境类别4类、5类的承重砌体，应根据环境条件选择块体材料的强度等级、抗渗、耐酸、耐碱性能指标。

表2.13　1类、2类环境类下砌体材料最低强度等级

环境类别	烧结砖	混凝土砖	普通、轻骨料混凝土砌块	蒸压普通砖	蒸压加气混凝土砌块	石材
1	MU10	MU15	MU7.5	MU15	A5.0	MU20
2	MU15	MU20	MU7.5	MU20	—	MU30

注：①对配筋砌块砌体抗震墙，表中1类和2类环境的普通、轻骨料混凝土砌块强度等级为MU10；
②安全等级为一级或设计工作年限大于50年的结构，表中材料强度等级应至少提高一个等级。

表2.14　3类环境下块体材料抗冻性能与最低强度等级

<table>
<tr><th rowspan="2">环境类别</th><th rowspan="2">冻融环境</th><th colspan="3">抗冻性能</th><th colspan="3">块材最低强度等级</th></tr>
<tr><th>抗冻指标</th><th>质量损失(%)</th><th>强度损失(%)</th><th>烧结砖</th><th>混凝土砖</th><th>混凝土砌块</th></tr>
<tr><td rowspan="3">3</td><td>微冻地区</td><td>F25</td><td rowspan="3">≤5</td><td rowspan="3">≤20</td><td>MU15</td><td>MU20</td><td>MU10</td></tr>
<tr><td>寒冷地区</td><td>F35</td><td>MU20</td><td>MU25</td><td>MU15</td></tr>
<tr><td>严寒地区</td><td>F50</td><td>MU20</td><td>MU25</td><td>MU15</td></tr>
</table>

注：设计工作年限大于50年时，表中的抗冻指标应提高一个等级，对严寒地区抗冻指标提高为F75。

夹心墙的外叶墙的砖及混凝土砌块的强度等级不应低于MU10。填充墙的块材最低强度等级，应符合下列规定：内墙空心砖、轻骨料混凝土砌块、混凝土空心砌块为MU3.5，外墙为MU5；内墙蒸压加气混凝土砌块为A2.5，外墙为A3.5。

(2)砂浆

砌筑砂浆的最低强度等级，应符合下列规定：设计工作年限大于和等于25年的烧结普通砖和烧结多孔砖砌体为M5，设计工作年限小于25年的烧结普通砖和烧结多孔砖砌体为M2.5；蒸压加气混凝土砌块砌体为Ma5，蒸压灰砂普通砖和蒸压粉煤灰普通砖砌体为Ms5；混凝土普通砖、混凝土多孔砖砌体为Mb5；混凝土砌块、煤矸石混凝土砌块砌体为Mb7.5；配筋砌块砌体应为Mb10；毛料石、毛石砌体应为M5。

配置钢筋的砌体不得使用掺加氯盐和硫酸类外加剂的砂浆。

有抗冻要求的砌体，砂浆的抗冻性能不应低于墙体块材。

对安全等级为一级或设计工作年限大于50年的配筋砌块砌体房屋，砂浆和灌孔混凝土的最低强度等级应按相关规定至少提高一级。

2.3.4.2 砌体的力学性能

1.砌体的种类

砌体分为无筋砌体和配筋砌体两类。

(1)无筋砌体

无筋砌体由块体和砂浆组成,包括砖砌体、砌块砌体和石砌体。无筋砌体房屋抗震性能和抗不均匀沉降能力较差。

①砖砌体

实砌砖砌体可以砌成厚度为120mm(半砖)、240mm(一砖)、370mm(一砖半)、490mm(两砖)或620mm(两砖半)的墙体,也可砌成厚度为180mm、300mm或420mm的墙体,但此时部分砖必须侧砌,不利于抗震。

②砌块砌体

砌块砌体由砌块和砂浆砌筑而成。其自重轻,保温隔热性能好,施工进度快,经济效益好,又具有优良的环保功能,因此,砌块砌体特别是小型砌块砌体有很广阔的发展前景。

③石砌体

石砌体由石材和砂浆(或混凝土)砌筑而成。按石材加工后的外形规则程度,可分为料石砌体、毛石砌体、毛石混凝土砌体等。它价格低廉,可就地取材,但自重大,隔热性能差,作外墙时厚度一般较大, 在产石的山区应用较为广泛。料石砌体可用作房屋墙、柱,毛石砌体一般用作挡土墙、基础。

(2)配筋砌体

配筋砌体是指在灰缝中配置钢筋或钢筋混凝土的砌体,包括网状配筋砌体、组合砖砌体、配筋混凝土砌块砌体。

网状配筋砌体又称横向配筋砌体,是在砖柱或砖墙中每隔几皮砖在其水平灰缝中设置直径为3~4mm的方格网式钢筋网片(图2.9),在砌体受压时,网状配筋可约束砌体的横向变形,从而提高砌体的抗压强度。

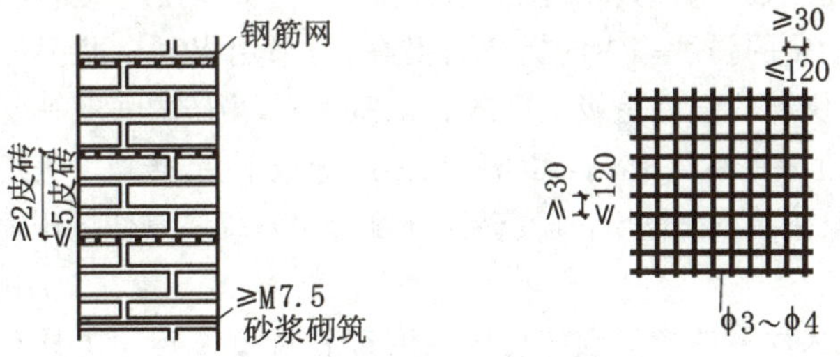

图2.9 网状配筋砌体

组合砖砌体有两种。一种是在砌体外侧预留的竖向凹槽内配置纵向钢筋,再浇筑混凝土面层或混合砂浆面层构成的(图2.10(*a*)、(*b*)、(*c*)),可认为是外包式组合砖砌体。另一种是砖砌体和钢筋混凝土构造柱组合墙,是在砖砌体中每隔一定距离设置钢筋混凝土构造柱,并在各层楼盖处设置钢筋混凝土圈梁(约束梁),使砖砌体墙与钢筋混凝土构造柱和圈梁组成一个构件(弱框架)共同受力,属内嵌式组合砖砌体(图2.10(*d*))。

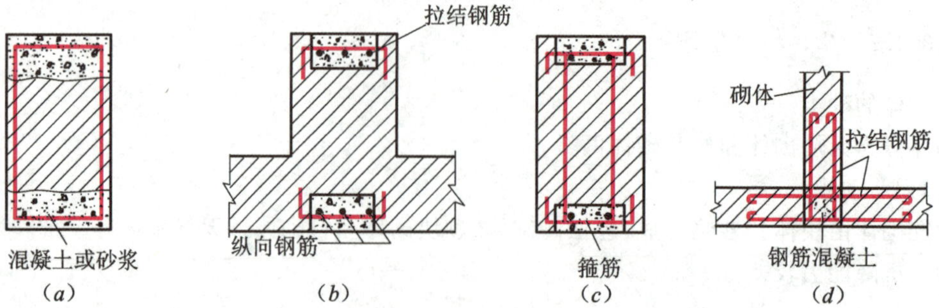

图 2.10 组合砖砌体

(a)、(b)、(c)组合砖砌体；(d)砖砌体和钢筋混凝土构造柱组合墙

配筋混凝土砌块砌体是在砌块墙体上下贯通的竖向孔洞中插入竖向钢筋，并用灌孔混凝土灌实，使竖向和水平钢筋与砌体形成一个共同工作的整体(图 2.11)。由于这种墙体主要用于中高层或高层房屋中起剪力墙作用，故又称配筋砌块剪力墙。

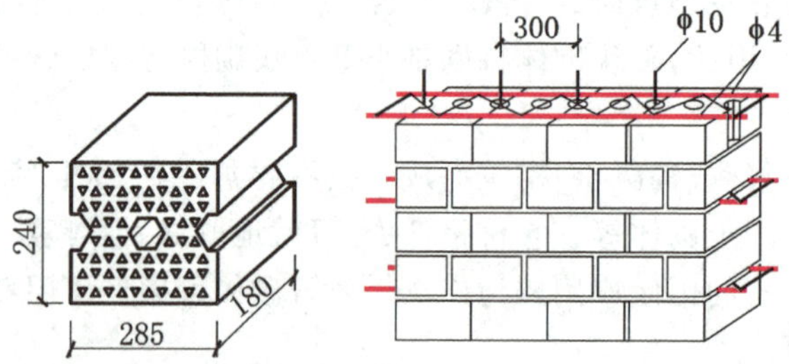

图 2.11 配筋砌块砌体

配筋砌体不仅加强了砌体的各种强度和抗震性能，还扩大了砌体结构的使用范围，如高强混凝土砌块通过配筋与浇注灌孔混凝土，可作为 10～20 层的房屋的承重墙体。

2.影响砌体抗压强度的因素

(1)块材和砂浆的强度

块材和砂浆的强度是决定砌体抗压强度的首要因素，其中尤其是块材的强度又是最主要的因素。块材的抗压强度较高时，其相应的抗拉、抗弯、抗剪等强度也相应提高。一般来说，砌体抗压强度随块体和砂浆的强度等级的提高而提高，但采用提高砂浆强度等级来提高砌体强度的做法，不如用提高块材的强度等级更有效。试验表明，当砖的强度等级不变，砂浆强度等级提高一级，砌体抗压强度只提高约 15%，而当砂浆强度等级不变，砖强度等级提高一级，砌体抗压强度可提高约 20%。但在毛石砌体中，提高砂浆强度等级对提高砌体抗压强度的影响较大。

(2)砂浆的性能

砂浆的流动性、保水性等性能对砌体抗压强度都有重要影响。用具有合适的流动性以及良好的保水性的砂浆铺成的水平灰缝厚度较均匀且密实性较好，可以有效地降低砌体内的局部弯剪应力，提高砌体的抗压强度。与混合砂浆相比，纯水泥砂浆容易失水而导致流动性变差，所以同一强度等级的混合砂浆砌筑的砌体强度要比纯水泥砂浆高。但当砂浆的流动性过大时，硬化后的砂浆变形也大，砌体抗压强度反而降低。所以性能较好的砂浆应同时具有合适的流动性和保水性。实际工程中，宜采用掺有石灰或黏土的混合砂浆砌筑砌体。

(3)块材的尺寸、形状及灰缝厚度

高度大的块体，其抗弯、抗剪、抗拉的能力增大会推迟砌体的开裂；长度较大时，块体在砌体中引起的弯、剪应力也较大，易引起砌体开裂破坏。块材表面规则、平整时，砌体中块材的弯剪不利影响减少，砌体强度相对较高。如细料石砌体抗压强度要比毛石料高50%左右。

灰缝愈厚，愈容易铺砌均匀，但砂浆的横向变形愈大，砌体内横向拉应力亦愈大，砌体内的复杂应力状态亦随之加剧，砌体抗压强度亦降低。灰缝太薄又难以铺设均匀。因而一般灰缝厚度应控制在8～12mm；对石砌体中的细料石砌体不宜大于5mm，毛料石和粗料石砌体不宜大于20mm。

(4)砌筑质量

砌筑质量的影响因素是多方面的，如块材砌筑的含水率、工人的技术水平、砂浆搅拌方式、现场管理水平、灰缝饱满度等。《砌体结构工程施工质量验收规范》(GB 50203—2011)规定水平灰缝的砂浆饱满度不得小于80%，并根据施工现场的质保体系、砂浆和混凝土的强度、砌筑工人技术等级方面的综合水平将施工技术水平划分为A、B、C三个等级，即砌体施工质量控制等级(见表2.15)。

表2.15 砌体施工质量控制等级

项目	施工质量控制等级		
	A	B	C
现场质量管理	制度健全，并严格执行；施工方有在岗专业技术管理人员，人员齐全，并持证上岗	制度基本健全，并能执行；施工方有在岗专业技术管理人员，并持证上岗	有制度；施工方有在岗专业技术管理人员
砂浆、混凝土强度	试块按规定制作，强度满足验收规定，离散性小	试块按规定制作，强度满足验收规定，离散性较小	试块强度满足验收规定，离散性大
砂浆拌和方式	机械拌和；配合比计量控制严格	机械拌和；配合比计量控制一般	机械或人工拌和；配合比计量控制较差
砌筑工人技术水平	中级工以上，其中高级工不少于30%	高、中级工不少于70%	初级工以上

3.砌体的抗压强度设计值

对于烧结普通砖、烧结多孔砖、混凝土普通砖、混凝土多孔砖、蒸压灰砂砖、蒸压粉煤灰砖砌体，龄期为28d的以毛截面计算的砌体抗压强度设计值，当施工质量控制等级为B级时，根据块材和砂浆的强度等级可分别按表2.16～表2.18查用(施工阶段砂浆尚未硬化的新砌砌体的强度和稳定性，可按砂浆强度为零进行验算)，其他砌体的抗压强度设计值见《砌体结构设计规范》。

表2.16 烧结普通砖和烧结多孔砖砌体的抗压强度设计值 f(MPa)

砖强度等级	砂浆强度等级					砂浆强度
	M15	M10	M7.5	M5	M2.5	0
MU30	3.94	3.27	2.93	2.59	2.26	1.15
MU25	3.60	2.98	2.68	2.37	2.06	1.05
MU20	3.22	2.67	2.39	2.12	1.84	0.94
MU15	2.79	2.31	2.07	1.83	1.60	0.82
MU10	—	1.89	1.69	1.50	1.30	0.67

注：烧结多孔砖的孔洞率大于30%时，表中数值应乘以0.9。

表 2.17　混凝土普通砖和混凝土多孔砖砌体抗压强度设计值 f(MPa)

砖强度等级	砂浆强度等级					砂浆强度
	Mb20	Mb15	Mb10	Mb7.5	Mb5	0
MU30	4.61	3.94	3.27	2.93	2.59	1.15
MU25	4.21	3.60	2.98	2.68	2.37	1.05
MU20	3.77	3.22	2.67	2.39	2.12	0.94
MU15	—	2.79	2.31	2.07	1.83	0.82

表 2.18　蒸压灰砂砖和蒸压粉煤灰砖砌体的抗压强度设计值 f(MPa)

砖强度等级	砂浆强度等级				砂浆强度
	M15	M10	M7.5	M5	0
MU25	3.60	2.98	2.68	2.37	1.05
MU20	3.22	2.67	2.39	2.12	0.94
MU15	2.79	2.31	2.07	1.83	0.82
MU10	—	1.89	1.69	1.50	0.67

对于下列情况，各种砌体的强度设计值应乘以调整系数 γ_a：

(1)无筋砌体构件，其截面面积 A 小于 $0.3m^2$ 时，$\gamma_a=0.7+A$；对配筋砌体构件，当其中砌体截面面积 A 小于 $0.2mm^2$ 时，$\gamma_a=0.8+A$。其中 A 以 m^2 为单位。

(2)当砌体用强度等级小于 M5.0 的水泥砂浆砌筑时，$\gamma_a=0.9$。

(3)当验算施工中房屋的构件时，$\gamma_a=1.1$。

单元小结

(1)按随时间的变异，结构上的荷载可分为以下三类：永久荷载、可变荷载和偶然荷载。

(2)结构设计时，对荷载应赋予一个规定的量值，该量值即所谓荷载代表值。永久荷载采用标准值为代表值，可变荷载采用标准值、组合值、频遇值或准永久值为代表值。荷载标准值就是结构在正常使用期间(即设计基准期内)可能出现的最大荷载值，它是荷载的基本代表值。可变荷载组合值、频遇值或准永久值为代表值均为标准值乘以一个小于 1 的系数。

(3)建筑结构在规定的设计工作年限内应满足安全性、适用性和耐久性三项功能要求。结构的安全性、适用性和耐久性概括起来称为结构的可靠性，它是结构在规定的时间内和规定的条件下，完成预定功能的概率。结构的可靠度是结构可靠性的概率度量。

(4)结构的极限状态就是结构或构件满足结构安全性、适用性、耐久性三项功能中某一功能要求的临界状态。超过这一界限，结构或其构件就不能满足设计规定的该功能要求，而进入失效状态。

结构极限状态分为承载能力极限状态、正常使用极限状态和耐久性极限状态三类。其中承载能力极限状态对应于结构或结构构件达到最大承载能力或不适于继续承载的变形；正常使用极限状态对应于结构或结构构件达到正常使用的某项规定限值，超过这一状态便不能满足适用性的功能。耐久性极限状态对应于结构或结构构件在环境影响下出现的劣化达到耐久性能的某项规定限值或标志的状态，超过这一状态便不能满足耐久性的功能。

(5)作用效应是指结构上的各种作用在结构内产生的内力(轴力、弯矩、剪力、扭矩等)和变形(如挠度、转角、裂缝等)的总称。结构抗力是结构或构件承受作用效应的能力。

(6)结构的工作性能可用结构功能函数 Z 来描述。当 $Z>0$ 时，结构处于可靠状态；当 $Z<0$ 时，结构处于失效状态；当 $Z=0$ 时，结构处于极限状态。

(7)结构构件的承载力设计应采用下列极限状态设计表达式：$S_d \leqslant R_d$。其中，荷载基本组合的效应设计值 S_d 按下式中最不利值计算：

$$S_d = \gamma_0 \left(\sum_{j \geqslant 1} \gamma_{Gj} S_{Gjk} + \gamma_{Q1} \gamma_{L1} S_{Q1k} + \sum_{i>1} \gamma_{Qi} \gamma_{Li} \psi_{ci} S_{Qik} \right)$$

(8)混凝土结构用的普通钢筋包括 HPB300、HRB400、HRBF400、RRB400、HRBF500、HRB500、HRBF500 七个牌号。HPB300 钢筋为光圆钢筋，其余均为带肋钢筋。

(9)钢结构用的钢材主要是碳素结构钢和低合金高强度结构钢，包括热轧钢板、热轧型钢、冷弯薄壁型钢。

(10)材料强度标准值，是指正常情况下可能出现的最小材料强度值。强度标准值除以材料分项系数即为材料强度设计值。

(11)钢筋混凝土结构的混凝土强度等级不应低于 C25；当采用 500MPa 以上钢筋时，混凝土强度等级不应低于 C30。

(12)钢筋和混凝土是两种不同性质的材料，在钢筋混凝土结构中之所以能够共同工作，最主要的原因是钢筋表面与混凝土之间存在粘结作用。

(13)砌体的材料主要包括块材和砂浆。块材包括砖、砌块和石材，砂浆按配料成分不同分为水泥砂浆、水泥混合砂浆、非水泥砂浆和专用砌块砌筑砂浆。

(14)砌体分为无筋砌体和配筋砌体两类。无筋砌体包括砖砌体、石砌体和砌块砌体。配筋砌体包括网状配筋砌体、组合砖砌体和配筋砌块砌体。

(15)影响砌体抗压强度的因素主要有：块材和砂浆的强度；砂浆的性能；块材的尺寸、形状及灰缝厚度；砌筑质量。

思　考　题

2.1　什么是永久荷载、可变荷载和偶然荷载？

2.2　什么是荷载代表值？永久荷载、可变荷载分别以什么为代表值？

2.3　建筑结构的设计基准期与设计工作年限有何区别？设计工作年限分为哪几类？

2.4　建筑结构应满足哪些功能要求？其中最重要的一项是什么？

2.5　结构的可靠性和可靠度的定义分别是什么？二者间有何联系？

2.6　什么是结构功能的极限状态？承载能力极限状态和正常使用极限状态的含义分别是什么？

2.7　试用结构功能函数描述结构所处的状态。

2.8　永久荷载、可变荷载的荷载分项系数分别为多少？

2.9　混凝土结构的使用环境分为几类？对一类环境中结构混凝土的耐久性要求有哪些？

2.10　钢结构中常用的钢材有哪几种？钢材牌号如何表示？热轧型钢的型号如何表示？

2.11　混凝土结构用热轧钢筋分为哪几级？主要用途是什么？

2.12　砌体可分为哪几类？常用的砌体材料有哪些？适用范围是什么？

2.13　影响砌体抗压强度的因素有哪些？砌体施工质量控制等级分为哪几级？

习　题

2.1　某住宅楼面梁，由永久荷载标准值引起的弯矩 $M_{gk}=45kN \cdot m$，由楼面可变荷载标准值引起的弯矩 $M_{qk}=25kN \cdot m$，可变荷载组合值系数 $\psi_c=0.7$，结构安全等级为二级，设计工作年限为 50 年。试求梁的最大弯矩设计值 M。

2.2　某钢筋混凝土矩形截面简支梁，截面尺寸 $b \times h=200mm \times 500mm$，计算跨度 $l_0=4m$，梁上作用永久荷载标准值（不含自重）14kN/m，可变荷载标准值 9kN/m，可变荷载组合值系数 $\psi_c=0.7$，梁的安全等级为二级，设计工作年限为 50 年。试求梁的跨中最大弯矩设计值。

3 受弯构件

知识目标

1. 理解斜截面受剪承载力计算方法；
2. 理解钢筋混凝土和钢受弯构件的主要构造要求。

能力目标

1. 能进行受弯构件的内力计算及内力图绘制；
2. 能进行钢筋混凝土受弯构件正截面承载力计算。

思政元素举例

规范意识、质量意识、安全意识、学用结合。

3.1 受弯构件的内力

3.1.1 概述

杆件在纵向平面内受到力偶或垂直于杆轴线的横向力作用时，杆件的轴线将由直线变成曲线，这种变形称为弯曲。实际上，杆件在荷载作用下产生弯曲变形时，往往还伴随有其他变形。我们把以弯曲变形为主的构件称为受弯构件。梁和板，如房屋建筑中的楼(屋)面梁、楼(屋)面板、雨篷板、挑檐板、挑梁等是工程实际中典型的受弯构件，如图 3.1 所示。

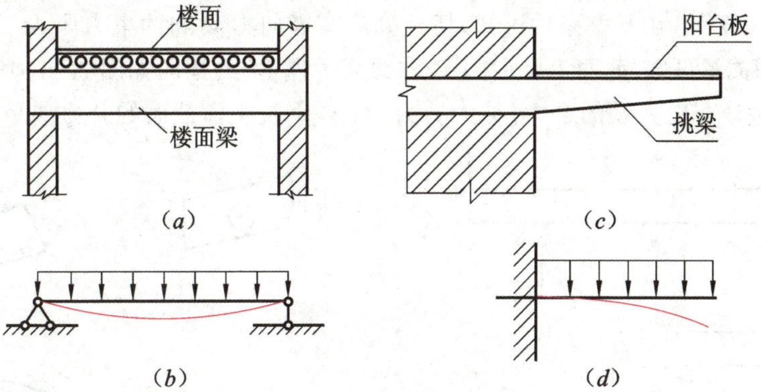

图 3.1 受弯构件举例

实际工程中常见的梁，其横截面往往具有竖向对称轴(图 3.2(a)、(b)、(c))，它与梁轴线所构成的平面称为纵向对称平面(图 3.2(d))。若作用在梁上的所有外力(包括荷载和支座反力)和外力偶都位于纵向对称平面内，则梁变形时，其轴线将变成该纵向对称平面内的一条平面曲线，这样的弯曲称为平面弯曲。本章只讨论平面弯曲问题。

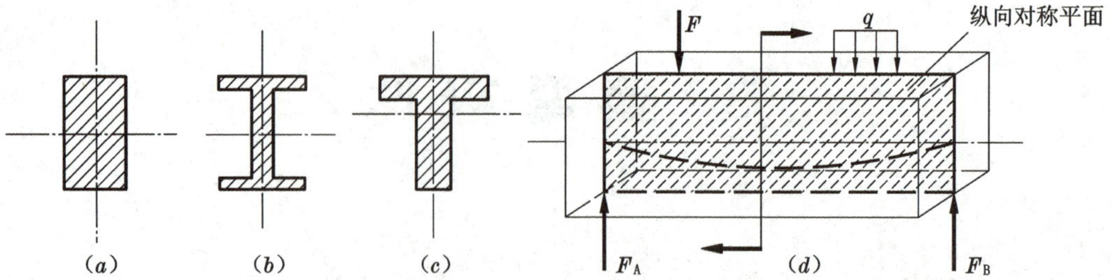

图 3.2　梁横截面的竖向对称轴及梁的纵向对称平面

(*a*)、(*b*)、(*c*)梁横截面的竖向对称轴；(*d*)梁的纵向对称平面

按支座情况不同，工程中的单跨静定梁分为悬臂梁、简支梁和外伸梁三类。其中，悬臂梁的一端是固定端，另一端为自由端；简支梁的一端是固定铰支座，另一端为可动铰支座；外伸梁是一端或两端伸出支座以外的简支梁。

在梁的计算简图中，梁用其轴线表示，梁上荷载简化为作用在轴线上的集中荷载或分布荷载，支座则视其对梁的约束，简化为可动铰支座、固定铰支座或固定端支座。梁相邻两支座间的距离称为梁的跨度。悬臂梁、简支梁、外伸梁的计算简图如图 3.3 所示。

图 3.3　单跨静定梁的计算简图

(*a*)悬臂梁；(*b*)简支梁；(*c*)、(*d*)外伸梁

3.1.2　梁的内力——剪力和弯矩的计算

3.1.2.1　剪力和弯矩的概念

图 3.4(*a*)所示为一平面弯曲梁。现用一假想平面将梁沿 *m*—*m* 截面处切成左、右两段。现考察左段(图 3.4(*b*))。由平衡条件可知，切开处应有竖向力 *V* 和约束力偶 *M*。若取右段分析，由作用与反作用关系可知，截面上竖向力 *V* 和约束力偶 *M* 的指向如图 3.4(*c*)所示。*V* 是与横截面相切的竖向分布内力系的合力，称为剪力；*M* 是垂直于横截面的合力偶矩，称为弯矩。

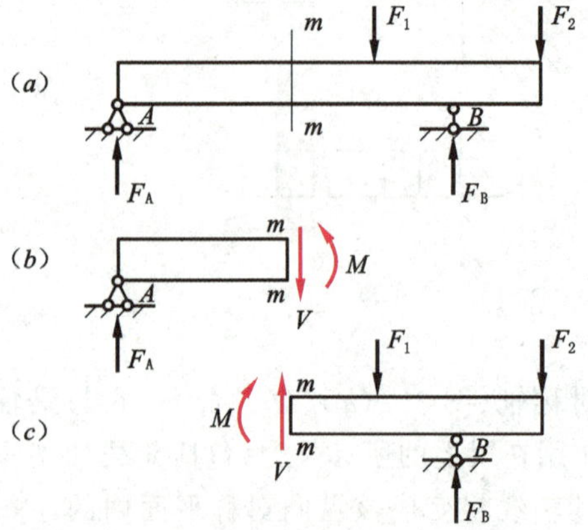

图 3.4　梁的内力

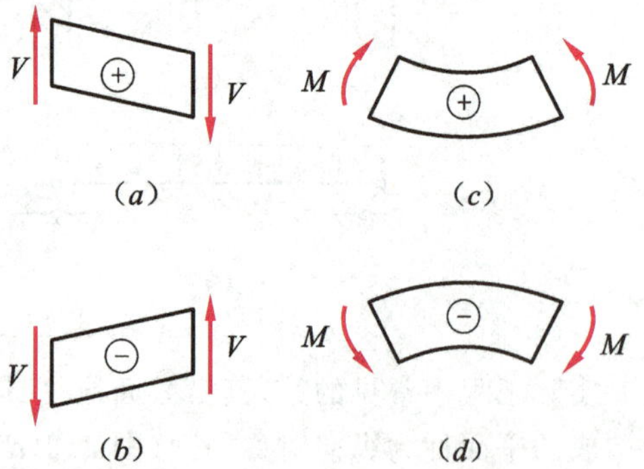

图 3.5　剪力、弯矩的正负规定

(*a*)、(*b*)剪力的正负规定；(*c*)、(*d*)弯矩的正负规定

剪力的单位为牛顿(N)或千牛顿(kN);弯矩的单位是牛顿米(N·m)或千牛米(kN·m)。

剪力和弯矩的正负规定如下:剪力使所取脱离体有顺时针方向转动趋势时为正,反之为负(图3.5(a)、(b));弯矩使所取脱离体产生上部受压、下部受拉的弯曲变形时为正,反之为负(图3.5(c)、(d))。

3.1.2.2 截面法计算剪力和弯矩

用截面法计算指定截面剪力和弯矩的步骤如下:

(1)计算支反力;

(2)用假想截面在需要求内力处将梁切成两段,取其中一段为研究对象;

(3)画出研究对象的受力图,截面上未知剪力和弯矩均按正向假设;

(4)建立平衡方程,求解内力。

【例3.1】 如图3.6(a)所示简支梁,$F_1=F_2=8$kN,试求1—1截面的剪力和弯矩。

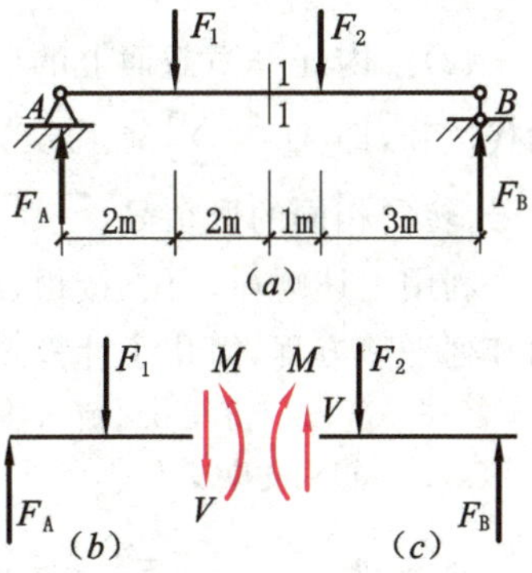

图3.6 例3.1图

【解】 (1)求支座反力

以AB梁为研究对象,假设支座反力F_A和F_B如图3.6所示。

由$\sum M_A=0$得:

$$2F_1+5F_2-8F_B=0$$

$$F_B=(2F_1+5F_2)/8=(2\times 8+5\times 8)/8=7\text{kN}$$

由$\sum F_y=0$得:

$$F_A+F_B-F_1-F_2=0$$

$$F_A=F_1+F_2-F_B=8+8-7=9\text{kN}$$

(2)求截面1—1的内力

取1—1截面以左的梁段为研究对象,假设剪力V和弯矩M如图3.6(b)所示(按正向假设)。

由$\sum F_y=0$得:

$$F_A-F_1-V=0$$

$$V=-F_1+F_A=-8+9=1\text{kN}$$

由$\sum M_A=0$得:

$$M-2F_1-4V=0$$

$$M=2F_1+4V=2\times 8+4\times 1=20\text{kN}\cdot\text{m}$$

计算结果V、M均为正值,说明其实际方向与所设方向相同。

若取右段为研究对象,计算结果完全相同,读者可自行验证。

【例3.2】 试求图3.7(a)所示悬臂梁1—1截面的内力。

【解】 本例可不必计算固定端的支座反力。

假想将梁从1—1截面处切开,取右段为研究对象,按正向假设剪力V和弯矩M,如图3.7(b)所示。

由$\sum F_y=0$得:

$$V-2q-F=0$$

$$V=2q+F=2\times 8+20=36\text{kN}$$

由$\sum M_{1-1}=0$得:

$$-M-2q\times 1-F\times 2=0$$

$$M=-(2\times 8+20\times 2)=-56\text{kN}\cdot\text{m}$$

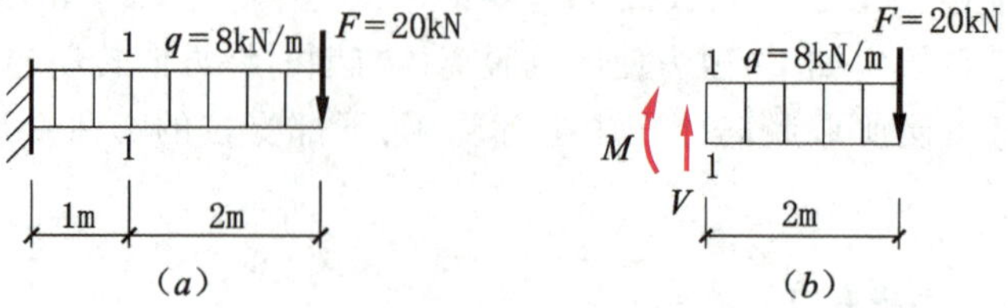

图 3.7 例 3.2 图

计算结果 V 为正值，说明其实际方向与假设方向相同。M 为负，说明其实际方向与假设方向相反。

由以上例题的计算可总结出截面法计算任意截面剪力和弯矩的规律：

(1)梁内任一横截面上的剪力 V，等于该截面左侧(或右侧)所有垂直于梁轴线的外力的代数和，即 $V=\sum F_{外}$。所取梁段上与该剪力指向相反的外力在式中取正号，指向相同的外力取负号。

(2)梁内任一横截面上的弯矩 M，等于截面左侧(或右侧)所有外力对该截面形心的力矩的代数和，即 $M=\sum M_c(F_{外})$。所取脱离体上与 M 转向相反的外力矩及外力偶矩在式中取正号，转向相同的取负号。

利用上述规律，可直接根据截面左侧或右侧梁段上的外力写出截面的内力，而不必画受力图和列平衡方程，简化了计算过程，现举例说明。

【例 3.3】 试计算图 3.8 所示外伸梁 A、B、E、F 截面上的内力。已知 $F=5\text{kN}$，$m=6\text{kN}\cdot\text{m}$，$q=4\text{kN/m}$。

【解】 (1)求支座反力

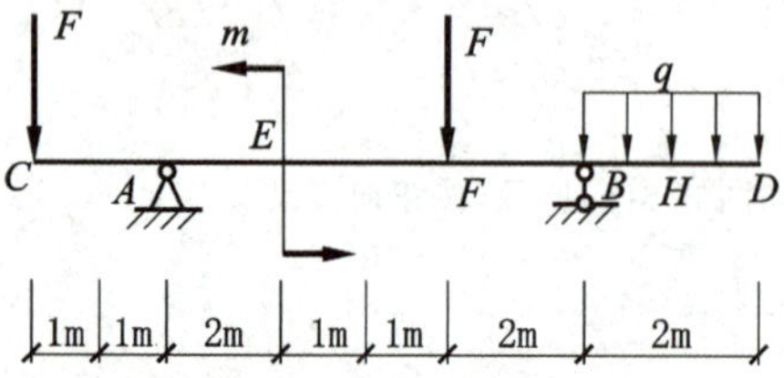

图 3.8 例 3.3 图

取整体为研究对象，设支反力 F_A、F_B 方向向上。

由 $\sum M_B=0$ 得：

$$6F_A+2q\times\frac{2}{2}-2F-m-8F=0$$

$$F_A=(-2q\times\frac{2}{2}+2F+m+8F)/6$$

$$=(-2\times4\times\frac{2}{2}+2\times5+6+8\times5)/6$$

$$=8\text{kN}$$

由 $\sum F_y=0$ 得：

$$F_A+F_B-F-F-2q=0$$

$$F_B=-F_A+F+F+2q=-8+5+5+2\times4=10\text{kN}$$

(2)求相应截面的内力

按正向假设未知内力，各截面均取左段分析。

A 左截面：

$$V_{A左}=-F=-5\text{kN}$$

$$M_{A左}=-F\times2=-5\times2=-10\text{kN}\cdot\text{m}$$

A 右截面：

$$V_{A右}=-F+F_A=-5+8=3\text{kN}$$

$$M_{A右}=-F\times2=-5\times2=-10\text{kN}\cdot\text{m}$$

E 左截面：

$$V_{E左}=-F+F_A=-5+8=3\text{kN}$$
$$M_{E左}=-F\times4+F_A\times2=-5\times4+8\times2=-4\text{kN}\cdot\text{m}$$

E 右截面：

$$V_{E右}=-F+F_A=-5+8=3\text{kN}$$
$$M_{E右}=-F\times4+F_A\times2-m=-5\times4+8\times2-6=-10\text{kN}\cdot\text{m}$$

F 左截面：

$$V_{F左}=-F+F_A=-5+8=3\text{kN}$$
$$M_{F左}=-F\times6+F_A\times4-m=-5\times6+8\times4-6=-4\text{kN}\cdot\text{m}$$

F 右截面：

$$V_{F右}=-F+F_A-F=-5+8-5=-2\text{kN}$$
$$M_{F右}=-F\times6+F_A\times4-m=-5\times6+8\times4-6=-4\text{kN}\cdot\text{m}$$

B 左截面：

$$V_{B左}=-F+F_A-F=-5+8-5=-2\text{kN}$$
$$M_{B左}=-F\times8+F_A\times6-m-F\times2=-5\times8+8\times6-6-5\times2=-8\text{kN}\cdot\text{m}$$

B 右截面：

$$V_{B右}=-F+F_A-F+F_B=-5+8-5+10=8\text{kN}$$
$$M_{B右}=-F\times8+F_A\times6-m-F\times2=-5\times8+8\times6-6-5\times2=-8\text{kN}\cdot\text{m}$$

由上述例题可以看出，有集中力偶作用处的左侧和右侧截面上，弯矩突变，其突变的绝对值等于集中力偶的大小；有集中力作用处的左侧和右侧截面上，剪力值突变，其突变的绝对值等于集中力的大小。

3.1.3 梁的内力图

梁的内力图包括剪力图和弯矩图，可直观地反映出梁的内力随截面位置变化的规律，并可据此确定最大剪力和最大弯矩的大小及所在位置。

3.1.3.1 静力法绘制梁的内力图

若用沿梁轴线的坐标 x 表示横截面的位置，则各横截面上的剪力和弯矩都可以表示为坐标 x 的函数，即：

$$V_x=V(x) \tag{3.1}$$
$$M_x=M(x) \tag{3.2}$$

式(3.1)、式(3.2)分别称为剪力方程和弯矩方程。根据剪力方程和弯矩方程，用描点的方法即可绘制出相应剪力图和弯矩图，这种方法称为静力法。

习惯上，正剪力画在 x 轴上方，负剪力画在 x 轴下方；弯矩图画在梁的受拉侧。

用静力法画梁内力图的步骤如下：

(1)求支座反力(悬臂梁可不必求出支座反力)。

(2)根据静力平衡条件，分段列出剪力方程和弯矩方程。

在集中力(包括支座反力)、集中力偶作用处，以及分布荷载的起止点处内力分布规律将发生变化，这些截面称为控制截面。应将梁在控制截面处分段。

(3)求出各控制截面的内力值，描点绘图。

(4)根据所画 V 图和 M 图确定 V_{max} 和 M_{max} 的数值和位置。

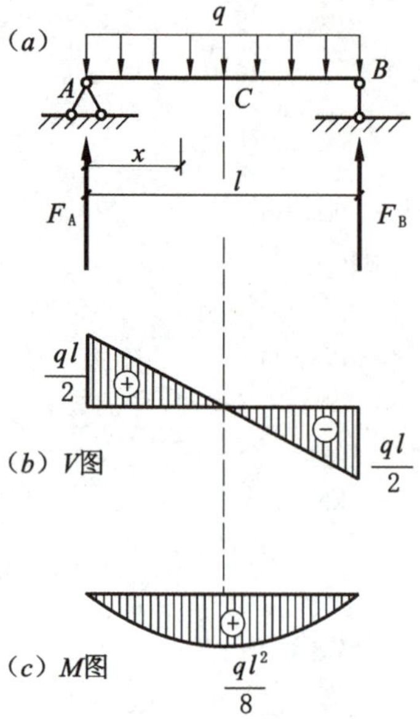

图 3.9　例 3.4 图

【例 3.4】 图 3.9(a)所示简支梁承受均布荷载作用,试画出其内力图。

【解】 (1)求支座反力

因结构与荷载对称,显然有 $F_A=F_B=\frac{1}{2}ql(\uparrow)$。

(2)列剪力方程和弯矩方程

假想将梁从距 A 点 x 的任意截面切开,取左段分析。

$$V(x)=F_A-qx=\frac{1}{2}ql-qx \qquad (0<x<l)$$

$$M(x)=F_Ax-\frac{1}{2}qx^2=\frac{1}{2}qlx-\frac{1}{2}qx^2 \qquad (0\leqslant x\leqslant l)$$

(3)画剪力图和弯矩图

由剪力方程可知,剪力图为一斜直线,计算出两个截面的剪力即可画出剪力图。

当 $x=0^{+}$①时,$V(x)=V_{A右}=\frac{1}{2}ql$;

当 $x=l^{-}$②时,$V(x)=V_{B左}=-\frac{1}{2}ql$。

由弯矩方程知,弯矩图是二次抛物线,至少应计算出三个截面的弯矩值才能画出弯矩图。

当 $x=0$ 时,$M(x)=M_A=0$;

当 $x=l/2$ 时,$M(x)=M_C=\frac{1}{8}ql^2$;

当 $x=l$ 时,$M(x)=M_B=0$。

根据计算结果画出剪力图、弯矩图如图 3.9(b)、(c)所示。由图可见,承受均布荷载作用的简支梁,最大剪力发生在梁端,其绝对值 $|V|_{max}=\frac{1}{2}ql$;最大弯矩发生在剪力为零的跨中截面,其绝对值 $|M|_{max}=\frac{1}{8}ql^2$。

【例 3.5】 画出图 3.10(a)所示简支梁的内力图。

【解】 (1)求支座反力

由 $\sum M_A=0$ 得:

$$F_Bl-Fa=0$$

$$F_B=\frac{Fa}{l}(\uparrow)$$

由 $\sum M_B=0$ 得:

$$Fb-F_Al=0$$

$$F_A=\frac{Fb}{l}(\uparrow)$$

(2)分段列剪力方程和弯矩方程

由于 C 截面处作用有集中力 F,故将梁分为 AC 段和 CB 段。

---

① 表示 x 从右边无限趋近于 0。

② 表示 x 从左边无限趋近于 l。

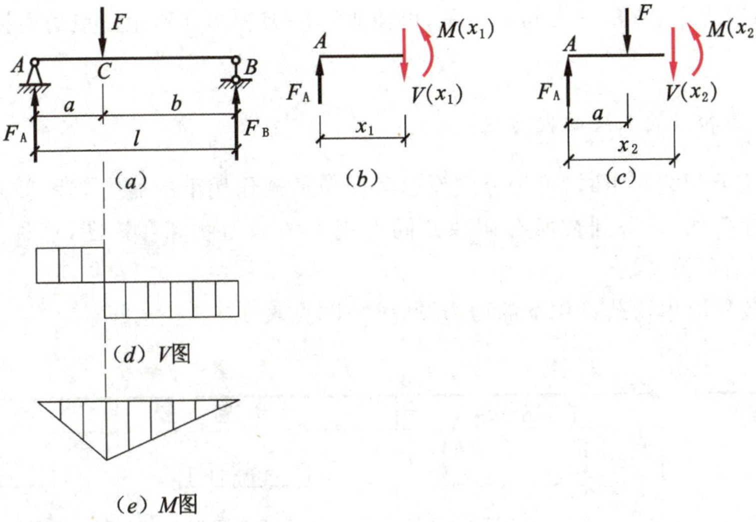

图 3.10 例 3.5 图

AC 段:在距 A 端为 x_1 的任意截面处假想将梁切开,取左段梁研究,剪力 $V(x_1)$ 和 $M(x_1)$ 按正向假设,如图 3.10(b)所示。

$$V(x_1)=F_A=\frac{Fb}{l} \qquad (0<x_1<a)$$

$$M(x_1)=F_A x_1=\frac{Fb}{l}x_1 \qquad (0\leqslant x_1\leqslant a)$$

CB 段:在距 A 端为 x_2 的任意截面处假想将梁切开,取左段梁研究,剪力 $V(x_2)$ 和 $M(x_2)$ 按正向假设,如图 3.10(c)所示。

$$V(x_2)=F_A-F=\frac{Fb}{l}-F=-\frac{Fa}{l} \qquad (a<x_2<l)$$

$$M(x_2)=F_A x_2-F(x_2-a)=Fa(l-x_2)/l \qquad (a\leqslant x_2\leqslant l)$$

(3)画剪力图和弯矩图

V 图:AC 段和 CB 段的剪力图均为一条平直线。

AC 段 $\qquad V(x_1)=Fb/l$

CB 段 $\qquad V(x_2)=-Fa/l$

画出剪力图如图 3.10(d)所示。

M 图:AC 段和 CB 段弯矩方程均为一次函数,相应的弯矩图均为斜直线,两点可确定一条斜直线。

当 $x_1=0$ 时,$M_A=0$;

当 $x_1=a$ 及 $x_2=a$ 时,$M_C=Fab/l$;

当 $x_2=l$ 时,$M_B=0$。

画出弯矩图如图 3.10(e)所示。

观察上述各例,可归纳出梁在常见荷载作用下 V 图和 M 图的规律如下:

①在无荷载梁段,V 图为水平直线,M 图为斜直线。

②在均布荷载作用的梁段,V 图为斜直线,M 图为二次抛物线。

③在集中力作用处,V 图发生突变,突变值等于集中力的大小;M 图发生转折(即出现尖点)。

④在集中力偶作用处,V 图无变化,M 图有突变,突变值等于该力偶矩的大小。

⑤剪力等于零处,弯矩存在极值。

利用荷载、剪力图、弯矩图之间的关系，可使画出的剪力图和弯矩图更为简捷，读者可参见有关文献。

3.1.3.2 叠加法绘制梁的内力图

当梁上有几个荷载作用时，可先分别作出各简单荷载作用下的剪力图和弯矩图，然后将它们相应的纵坐标叠加，就得到在所有荷载共同作用下的剪力图和弯矩图，这种方法称为叠加法，具体做法参见有关文献。

静定梁在各种简单荷载作用下的剪力图、弯矩图见表 3.1。

表 3.1 静定梁在简单荷载作用下的剪力图和弯矩图

静定梁的类型	简单荷载形式	剪力图	弯矩图
悬臂梁 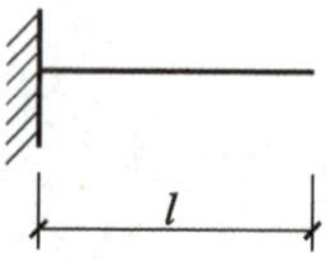	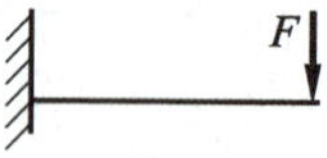	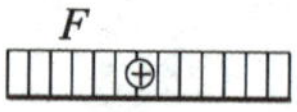	
	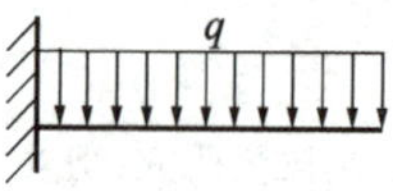		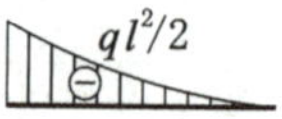
	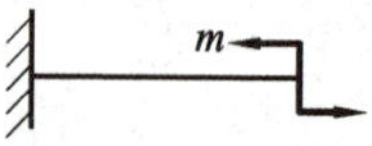		
简支梁 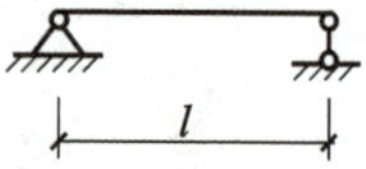	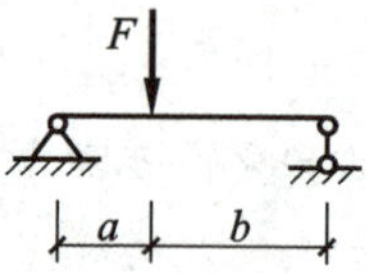	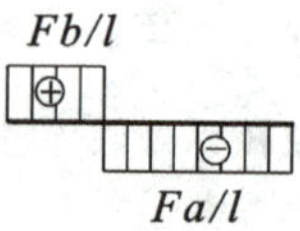	
	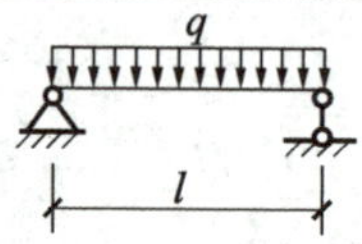	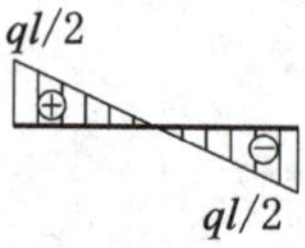	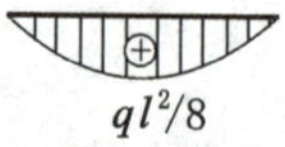
	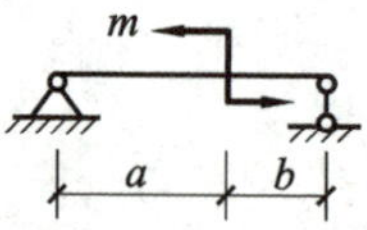	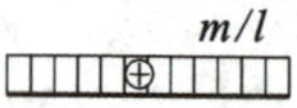	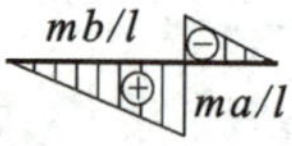
外伸梁 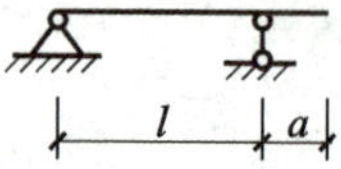	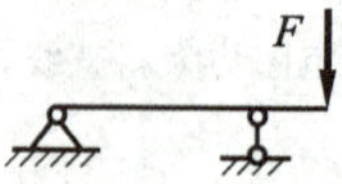	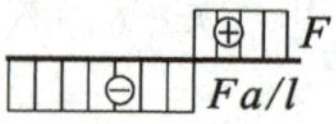	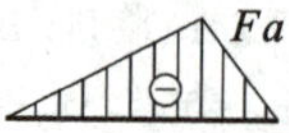
	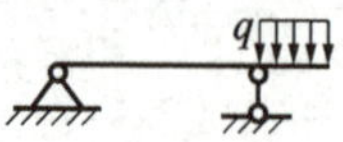	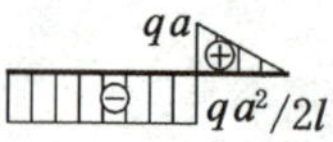	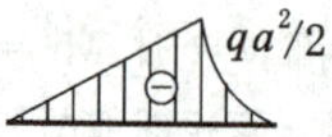
	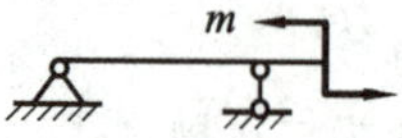	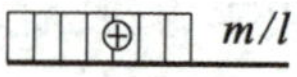	

3.2 钢筋混凝土受弯构件

3.2.1 构造要求①

3.2.1.1 截面形式及尺寸

梁的截面形式主要有矩形、T 形、倒 T 形、L 形、I 形、十字形、花篮形等，如图 3.11 所示。其中，矩形截面由于构造简单、施工方便而被广泛应用。T 形截面虽然构造较矩形截面复杂，但受力较合理，因而应用也较多。

板的截面形式一般为矩形板、空心板、槽形板等，如图 3.12 所示。

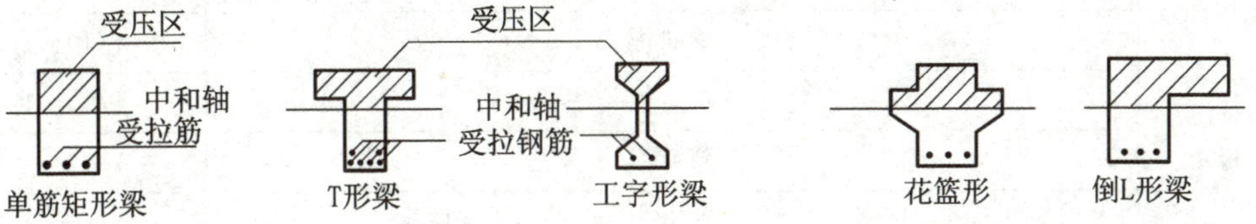

图 3.11 梁的截面形式

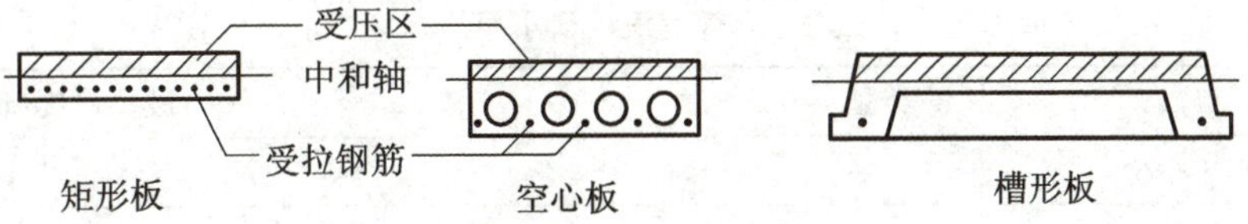

图 3.12 板的截面形式

梁、板的截面尺寸必须满足承载力、刚度和裂缝控制要求，同时还应利于模板定型化。

按刚度要求，根据经验，梁、板的截面高跨比不宜小于表 3.2 所列数值。

从利用模板定型化考虑，梁的截面高度 h 一般可取 250mm、300mm、…、800mm、900mm、1000mm 等，$h \leqslant 800$mm 时取 50mm 的倍数，$h > 800$mm 时取 100mm 的倍数；T 形梁截面的肋宽 b 宜采用 100mm、120mm、150mm、180mm、200mm、220mm、250mm，大于 250mm 时取 50mm 的倍数。梁适宜的截面高宽比 h/b，矩形截面为 2～3.5，T 形截面为 2.5～4。矩形截面梁的截面宽度不应小于 200mm。

按构造要求，现浇板的厚度不应小于表 3.3 的数值。现浇板的厚度一般取为 10mm 的倍数，工程中现浇板的常用厚度为 60mm、70mm、80mm、100mm、120mm。

---

① 构造要求是对结构计算中未能详细考虑的因素所采取的技术措施，它和结构计算是结构设计中相辅相成的两个方面，必须重视。

表 3.2 梁、板截面高跨比 h/l_0 参考值

构件种类				h/l_0
梁	整体肋形梁	主梁	简支梁	1/12
			连续梁	1/15
			悬臂梁	1/6
		次梁	简支梁	1/20
			连续梁	1/25
			悬臂梁	1/8
	矩形截面独立梁	简支梁		1/12
		连续梁		1/15
		悬臂梁		1/6
板	单向板			1/40～1/35
	双向板			1/50～1/40
	悬臂板			1/12～1/10
	无梁楼板	有柱帽		1/40～1/32
		无柱帽		1/35～1/30

注：表中 l_0 为梁的计算跨度。当梁的 $l_0 \geqslant 9m$ 时，表中数值宜乘以 1.2。

表 3.3 现浇板的最小厚度

板的类型		最小厚度(mm)
实心楼板		80
实心屋面板		100
密肋板	面板	50
	肋高	250
悬臂板(根部)	悬臂长度不大于 500mm	80
	悬臂长度 500～1000mm	100
无梁楼板		150
现浇空心楼板		200

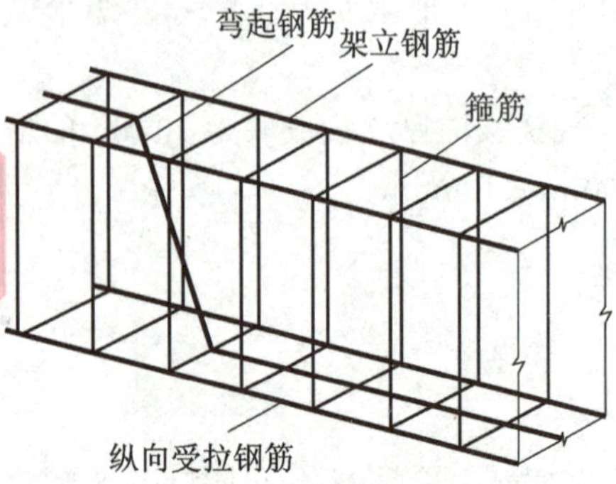

图 3.13 梁的配筋

3.2.1.2 梁、板的配筋

(1)梁的配筋

梁中通常配置纵向受力钢筋、弯起钢筋、箍筋、架立钢筋等，构成钢筋骨架(图 3.13)，有时还配置纵向构造钢筋及相应的拉筋等。

①纵向受力钢筋

根据纵向受力钢筋配置的不同，受弯构件分为单筋截面和双筋截面两种。前者指只在受拉区配置纵向受力钢筋的受弯构件；后者指同时在梁的受拉区和受压区配置纵向受力钢筋的受弯构件。配置在受拉区的纵向受力钢筋主要用来承受由弯矩在梁内产生的拉力，配置在受压区的纵向受力钢筋则是用来补充混凝土受压能力的不足。由于双筋截面利用钢筋来协助混凝土承受压力一般不经济，因此，实际工程中双筋截面梁一般只在有特殊需要时采用。

梁纵向受力钢筋的直径应当适中，太粗不便于加工，与混凝土的粘结力也差；太细则根数增加，在截面内不好布置，甚至降低受弯承载力。梁纵向受力钢筋的常用直径为 12～25mm。当 $h<300$mm 时，$d\geqslant 8$mm；当 $h\geqslant 300$mm 时，$d\geqslant 10$mm。一根梁中同一种受力钢筋最好为同一种直径；当有两种直径时，其直径相差不应小于 2mm，以便施工时辨别。梁中受拉钢筋的根数不应少于 2 根，最好不少于 3～4 根。纵向受力钢筋应尽量布置成一层。当一层排不下时，可布置成两层，但应尽量避免出现两层以上的受力钢筋，以免过多地影响截面受弯承载力。在梁的配筋密集区域宜采用并筋的配筋形式。

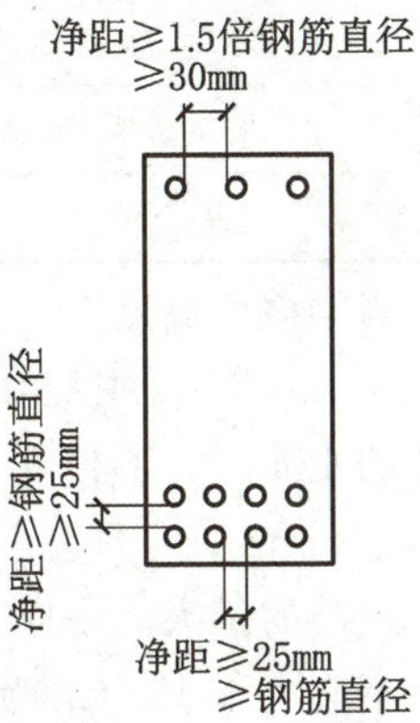

图 3.14　受力钢筋的排列

为了保证钢筋周围的混凝土浇注密实，避免钢筋锈蚀而影响结构的耐久性，梁的纵向受力钢筋间必须留有足够的净间距，如图 3.14 所示。当梁的下部纵向受力钢筋配置多于两层时，两层以上钢筋水平方向的中距应比下面两层的中距增大一倍。

②架立钢筋

架立钢筋设置在受压区外缘两侧，并平行于纵向受力钢筋。其作用一是固定箍筋位置以形成梁的钢筋骨架，二是承受因温度变化和混凝土收缩而产生的拉应力，防止发生裂缝。受压区配置的纵向受压钢筋可兼作架立钢筋。

架立钢筋的直径与梁的跨度有关，其最小直径不宜小于表 3.4 所列数值。

表 3.4　架立钢筋的最小直径

梁跨(m)	<4	4～6	>6
架立钢筋最小直径(mm)	8	10	12

③弯起钢筋

弯起钢筋在跨中是纵向受力钢筋的一部分，在靠近支座的弯起段弯矩较小处则用来承受弯矩和剪力共同产生的主拉应力，即作为受剪钢筋的一部分。

钢筋的弯起角度一般为 45°，梁高 $h>800$mm 时可采用 60°。当按计算需设弯起钢筋时，前一排（对支座而言）弯起钢筋的弯起点至后一排的弯终点的距离不应大于表 3.5 中 $V>0.7f_tbh_0$ 栏的规定。实际工程中第一排弯起钢筋的弯终点距支座边缘的距离通常取为 50mm，见图 3.15。

④箍筋

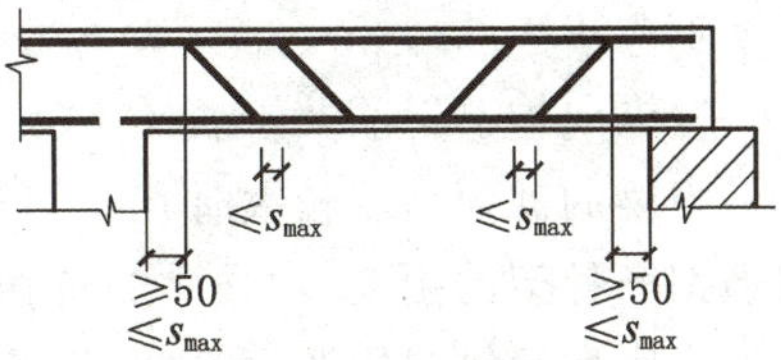

图 3.15　弯起钢筋的布置

箍筋主要用来承受由剪力和弯矩在梁内引起的主拉应力，并通过绑扎或焊接把其他钢筋联系在一起，形成空间骨架。

箍筋应根据计算确定。按计算不需要箍筋的梁，当梁的截面高度 $h>300$mm，应沿梁全长按构造配置箍筋；当 $h=150\sim300$mm 时，可仅在梁的端部各 1/4 跨度范围内设置箍筋，但当梁的中部 1/2 跨度范围内有集中荷载作用时，仍应沿梁的全长设置箍筋；若 $h<150$mm，可不设箍筋。

表 3.5　梁中箍筋和弯起钢筋的最大间距 s_{max}(mm)

梁高 h(mm)	$V>0.7f_tbh_0$	$V\leqslant0.7f_tbh_0$
$150<h\leqslant300$	150	200
$300<h\leqslant500$	200	300
$500<h\leqslant800$	250	350
$h>800$	300	400

当梁截面高度 $h\leqslant800$mm 时，箍筋直径不宜小于 6mm；当 $h>800$mm 时，箍筋直径不宜小于 8mm。当梁中配有计算需要的纵向受压钢筋时，箍筋直径还不应小于纵向受压钢筋最大直径的 1/4。为了便于加工，箍筋直径一般不宜大于 12mm。箍筋的常用直径为 6mm、8mm、10mm。

箍筋的最大间距应符合表 3.5 的规定。当梁中配有计算需要的纵向受压钢筋时，箍筋的间距不应大于 $15d$(d 为纵向受压钢筋的最小直径)，同时不应大于 400mm；当一层内的纵向受压钢筋多于 5 根且直径大于 18mm 时，箍筋间距不应大于 $10d$。

箍筋的形式可分为开口式和封闭式两种，如图 3.16 所示。除无振动荷载且计算不需要配置纵向受压钢筋的现浇 T 形梁的跨中部分可用开口箍筋外，均应采用封闭式箍筋。箍筋的肢数，当梁的宽度 $b\leqslant150$mm 时，可采用单肢；当 $b\leqslant400$mm，且一层内的纵向受压钢筋不多于 4 根时，可采用双肢箍筋；当 $b>400$mm，且一层内的纵向受压钢筋多于 3 根，或当梁的宽度不大于 400mm 但一层内的纵向受压钢筋多于 4 根时，应设置复合箍筋。

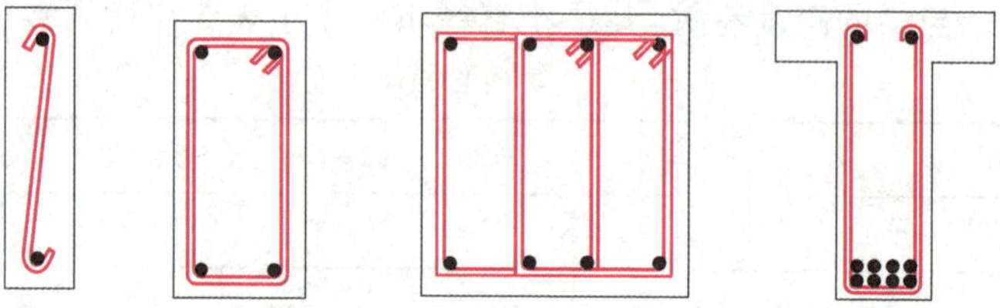

(a)　(b)　(c)　(d)

图 3.16　箍筋的形式和肢数

梁支座处的箍筋一般从梁边(或墙边)50mm 处开始设置。支承在砌体结构上的独立梁，在纵向受力钢筋的锚固长度 l_{as} 范围内应配置两道箍筋，其直径不宜小于纵向受力钢筋最大直径的 25%倍，间距不宜大于纵向受力钢筋最小直径的 10 倍。当梁与钢筋混凝土梁或柱整体连接时，支座内可不设置箍筋，如图 3.17 所示。

应当注意，箍筋是受拉钢筋，必须有良好的锚固。其端部应采用 135°弯钩，弯钩端头直段长度不应小于 $5d$。

⑤纵向构造钢筋及拉筋

当梁的截面高度较大时，为了防止在梁的侧面产生垂直于梁轴线的收缩裂缝，同时也为了增强钢筋骨架的刚度，增强梁的抗扭作用，当梁的腹板高度 $h_w\geqslant450$mm 时，应在梁的两个侧面沿高度配置纵向构造钢筋(亦称腰筋)，并用拉筋固定，如图 3.18 所示。每侧纵向构造钢筋(不包括梁的受力钢筋和架立钢筋)的截面面积不应小于腹板截面面积 bh_w 的 0.1%，且其间距不宜大于 200mm。此处 h_w 的取值为：矩形截面取截面有效高度，T 形截面取有效高度减去翼缘高度，I 形截面取腹板净高，见图 3.19。纵向构造钢筋一般不必做弯钩。拉筋直径一般与箍筋相同，间距常取为箍筋间距的两倍。

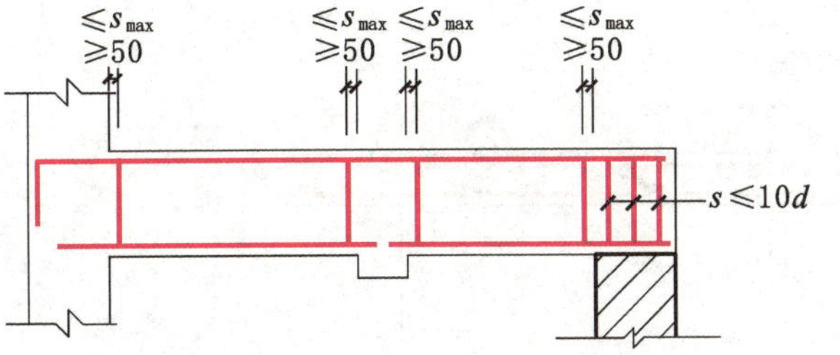

图 3.17 箍筋的布置

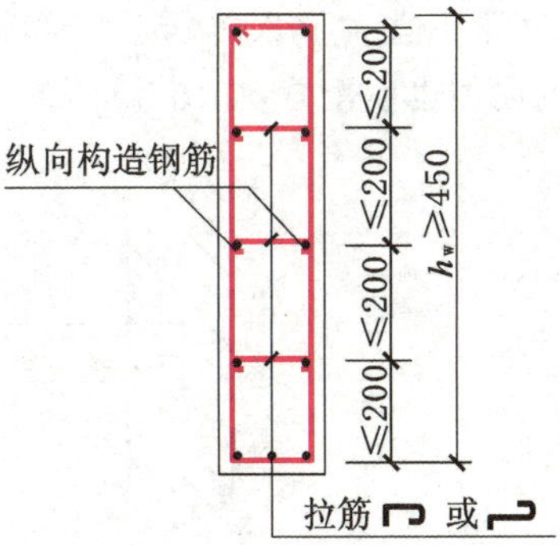

图 3.18 腰筋及拉筋

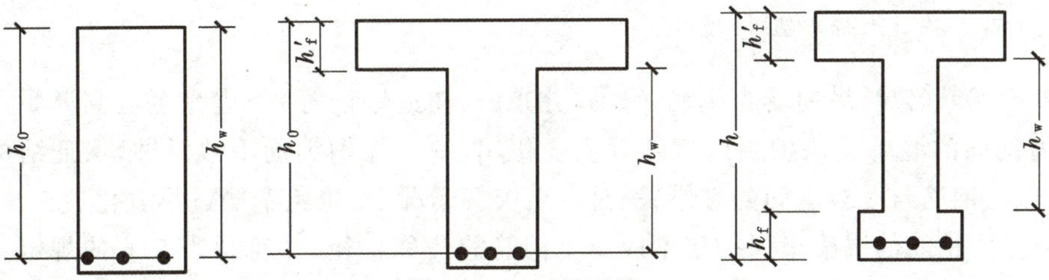

图 3.19 h_w 的取值

(2)板的配筋

板通常只配置纵向受力钢筋和分布钢筋，如图 3.20 所示。

①受力钢筋

梁式板[①]的受力钢筋沿板的传力方向布置在截面受拉一侧，用来承受弯矩产生的拉力。

板的纵向受力钢筋的常用直径为 6mm、8mm、10mm、12mm。

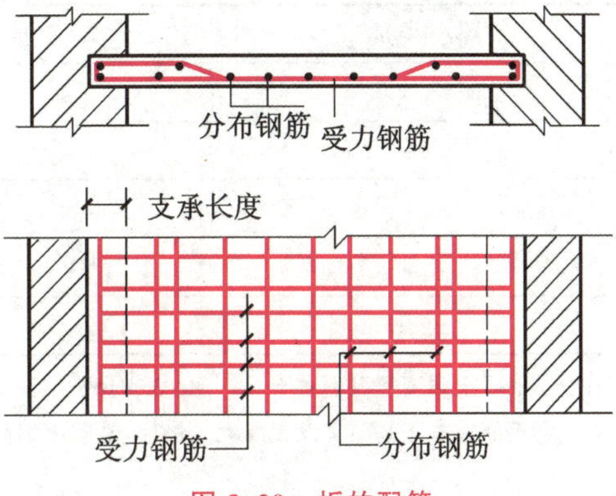

图 3.20 板的配筋

为了正常地分担内力，板中受力钢筋的间距不宜过稀，但为了绑扎方便和保证浇捣质量，板的受力钢筋间距也不宜过密。当 $h \leqslant 150$mm 时，不宜大于 200mm；当 $h > 150$mm 时，不宜大于 $1.5h$，且不宜大于 250mm。板的受力钢筋间距通常不宜小于 70mm。

②分布钢筋

分布钢筋垂直于板的受力钢筋方向，在受力钢筋内侧按构造要求配置。分布钢筋的作用，一是固定受力钢筋的位置，形成钢筋网；二是将板上荷载有效地传到受力钢筋上去；三是防止温度或混凝土收缩等原因沿跨度方向的裂缝。

① 受力情形与梁相同的板。

分布钢筋常用直径为 6mm、8mm。梁式板中单位长度上分布钢筋的截面面积不宜小于单位宽度上受力钢筋截面面积的 15%，且不宜小于该方向板截面面积的 0.15%。分布钢筋的直径不宜小于 6mm，间距不宜大于 250mm；当集中荷载较大时，分布钢筋截面面积应适当增加，间距不宜大于 200mm。分布钢筋应沿受力钢筋直线段均匀布置，并且受力钢筋所有转折处的内侧也应配置，如图 3.21 所示。

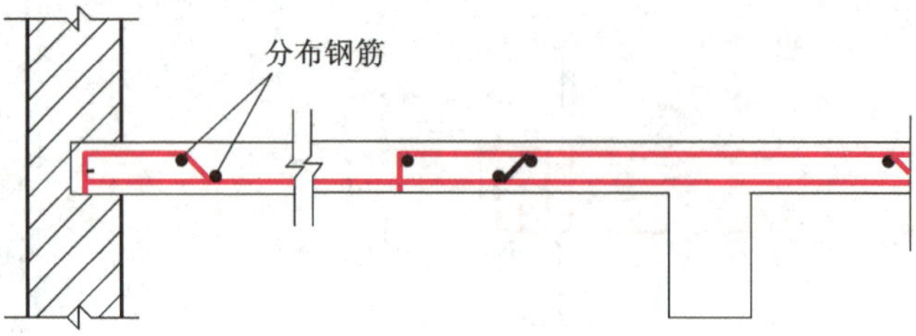

图 3.21　受力钢筋转折处分布钢筋的配置

3.2.1.3　混凝土保护层厚度

最外层钢筋(包括纵向受力钢筋、箍筋、分布筋、构造钢筋等)外边缘至近侧混凝土表面的距离称为钢筋的混凝土保护层厚度。其主要作用，一是保护钢筋不致锈蚀，保证结构的耐久性；二是保证钢筋与混凝土间的粘结；三是在火灾等情况下，避免钢筋过早软化。

纵向受力钢筋的混凝土保护层不应小于钢筋的公称直径，并符合表 3.6 的规定。设计工作年限为 100 年的混凝土结构，混凝土保护层厚度应按表 3.6 规定增加 40%。

表 3.6　混凝土保护层的最小厚度 c(mm)

环境类别	板、墙、壳	梁、柱、杆
一	15	20
二 a	20	25
二 b	25	35
三 a	30	40
三 b	40	50

注：①混凝土强度等级不大于 C25 时，表中保护层厚度数值应增加 5mm；

②钢筋混凝土基础宜设置混凝土垫层，基础中钢筋的混凝土保护层厚度应从垫层顶面算起，且不应小于 40mm。

3.2.2　正截面承载力计算

钢筋混凝土受弯构件通常承受弯矩和剪力共同作用，其破坏有两种可能：一种是由弯矩引起的，破坏截面与构件的纵轴线垂直，称为沿正截面破坏；另一种是由弯矩和剪力共同作用引起的，破坏截面是倾斜的，称为沿斜截面破坏。所以，设计受弯构件时，需进行正截面承载力和斜截面承载力计算。

3.2.2.1　单筋矩形截面

1. 单筋截面受弯构件沿正截面的破坏特征

钢筋混凝土受弯构件正截面的破坏形式与钢筋和混凝土的强度以及纵向受拉钢筋配筋率

ρ 有关。ρ 用纵向受拉钢筋的截面面积与正截面的有效面积的比值来表示，即 $\rho=\frac{A_s}{bh_0}$，其中 A_s 为受拉钢筋截面面积；b 为梁的截面宽度；h_0 为梁的截面有效高度。

根据梁纵向钢筋配筋率的不同，钢筋混凝土梁可分为适筋梁、超筋梁和少筋梁三种类型，不同类型梁的破坏特征不同。

(1)适筋梁

配置适量纵向受力钢筋的梁称为适筋梁。

适筋梁从开始加载到完全破坏，其应力变化经历了三个阶段，如图 3.22 所示。

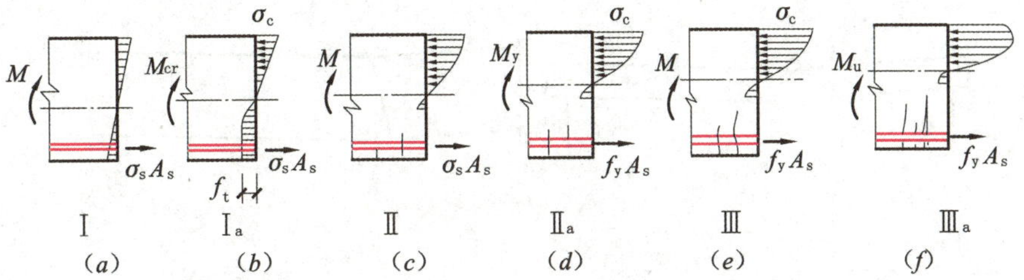

图 3.22 适筋梁工作的三个阶段

第Ⅰ阶段(弹性工作阶段)：荷载很小时，混凝土的压应力及拉应力都很小，应力和应变几乎呈直线关系，如图 3.22(a)所示。

当弯矩增大时，受拉区混凝土表现出明显的塑性特征，应力和应变不再呈直线关系，应力分布呈曲线。当受拉边缘纤维的应变达到混凝土的极限拉应变 ε_{tu} 时，截面处于将裂未裂的极限状态，即第Ⅰ阶段末，用Ⅰ$_a$ 表示，此时截面所能承担的弯矩称抗裂弯矩 M_{cr}，如图 3.22(b)所示。Ⅰ$_a$ 阶段的应力状态是抗裂验算的依据。

第Ⅱ阶段(带裂缝工作阶段)：当弯矩继续增加时，受拉区混凝土的拉应变超过其极限拉应变 ε_{tu}，受拉区出现裂缝，截面即进入第Ⅱ阶段。裂缝出现后，在裂缝截面处，受拉区混凝土大部分退出工作，拉力几乎全部由受拉钢筋承担。随着弯矩的不断增加，裂缝逐渐向上扩展，中和轴逐渐上移，受压区混凝土呈现出一定的塑性特征，应力图形呈曲线形，如图 3.22(c)所示。第Ⅱ阶段的应力状态是裂缝宽度和变形验算的依据。

当弯矩继续增加，钢筋应力达到屈服强度 f_y，这时截面所能承担的弯矩称为屈服弯矩 M_y。它标志着截面进入第Ⅱ阶段末，以Ⅱ$_a$ 表示，如图 3.22(d)所示。

第Ⅲ阶段(破坏阶段)：弯矩继续增加，受拉钢筋的应力保持屈服强度不变，钢筋的应变迅速增大，促使受拉区混凝土的裂缝迅速向上扩展，受压区混凝土的塑性特征表现得更加充分，压应力呈显著曲线分布(图 3.22(e))。到本阶段末(即Ⅲ$_a$ 阶段)，受压边缘混凝土压应变达到极限压应变，受压区混凝土产生近乎水平的裂缝，混凝土被压碎，甚至崩脱(图 3.23(a))，截面宣告破坏，此时截面所承担的弯矩即为破坏弯矩 M_u。Ⅲ$_a$ 阶段的应力状态作为构件承载力计算的依据(图 3.22(f))。

由上述可知，适筋梁的破坏始于受拉钢筋屈服。从受拉钢筋屈服到受压区混凝土被压碎(即弯矩由 M_y 增大到 M_u)，需要经历较长过程。由于钢筋屈服后产生很大塑性变形，使裂缝急剧开展和挠度急剧增大，给人以明显的破坏预兆，这种破坏称为延性破坏。适筋梁的材料强度能得到充分发挥。

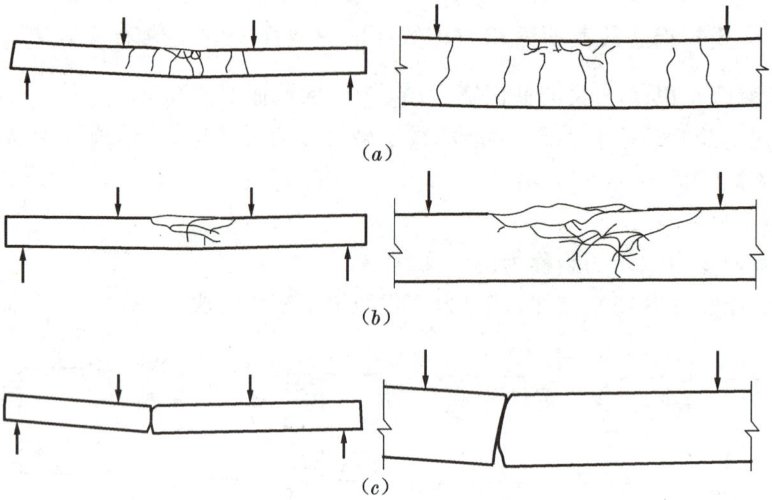

图 3.23　梁的正截面破坏

(a)适筋梁；(b)超筋梁；(c)少筋梁

(2)超筋梁

纵向受力钢筋配筋率大于最大配筋率的梁称为超筋梁。这种梁由于纵向钢筋配置过多，受压区混凝土在钢筋屈服前即达到极限压应变被压碎而破坏。破坏时钢筋的应力还未达到屈服强度，因而裂缝宽度均较小，且形不成一根开展宽度较大的主裂缝(图 3.23(b))，梁的挠度也较小。这种单纯因混凝土被压碎而引起的破坏，发生得非常突然，没有明显的预兆，属于脆性破坏。实际工程中不应采用超筋梁。

(3)少筋梁

配筋率小于最小配筋率的梁称为少筋梁。这种梁破坏时，裂缝往往集中出现一条，不但开展宽度大，而且沿梁高延伸较高。一旦出现裂缝，钢筋的应力就会迅速增大并超过屈服强度而进入强化阶段，甚至被拉断。在此过程中，裂缝迅速开展，构件严重向下挠曲，最后因裂缝过宽、变形过大而丧失承载力，甚至被折断，如图 3.23(c)所示。这种破坏也是突然的，没有明显预兆，属于脆性破坏。实际工程中不应采用少筋梁。

2.单筋矩形截面受弯构件正截面承载力计算

(1)基本公式及其适用条件

为便于建立基本公式，适筋梁Ⅲ$_a$阶段的应力图形可简化为图 3.24(b)所示的曲线应力图，其中 x_n 为实际混凝土受压区高度。为进一步简化计算，按照受压区混凝土的合力大小不变、受压区混凝土的合力作用点不变的原则，将其简化为图 3.24(c)所示的等效矩形应力图形。等效矩形应力图形的混凝土受压区高度 $x=\beta_1 x_n$，等效矩形应力图形的应力值为 $\alpha_1 f_c$，其中 f_c 为混凝土轴心抗压强度设计值，β_1 为等效矩形应力图受压区高度与中和轴高度的比值，α_1 为受压区混凝土等效矩形应力图的应力值与混凝土轴心抗压强度设计值的比值，β_1、α_1 的值见表 3.7。

表 3.7　β_1、α_1 值

混凝土强度等级	≤C50	C55	C60	C65	C70	C75	C80
β_1	0.8	0.79	0.78	0.77	0.76	0.75	0.74
α_1	1.0	0.99	0.98	0.97	0.96	0.95	0.94

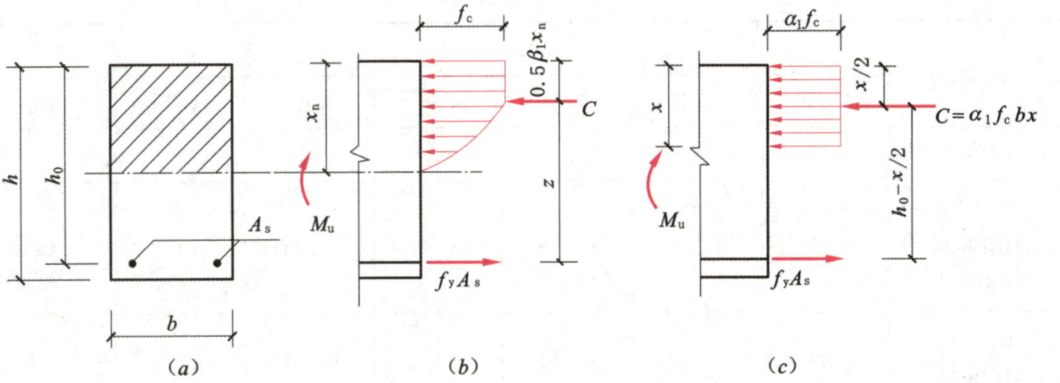

图 3.24 第Ⅲ$_a$阶段梁截面应力分布图

(a)应变分布图；(b)曲线应力图；(c)等效矩形应力图形

由图 3.24(c)所示等效矩形应力图形，根据静力平衡条件，可得出单筋矩形截面梁正截面承载力计算的基本公式：

$$\alpha_1 f_c bx = f_y A_s \tag{3.3}$$

$$M \leqslant \alpha_1 f_c bx(h_0 - x/2) \tag{3.4}$$

或

$$M \leqslant A_s f_y(h_0 - x/2) \tag{3.5}$$

式中 M——弯矩设计值；

f_c——混凝土轴心抗压强度设计值，按表 2.7 采用；

f_y——钢筋抗拉强度设计值，按表 2.5 采用；

x——混凝土受压区高度；

其余符号意义同前。

式(3.3)～式(3.5)应满足下列两个适用条件：

①为防止发生超筋破坏，需满足 $\xi \leqslant \xi_b$ 或 $x \leqslant \xi_b h_0$，其中 ξ、ξ_b 分别称为相对受压区高度和界限相对受压区高度；

②防止发生少筋破坏，应满足 $\rho \geqslant \rho_{min}$ 或 $A_s \geqslant A_{s,min} = \rho_{min} bh$，其中 ρ_{min} 为截面最小配筋率。

下面讨论 ξ_b 和 ρ_{min}。

比较适筋梁和超筋梁的破坏，前者始于受拉钢筋屈服，后者始于受压区混凝土被压碎。理论上，二者间存在一种界限状态，即所谓界限破坏。这种状态下，受拉钢筋达到屈服强度和受压区混凝土边缘达到极限压应变是同时发生的。我们将受弯构件等效矩形应力图形的混凝土受压区高度 x 与截面有效高度 h_0 之比称为相对受压区高度，用 ξ 表示，$\xi = x/h_0$。适筋梁界限破坏时等效受压区高度与截面有效高度之比称为界限相对受压区高度，用 ξ_b 表示。ξ_b 值是用来衡量构件破坏时钢筋强度能否充分利用的一个特征值。若 $\xi > \xi_b$，构件破坏时受拉钢筋不能屈服，表明构件的破坏为超筋破坏；若 $\xi \leqslant \xi_b$，构件破坏时受拉钢筋已经达到屈服强度，表明发生的破坏为适筋破坏或少筋破坏。

各种钢筋的 ξ_b 值见表 3.8。

在式(3.4)中，取 $x = \xi_b h_0$，即得到单筋矩形截面所能承受的最大弯矩的表达式：

$$M_{u,max} = \alpha_1 f_c bh_0^2 \xi_b (1 - 0.5\xi_b) \tag{3.6}$$

表 3.8　相对界限受压区高度 ξ_b 值

钢筋级别	ξ_b						
	≤C50	C55	C60	C65	C70	C75	C80
HPB300	0.576	—	—	—	—	—	—
HRB400 HRBF400 RRB400	0.518	0.508	0.499	0.490	0.481	0.472	0.463
HRB500 HRBF500	0.482	0.473	0.464	0.455	0.447	0.438	0.429

注：表中空格表示高强度混凝土不宜配置低强度钢筋。

少筋破坏的特点是“开裂即坏”。为了避免出现少筋情况，必须控制截面配筋率，使之不小于某一界限值，即最小配筋率 ρ_{min}。理论上讲，最小配筋率的确定原则是：配筋率为 ρ_{min} 的钢筋混凝土受弯构件，按Ⅲ$_a$ 阶段计算的正截面受弯承载力应等于同截面素混凝土梁所能承受的弯矩 M_{cr}（M_{cr} 为按Ⅰ$_a$ 阶段计算的开裂弯矩）。当构件按适筋梁计算所得的配筋率小于 ρ_{min} 时，理论上讲，梁可以不配受力钢筋，作用在梁上的弯矩仅素混凝土梁就足以承受，但考虑到混凝土强度的离散性，加之少筋破坏属于脆性破坏，以及收缩等因素，《混凝土结构设计标准》规定梁的配筋率不得小于 ρ_{min}。实用上的 ρ_{min} 往往是根据经验得出的。

各种构件的截面最小配筋率按表 3.9 查取。可见，受弯构件的最小配筋率为：

$$\rho_{min}=\max(0.45f_t/f_y, 0.2\%) \tag{3.7}$$

表 3.9　纵向受力钢筋的最小配筋率 ρ_{min}（%）

受力类型			最小配筋率
受压构件	全部纵向钢筋	强度等级 500MPa	0.50
		强度等级 400MPa	0.55
		强度等级 300MPa	0.60
	一侧纵向钢筋		0.20
受弯构件及偏心受拉、轴心受拉构件一侧的受拉钢筋			0.20 和 $45f_t/f_y$ 中的较大值

注：①受压构件全部纵向钢筋最小配筋率，当采用 C60 以上强度等级的混凝土时，应按表中规定增加 0.10；
②除悬臂板、柱支承板之外的板类受弯构件，受拉钢筋采用强度等级 400MPa、500MPa 的钢筋时，其最小配筋率应允许采用 0.15 和 $45f_t/f_y$ 中的较大值；
③对卧置于地基上的钢筋混凝土板，板中受拉普通钢筋的最小配筋率不应小于 0.15%。
④偏心受拉构件中的受压钢筋，应按受压构件一侧纵向钢筋考虑；
⑤受压构件的全部纵向钢筋和一侧纵向钢筋的配筋率以及轴心受拉构件和小偏心受拉构件一侧受拉钢筋的配筋率均应按构件的全截面面积计算；
⑥受弯构件、大偏心受拉构件一侧受拉钢筋的配筋率应按全截面面积扣除受压翼缘面积 $(b_f'-b)h_f'$ 后的截面面积计算；
⑦当钢筋沿构件截面周边布置时，“一侧纵向钢筋”系指沿受力方向两个对边中一边布置的纵向钢筋。

(2)正截面承载力计算的步骤

单筋矩形截面受弯构件正截面承载力计算,可以分为两类问题:一是截面设计,二是复核已知截面的承载力。

①截面设计

已知:弯矩设计值 M,混凝土强度等级,钢筋级别,构件截面尺寸 b、h。求:所需受拉钢筋截面面积 A_s。

计算步骤如下:

A. 确定截面有效高度 h_0

$$h_0 = h - a_s \tag{3.8}$$

式中 h——梁的截面高度;

a_s——受拉钢筋合力点到截面受拉边缘的距离,承载力计算时,室内正常环境下的梁、板,a_s 可近似按表 3.10 取用。

表 3.10 室内正常环境下的梁、板 a_s 的近似值(mm)

构件种类	纵向受力钢筋层数	混凝土强度等级	
		≤C25	≥C30
梁	一层	45	40
	二层	70	65
板	一层	25	20

B. 计算混凝土受压区高度 x,并判断是否属超筋梁

$$x = h_0 - \sqrt{h_0^2 - \frac{2M}{\alpha_1 f_c b}} \tag{3.9}$$

若 $x \leqslant \xi_b h_0$,则不属超筋梁;否则为超筋梁。当为超筋梁时,应加大截面尺寸,或提高混凝土强度等级,或改用双筋截面。

C. 计算钢筋截面面积 A_s,并判断是否属少筋梁

$$A_s = \alpha_1 f_c bx / f_y \tag{3.10}$$

若 $A_s \geqslant \rho_{min} bh$,则不属少筋梁;否则为少筋梁。当为少筋梁时,应取 $A_s = \rho_{min} bh$。

D. 选配钢筋

②复核已知截面的承载力

已知:构件截面尺寸 b、h,钢筋截面面积 A_s,混凝土强度等级,钢筋级别,弯矩设计值 M。求:复核截面是否安全。

计算步骤如下:

A. 确定截面有效高度 h_0

B. 判断梁的类型

$$x = \frac{A_s f_y}{\alpha_1 f_c b} \tag{3.11}$$

若 $A_s \geqslant \rho_{min} bh$,且 $x \leqslant \xi_b h_0$,为适筋梁;

若 $x > \xi_b h_0$,为超筋梁;

若 $A_s < \rho_{min} bh$,为少筋梁。

C. 计算截面受弯承载力 M_u

适筋梁

$$M_u = A_s f_y (h_0 - x/2) \tag{3.12}$$

超筋梁

$$M_u = M_{u,max} = \alpha_1 f_c b h_0^2 \xi_b (1 - 0.5\xi_b) \tag{3.13}$$

对少筋梁，应将其受弯承载力降低使用（已建成工程）或修改设计。

D. 判断截面是否安全

若 $M \leqslant M_u$，则截面安全。

【例 3.6】 某钢筋混凝土矩形截面简支梁，跨中弯矩设计值 $M = 80\text{kN}\cdot\text{m}$，梁的截面尺寸 $b \times h = 200\text{mm} \times 450\text{mm}$，采用 C25 级混凝土，HRB400 钢筋。试确定跨中截面纵向受力钢筋的数量。

【解】 查表得 $f_c = 11.9\text{N/mm}^2$，$f_t = 1.27\text{N/mm}^2$，$f_y = 360\text{N/mm}^2$，$\alpha_1 = 1.0$，$\xi_b = 0.518$。

(1)确定截面有效高度 h_0

假设纵向受力钢筋为单层，则 $h_0 = h - 45 = 450 - 45 = 405\text{mm}$。

(2)计算 x，并判断是否为超筋梁

$$x = h_0 - \sqrt{h_0^2 - \frac{2M}{\alpha_1 f_c b}} = 405 - \sqrt{405^2 - \frac{2 \times 80 \times 10^6}{1.0 \times 11.9 \times 200}}$$

$$= 93.9\text{mm} < \xi_b h_0 = 0.518 \times 405 = 209.8\text{mm}$$

不属超筋梁。

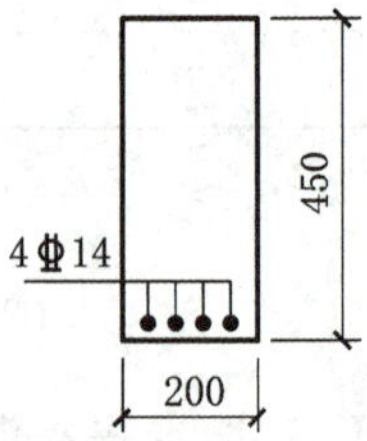

图 3.25　例 3.6 图

(3)计算 A_s，并判断是否为少筋梁

$$A_s = \alpha_1 f_c bx / f_y = 1.0 \times 11.9 \times 200 \times 93.9/360 = 620.8\text{mm}^2$$

$$0.45 f_t / f_y = 0.45 \times 1.27/360 = 0.16\% < 0.2\%，取\ \rho_{min} = 0.2\%$$

$$A_{s,min} = \rho_{min} bh = 0.2\% \times 200 \times 450 = 180\text{mm}^2 < A_s = 620.8\text{mm}^2$$

不属少筋梁。

(4)选配钢筋

选配 4Φ14（$A_s = 615\text{mm}^2$，较计算截面小 0.9%<5%，可以），如图 3.25 所示。

【例 3.7】 某教学楼钢筋混凝土矩形截面简支梁，安全等级为二级，设计工作年限 50 年，截面尺寸 $b \times h = 250\text{mm} \times 550\text{mm}$，承受恒荷载标准值 10kN/m（不包括梁的自重），活荷载标准值 12kN/m，计算跨度 $l_0 = 6\text{m}$，采用 C25 级混凝土，HRB400 钢筋。试确定纵向受力钢筋的数量。

【解】 查表得 $f_c = 11.9\text{N/mm}^2$，$f_t = 1.27\text{N/mm}^2$，$f_y = 360\text{N/mm}^2$，$\xi_b = 0.518$，$\alpha_1 = 1.0$，结构重要性系数 $\gamma_0 = 1.0$，可变荷载组合值系数 $\psi_c = 0.7$，$\gamma_L = 1.0$。

(1)计算弯矩设计值 M

钢筋混凝土重度标准值为 25kN/m^3，故作用在梁上的恒荷载标准值为

$$g_k = 10 + 0.25 \times 0.55 \times 25 = 13.438\text{kN/m}$$

简支梁在恒荷载标准值作用下的跨中弯矩为：

$$M_{gk} = \frac{1}{8} g_k l_0^2 = \frac{1}{8} \times 13.438 \times 6^2 = 60.471\text{kN}\cdot\text{m}$$

简支梁在活荷载标准值作用下的跨中弯矩为

$$M_{qk} = \frac{1}{8} q_k l_0^2 = \frac{1}{8} \times 12 \times 6^2 = 54\text{kN}\cdot\text{m}$$

由恒荷载控制的跨中弯矩为

$$\gamma_0(\gamma_G M_{gk} + \gamma_Q \gamma_L \psi_c M_{qk}) = 1.0 \times (1.35 \times 60.471 + 1.4 \times 1.0 \times 0.7 \times 54)$$

$$= 134.556\text{kN}\cdot\text{m}$$

由活荷载控制的跨中弯矩为

$$\gamma_0(\gamma_G M_{gk}+\gamma_Q\gamma_L M_{qk})=1.0\times(1.2\times60.471+1.4\times1.0\times54)=148.165\text{kN}\cdot\text{m}$$

取较大值得跨中弯矩设计值 $M=148.165\text{kN}\cdot\text{m}$。

(2)计算 h_0

假定受力钢筋排一层，则 $h_0=h-45=550-45=505\text{mm}$。

(3)计算 x，并判断是否属超筋梁

$$x=h_0-\sqrt{h_0^2-\frac{2M}{\alpha_1 f_c b}}=505-\sqrt{505^2-\frac{2\times148.165\times10^6}{1.0\times11.9\times250}}$$

$$=110.8\text{mm}<\xi_b h_0=0.518\times505=261.6\text{mm}$$

不属超筋梁。

(4)计算 A_s，并判断是否少筋

$$A_s=\alpha_1 f_c bx/f_y=1.0\times11.9\times250\times110.8/360=915.6\text{mm}^2$$

$$0.45f_t/f_y=0.45\times1.27/360=0.16\%<0.2\%\text{，取 }\rho_{min}=0.2\%$$

$$A_{s,min}=\rho_{min}bh=0.2\%\times250\times550=275\text{mm}^2<A_s=915.6\text{mm}^2$$

不属少筋梁。

(5)选配钢筋

选配 3Φ20($A_s=942\text{mm}^2$)，如图 3.26 所示。

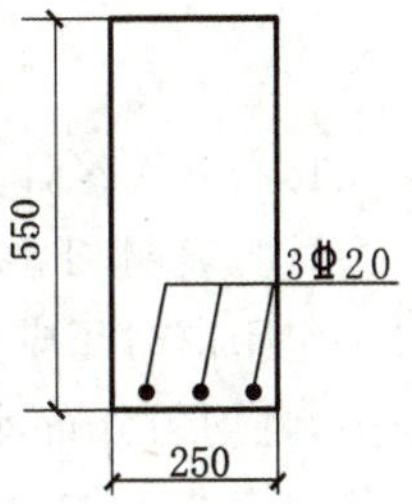

图 3.26 例 3.7 图

【例 3.8】 某钢筋混凝土矩形截面梁，截面尺寸 $b\times h=200\text{mm}\times500\text{mm}$，混凝土强度等级 C25，纵向受拉钢筋 3$\Phi$18，混凝土保护层厚度 25mm。该梁承受最大弯矩设计值 $M=105\text{kN}\cdot\text{m}$。试复核该梁是否安全。

【解】 查表得 $f_c=11.9\text{N/mm}^2$，$f_t=1.27\text{N/mm}^2$，$f_y=360\text{N/mm}^2$，$\xi_b=0.518$，$\alpha_1=1.0$，$A_s=763\text{mm}^2$。

(1)计算 h_0

因纵向受拉钢筋布置成一层，故 $h_0=h-45=500-45=455\text{mm}$。

(2)判断梁的类型

$$x=\frac{A_s f_y}{\alpha_1 f_c b}=\frac{763\times360}{1.0\times11.9\times200}=115.4\text{mm}<\xi_b h_0=0.518\times455=235.7\text{mm}$$

$$0.45f_t/f_y=0.45\times1.27/360=0.16\%<0.2\%\text{，取 }\rho_{min}=0.2\%$$

$$A_{s,min}=\rho_{min}bh=0.2\%\times200\times500=200\text{mm}^2<A_s=763\text{mm}^2$$

故该梁属适筋梁。

(3)求截面受弯承载力 M_u，并判断该梁是否安全

已判断该梁为适筋梁，故

$$M_u=f_yA_s(h_0-x/2)=360\times763\times(455-115.4/2)$$

$$=109.13\times10^6\text{N}\cdot\text{mm}=109.13\text{kN}\cdot\text{m}>M=105\text{kN}\cdot\text{m}$$

该梁安全。

3.2.2.2 单筋 T 形截面

在单筋矩形截面梁正截面受弯承载力计算中是不考虑受拉区混凝土的作用的。如果把受拉区两侧的混凝土挖掉一部分，将受拉钢筋配置在肋部，既不会降低截面承载力，又可以节省材料，减轻自重，这样就形成了 T 形截面梁。T 形截面受弯构件在工程实际中应用较广，除独立 T 形梁(图 3.27(a))外，槽形板(图 3.27(b))、空心板(图 3.27(c))以及现浇肋形楼盖中的主梁和次梁的跨中截面(图 3.27(d) Ⅰ—Ⅰ 截面)也按 T 形梁计算。但是，翼缘位于受拉区的倒 T 形截面梁，当受拉区开裂后，翼缘就不起作用了，因此其受弯承载力应按截面为 $b\times h$ 的矩形截面计算(图 3.27(d) Ⅱ—Ⅱ 截面)。

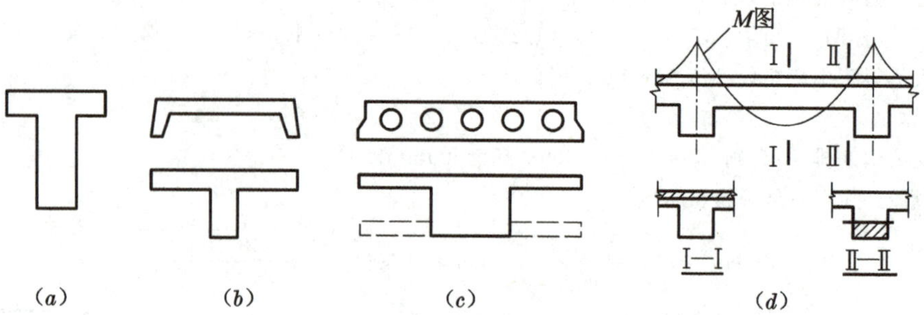

图 3.27 T形梁示例

1.有效翼缘计算宽度

试验表明,T形梁破坏时,其翼缘上混凝土的压应力是不均匀的,越接近肋部应力越大,超过一定距离时压应力几乎为零。在计算中,为简便起见,假定只在翼缘一定宽度范围内受有压应力,且均匀分布,该范围以外的部分不起作用,这个宽度称为有效翼缘计算宽度,用 b_f' 表示,其值取表 3.11 中各项的最小值。

表 3.11 受弯构件受压区有效翼缘计算宽度 b_f'

情况			T形、I形截面		倒L形截面
			肋形梁(板)	独立梁	肋形梁(板)
1	按计算跨度 l_0 考虑		$l_0/3$	$l_0/3$	$l_0/6$
2	按梁(肋)净距 s_n 考虑		$b+s_n$	—	$b+s_n/2$
3	按翼缘高度 h_f' 考虑	$h_f'/h_0 \geqslant 0.1$	—	$b+12h_f'$	—
		$0.05 \leqslant h_f'/h_0 < 0.1$	$b+12h_f'$	$b+12h_f'$	$b+5h_f'$
		$h_f'/h_0 < 0.05$	$b+12h_f'$	b	$b+5h_f'$

注:表中 b 为梁的腹板厚度;

2.T形截面的分类

根据受力大小,T形截面的中性轴可能通过翼缘(图 3.28),也可能通过肋部(图 3.29)。中性轴通过翼缘者称为第一类T形截面,通过肋部者称为第二类T形截面。

经分析,当符合下列条件时,必然满足 $x \leqslant h_f'$,即为第一类T形截面,否则为第二类T形截面。

$$f_y A_s \leqslant \alpha_1 f_c b_f' h_f' \tag{3.14}$$

或

$$M \leqslant \alpha_1 f_c b_f' h_f' (h_0 - h_f'/2) \tag{3.15}$$

式中 x——混凝土受压区高度;

h_f'——T形截面受压翼缘的高度。

式(3.14)、式(3.15)即为第一类、第二类T形截面的鉴别条件。式(3.14)用于截面复核,式(3.15)用于截面设计。

3.基本计算公式及其适用条件

(1)基本计算公式

①第一类 T 形截面

由图 3.28 可知，第一类 T 形截面的受压区为矩形，面积为 $b_f'x$。由前述知识可知，梁截面承载力与受拉区形状无关。因此，第一类 T 形截面承载力与截面为 $b_f' \times h$ 的矩形截面完全相同，故其基本公式可表示为：

$$\alpha_1 f_c b_f' x = f_y A_s \tag{3.16}$$

$$M \leqslant \alpha_1 f_c b_f' x \left(h_0 - \frac{x}{2}\right) \tag{3.17}$$

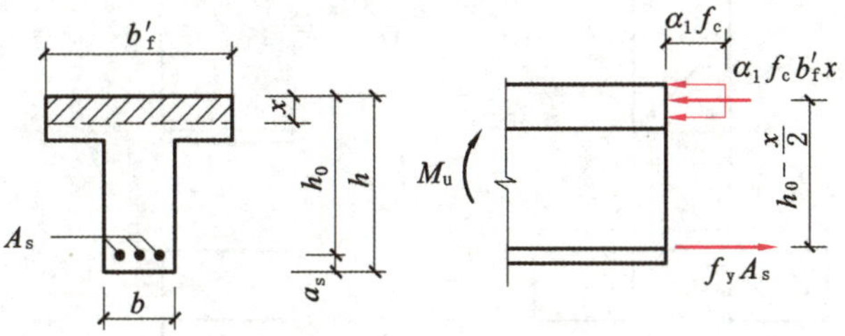

图 3.28　第一类 T 形截面

②第二类 T 形截面

为了便于建立第二类 T 形截面的基本公式，现将其应力图形分成两部分：一部分由肋部受压区混凝土的压力与相应的受拉钢筋 A_{s1} 的拉力组成，相应的截面受弯承载力设计值为 M_{u1}；另一部分则由翼缘混凝土的压力与相应的受拉钢筋 A_{s2} 的拉力组成，相应的截面受弯承载力设计值为 M_{u2}。如图 3.29 所示。

根据平衡条件可建立起两部分的基本计算公式，因 $M_u = M_{u1} + M_{u2}$，$A_s = A_{s1} + A_{s2}$，故将两部分叠加即得整个截面的基本公式：

$$\alpha_1 f_c h_f'(b_f' - b) + \alpha_1 f_c bx = f_y A_s \tag{3.18}$$

$$M \leqslant \alpha_1 f_c h_f'(b_f' - b)\left(h_0 - \frac{h_f'}{2}\right) + \alpha_1 f_c bx \left(h_0 - \frac{x}{2}\right) \tag{3.19}$$

(2)基本公式的适用条件

上述基本公式的适用条件如下：

①$x \leqslant \xi_b h_0$

该条件是为了防止出现超筋梁。但第一类 T 形截面一般不会超筋，故计算时可不验算这个条件。

②$A_s \geqslant \rho_{min} bh$ 或 $\rho \geqslant \rho_{min}$

该条件是为了防止出现少筋梁。第二类 T 形截面的配筋较多，一般不会出现少筋的情况，故可不验算这一条件。

应当注意，由于肋宽为 b、高度为 h 的素混凝土 T 形梁的受弯承载力比截面为 $b \times h$ 的矩形截面素混凝土梁的受弯承载力大不了多少，故 T 形截面的配筋率按矩形截面的公式计算，即 $\rho = \frac{A_s}{bh_0}$，式中 b 为肋宽。

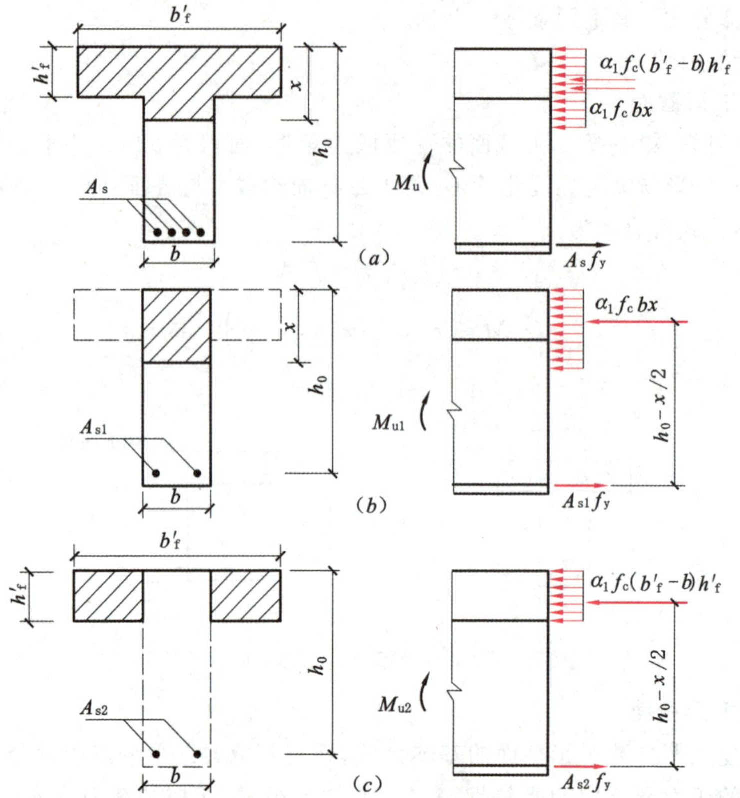

图 3.29　第二类 T 形截面

(a)整个截面;(b)第一部分截面;(c)第二部分截面

3.2.2.3　正截面承载力计算步骤

T 形截面受弯构件的正截面承载力计算也可分为截面设计和截面复核两类问题,这里只介绍截面设计的方法。

已知:弯矩设计值 M,混凝土强度等级,钢筋级别,截面尺寸。求:受拉钢筋截面面积 A_s。

计算步骤如图 3.30 所示。

【例 3.9】 某现浇肋形楼盖次梁,截面尺寸如图 3.31 所示,梁的计算跨度 4.8m,跨中弯矩设计值为 100kN·m,采用 C25 级混凝土和 HRB400 级钢筋。试确定纵向钢筋截面面积。

【解】 查表知 $f_c=11.9\text{N/mm}^2$,$f_t=1.27\text{N/mm}^2$,$f_y=360\text{N/mm}^2$,$\alpha_1=1.0$,$\xi_b=0.518$。

假定纵向钢筋排一层,则 $h_0=h-45=400-45=355\text{mm}$。

(1)确定有效翼缘计算宽度 b_f'

根据表 3.11 有:

按梁的计算跨度 l_0 考虑:$b_f'=l_0/3=4800/3=1600\text{mm}$

按梁净距 s_n 考虑:$b_f'=b+s_n=3000\text{mm}$

按翼缘厚度 h_f'考虑:$h_f'/h_0=80/355=0.23>0.1$,则 $b_f'=b+12h_f'=200+12\times80=1160\text{mm}$

取较小值得有效翼缘计算宽度 $b_f'=1160\text{mm}$。

(2)判别 T 形截面的类型

$$\alpha_1 f_c b_f' h_f'(h_0-h_f'/2)=1.0\times11.9\times1160\times80\times(360-80/2)$$

$$=353.4\times10^6\text{N}\cdot\text{mm}>M=100\text{kN}\cdot\text{m}$$

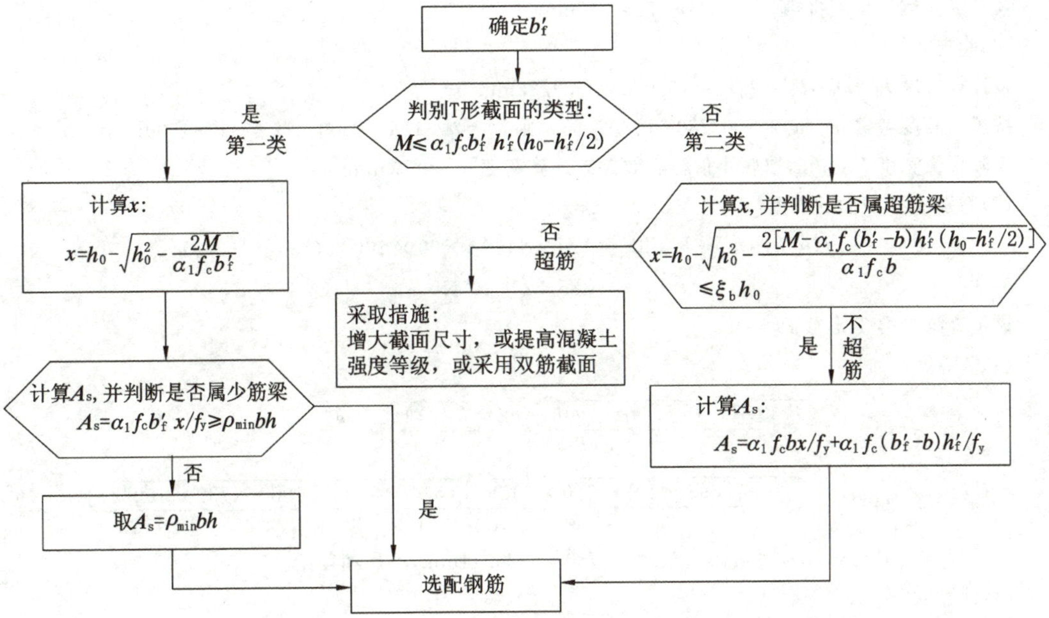

图 3.30　T 形梁截面设计步骤

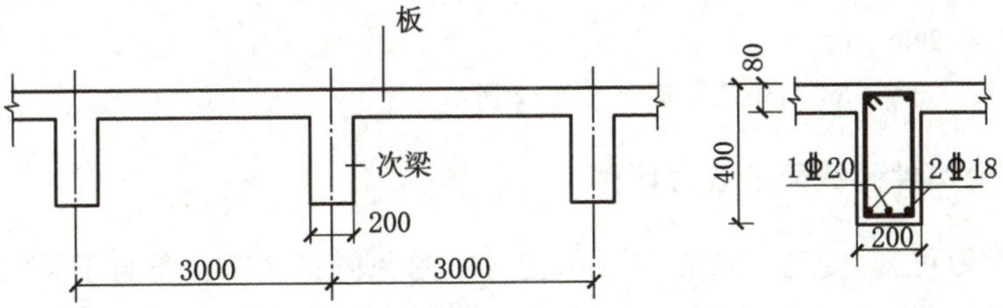

图 3.31　例 3.9 图

属于第一类 T 形截面。

(3)计算 x

$$x=h_0-\sqrt{h_0^2-\frac{2M}{\alpha_1 f_c b_f'}}=355-\sqrt{355^2-\frac{2\times100\times10^6}{1.0\times11.9\times1160}}$$

$$=21.03\text{mm}$$

(4)计算 A_s，并验算是否属少筋梁

$A_s=\alpha_1 f_c b_f' x/f_y=1.0\times11.9\times1160\times21.03/360=806.4\text{mm}^2$

$0.45f_t/f_y=0.45\times1.27/360=0.16\%<0.2\%$，取 $\rho_{min}=0.2\%$

$A_{s,min}=\rho_{min}bh=0.2\%\times200\times400=160\text{mm}^2<A_s=806.4\text{mm}^2$

不属少筋梁。

选配 2Φ18+1Φ20($A_s=823.2\text{mm}^2$)，钢筋布置如图 3.31 所示。

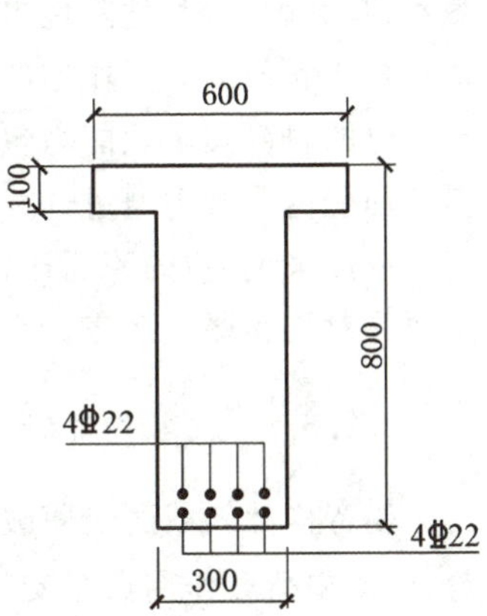

图 3.32　例 3.10 图

【例 3.10】 某独立 T 形梁，截面尺寸如图 3.32 所示，计算跨度 7m，承受弯矩设计值 695kN·m，采用 C25 级混凝土和 HRB400 级钢筋，试确定纵向钢筋截面面积。

【解】 查表得 $f_c=11.9\text{N/mm}^2$，$f_t=1.27\text{N/mm}^2$，$f_y=360\text{N/mm}^2$，$\alpha_1=1.0$，$\xi_b=0.518$。

假设纵向钢筋排两排，则 $h_0=800-70=730\text{mm}$。

(1)确定 b_f'

按计算跨度 l_0 考虑：$b_f'=l_0/3=7000/3=2333.33\text{mm}$

按翼缘高度考虑：$h_f'/h_0=100/730=0.14>0.1$，则 $h_f'=b+12h_f'=300+12\times100=1500\text{mm}$

实际翼缘宽度 600mm，取较小值得有效翼缘计算宽度 $b_f'=600\text{mm}$。

(2)判别 T 形截面的类型

$$\alpha_1 f_c b_f' h_f'(h_0-h_f'/2)=1.0\times11.9\times600\times100\times(730-100/2)$$
$$=485.52\times10^6\text{N}\cdot\text{mm}<M=695\text{kN}\cdot\text{m}$$

该梁为第二类 T 形截面。

(3)计算 x

$$x=h_0-\sqrt{h_0^2-\frac{2[M-\alpha_1 f_c(b_f'-b)h_f'(h_0-h_f'/2)]}{\alpha_1 f_c b}}$$
$$=730-\sqrt{730^2-\frac{2[695\times10^6-1.0\times11.9\times(600-300)\times100\times(730-100/2)]}{1.0\times11.9\times300}}$$
$$=201.28\text{mm}<\xi_b h_0=0.518\times730=378.14\text{mm}，不属超筋梁。$$

(4)计算 A_s

$$A_s=\alpha_1 f_c bx/f_y+\alpha_1 f_c(b_f'-b)h_f'/f_y$$
$$=1.0\times11.9\times300\times201.28/360+1.0\times11.9\times(600-300)\times100/360$$
$$=2988\text{mm}^2$$

选配 8Φ22($A_s=3041\text{mm}^2$)，钢筋布置如图 3.32 所示。

3.2.3　受弯构件斜截面承载力计算

通过前面学习可知，受弯构件在主要承受弯矩的区段将会产生垂直于梁轴线的裂缝，若其受弯承载力不足，则将沿正截面破坏。一般而言，在荷载作用下，受弯构件不仅在各个截面上引起弯矩 M，同时还产生剪力 V。在弯曲正应力和剪应力共同作用下，受弯构件将产生与轴线斜交的主拉应力和主压应力。图 3.33(a)为梁在弯矩 M 和剪力 V 共同作用下的主应力迹线，其中实线为主拉应力迹线，虚线为主压应力迹线。由于混凝土抗压强度较高，受弯构件一般不会因主压应力而引起破坏。但当主拉应力超过混凝土的抗拉强度时，混凝土便沿垂直于主拉应力的方向出现斜裂缝(图 3.33(b))，进而可能发生斜截面破坏。斜截面破坏通常较为突然，具有脆性，其危险性更大。所以，钢筋混凝土受弯构件除应进行正截面承载力计算外，还须对弯矩和剪力共同作用的区段进行斜截面承载力计算。

梁的斜截面承载能力包括斜截面受剪承载力和斜截面受弯承载力。在实际工程设计中，斜截面受剪承载力通过计算配置腹筋来保证，而斜截面受弯承载力则通过构造措施来保证。

一般来说，板的跨高比较大，具有足够的斜截面承载能力，故受弯构件斜截面承载力计算主要是对梁和厚板而言。

3.2.3.1　受弯构件斜截面受剪破坏形态

受弯构件斜截面受剪破坏形态主要取决于箍筋数量和剪跨比 λ。$\lambda=a/h_0$，其中 a 称为剪跨，即集中荷载作用点至支座的距离。随着箍筋数量和剪跨比的不同，受弯构件主要有以下三种斜截面受剪破坏形态：

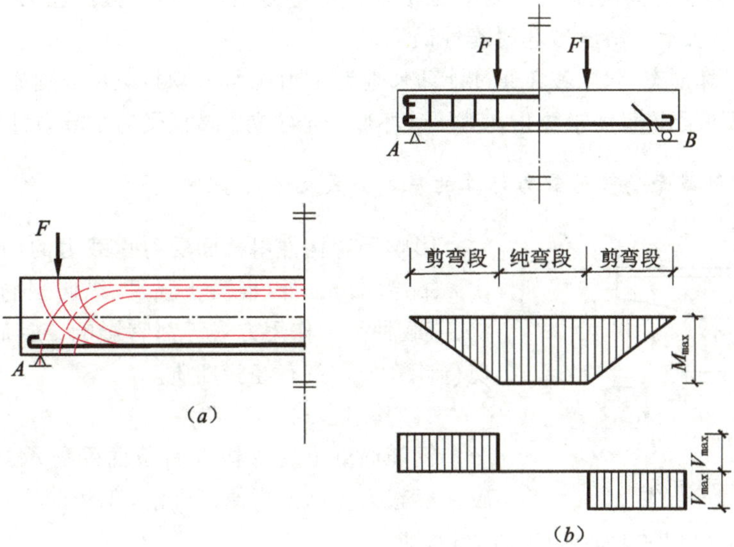

图 3.33 受弯构件主应力迹线及斜裂缝示意

(*a*)梁的主应力迹线;(*b*)梁的斜裂缝

(1)斜拉破坏

当箍筋配置过少,且剪跨比较大($\lambda>3$)时,常发生斜拉破坏。其特点是一旦出现斜裂缝,与斜裂缝相交的箍筋应力立即达到屈服强度,箍筋对斜裂缝发展的约束作用消失,随后斜裂缝迅速延伸到梁的受压区边缘,构件裂为两部分而破坏,如图 3.34(*a*)所示。斜拉破坏的破坏过程急剧,具有很明显的脆性。

(2)剪压破坏

构件的箍筋适量,且剪跨比适中($\lambda=1\sim3$)时将发生剪压破坏。当荷载增加到一定值时,首先在剪弯段受拉区出现斜裂缝,其中一条将发展成临界斜裂缝(即延伸较长和开展较大的斜裂缝)。荷载进一步增加,与临界斜裂缝相交的箍筋应力达到屈服强度。随后,斜裂缝不断扩展,斜截面末端剪压区不断缩小,最后剪压区混凝土在正应力和剪应力共同作用下达到极限状态而压碎,如图 3.34(*b*)所示。剪压破坏没有明显预兆,属于脆性破坏。

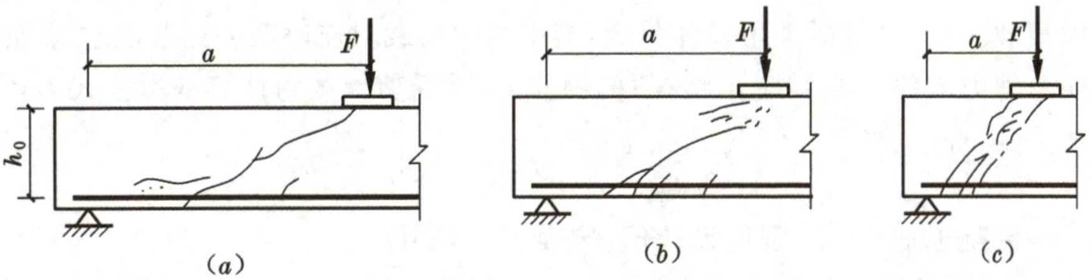

图 3.34 斜截面破坏形态

(*a*)斜拉破坏;(*b*)剪压破坏;(*c*)斜压破坏

(3)斜压破坏

当梁的箍筋配置过多过密或者梁的剪跨比较小($\lambda<1$)时,斜截面破坏形态将主要是斜压破坏。这种破坏是因梁的剪弯段腹部混凝土被一系列平行的斜裂缝分割成许多倾斜的受压柱

体，在正应力和剪应力共同作用下混凝土被压碎而导致的，破坏时箍筋应力尚未达到屈服强度，如图 3.34(c)所示。斜压破坏属脆性破坏。

上述三种破坏形态，剪压破坏通过计算来避免，斜压破坏和斜拉破坏分别通过采用截面限制条件与按构造要求配置箍筋来防止。剪压破坏形态是建立斜截面受剪承载力计算公式的依据。

3.2.3.2 斜截面受剪承载力计算的基本公式及适用条件

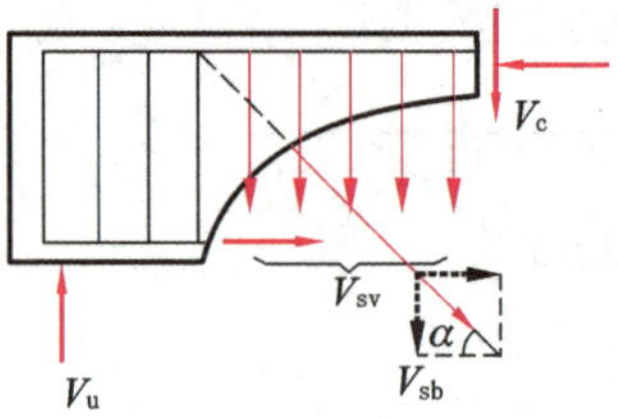

图 3.35 斜截面受剪承载力的组成

影响受弯构件斜截面受剪承载力的因素很多，除剪跨比 λ、配箍率 ρ_{sv} 外，混凝土强度、纵向钢筋配筋率、截面形状、荷载种类和作用方式等都有影响，精确计算比较困难，现行计算公式带有经验性质。

(1)基本公式

钢筋混凝土受弯构件斜截面受剪承载力计算以剪压破坏形态为依据。为便于理解，现将受弯构件斜截面受剪承载力表示为三项相加的形式(图 3.35)，即：

$$V_u = V_c + V_{sv} + V_{sb} \tag{3.20}$$

式中 V_u——受弯构件斜截面受剪承载力；

V_c——剪压区混凝土受剪承载力设计值，即无腹筋梁的受剪承载力；

V_{sv}——与斜裂缝相交的箍筋受剪承载力设计值；

V_{sb}——与斜裂缝相交的弯起钢筋受剪承载力设计值。

需要说明的是，式(3.20)中 V_c 和 V_{sv} 密切相关，无法分开表达，故以 $V_{cs}=V_c+V_{sv}$ 来表达混凝土和箍筋总的受剪承载力，于是有：

$$V_u = V_{cs} + V_{sb} \tag{3.21}$$

《混凝土结构设计标准》在理论研究和试验结果的基础上，结合工程实践经验给出了以下斜截面受剪承载力计算公式。

①仅配箍筋的受弯构件

对矩形、T 形及 I 形截面一般受弯构件，其受剪承载力计算基本公式为：

$$V \leqslant V_{cs} = 0.7 f_t b h_0 + f_{yv} \frac{A_{sv}}{s} h_0 \tag{3.22}$$

对集中荷载作用下(包括作用多种荷载，其中集中荷载对支座截面或节点边缘所产生的剪力占该截面总剪力值的 75%以上的情况)的独立梁，其受剪承载力计算基本公式为：

$$V \leqslant V_{cs} = \frac{1.75}{\lambda + 1.0} f_t b h_0 + f_{yv} \frac{A_{sv}}{s} h_0 \tag{3.23}$$

式中 f_t——混凝土轴心抗拉强度设计值，按表 2.8 采用；

A_{sv}——配置在同一截面内箍筋各肢的全部截面面积，$A_{sv}=nA_{sv1}$，其中 n 为箍筋肢数，A_{sv1} 为单肢箍筋的截面面积；

s——箍筋间距；

f_{yv}——箍筋抗拉强度设计值，按表 2.5 采用，$f_{yv} \leqslant 360\text{N/mm}^2$；

λ——计算截面的剪跨比，当 $\lambda<1.5$ 时，取 $\lambda=1.5$；当 $\lambda>3$ 时，取 $\lambda=3$。

②同时配置箍筋和弯起钢筋的受弯构件

同时配置箍筋和弯起钢筋的受弯构件，其受剪承载力计算基本公式为

$$V \leqslant V_u = V_{cs} + 0.8 f_y A_{sb} \sin\alpha_s \tag{3.24}$$

式中 f_y——弯起钢筋的抗拉强度设计值；

A_{sb}——同一弯起平面内的弯起钢筋的截面面积；

其余符号意义同前。

式(3.24)中的系数 0.8，是考虑弯起钢筋与临界斜裂缝的交点有可能过分靠近混凝土剪压区时，弯起钢筋达不到屈服强度而采用的强度降低系数。

(2)基本公式适用条件

①防止出现斜压破坏的条件——最小截面尺寸的限制

试验表明，当箍筋量达到一定程度时，再增加箍筋，截面受剪承载力几乎不再增加。相反，若剪力很大，而截面尺寸过小，即使箍筋配置很多，也不能完全发挥作用，因为箍筋屈服前混凝土已被压碎而发生斜压破坏。所以，为了防止斜压破坏，必须限制截面最小尺寸。对矩形、T形及I形截面受弯构件，其限制条件为：

当 $h_w/b \leqslant 4.0$(厚腹梁，也即一般梁)时

$$V \leqslant 0.25\beta_c f_c b h_0 \tag{3.25}$$

当 $h_w/b \geqslant 6.0$(薄腹梁)时

$$V \leqslant 0.2\beta_c f_c b h_0 \tag{3.26}$$

当 $4.0 < h_w/b < 6.0$ 时

$$V \leqslant 0.025\beta_c (14 - h_w/b) f_c b h_0 \tag{3.27}$$

式中 b——矩形截面宽度，T形和I形截面的腹板宽度；

h_w——截面的腹板高度，矩形截面取有效高度 h_0，T形截面取有效高度减去翼缘高度，I形截面取腹板净高(图 3.19)；

β_c——混凝土强度影响系数，当混凝土强度等级≤C50 时，$\beta_c = 1.0$；当混凝土强度等级为 C80 时，$\beta_c = 0.8$，其间按直线内插法取用。

实际上，截面最小尺寸条件也就是最大配箍率的条件。

②防止出现斜拉破坏的条件——最小配箍率的限制

为了避免出现斜拉破坏，构件配箍率应满足

$$\rho_{sv} = \frac{A_{sv}}{bs} = \frac{nA_{sv1}}{bs} \geqslant \rho_{sv,\min} = 0.24 f_t / f_{yv} \tag{3.28}$$

式中 A_{sv}——配置在同一截面内箍筋各肢的全部截面面积，$A_{sv} = nA_{sv1}$，其中 n 为箍筋肢数，A_{sv1} 为单肢箍筋的截面面积；

b——矩形截面的宽度，T形、I形截面的腹板宽度；

s——箍筋间距。

3.2.3.3 斜截面受剪承载力计算

(1)斜截面受剪承载力的计算位置

斜截面受剪承载力的计算位置，一般按下列规定采用：

①支座边缘处的斜截面，见图 3.36 中截面 1—1；

②弯起钢筋弯起点处的斜截面，见图 3.36 中截面 2—2；

③受拉区箍筋截面面积或间距改变处的斜截面，见图 3.36 中截面 3—3；

④腹板宽度改变处的截面，见图 3.36 中截面 4—4。

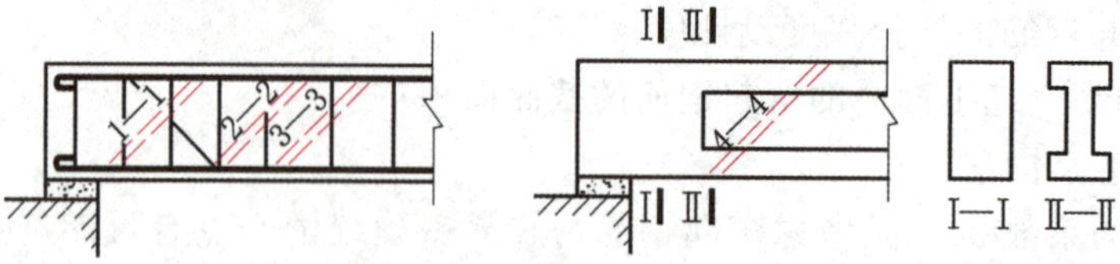

图 3.36　斜截面受剪承载力计算位置

(2)斜截面受剪承载力计算步骤

已知：剪力设计值 V，截面尺寸，混凝土强度等级，箍筋级别，纵向受力钢筋的级别和数量。求：腹筋数量。

计算步骤如下：

①复核截面尺寸

梁的截面尺寸应满足式(3.25)～式(3.27)的要求，否则，应加大截面尺寸或提高混凝土强度等级。

②确定是否需按计算配置箍筋

当满足下式条件时，可按构造配置箍筋，否则，需按计算配置箍筋：

$$V \leqslant 0.7 f_t b h_0 \tag{3.29}$$

或

$$V \leqslant \frac{1.75}{\lambda + 1} f_t b h_0 \tag{3.30}$$

③确定腹筋数量

仅配箍筋时

$$\frac{A_{sv}}{s} \geqslant \frac{V - 0.7 f_t b h_0}{f_{yv} h_0} \tag{3.31}$$

或

$$\frac{A_{sv}}{s} \geqslant \frac{V - \dfrac{1.75}{\lambda + 1} f_t b h_0}{f_{yv} h_0} \tag{3.32}$$

求出 $\frac{A_{sv}}{s}$ 的值后，即可根据构造要求选定箍筋肢数 n 和直径 d，然后求出间距 s，或者根据构造要求选定 n、s，然后求出 d。箍筋的间距和直径应满足第 3.2.1 节的构造要求。

同时配置箍筋和弯起钢筋时，其计算较复杂，读者可参考有关文献。

④验算配箍率

配箍率应满足式(3.28)的要求。

【例 3.11】 某办公楼矩形截面简支梁，截面尺寸 250mm×500mm，h_0=455mm，承受均布荷载作用，已求得支座边缘剪力设计值为 185.85kN。混凝土为 C25 级，箍筋采用 HPB300 级钢筋。试确定箍筋数量。

【解】 查表得 $f_c = 11.9\text{N/mm}^2$，$f_t = 1.27\text{N/mm}^2$，$f_{yv} = 270\text{N/mm}^2$，$\beta_c = 1.0$。

(1)复核截面尺寸

$$h_w / b = h_0 / b = 455/250 = 1.82 < 4.0$$

应按式(3.25)复核截面尺寸。

$$0.25\beta_c f_c bh_0 = 0.25 \times 1.0 \times 11.9 \times 250 \times 455$$
$$= 338406\text{N} = 338.4\text{kN} > V = 185.85\text{kN}$$

截面尺寸满足要求。

(2)确定是否需按计算配置箍筋

$$0.7f_t bh_0 = 0.7 \times 1.27 \times 250 \times 455$$
$$= 101123.8\text{N} = 101.1\text{kN} < V = 185.85\text{kN}$$

需按计算配置箍筋。

(3)确定箍筋数量

$$\frac{A_{sv}}{s} \geqslant \frac{V - 0.7f_t bh_0}{f_{yv}h_0} = \frac{185.85 \times 10^3 - 101123.8}{270 \times 455} = 0.690\text{mm}^2/\text{mm}$$

按构造要求，箍筋直径不宜小于6mm，现选用ϕ 8 双肢箍筋(A_{sv1}=50.3mm²)，则箍筋间距为

$$s \leqslant \frac{A_{sv}}{0.690} = \frac{nA_{sv1}}{0.690} = \frac{2 \times 50.3}{0.690} = 145.8\text{mm}$$

查表 3.5 得 s_{max}=200mm，取 s=140mm。

(4)验算配箍率

$$\rho_{sv} = \frac{nA_{sv1}}{bs} = \frac{2 \times 50.3}{250 \times 140} = 0.29\%$$

$$\rho_{sv,min} = 0.24f_t/f_{yv} = 0.24 \times 1.27/270 = 0.11\% < \rho_{sv} = 0.29\%$$

配箍率满足要求。

所以箍筋选用ϕ 8@140，沿梁长均匀布置。

3.2.3.4　保证斜截面受弯承载力的构造措施

如前所述，受弯构件斜截面受弯承载力是通过构造措施来保证的。这些措施包括纵向钢筋的锚固、简支梁下部纵筋伸入支座的锚固长度、支座截面负弯矩、纵筋截断时的伸出长度、弯起钢筋弯终点外的锚固要求、箍筋的间距与肢距等，其中部分已在前面介绍，下面补充介绍其他措施。

(1)纵向受拉钢筋弯起与截断时的构造

梁的正、负纵向钢筋都是根据跨中或支座最大弯矩值计算配置的。从经济角度考虑，当截面弯矩减小时，纵向受力钢筋的数量也应随之减少。对于正弯矩区段内的纵向钢筋，通常采用弯向支座(用来抗剪或承受负弯矩)的方式来减少多余钢筋，而不应将梁底部承受正弯矩的钢筋在受拉区截断。这是因为纵向受拉钢筋在跨间截断时，钢筋截面面积会发生突变，混凝土中会产生应力集中现象，在纵筋截断处提前出现裂缝。如果截断钢筋的锚固长度不足，则会导致粘结破坏，从而降低构件承载力。对于连续梁和框架梁承受支座负弯矩的钢筋则往往采用截断的方式来减少多余纵向钢筋，见图 3.37。纵向受力钢筋弯起点及截断点的确定比较复杂，此处不作详细介绍。工程量计算和施工时，钢筋弯起和截断位置应严格按照施工图要求。

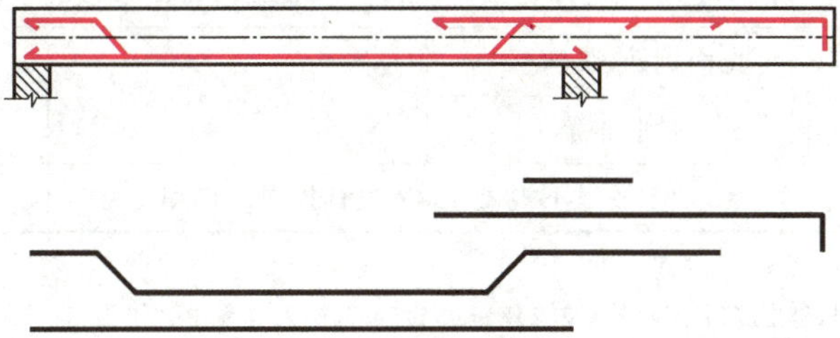

图 3.37　梁内钢筋的弯起与截断

梁底层钢筋中的角部钢筋不应弯起，顶层钢筋中的角部钢筋不应弯下。

弯起钢筋在弯终点外应有一直线段的锚固长度，以保证在斜截面处发挥其强度。《混凝土结构设计标准》规定，当直线段位于受拉区时，其长度不小于 $20d$，位于受压区时不小于 $10d$（d 为弯起钢筋的直径）。光面钢筋的末端应设弯钩。为了防止弯折处混凝土挤压力过于集中，弯折半径应不小于 $10d$，如图 3.38 所示。

当纵向受力钢筋不能在需要的地方弯起或弯起钢筋不足以承受剪力时，可单独为抗剪设置弯起钢筋。此时，弯起钢筋应采用“鸭筋”形式，严禁采用“浮筋”，如图 3.39 所示。“鸭筋”的构造与弯起钢筋基本相同。

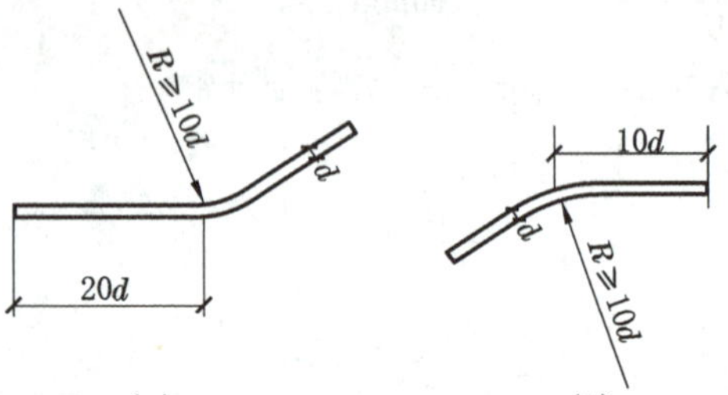

图 3.38　弯起钢筋的端部构造

（a）受拉区；（b）受压区

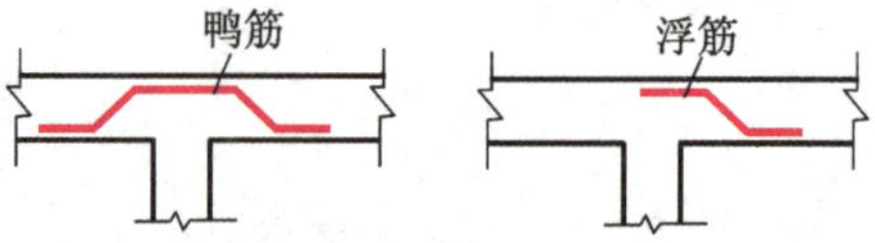

图 3.39　鸭筋与浮筋

（2）纵向受力钢筋在支座内的锚固

①梁

简支支座处弯矩虽较小，但剪力最大，在弯、剪共同作用下，容易在支座附近发生斜裂缝。斜裂缝产生后，与裂缝相交的纵筋所承受的弯矩会由原来的 M_C 增加到 M_D（图 3.40），纵筋的拉力明显增大。若纵筋无足够的锚固长度，就会从支座内拔出而使梁发生沿斜截面的弯曲破坏。因此，《混凝土结构设计标准》规定，钢筋混凝土简支梁和连续梁简支端的下部纵向受力钢筋伸入支座内的锚固长度 l_{as} 的数值不应小于表 3.12 的规定。同时规定，伸入梁支座范围内锚固的纵向受力钢筋的数量不宜少于 2 根，但梁宽 $b<100$mm 的小梁可为 1 根。

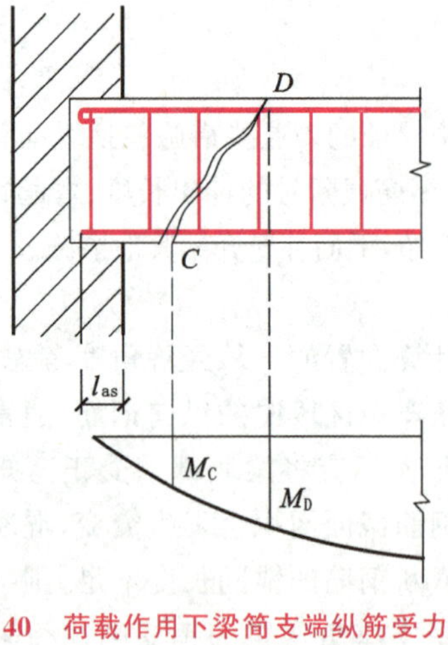

图 3.40　荷载作用下梁简支端纵筋受力状态

表 3.12　简支支座的钢筋锚固长度 l_{as}

锚固条件		$V\leqslant 0.7f_tbh_0$	$V>0.7f_tbh_0$
钢筋类型	光面钢筋（带弯钩）	$5d$	$15d$
	带肋钢筋		$12d$
	C25 及以下混凝土，跨边有集中力作用		$15d$

注：①d 为纵向受力钢筋直径；

②跨边有集中力作用，是指混凝土梁的简支支座跨边 $1.5h$ 范围内有集中力作用，且其对支座截面所产生的剪力占总剪力值的 75%以上。

因条件限制不能满足上述规定锚固长度时，可将纵向受力钢筋的端部弯起，或采取附加锚固措施，如在钢筋上加焊锚固钢板或将钢筋端部焊接在梁端的预埋件上等，如图 3.41 所示。

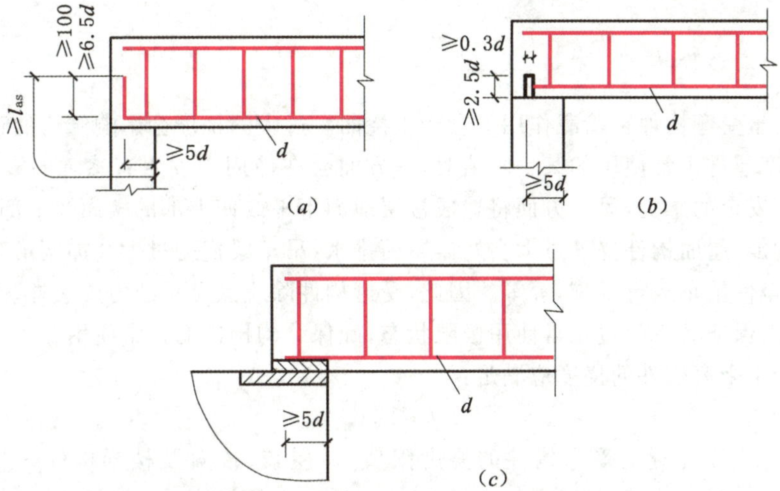

图 3.41　锚固长度不足时的措施

(a)纵筋端部弯起锚固；(b)纵筋端部加焊锚固钢板；(c)纵筋端部焊接在梁端预埋件上

②板

简支板或连续板简支端下部纵向受力钢筋伸入支座的锚固长度 $l_{as} \geqslant 5d$(d 为受力钢筋直径)。伸入支座的下部钢筋的数量，当采用弯起式配筋时其间距不应大于 400mm，截面面积不应小于跨中受力钢筋截面面积的 1/3；当采用分离式配筋时，跨中受力钢筋应全部伸入支座。

(3)悬臂梁纵筋的弯起与截断

试验表明，在作用剪力较大的悬臂梁内，由于梁全长受负弯矩作用，临界斜裂缝的倾角较小，而延伸较长，因此不应在梁的上部截断负弯矩钢筋。此时，负弯矩钢筋可以分批向下弯折并锚固在梁的下边(其弯起点位置和钢筋端部构造按前述弯起钢筋的构造确定)，但必须有不少于 2 根上部钢筋伸至悬臂梁外端，并向下弯折不小于 $12d$，如图 3.42 所示。

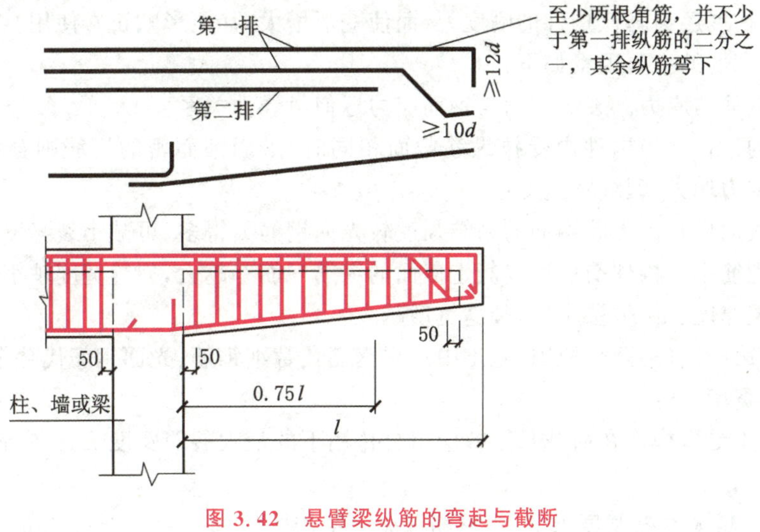

图 3.42　悬臂梁纵筋的弯起与截断

3.2.4　变形及裂缝宽度验算的概念

3.2.4.1　变形验算

钢筋混凝土受弯构件在荷载作用下会产生挠曲。过大的挠度会影响结构的正常使用。例如，楼盖的挠度超过正常使用的某一限值时，一方面会在使用中发生有感觉的震颤，给人们一种不舒服和不安全的感觉，另一方面将造成楼层地面不平或使上部的楼面及下部的抹灰开裂，影响结构的功能；屋面构件挠度过大会妨碍屋面排水；吊车梁挠度过大会加剧吊车运行时的冲击和振动，甚至使吊车运行困难，等等。因此，受弯构件除应满足承载力要求外，必要时还需进行变形验算，以保证其不超过正常使用极限状态，确保结构构件的正常使用。

钢筋混凝土受弯构件的挠度应满足：

$$f \leqslant f_{\mathrm{lim}} \tag{3.33}$$

式中　f_{lim}——钢筋混凝土受弯构件的挠度限值，对屋盖、楼盖及楼梯构件 $f_{\mathrm{lim}}=(1/400\sim 1/200)l_0$，吊车梁 $f_{\mathrm{lim}}=(1/600\sim 1/500)l_0$，其中 l_0 为构件计算跨度。

当不能满足式(3.33)时，说明受弯构件的弯曲刚度不足，应采取措施后重新验算。理论上讲，提高混凝土强度等级，增加纵向钢筋的数量，选用合理的截面形状（如 T 形、I 形等）都能提高梁的弯曲刚度，但其效果并不明显，最有效的措施是增加梁的截面高度。

3.2.4.2　裂缝宽度验算

钢筋混凝土受弯构件的裂缝有两种：一种是由于混凝土的收缩或温度变形引起的；另一种则是由荷载引起的。对于前一种裂缝，主要是采取控制混凝土浇筑质量，改善水泥性能，选择集料成分，改进结构形式，设置伸缩缝等措施解决，不需进行裂缝宽度计算。以下所说的裂缝均指由荷载引起的裂缝。

混凝土的抗拉强度很低，荷载还较小时，构件受拉区就会开裂，因此我们说钢筋混凝土受弯构件基本上是带裂缝工作的。但裂缝过大时，会使钢筋锈蚀，从而降低结构的耐久性，并且裂缝的出现和扩展还会降低构件的刚度，从而使变形增大，甚至影响正常使用。

影响裂缝宽度的主要因素如下：

(1)纵向钢筋的应力。裂缝宽度与钢筋应力近似呈线性关系。

(2)纵筋的直径。当构件内受拉纵筋截面相同时，采用细而密的钢筋则会增大钢筋表面积，因而使粘结力增大，裂缝宽度变小。

(3)纵筋表面形状。带肋钢筋的粘结强度较光面钢筋大得多，可减小裂缝宽度。

(4)纵筋配筋率。构件受拉区混凝土截面的纵筋配筋率越大，裂缝宽度越小。

(5)保护层厚度。保护层越厚，裂缝宽度越大。

由于上述第(2)、(3)两个原因，施工中用粗钢筋代替细钢筋、光面钢筋代替带肋钢筋时，应重新验算裂缝宽度。

钢筋混凝土受弯构件在荷载长期效应组合作用下的最大裂缝宽度 $w_{\max}$ 应满足：

$$w_{\max} \leqslant w_{\mathrm{lim}} \tag{3.34}$$

式中　w_{lim}——最大裂缝宽度限值，对钢筋混凝土结构构件，$w_{\mathrm{lim}}=0.2\sim 0.4\mathrm{mm}$。

当不能满足式(3.34)时,说明裂缝宽度过大,应采取措施后重新验算。减小裂缝宽度的措施包括:①增大钢筋截面积;②在钢筋截面面积不变的情况下,采用较小直径的钢筋;③采用变形钢筋;④提高混凝土强度等级;⑤增大构件截面尺寸;⑥减小混凝土保护层厚度[①]。其中,采用较小直径的变形钢筋是减小裂缝宽度最简单而经济的措施。

3.3 钢受弯构件

3.3.1 钢受弯构件的形式

钢受弯构件的形式有实腹式和格构式两大类。

3.3.1.1 实腹式受弯构件——梁

实腹式受弯构件通常称为梁,在建筑工程中应用很广泛,房屋建筑中的楼盖梁、工作平台梁、吊车梁、屋面檩条等多采用这种形式。

按制作方法不同,钢梁可分为型钢梁和组合梁两大类。型钢梁构造简单,制造省工,成本较低,因此,除荷载较大或跨度较大,型钢梁不能满足要求时采用组合梁外,应优先采用型钢梁。

型钢梁的截面有热轧工字钢(图 3.43(a))、热轧 H 型钢(图 3.43(b))和槽钢(图 3.43(c))三种。其中,H 型钢的截面分布最合理,且翼缘内外边缘平行,便于与其他构件连接,属优先采用的截面形式,其中又以窄翼缘型 H 型钢(HN 型)最为适宜。槽钢弯曲时将同时产生扭转,受荷不利,故应用较少。热轧型钢腹板的厚度较大,用钢量较多,为经济起见,某些荷载不大的受弯构件(如檩条)可采用冷弯薄壁型钢(图 3.43(d)~(f)),但防腐要求较高。

组合梁一般采用三块钢板焊接而成的工字形截面(图 3.43(g)),或由 T 型钢中间加板的焊接截面(图 3.43(h))。有特殊需要时,还可采用两层翼缘板的截面(图 3.43(i))、高强度螺栓铆钉连接而成的工字形截面(图 3.43(j))、箱形截面(图 3.43(k))等。和型钢梁相比,组合梁的截面组成比较灵活,可使材料在截面上的分布更为合理,节省钢材。

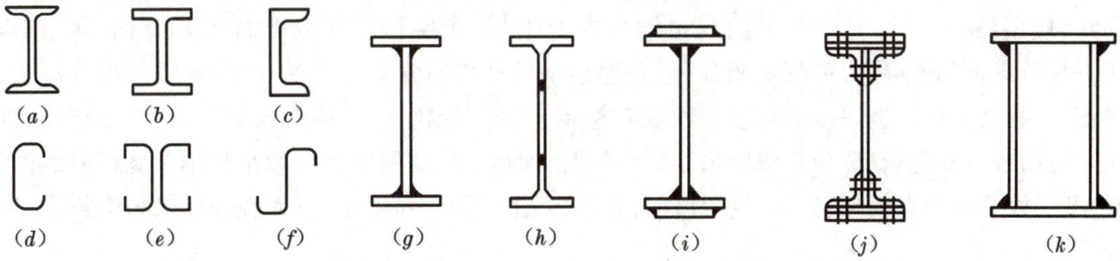

图 3.43 梁的截面类型

(a)、(b)、(c)、(d)、(e)、(f)为型钢梁;(g)、(h)、(i)、(j)、(k)为组合梁

和钢筋混凝土梁一样,钢梁也可做成简支梁、连续梁、悬臂梁等,以简支梁应用最为广泛。

在实际工程中,单根梁是很少见的,通常由若干梁平行或交叉排列而成梁格,图 3.44 即为

---

① 混凝土保护层厚度应同时考虑耐久性和减小裂缝宽度的要求。除结构对耐久性没有要求而对表面裂缝造成的观瞻有严格要求外,不得为满足裂缝控制要求而减小混凝土保护层厚度。

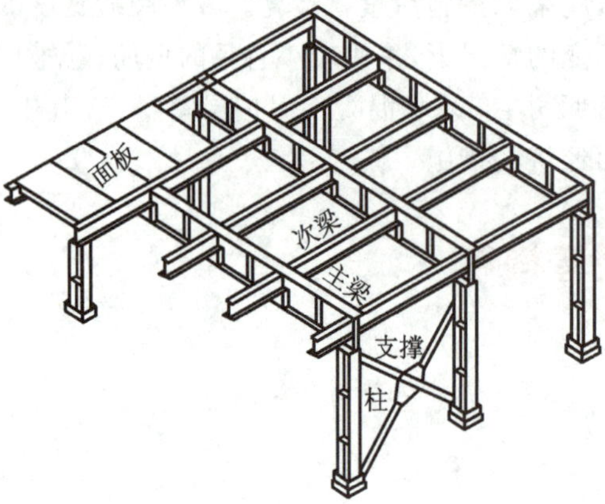

图 3.44　工作平台梁格示例

工作平台梁格布置示例。

3.3.1.2　格构式受弯构件——桁架

与梁相比，桁架的特点是以弦杆代替翼缘、以腹杆代替腹板，而在各节点将腹杆与弦杆连接。桁架整体受弯时，上、下弦杆以及腹杆只受轴心压力或拉力作用。钢桁架可以根据不同使用要求制成所需的外形，且钢材用量较实腹梁少，而刚度却较大。缺点是杆件和节点较多，构造较复杂，制作较为费工。平面钢桁架在建筑工程中应用广泛，如屋架、托架、吊车桁架（桁架式吊车梁）。

钢桁架的结构类型有简支梁式（图 3.45(*a*)～(*d*)）、钢架横梁式、连续式（图 3.45(*e*)）、伸臂式（图 3.45(*f*)）等。

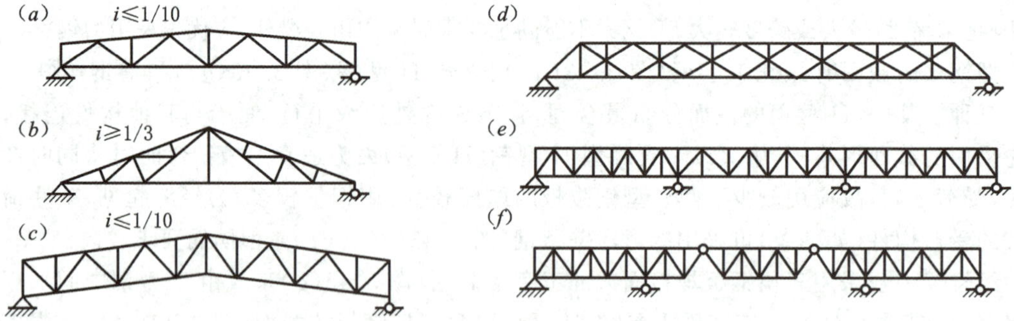

图 3.45　梁式桁架的形式

钢桁架按杆件截面形式和节点构造特点可分为普通、重型和轻型三种。普通钢桁架构造简单，应用最广，其杆件一般采用双角钢组成的 T 形、十字形截面或轧制 T 形截面，每个节点用一块节点板相连（称为单腹壁桁架）。重型桁架的杆件通常采用轧制 H 型钢或三板焊接工字形截面，甚至采用四板焊接的箱形截面或双槽钢、双工字钢组成的格构式截面，每个节点处用两块平行的节点板连接（称为双腹壁桁架）。轻型桁架指用冷弯薄壁型钢或小角钢及圆钢做成的桁架，节点处可用节点板相连，也可将杆件直接连接，主要用于跨度小、屋面轻的屋架和檩条等。

3.3.2　钢梁的稳定性及其保证措施

3.3.2.1　梁的整体稳定

为了提高抗弯强度，节省钢材，钢梁截面一般做成高而窄的形式，故钢梁的侧向刚度较受荷方向的刚度小得多。图 3.46 所示的工字形截面梁，荷载作用在其最大刚度平面内。但实际上荷载不可能准确地作用于梁的垂直平面，同时还不可避免地存在各种偶然因素引起的横向作用，因此梁不但沿 y 轴方向产生垂直变形，还产生侧向弯曲和扭转变形。当荷载较小时，虽然各种外界因素会使梁产生微小的侧向弯曲和扭转变形，但外界影响消失后，梁仍能恢复原来的弯曲平衡状态。但由于钢梁两个方向的刚度悬殊，当荷载增大到某一数值后，梁在向下弯曲的同时，将突然发生侧向弯曲和扭转变形而破坏，此时钢材远未达到屈服强度，我们称这种现象为丧失整体稳定性或整体失稳。

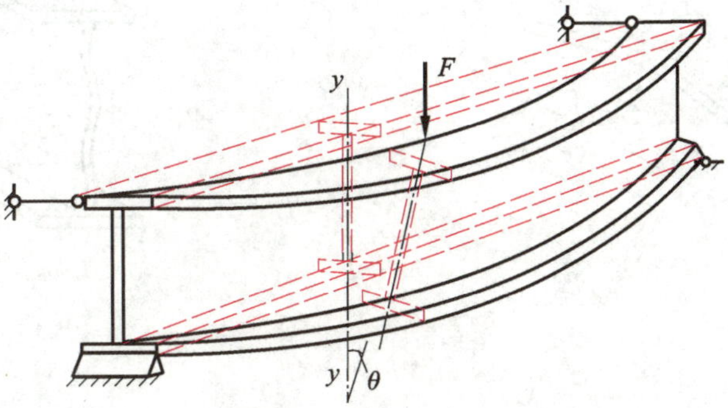

图 3.46　梁的整体失稳

为了保证梁的整体稳定或增强梁抗整体失稳的能力，当梁上有密铺的刚性铺板（如楼盖梁的楼面板）时，应将其与梁的受压翼缘连接牢固（图 3.47(*a*)）；若无刚性铺板，或铺板与梁受压翼缘连接不可靠时，则应设置平面支撑（图 3.47(*b*)）。

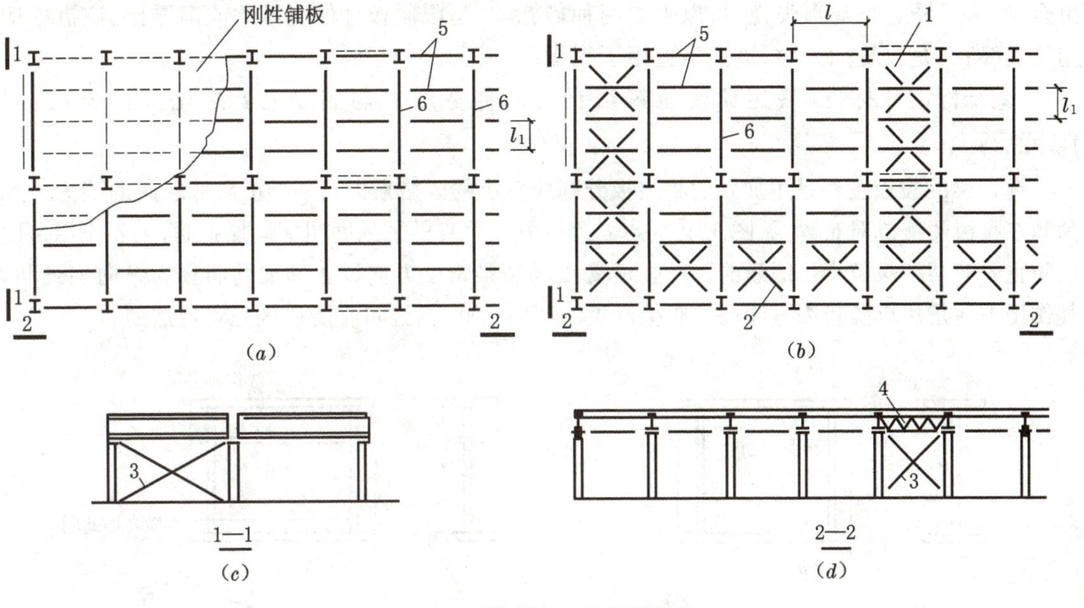

图 3.47　楼盖或工作平台梁格

(*a*)有刚性铺板；(*b*)无刚性铺板

1—横向平面支撑；2—纵向平面支撑；3—柱间垂直支撑；4—主梁间垂直支撑；5—次梁；6—主梁

3.3.2.2　梁的局部稳定

组合梁一般由翼缘和腹板等板件组成。从用材经济观点看，选择组合梁截面时总是力求采用高而薄的腹板和宽而薄的翼缘。但是，当板件过薄过宽时，腹板或受压翼缘在尚未达到强度限值或在梁未丧失整体稳定前，就可能发生波浪形的屈曲（图 3.48），这种现象就叫作失去

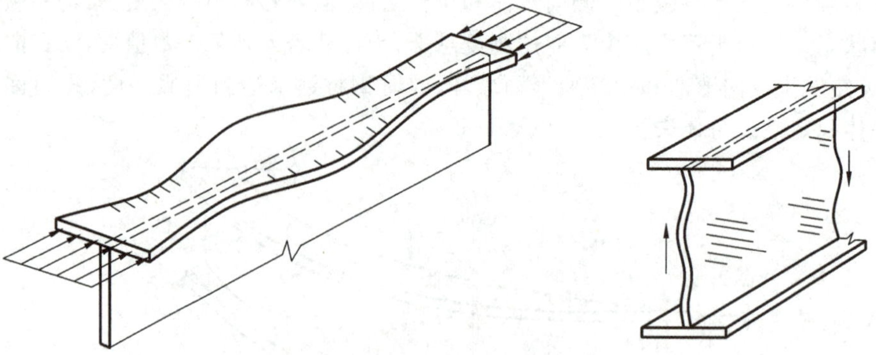

(a)　　(b)

图 3.48　梁局部失稳

(a)翼缘；(b)腹板

局部稳定或局部失稳。

梁的腹板或翼缘出现了局部失稳，整个构件一般还不至于立即丧失承载能力，但构件的承载能力大为降低。所以，梁丧失局部稳定的危险性虽然比丧失整体稳定的危险性小，但是往往是导致钢结构早期破坏的原因。

对轧制型钢梁，由于其规格和尺寸都满足局部稳定要求，不必采取措施。对于工字形截面组合梁，为了防止梁局部失稳，可以采取两种措施：一是限制板件的宽厚比或高厚比，该措施适用于翼缘；二是设置加劲肋，该措施适用于腹板。

《钢结构设计标准》规定梁受压翼缘自由外伸宽度 b 与其厚度 t 之比应符合 $b/t \leqslant 13\sqrt{235/f_y}$。

组合梁的腹板主要是用加劲肋将腹板分割成较小的区格来提高其抵抗局部屈曲的能力。加劲肋在腹板两侧成对布置，见图 3.49。与梁跨度方向垂直的加劲肋叫横向加劲肋，主要作用是用以防止因剪切使腹板产生的屈曲。在腹板受压区顺梁跨度方向设置的加劲肋称为纵向加劲肋，其作用主要是用以防止因弯曲而使腹板产生的屈曲。此外，还可在受压区配置短加劲肋。

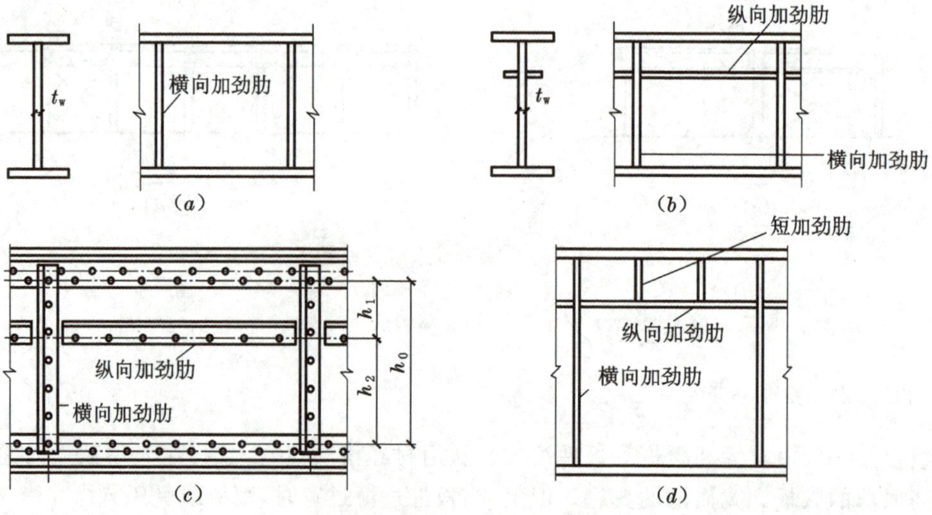

图 3.49　腹板加劲肋的布置

当腹板同时设置横向加劲肋和纵向加劲肋时，应在其相交处切断纵向加劲肋而使横向加劲肋保持连续，如图 3.50 所示。

加劲肋一般用钢板做成，为保证刚度，钢板应有足够的厚度。对大型梁，可采用以肢尖焊于腹板的角钢加劲肋。

为了避免焊缝交叉，减小焊缝应力，在加劲肋端部应切去宽约 $b_s/3$（≤40mm）、高约 $b_s/2$（≤60mm）的斜角（图 3.50）。对直接承受动力荷载的梁（如吊车梁），中间横向加劲肋下端不应与受拉翼缘焊接，一般在距受拉翼缘 50～100mm 处断开。

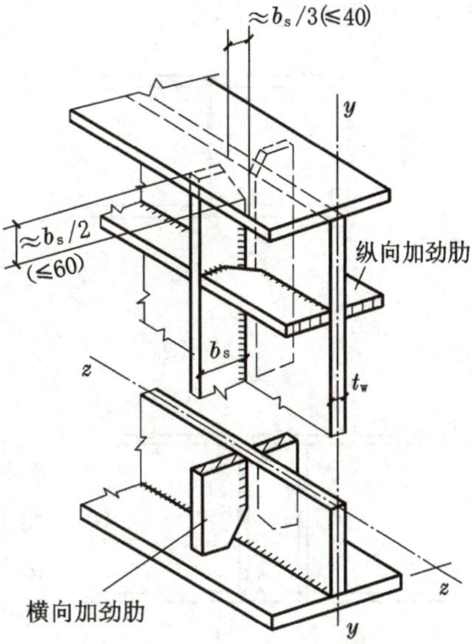

图 3.50 腹板加劲肋的构造

3.3.3 梁的支座

钢梁通过在砌体、钢筋混凝土柱或钢柱上的支座，将荷载传给柱或墙体，再传给基础，最后传给地基。

钢柱上的支座将在第 4.4 节介绍。

支承于砌体或钢筋混凝土上的支座有四种：平板支座、弧形支座、铰轴式支座和滚轴支座，如图 3.51 所示。

平板支座系在梁端下面垫上钢板做成，梁的端部不能自由移动和转动，一般用于跨度小于 20m 的梁。弧形支座又称切线式支座，由厚 40～50mm 顶面切削成圆弧形的钢垫板制成，梁端能自由转动并可产生适量位移，常用于跨度 24～40m 的梁。铰轴式支座可以自由转动，常用于跨度大于 40m 的梁。滚轴支座系在铰轴支座下面设置滚轴而形成，能自由转动和移动，只能安装于简支梁的一端。

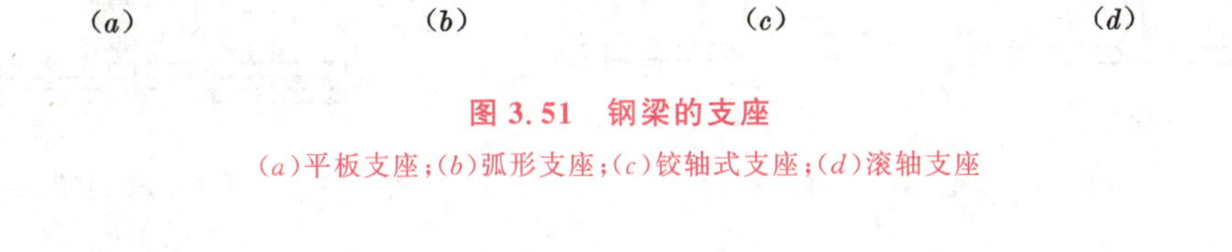

图 3.51 钢梁的支座

(*a*)平板支座；(*b*)弧形支座；(*c*)铰轴式支座；(*d*)滚轴支座

3.3.4 梁的拼接

梁的拼接分为工厂拼接和工地拼接两种。工厂拼接是指受钢材规格和尺寸限制，制作梁时需先将翼缘和腹板用几段钢材拼接起来，然后再焊接成梁，这些工作一般在工厂进行，故称工厂拼接。工地拼接则是指受运输和吊装条件限制，梁必须分段运输，然后在工地拼装连接。

型钢梁的拼接可采用对接焊缝连接，但鉴于翼缘与腹板连接处不易焊透，故有时采用拼接板拼接，如图 3.52 所示。

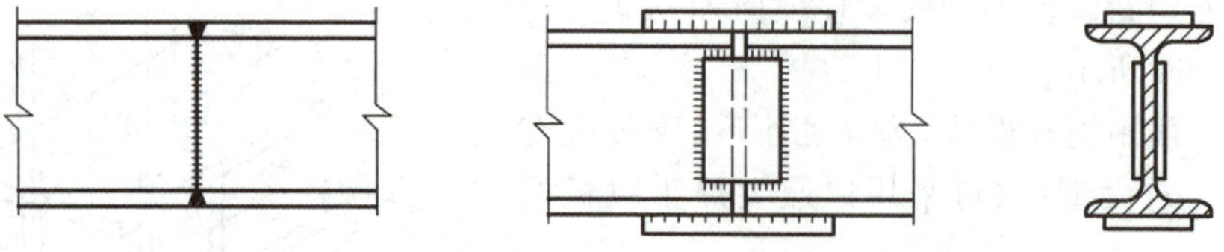

(a)　　　　(b)

图 3.52　型钢梁的拼接

(a)对接焊缝连接；(b)拼接板拼接

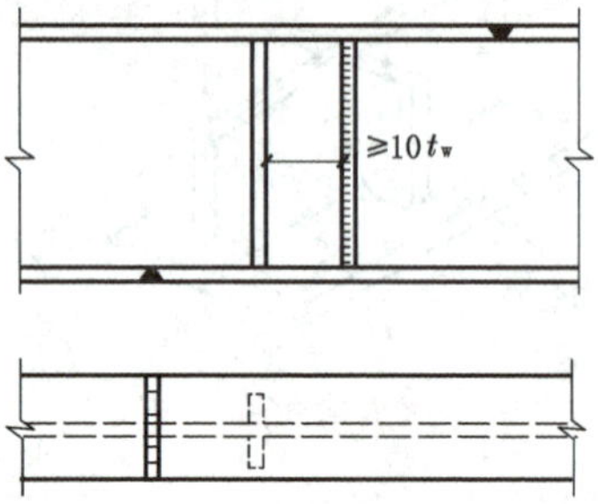

图 3.53　组合梁的工厂拼接

组合梁的工厂拼接位置一般由钢材尺寸和梁的受力情况确定。为避免各种焊缝过于集中，减小焊接应力和焊接变形，焊接组合梁的工厂拼接，腹板和翼缘的拼接位置最好错开并用对接直焊缝连接，施焊时采用引弧板。腹板的拼接焊缝与横向加劲肋之间错开距离应不小于 $10t_w$(t_w 为腹板厚度)，如图 3.53 所示。

工地拼接一般布置在弯矩较小的位置。为便于运输和吊装，通常将翼缘和腹板在同一截面断开(图 3.54(a))。拼接处一般采用对接焊缝，上下翼缘做成向上的 V 形坡口，并将工厂焊的翼缘焊缝端部留出 500mm 左右不焊，工地拼接时按图中施焊顺序进行焊接，这样可以使焊接时有较多的自由收缩余地，减少焊接残余应力。图 3.54(b)所示为将梁的翼缘和腹板拼接位置适当错开的方式，这样可以避免焊缝集中在同一截面，但运输、吊装时需加以保护，防止碰撞损坏。

对于较重要的或承受动荷载的大型组合梁，考虑工地焊接条件差，焊接质量不易保证，常采用摩擦型高强度螺栓连接。对于需要高空拼接的梁，考虑高空焊接操作困难，也常采用摩擦型高强度螺栓连接(图 3.55)。

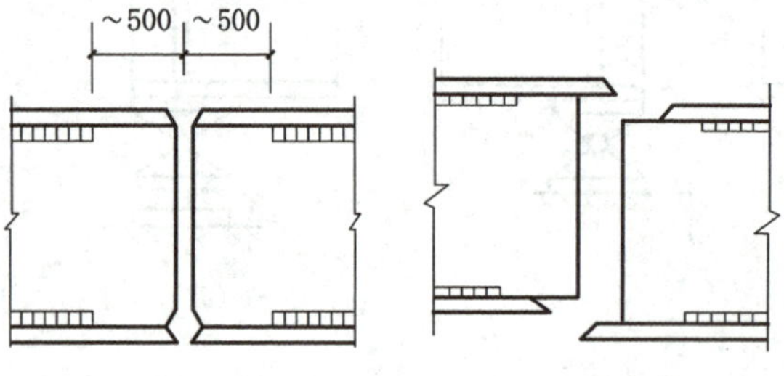

(a)　　　　(b)

图 3.54　组合梁的工地拼接

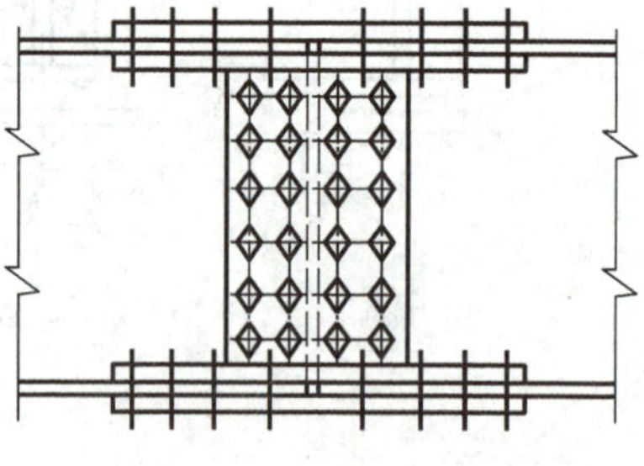

图 3.55　采用高强螺栓的工地拼接

单元小结

(1)按支座情况不同，工程中的单跨静定梁分为悬臂梁、简支梁和外伸梁三类。

(2)梁的内力包括剪力和弯矩，其正负规定为：截面上的剪力使所取脱离体有顺时针方向转动趋势时为正，反之为负；截面上的弯矩使所取脱离体上部受压，下部受拉时为正，反之为负。

(3)截面法是计算剪力和弯矩最基本的方法。

截面法计算任意截面剪力和弯矩具有如下规律：梁内任一截面上的剪力V，等于该截面左侧（或右侧）所有垂直于梁轴线的外力的代数和，即$V=\sum F_{外}$；梁内任一横截面上的弯矩M，等于截面左侧（或右侧）所有外力对该截面形心的力矩的代数和，即$M=\sum M_c(F_{外})$。

(4)静力法是绘制剪力图和弯矩图最基本的方法。

梁在常见荷载作用下，V图和M图具有如下规律：在无荷载梁段，V图为水平直线，M图为斜直线；在均布荷载作用的梁段，V图为斜直线，M图为二次抛物线；在集中力作用处，V图发生突变，突变值等于集中力的大小，而M图发生转折（即出现尖点）；在集中力偶作用处，V图无变化，M图有突变，突变值等于该力偶矩的大小；剪力等于零处，弯矩存在极值。

(5)根据配筋率不同，钢筋混凝土梁可分为适筋梁、超筋梁和少筋梁三种类型。其中，只有适筋梁能充分发挥材料的强度，并且其破坏性质属延性破坏，因此工程设计中必须设计成适筋梁，而不应采用超筋梁或少筋梁。

(6)钢筋混凝土受弯构件正截面承载力计算有截面设计和截面复核两种问题。单筋矩形截面设计的步骤是：确定截面有效高度；计算混凝土受压区高度，并判断是否属超筋梁；计算钢筋截面面积，并验算是否属少筋梁；选配钢筋。复核截面的步骤是：确定截面有效高度；判断梁的类型；计算受弯承载力M_u；判断截面是否安全。

(7)T形截面分为两类：中性轴通过翼缘的为第一类T形截面，中性轴通过肋部的为第二类T形截面。前者按$b_f'\times h$的矩形截面计算，后者按T形截面计算。

(8)受弯构件斜截面承载力包括受剪承载力和受弯承载力，前者通过计算配置腹筋保证，后者通过构造措施保证。

(9)根据配箍率和剪跨比不同，受弯构件斜截面破坏有三种形态：剪压破坏、斜压破坏和斜拉破坏，三种破坏都是脆性破坏。剪压破坏属正常破坏，其余两种为非正常破坏，设计中通过限制截面尺寸和最小配箍率来防止。

(10)为确保结构构件的适用性和耐久性，钢筋混凝土受弯构件除应满足承载力要求外，还应满足变形和裂缝要求。

(11)钢受弯构件的形式有实腹式和格构式两大类。实腹式梁可分为型钢梁和组合梁两大类。

(12)钢梁截面一般做成高而窄的形式，可能丧失整体稳定性，应有相应措施。

当组合梁板件过薄过宽时，腹板或受压翼缘在尚未达到强度限值或在梁未丧失整体稳定前，就可能发生波浪形的屈曲，这种现象叫作局部失稳。防止梁局部失稳的措施：一是限制板件的宽厚比或高厚比，二是设置加劲肋。

思考题

3.1 剪力和弯矩的正负号怎样确定？

3.2 在集中力和集中力偶作用处截面的剪力图和弯矩图各有什么特征？

3.3 计算梁的内力的规律是什么？

3.4 钢筋混凝土梁和板中通常配置哪几种钢筋？各起何作用？

3.5 梁、板内纵向受力钢筋的直径、根数、间距有何规定？梁中箍筋有哪几种形式？各适用于什么情况？箍筋肢数、间距有何规定？

3.6 混凝土保护层的作用是什么？室内正常环境中梁、板的保护层厚度一般取为多少？

3.7　根据纵向受力钢筋配筋率的不同，钢筋混凝土梁可分为哪几种类型？不同类型梁的破坏特征有何不同？破坏性质分别属于什么？实际工程设计中如何防止少筋梁和超筋梁？

3.8　单筋矩形截面受弯构件正截面承载力计算公式的适用条件是什么？

3.9　钢筋混凝土梁为什么要进行斜截面承载力计算？受弯构件斜截面承载力问题包括哪些内容？结构设计时分别如何保证？

3.10　钢筋混凝土受弯构件斜截面受剪破坏有哪几种形态？破坏特征各是什么？以哪种破坏形态作为计算的依据？如何防止斜压和斜拉破坏？

3.11　钢筋混凝土受弯构件斜截面承载力计算的基本公式的适用条件是什么？其意义是什么？

3.12　钢筋混凝土受弯构件斜截面受剪承载力计算时，有哪些截面需计算？这些截面为什么需计算？

3.13　保证钢筋混凝土受弯构件斜截面受弯承载力的构造措施有哪些？

3.14　钢筋混凝土受弯构件为什么要进行变形和裂缝宽度验算？增大弯曲刚度和减小裂缝宽度的措施各有哪些？

3.15　钢受弯构件有哪几种类型？各有何特点？

3.16　什么是钢梁的整体失稳和局部失稳？增加整体稳定和局部稳定的措施各有哪些？

习　　题

3.1　用截面法计算图 3.56 所示各梁指定截面的剪力和弯矩。

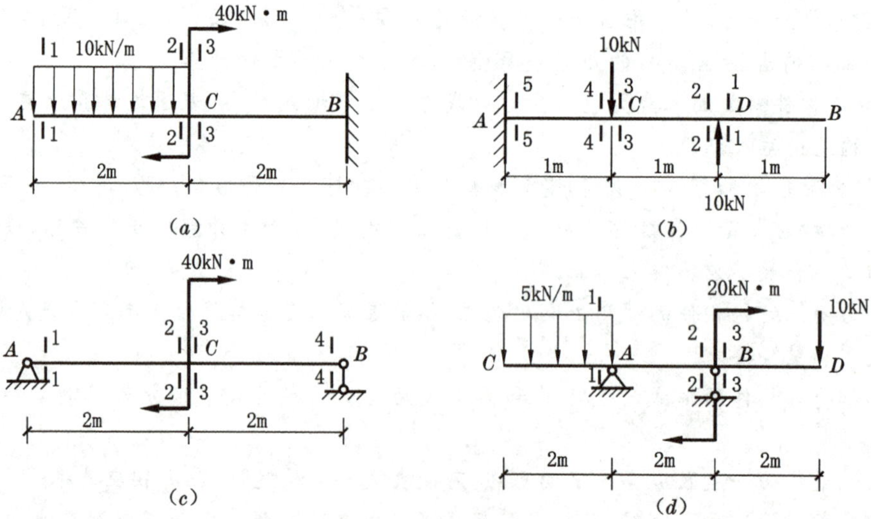

图 3.56　习题 3.1 图

3.2　绘制图 3.57 所示各梁的剪力图和弯矩图。

3.3　钢筋混凝土矩形梁的某截面承受弯矩设计值 $M=100\text{kN}\cdot\text{m}$，$b\times h=200\text{mm}\times500\text{mm}$，采用 C30 混凝土，HRB400 级钢筋。试求该截面所需纵向受力钢筋的数量，并选配钢筋。

3.4　某钢筋混凝土矩形截面简支梁，结构安全等级二级，设计工作年限 50 年。$b\times h=200\text{mm}\times450\text{mm}$，计算跨度 6m，承受的均布荷载标准值为：永久荷载 8.5kN/m(不含自重)，可变荷载 7kN/m，可变荷载组合值系数 $\psi_c=0.7$。采用 C30 混凝土，HRB400 钢筋。试求纵向钢筋的数量，并选配钢筋。

3.5　某钢筋混凝土矩形截面梁，$b\times h=200\text{mm}\times450\text{mm}$，承受的最大弯矩设计值 $M=115\text{kN}\cdot\text{m}$，所配纵向受拉钢筋为 4$\Phi$16，混凝土强度等级为 C30。试复核该梁是否安全。

3.6　有一矩形截面梁，截面尺寸 $b\times h=200\text{mm}\times350\text{mm}$，采用混凝土强度等级 C30。现配有 HRB400 纵向受拉钢筋 6Φ20(排两排)。试求该梁的受弯承载力。

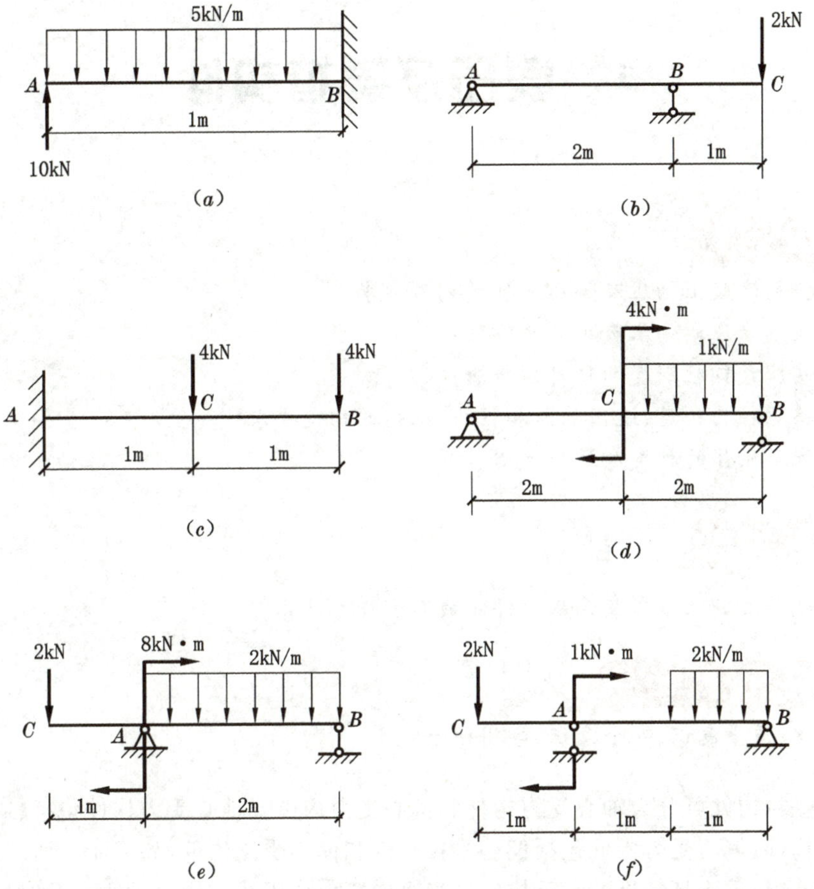

图 3.57　习题 3.2 图

3.7　某 T 形截面独立梁，截面如图 3.58 所示。采用 C30 级混凝土，HRB400 钢筋。承受弯矩设计值 115kN·m，有效翼缘计算宽度 b_f'=600mm。求纵向受力钢筋的数量，并选配钢筋。

3.8　某 T 形截面独立梁，承受弯矩设计值 610kN·m。其余条件同习题 3.7。试求纵向钢筋数量，并选配钢筋。

3.9　某矩形截面简支梁，截面尺寸 $b\times h=250\text{mm}\times550\text{mm}$，混凝土强度等级为 C30。由均布荷载引起的支座边缘剪力设计值为 71kN，a_s=45mm，箍筋采用 HRB400 钢筋。试求箍筋数量。

3.10　某办公楼楼面梁采用矩形截面简支梁，截面尺寸 $b\times h=200\text{mm}\times550\text{mm}$，净跨度 5.76m，承受均布永久荷载标准值 16kN/m(含自重)，均布可变荷载标准值 8.4kN/m。混凝土强度等级为 C30。经正截面承载力计算，已配置纵向受力钢筋 6 Φ 18(排两排)。箍筋采用 HRB400 钢筋。试计算箍筋数量。

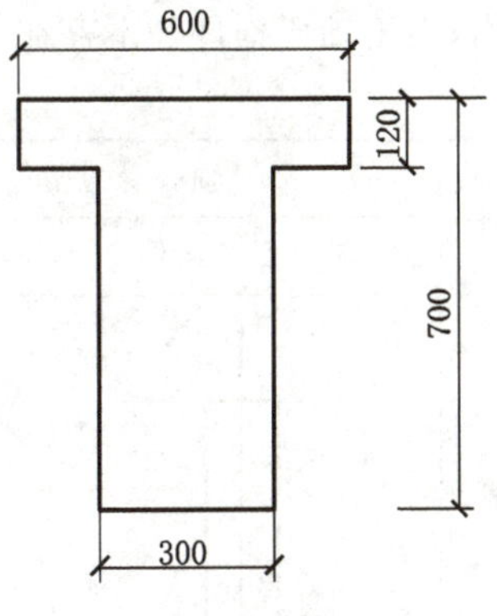

图 3.58　习题 3.7 图

4 受压及受拉构件

知识目标

1. 理解钢筋混凝土轴压及偏压构件的构造要求；
2. 理解无筋受压砌体承载力计算方法；
3. 了解实腹式钢柱刚度和稳定性概念；
4. 了解格构柱的种类、适用范围和柱头、柱脚的构造要求；
5. 了解配筋砌体的种类和适用范围。

能力目标

能进行钢筋混凝土轴压及偏压构件正截面承载力计算。

思政元素举例

规范意识、质量意识、安全意识、学用结合。

受压及受拉构件可分为轴心受力构件和偏心受力构件。轴心受力构件包括轴心受拉构件和轴心受压构件，偏心受力构件包括偏心受拉构件和偏心受压构件，如表 4.1 所示。建筑工程中，受压构件是最重要且常见的承重构件。当纵向压力作用线与构件轴线重合时，称为轴心受压构件；不重合即有偏心距 e_0 时，称为偏心受压构件。实际工程中由于构件制作、运输、安装等原因，真正轴压构件是不存在的，但为计算方便，偏心不大时可以简化为轴压构件。

表 4.1 受压及受拉构件类型

类别	轴心受力构件（$e_0=0$）		偏心受力构件（$e_0\neq0$）	
	轴心受拉构件	轴心受压构件	偏心受拉构件	偏心受压构件
简图		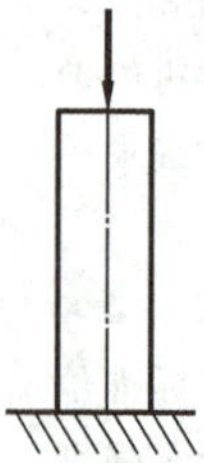	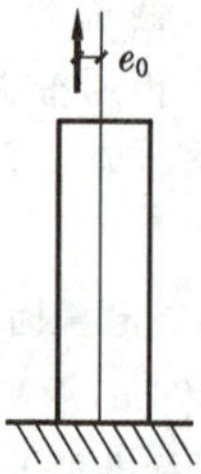	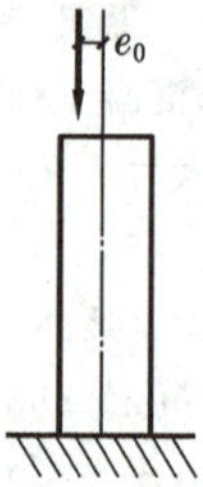
变形特点	主要为轴向伸长变形	主要为轴向压缩变形	既有伸长变形，又有弯曲变形	既有压缩变形，又有弯曲变形
举例	屋架中受拉杆件、圆形水池等	屋架中受压杆件及肋形楼盖的中柱、轴压砌体等	屋架下弦杆（节间有竖向荷载，主要是钢屋架）、砌体中的墙梁	框架柱、排架柱、偏心受压砌体、屋架上弦杆（节间有竖向荷载）等

4.1 受压及受拉构件的内力

4.1.1 轴心受力构件的内力

4.1.1.1 拉(压)杆内力的概念

图 4.1(*a*)所示在纵向荷载 F 作用下将产生纵向变形 Δl 和横向变形 Δb。若用假想平面 $m—m$ 将杆件截开(图 4.1(*b*)),其截面上与外力 F 平衡的力 N 就是杆件的内力。显然,该内力是沿杆件轴线作用的,因此,将轴向拉(压)杆的内力称为轴力。

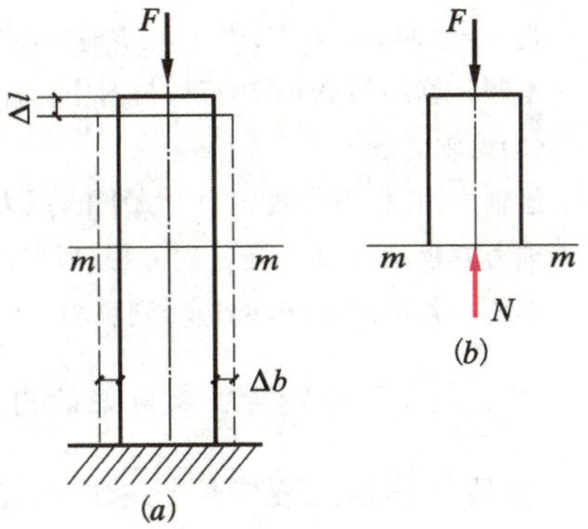

图 4.1 轴心受压构件受力图

4.1.1.2 截面法求轴力

截面法求轴力的步骤如下:

(1)取脱离体

用假想的平面去截某一构件,例如图 4.1(*a*)中 $m—m$ 截面,从而把构件分成两部分,移去其中一部分,保留部分为研究对象。

(2)列平衡方程

在脱离体截开的截面上给出轴力(假设为轴向拉力或轴向压力),例如图 4.1(*b*)假定轴力 N 为压力,利用平衡方程就可以求得轴力 N。若计算结果为负,说明与图中假设方向相反;若计算结果为正,说明与图中假设方向相同。

(3)画轴力图

应用上述原理就可以求得任一横截面上的轴力值。假定与杆件轴线平行的轴为 x 轴,其上各点表示杆件横截面对应位置;另一垂直方向为 y 轴,y 坐标大小表示对应截面的轴力 N,按一定比例绘成的图形叫轴力图。

【例 4.1】 已知矩形截面轴压柱的计算简图如图 4.2(*a*)所示,其截面尺寸为 $b \times h$,柱高 H,材料重度为 γ,柱顶承受集中荷载 $\boldsymbol{F}$,求各截面的内力并绘出轴力图。

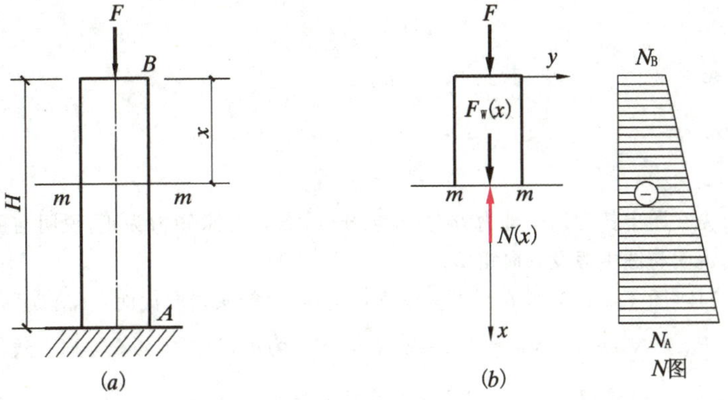

图 4.2 轴心受压构件

【解】 (1)取脱离体

用假想平面距柱顶 x 处截开,取上部分为脱离体(图 4.2(b))。柱子自重 $F_W(x)=\gamma bhx$,对应截面的轴力为 $N(x)$,假定为压力(箭头指向截面)。

(2)列平衡方程

由 $\sum F_x=0$ 得:

$$-N(x)+F_W(x)+F=0$$

$$N(x)=F_W(x)+F=\gamma bhx+F \qquad (0\leqslant x\leqslant H)$$

当 $x=0$ 时,$N_B=F$;当 $x=H$ 时,$N_A=F+\gamma bhH$ 。

本题计算结果 $N(x)$为正,与图中标注方向一致,所以 $N(x)$为压力。

(3)绘轴力图

绘轴力图时,符号规定:拉力为正;压力为负。

轴力方程是 x 的一元一次方程,所以绘出 $\boldsymbol{N}_A$、$\boldsymbol{N}_B$ 其连线即为该柱轴力图,如图 4.2 所示。

本题中若不考虑杆件自重,则轴力 $N(x)=F$,即各截面轴力相等,轴力图略。

4.1.1.3 用节点法求桁架的内力

桁架是建筑工程中广泛采用的结构形式,如工业厂房的屋架等(屋架形式可参见第 10 章钢屋架)。上边缘的杆件称为上弦杆,下边缘的杆件称为下弦杆,上下弦杆之间的杆件称为腹杆,各杆端的结合点称为节点。

各种桁架有着共同的特性:在节点荷载作用下,桁架中各杆的内力主要是轴力,而弯矩和剪力则很小,可以忽略不计。从力学观点来看,各节点所起的作用和理想铰是接近的。因此,桁架中各杆可以按轴心受力杆件设计。对实际桁架的计算简图通常作下列假定:

(1)各杆端用绝对光滑而无摩擦的铰相互连接;

(2)各杆的轴线都是绝对平直而且在同一平面内并通过铰的几何中心;

(3)荷载和支座反力都作用在节点上并位于桁架平面内。

在分析桁架内力时,可截取桁架的某一节点为隔离体,利用该节点的静力平衡条件来计算各杆的内力,这种方法叫节点法。在桁架各杆件内力计算时,由于各杆件都承受轴向力,作用于任一节点的力(包括荷载、反力和杆件轴力)组成一个平面汇交力系,可对每一节点列出两个平衡方程进行求解。下面举例说明用节点法求杆件内力的计算方法。

【例 4.2】 求图 4.3(a)中各节点在单位力作用下各杆件的内力。

【解】 本图中由于结构对称、荷载对称,所以其支座反力、内力也是对称的,计算半个桁架即可,如图 4.3(b)。

(1)计算支座反力

由 $\sum F_x=0$ 得 $\qquad F_{Ax}=0$

由 $\sum F_y=0$ 得 $\qquad F_{Ay}=F_B=0.5+1+1+0.5=3$

(2)计算各杆轴向内力

对于未知力,可先在图中任意标出轴力方向(拉或压)。若求得未知力为正,说明与图中假设方向一致;若求得未知力为负,说明与图中假设方向相反。

取节点 1 为隔离体(图 4.3(c)),并在图中假设 N_{12} 为压力(箭头指向截面),N_{13} 为拉力。

由 $\sum F_y=0$:$F_{Ay}-N_{12}=0$ $\quad N_{12}=F_{Ay}=3$(求得 N_{12} 为正,与图中假设方向一致,所以 N_{12} 为压力)

由 $\sum F_x=0$:$N_{13}=0$(求得 $N_{13}=0$,说明该杆件为 0 杆)

取节点 2 为隔离体(图 4.3(d))。

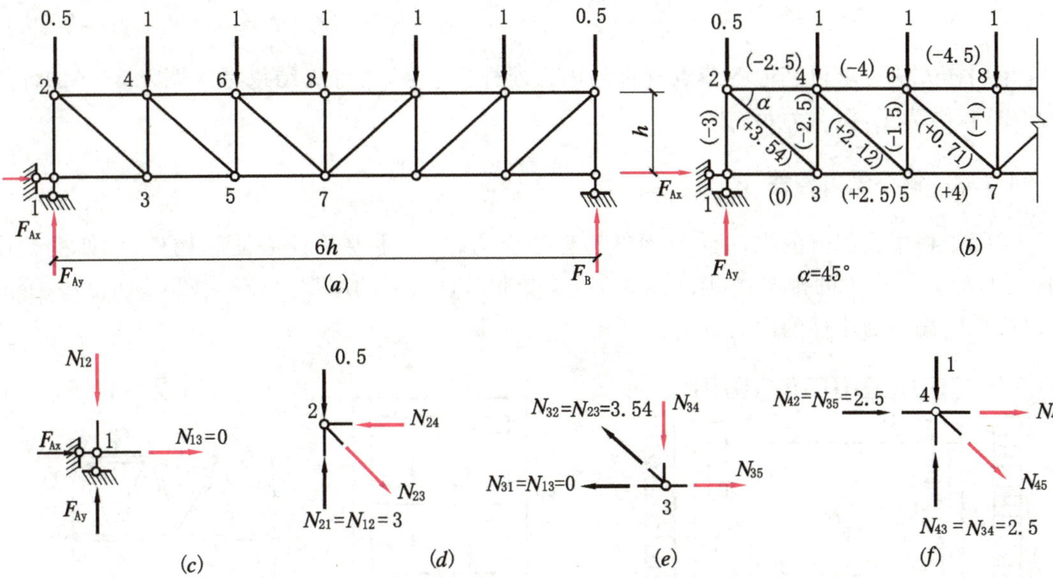

图 4.3 平行钢屋架内力计算

由 $\sum F_y = 0$：

$$N_{21} - N_{23}\sin\alpha - 0.5 = 0$$

$$N_{23} = \frac{N_{21} - 0.5}{\sin\alpha} = \frac{2.5 \times 2}{\sqrt{2}} = 2.5\sqrt{2} = 3.54$$（N_{23} 为正，表示与图中假设方向一致）

由 $\sum F_x = 0$：

$$N_{23}\cos\alpha - N_{24} = 0$$

$$N_{24} = N_{23}\cos\alpha = 2.5$$（N_{24} 为正，表示与图中假设方向一致，所以为压力）

取节点 3 为隔离体（图 4.3(*e*)）。

由 $\sum F_y = 0$：

$$N_{32}\sin\alpha - N_{34} = 0$$

$$N_{34} = N_{32}\sin\alpha = \frac{2.5 \times 2}{\sqrt{2}} \times \frac{\sqrt{2}}{2} = 2.5$$（N_{34} 为正，表示与图中假设方向一致，所以为压力）

由 $\sum F_x = 0$：

$$N_{35} - N_{32}\cos\alpha = 0$$

$$N_{35} = N_{32}\cos\alpha = \frac{2.5 \times 2}{\sqrt{2}} \times \frac{\sqrt{2}}{2} = 2.5$$（N_{35} 为正，表示与图中假设方向一致，所以为拉力）

取节点 4 为隔离体（图 4.3(*f*)）。

由 $\sum F_y = 0$：

$$N_{43} - N_{45}\sin\alpha - 1 = 0$$

$$N_{45} = \frac{N_{43} - 1}{\sin\alpha} = \frac{2(2.5 - 1)}{\sqrt{2}} = \frac{3}{2}\sqrt{2} = 2.12$$（N_{45} 为正，表示与图中假设方向一致，所以为拉力）

由 $\sum F_x = 0$：

$$N_{45}\cos\alpha + N_{46} + N_{42} = 0$$

$N_{46}=-N_{45}\cos\alpha-N_{42}=\frac{-3\sqrt{2}}{2}\times\frac{\sqrt{2}}{2}-2.5=-4$（$N_{46}$ 为负，表示与图中假设方向相反，所以为压力）

用同样方法可求得其他各节点杆件的内力即杆力系数，将计算结果标入图 4.3(*b*)的计算简图中(拉力为正，压力为负)。

4.1.2　偏心受力构件

实际工程中大部分的纵向受力构件为偏心受力构件，主要是偏心受压构件，例如框架柱(图 4.4(*b*))、厂房中的排架柱(图 4.4(*a*))、承受非节点荷载的屋架上弦杆(图 4.4(*c*))。下面仅讨论单向偏心受压柱的内力计算。

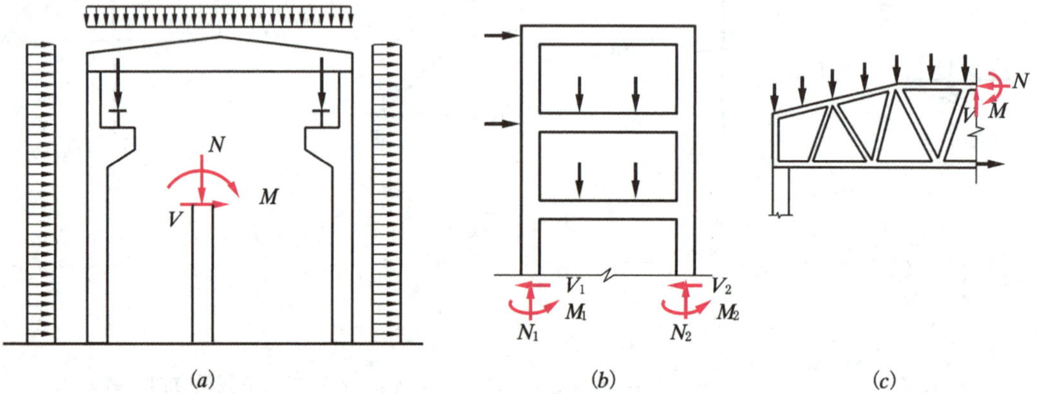

图 4.4　偏心受压构件

偏心受力构件实际上是轴向变形和弯曲变形同时存在的组合变形构件，它同时承受轴向力和弯矩，有时还承受剪力。内力计算时应将其组合变形分解为基本变形，单独计算在轴向荷载、弯矩和剪力作用下的各截面的轴向内力、弯矩、剪力，并分别绘制相应的轴力图、弯矩图和剪力图，即得构件的内力图。

下面通过举例说明其内力计算及绘制内力图的方法。

【例 4.3】　已知某柱，如图 4.5(*a*)、(*b*)所示。梁传给柱顶的竖向荷载为 F_1，柱顶承受弯矩为 M，承受水平荷载为 F，该柱的自重为 F_W，求该柱的内力并绘出内力图。

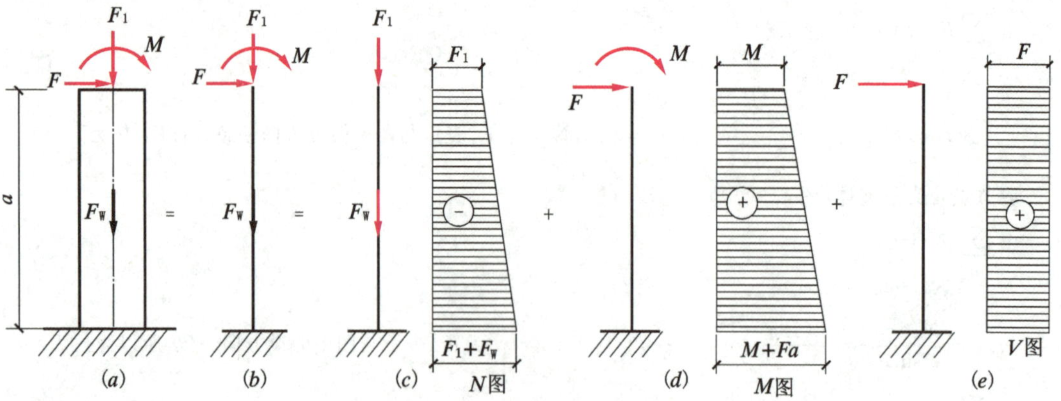

图 4.5　偏心受压构件内力图

【解】 (1)将组合变形分解为基本变形

该柱为组合变形柱,同时承受竖向荷载 F_1 及 F_W、弯矩 M 及水平荷载 F,将其分解为三个基本变形,如图 4.5(c)、(d)、(e)所示。

(2)绘制内力图

柱顶轴力为 F_1,柱底轴力为 F_1+F_W,其两点连线即为该柱轴力图,即 N 图。

柱两端弯矩均为 M,左侧受拉,取正,其两点连线即为弯矩图,即 M 图。

柱两端剪力均为 $V=F$,使脱离体顺时针转动,取正,其两点连线即为剪力图,即 V 图。

4.2 钢筋混凝土受压构件

钢筋混凝土受压构件分为轴心受压构件和偏心受压构件,它们在工业及民用建筑中应用十分广泛。

轴心受压柱最常见的形式是配有纵筋和一般的横向箍筋,称为普通箍筋柱。箍筋是构造钢筋,这种柱破坏时,混凝土处于单向受压状态。当柱承受荷载较大,增加截面尺寸受到限制,普通箍筋柱又不能满足承载力要求时,横向箍筋也可以采用螺旋筋或焊接环筋,这种柱称为螺旋箍筋柱。螺旋箍筋是受力钢筋,这种柱破坏时由于螺旋箍筋的套箍作用,使得核心混凝土(螺旋筋或焊接环筋所包围的混凝土)处于三向受压状态,从而间接提高柱子的承载力。所以螺旋箍筋也称间接钢筋,螺旋箍筋柱也称间接箍筋柱。螺旋箍筋柱常用的截面形式为圆形或多边形。下面仅讨论普通箍筋柱。

4.2.1 构造要求

4.2.1.1 材料要求

为了减小截面尺寸,节省钢材,宜选用强度等级高的混凝土,而钢筋不宜选用高强度等级的,其原因是受压钢筋与混凝土共同工作,钢筋应变受到混凝土极限压应变的限制,而混凝土极限压应变很小,所以钢筋的受压强度不能充分利用。实际工程中,混凝土宜采用 C25、C30 或更高强度等级。纵向受力钢筋宜采用 HRB400、HRB500、HRBF400 或 HRBF500 钢筋,箍筋宜采用 HRB400、HRBF400、HPB300、HRB500、HRBF500 钢筋。

4.2.1.2 截面形式及尺寸

轴压柱常见截面形式有正方形、矩形、圆形及多边形。为了避免柱长细比过大,承载力降低过多,常取 $l_0/b\leqslant30$,$l_0/h\leqslant25$,b、h 分别表示截面的短边和长边,l_0 表示柱子的计算长度,它与柱子两端的约束能力大小有关。矩形截面框架柱的边长不应小于 300mm。

4.2.1.3 配筋构造

(1)纵筋及箍筋构造(见表 4.2)

表 4.2　纵筋及箍筋构造

<table>
<tr><th colspan="2">名　　称</th><th>普通箍筋轴压柱</th><th>偏心受压柱（沿长边弯曲）</th></tr>
<tr><td rowspan="4">纵筋</td><td>作用</td><td>（1）减少截面尺寸，与混凝土共同抗压；
（2）提高构件延性</td><td>（1）纵向受压钢筋与混凝土共同抗压，减少截面尺寸；与混凝土共同抗压，提高构件延性；
（2）偏心距过大，截面出现受拉区时，纵向受拉钢筋承担拉力，减少裂缝宽度，提高构件承载力</td></tr>
<tr><td>钢筋布置要求</td><td>（1）应沿截面周边均匀对称布置，中距不宜大于 300mm；
（2）直径不宜小于 12mm，≥4 根（矩形），宜粗不宜细，以防止纵筋压曲，节约箍筋用量</td><td>（1）纵向受力钢筋应设置在垂直于弯矩平面的两边，每边纵筋中距不宜大于 300mm；
（2）当偏心柱长边 $h \geqslant 600$mm 时，应在侧面设 10～16mm 纵向构造钢筋，并设相应复合箍筋或拉结筋；
（3）纵筋直径≥12mm，根数≥4 根，宜粗不宜细</td></tr>
<tr><td>配筋率要求</td><td>（1）$\rho'=\frac{A_s'}{bh}\geqslant\rho'_{min}$（$\rho'_{min}$见表 3.9），不能过小，否则起不到提高延性的目的；
（2）$\rho'\leqslant\rho'_{max}=5\%$，否则混凝土先被压碎，钢筋不能充分利用。常用 $\rho'=0.5\%\sim2.0\%$，A_s'为全部纵筋面积</td><td>（1）全部纵筋配筋率$\geqslant\rho'_{min}$（ρ'_{min}见表 3.9），且不宜超过 5%；
（2）一侧纵向钢筋的配筋率 $\rho'=\frac{A_s'}{bh}\geqslant0.2\%$，$\rho=\frac{A_s}{bh}\geqslant0.2\%$，$A_s'$为靠近纵向力一侧钢筋的截面面积，$A_s$ 为远离纵向力一侧纵向钢筋的截面面积；
（3）在一般情况下建议，对于偏心距较大的受压柱，其全部纵筋配筋率采用 1.0%～2.0%；对于偏心距较小的受压柱，其全部纵筋配筋率采用 0.5%～1.0%</td></tr>
<tr><td>净距及保护层</td><td colspan="2">（1）现浇柱纵筋净距≥50mm，预制柱纵筋净距同普通梁；
（2）钢筋保护层厚度不应小于钢筋的公称直径且不应小于表 3.6 的规定</td></tr>
<tr><td rowspan="4">箍筋</td><td>形式</td><td colspan="2">（1）应采用封闭式，为防止纵筋压曲，箍筋末端应做成 135°弯钩，弯钩平直部分长度：当全部纵筋配筋率<3%时，$\geqslant5d$；全部纵筋配筋率≥3%时，$\geqslant10d$ 或将箍筋焊成封闭环式（d 为纵向钢筋最小直径）；
（2）对于 T 形、L 形、I 形截面，箍筋不允许有内折角，避免产生向外拉力，使折角处混凝土破坏（图 4.6）</td></tr>
<tr><td>直径</td><td colspan="2">（1）全部纵筋配筋率<3%时，直径≥6mm 且$\geqslant d/4$；
（2）全部纵筋配筋率≥3%时，直径≥8mm</td></tr>
<tr><td>间距</td><td colspan="2">（1）非搭接长度范围内间距 s 不应大于 400mm 及截面短边尺寸及 $15d$；当全部纵向钢筋配筋率大于 3%时，箍筋间距不宜大于 200mm 及 $10d$（d 表示纵向受力钢筋的最小直径）；
（2）搭接长度内，受压钢筋箍筋间距 s 不应大于 200mm 及 $10d$；受拉钢筋箍筋间距 s 不应大于 100mm 及 $5d$（d 表示纵向受力钢筋的最小直径）</td></tr>
<tr><td>附加箍筋</td><td colspan="2">当截面短边尺寸大于 400mm 且各边纵筋多于 3 根时，或者当截面短边尺寸不大于 400mm 且各边纵筋多于 4 根时，应设置附加箍筋。其形式见图 4.7 和图 4.8</td></tr>
</table>

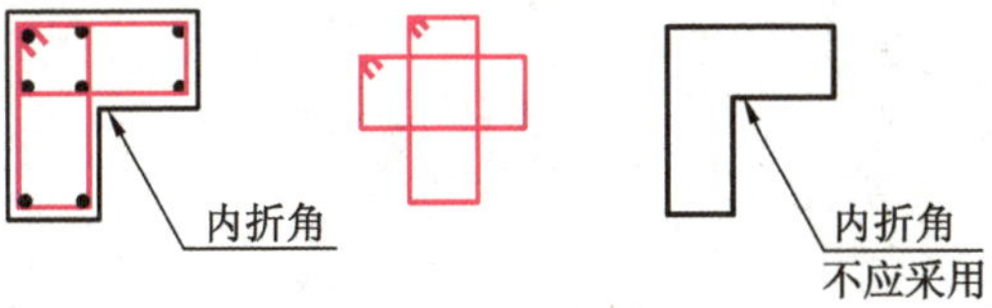

图 4.6 内折角箍筋形式

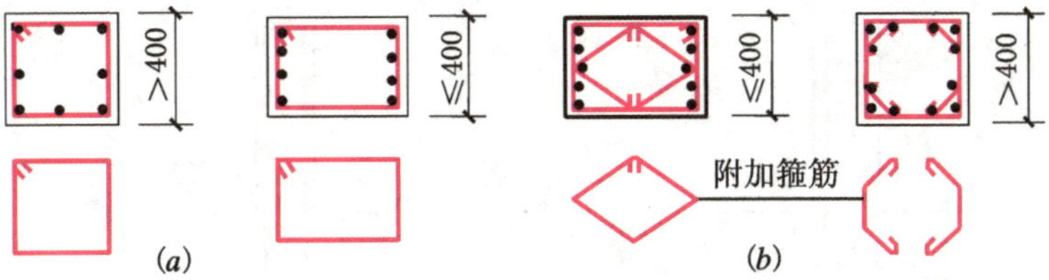

图 4.7 轴压柱箍筋形式

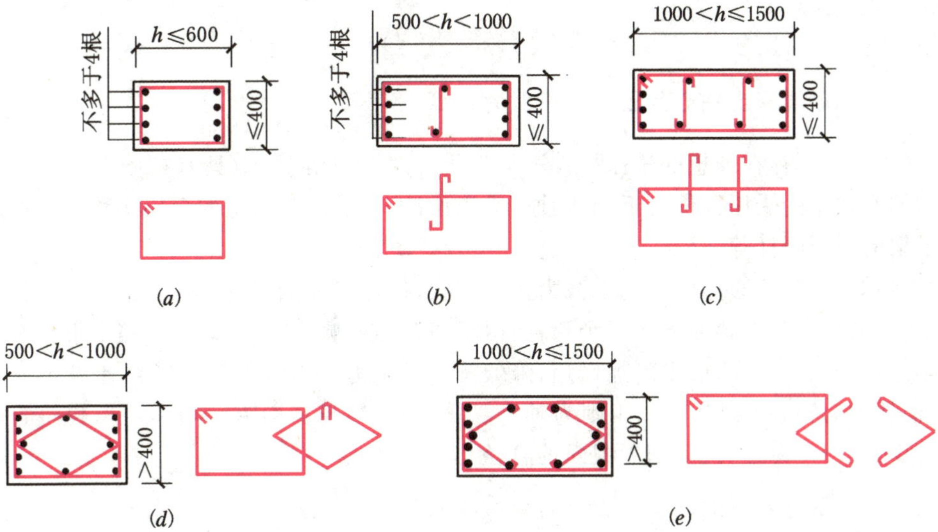

图 4.8 偏压柱箍筋形式

(2)纵向钢筋的接头

受力钢筋接头宜设置在受力较小处，多层柱一般设在每层楼面处。当采用绑扎接头时，将下层柱纵筋伸出楼面一定长度并与上层柱纵筋搭接。同一构件相邻纵向受力钢筋接头位置宜相互错开，如图 4.9(*a*)、(*b*)、(*c*)所示。当上下柱截面尺寸不同时，可在梁高范围内将下柱的纵筋弯折一斜角，然后伸入上层柱，如图 4.9(*d*)所示，或采用附加短筋与上层柱纵筋搭接，如图 4.9(*e*)所示。

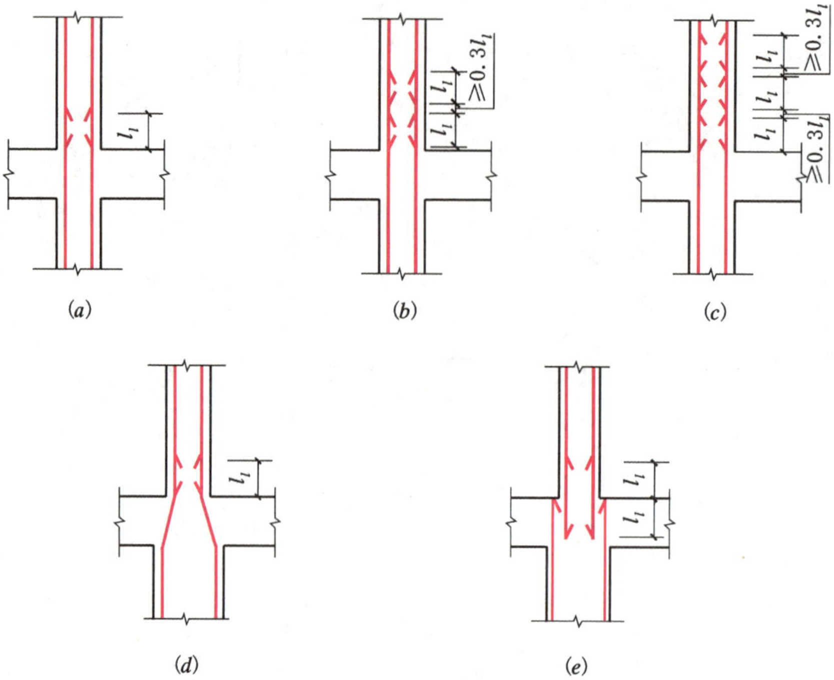

图 4.9 柱纵筋接头构造

4.2.2 钢筋混凝土轴心受压构件承载力计算

实际工程中不存在理想的轴压杆件。构件受压时，或多或少地具有初始偏心。但为简化计算，初偏心很小的受压杆件可近似按轴心受压设计，如以恒载为主的多层多跨房屋的底层中间柱、桁架的受压腹杆等。

对于粗短柱，初偏心对柱子的承载力影响不大，破坏时主要产生压缩变形，其承载力取决于构件的截面尺寸和材料强度。对于长柱，由于初偏心影响，破坏时既有压缩变形又有纵向弯曲变形，导致偏心距增大，产生附加弯矩，降低构件承载力。通常将柱子长细比满足下列要求的受压构件称为轴心受压短柱，否则为轴心受压长柱：矩形截面 $l_0/b\leqslant 8$（b 为截面的短边尺寸）；圆形截面 $l_0/d\leqslant 7$（d 为圆形截面的直径）。

4.2.2.1 钢筋混凝土轴心受压柱的破坏特征

试验表明，对于配筋合适、钢筋为中等强度的短柱，在轴向压力作用下，整个截面应变基本呈均匀分布。当荷载较小时，材料处于弹性状态，整个截面应力、应变呈均匀分布；随着荷载的增加，混凝土非弹性变形发展，混凝土先进入弹塑性状态，但由于混凝土的弹性模量小于钢筋的弹性模量，使得钢筋的应力比混凝土应力大得多，即 $\sigma_s=\varepsilon_s E_s>\sigma_c'=\varepsilon_c E_c$，但钢筋仍处于弹性状态；随着荷载继续增加，钢筋达到屈服强度；破坏时，混凝土达到极限压应变 $\varepsilon_{cu}=0.002$，而钢筋仍处于屈服阶段，纵筋向外突出，构件因混凝土压碎而破坏达到屈服强度。

长柱的破坏形式有两种：长细比较大时，破坏是由于压缩变形和弯曲变形过大，导致材料强度不足而破坏，属于材料破坏；长细比很大时，主要是纵向弯曲过大，导致材料未达到设计强度之前而失稳破坏。《混凝土结构设计标准》采用钢筋混凝土轴压构件的稳定系数 φ 来反映长细比对长柱承载力的影响。φ 可按下式计算或按表 4.3 查取。当 $l_0/b\leqslant 8$ 时，$\varphi=1.0$。

$$\varphi=\frac{1}{1+0.002(l_0/b-8)^2} \tag{4.1}$$

表 4.3 钢筋混凝土轴心受压构件稳定系数 φ

l_0/b	≤8	10	12	14	16	18	20	22	24	26	28	注：i 表示截面最小回转半径；b 表示矩形截面的短边尺寸；l_0 表示构件计算长度；d 表示钢筋直径
l_0/d	≤7	8.5	10.5	12	14	15.5	17	19	21	22.5	24	
l_0/i	≤28	35	42	48	55	62	69	76	83	90	97	
φ	1.0	0.98	0.95	0.92	0.87	0.81	0.75	0.70	0.65	0.6	0.56	

4.2.2.2 钢筋混凝土轴心受压柱正截面承载力计算公式及适用条件

钢筋混凝土轴心受压柱正截面承载力计算公式为：

$$N\leqslant N_u=0.9\varphi(f_cA+f_y'A_s') \tag{4.2}$$

式中 N——轴向压力设计值；

φ——轴心受压构件稳定系数；

f_c——混凝土轴心抗压强度设计值；

f_y'——纵向钢筋抗压强度设计值；

A_s'——全部纵向受压钢筋的截面面积；

A——构件的截面面积，当 $\rho'>3\%$ 时公式中的 A 用 $A-A_s'$ 代替；

0.9——为保持与偏心受压构件正截面承载力计算具有相近的可靠度，规范给出的系数。

式(4.2)的适用条件为 $\rho'_{min}\leqslant\rho'=\frac{A_s'}{A}\leqslant3\%$。当 $\rho'>3\%$ 时，公式中的 A 用 $A-A_s'$ 代替，但 ρ_{max} 不能超过 5%。其中，ρ'_{min} 为纵向受压钢筋最小配筋率，按表 3.9 查取。

4.2.2.3 公式的应用

(1)截面设计

已知轴向压力设计值 N，材料强度设计值 f_y' 及 f_c，构件的计算长度 l_0、截面尺寸 $b\times h$。求纵向受压钢筋的截面面积 A_s'。

计算步骤如下：

①求稳定系数 φ

按式(4.1)计算或由 l_0/b 或 l_0/d 查表 4.3。

②求 A_s'

假设 $\rho'<3\%$，由式(4.2)得：

$$A_s'=\frac{\frac{N}{0.9\varphi}-f_cA}{f_y'} \tag{4.3a}$$

③验算适用条件

若 $\rho'_{min}\leqslant\rho'=\frac{A_s'}{A}\leqslant3\%$，此时 A_s' 就是所需的截面面积。

若计算结果为 $3\%<\rho'=\frac{A_s'}{A}\leqslant5\%$ 时，则按下式重新计算 A_s'：

$$A_s' = \frac{\dfrac{N}{0.9\varphi} - f_c A}{f_y' - f_c} \tag{4.3b}$$

④选配钢筋。

【例 4.4】 某轴心受压柱截面尺寸 $b \times h = 350\text{mm} \times 350\text{mm}$，计算长度 $l_0 = 7000\text{mm}$，混凝土强度等级为 C30（$f_c = 14.3\text{N/mm}^2$），钢筋为 HRB400（$f_y' = 360\text{N/mm}^2$），若该柱承受轴向压力设计值 $N = 1500\text{kN}$，求所需纵向受压钢筋的截面面积。

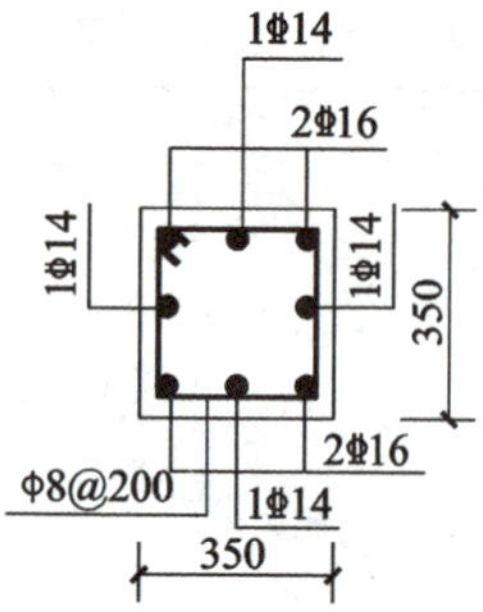

图 4.10　例 4.4 图

【解】 (1)求轴心受压构件稳定系数 φ

由 $l_0/b = 7000/350 = 20 > 8$，查表 4.3 得 $\varphi = 0.75$。

(2)求 A_s'

$$A_s' = \frac{\dfrac{N}{0.9\varphi} - f_c A}{f_y'} = \frac{\dfrac{1500 \times 10^3}{0.9 \times 0.75} - 14.3 \times 350 \times 350}{360}$$

$$= 1306.9\text{mm}^2$$

(3)验算适用条件

$\rho' = \dfrac{A_s'}{A} = \dfrac{1306.9}{350 \times 350} = 1.07\% > \rho'_{\min} = 0.55\%$，并且小于 3%，与假设一致。

选用 4⌀16+4⌀14（$A_s' = 1419\text{mm}^2$），配筋见图 4.10 。

(2)截面复核

已知截面尺寸 $b \times h$，纵向受压钢筋的截面面积 A_s'，钢筋和混凝土的强度等级，柱子的计算高度 l_0，作用在柱子上的轴向压力设计值 N，试验算柱子正截面承载力是否满足要求。

①计算柱子承受的最大轴向压力设计值 N_u

若 $\rho' = \dfrac{A_s'}{bh} \geqslant \rho'_{\min}$，并且 $\leqslant 3\%$，$N_u = 0.9\varphi(f_c A + f_y' A_s')$；

若 $\rho' = \dfrac{A_s'}{bh} > 3\%$ 而 $\rho' \leqslant 5\%$，$N_u = 0.9\varphi[f_c(A - A_s') + f_y' A_s']$。

②判断承载力是否满足要求

若 $N \leqslant N_u$，柱子正截面承载力满足要求；否则，柱子正截面承载力不满足要求。

【例 4.5】 某轴心受压柱截面尺寸 $b \times h = 400\text{mm} \times 400\text{mm}$，计算长度 $l_0 = 4000\text{mm}$，混凝土 C30（$f_c = 14.3\text{N/mm}^2$），钢筋 4⌀20（$A_s' = 1256\text{mm}^2$，$f_y' = 360\text{N/mm}^2$），若该柱承受轴向压力设计值 $N = 2350\text{kN}$，试验算柱子正截面承载力是否满足要求。

【解】 (1) 计算柱子承受的最大轴向压力设计值 N_u

$\rho' = A_s'/A = 1256/160000 = 0.78\% > \rho'_{\min} = 0.55\%$ 并且 $\leqslant 3\%$，$l_0/b = 4000/400 = 10$，由表 4.3 查得 $\varphi = 0.98$。

$N_u = 0.9\varphi(f_c A + f_y' A_s') = 0.9 \times 0.98 \times (14.3 \times 400 \times 400 + 360 \times 1256) = 2416821\text{N} = 2416.82\text{kN}$

(2)判断承载力是否满足要求

$$N = 2350\text{kN} < N_u = 2416.82\text{kN}$$

所以柱子正截面承载力满足要求。

4.2.3　钢筋混凝土偏心受压构件正截面承载力计算

4.2.3.1　偏心受压构件正截面破坏形式

偏心受压构件的正截面破坏形式见表 4.4。

表 4.4 偏心受压构件破坏形式

破坏类型	大偏心受压破坏(受拉破坏)		小偏心受压破坏(受压破坏)	
发生条件	偏心距 e_0 较大，远离纵向力一侧钢筋 A_s 不多		偏心距 e_0 较小，靠近纵向力一侧钢筋 $A_s{}'$不多；或 e_0 不小但远离纵向力一侧钢筋 A_s 过多	
破坏时应力图形	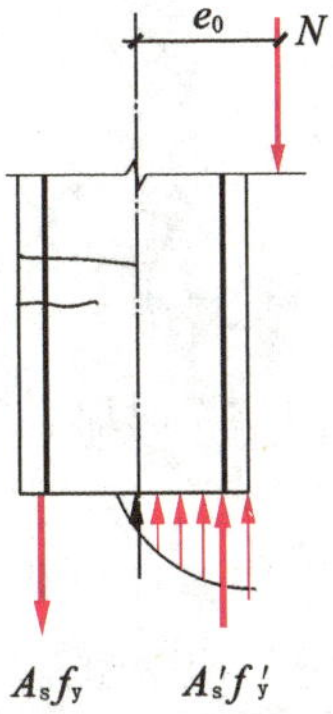	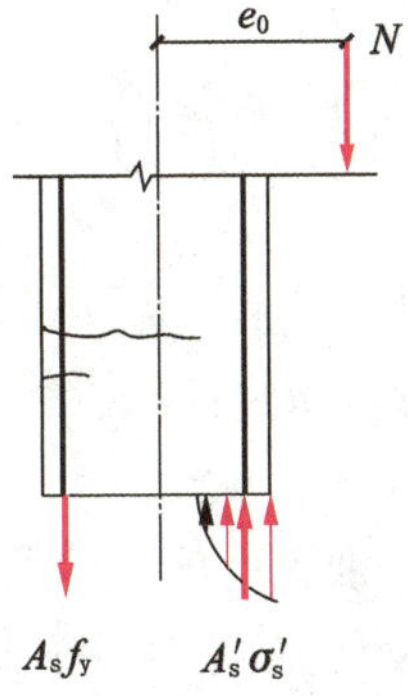	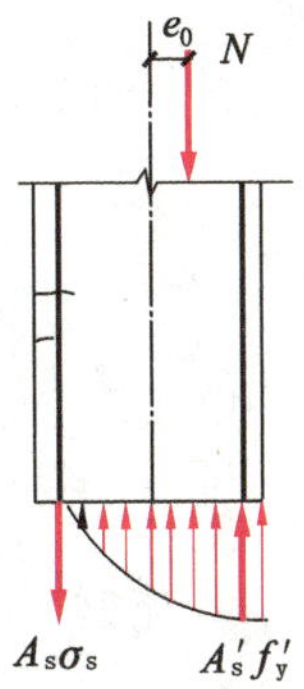	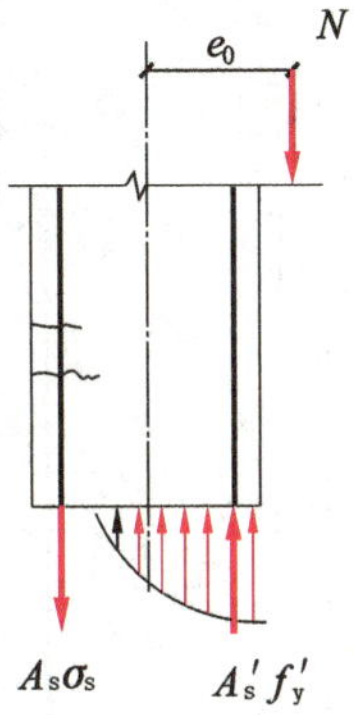
破坏特征	破坏时，受拉区混凝土已开裂，远离纵向力一侧钢筋 A_s 受拉并且达到屈服强度，受压区混凝土也达到极限压应变 0.0033。靠近纵向力一侧钢筋受压，可能屈服也可能未屈服		破坏时，靠近纵向力一侧钢筋 A_s 受压并且达到抗压强度设计值 $f_y{}'$，该侧混凝土也达到极限抗压强度；远离纵向力一侧的钢筋 A_s 可能受拉也可能受压，但都不能屈服	
截面应力分布	(1)偏心距较大时，部分截面受拉，部分截面受压，所有纵向受力钢筋均能达到抗拉、抗压强度设计值； (2)偏心距很大时，大部分截面受拉，少部分截面受压，受压钢筋应力很小未屈服		(1)偏心距较小时，大部分截面受压，少部分截面受拉；偏心距更小时，全截面受压；靠近纵向力一侧的钢筋受压并且能达到 $f_y{}'$，A_s 可能受拉也可能受压，但都不能屈服。 (2)偏心距 e_0 较大时，部分截面受拉，部分截面受压，破坏时 $A_s{}'$也达到 $f_y{}'$。但 A_s 过多，应力很小，这种破坏不经济，不宜采用	
结论	(1)对于大偏心受压，受拉区纵向钢筋先达到屈服强度后，还可以继续加荷，直到受压区混凝土压碎，所以也叫受拉破坏。这种破坏具有明显预兆，属于延性破坏，这类构件抗震性能较好，宜优先采用。 (2)对于小偏心受压，靠近纵向力作用一侧截面受压大，该侧受压钢筋和受压混凝土先压碎，另一侧钢筋可能受拉也可能受压，但应力很小，所以也叫受压破坏。这种破坏无明显预兆，属于脆性破坏，这类构件抗震性能很差，设计时要避免			

通过以上分析可以看出，随着偏心距的增大，受压区高度越来越小，受拉区高度越来越大。从受压区先破坏到受拉区钢筋先破坏，它们之间一定存在这样一种破坏：受拉区钢筋刚达到屈服强度的同时，受压区钢筋和混凝土也破坏，这种破坏叫界限破坏。它相当于适筋的双筋梁，所以界限破坏时，界限相对受压区高度与受弯构件同界限相对受压区高度 ξ_b 意义完全相同。即

当 $\xi \leqslant \xi_b$ 时为大偏心受压；

当 $\xi > \xi_b$ 时为小偏心受压。

4.2.3.2 偏心轴向力在杆件中的二阶弯矩效应

对于偏心受压柱，当长细比较大时，在纵向压力作用下将产生弯曲变形，在临界截面处，实

际偏心距 e_i 增大到 e_i+f，其最大弯矩也将由 $N_u e_i$ 增大为 $N_u(e_i+f)$，如图 4.11 所示。

《混凝土结构设计标准》对长细比较大的偏心受压构件承载力计算时，考虑二阶弯矩的影响。除排架结构柱外，偏心受压构件考虑轴向力在挠曲杆件中产生的二阶效应后控制截面的弯矩设计值为：

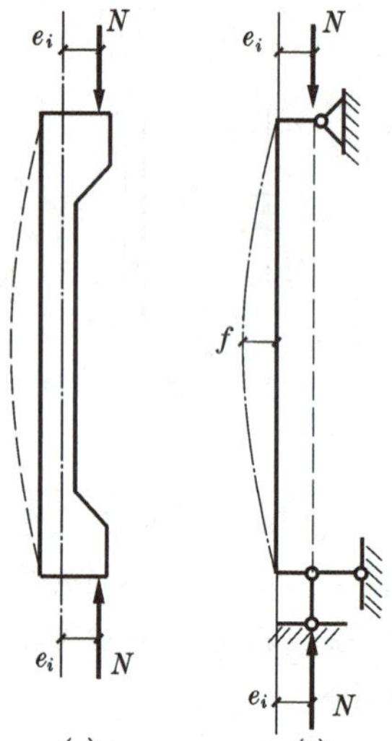

图 4.11　偏心受压长柱

$$M=C_m\eta_{ns}M_2 \tag{4.4}$$

$$C_m=0.7+0.3\frac{M_1}{M_2} \tag{4.5}$$

$$\eta_{ns}=1+\frac{1}{1300(M_2/N+e_a)/h_0}\left(\frac{l_0}{h}\right)^2\zeta_c \tag{4.6}$$

式中　C_m——构件端截面偏心距调节系数，小于 0.7 时取 0.7；

η_{ns}——偏心距增大系数；

M_1、M_2——分别为构件两端截面按结构弹性分析确定的弯矩设计值，绝对值较大端为 M_2，绝对值较小端为 M_1；

N——与弯矩设计值 M_2 相应的轴向压力设计值；

l_0——构件的计算长度；

h——截面高度，对环形截面取外直径，对圆形截面取直径 d；

h_0——截面有效高度；

ζ_c——偏心受压构件的截面曲率修正系数，$\zeta_c=\dfrac{0.5f_cA}{N}$，当 $\zeta_c>1.0$ 时，取 $\zeta_c=1.0$；

A——构件的截面面积，mm^2；

e_a——附加偏心距，mm。

当 $C_m\eta_{ns}$ 小于 1.0 时取 1.0。

当构件杆端弯矩比 $\dfrac{M_1}{M_2}$ 不大于 0.9 且轴压比不大于 0.9 时，若长细比 $l_0/i\leqslant 34-12(M_1/M_2)$ 时，可不考虑二阶效应的影响。

4.2.3.3　矩形截面对称配筋正截面承载力计算

偏心受压构件截面纵筋可以采用对称配筋和非对称配筋。非对称配筋能充分发挥混凝土的抗压能力，纵筋可以减少，但容易放错左右纵向受力钢筋的位置，另外，由于柱子往往承受左右变化的水平荷载（如水平地震作用），使得同一截面上往往承受正反两个方向的弯矩，因此柱子常采用对称配筋。

(1)基本假定

偏心受压构件正截面承载力计算的基本假定同受弯构件，同样将受压区混凝土曲线应力分布根据受压区混凝土等效换算条件折算成等效矩形应力图形，折算后混凝土抗压强度取值 $\alpha_1 f_c$，受压区高度为 x。

(2)大偏心受压计算公式及适用条件

①计算公式

大偏心受压构件的计算简图如图 4.12 所示，由静力平衡条件得：

$$N \leqslant N_u = \alpha_1 f_c bx + f_y' A_s' - f_y A_s \tag{4.7}$$

$$Ne \leqslant N_u e = \alpha_1 f_c bx(h_0 - x/2) + f_y' A_s'(h_0 - a_s') \tag{4.8}$$

式中 N_u——截面破坏时所承受的纵向力；

N——作用在柱子上的纵向力设计值；

e——纵向力 N 的作用点到远离纵向力一侧纵向受力钢筋 A_s 的合力作用点之间的距离，$e=e_i+h/2-a_s$；

a_s——远离纵向力一侧钢筋的合力作用点到混凝土边缘的距离；

a_s'——受压钢筋 A_s' 的合力作用点到混凝土边缘的距离。

若采用对称配筋，$f_y'A_s'=f_yA_s$，取极限平衡状态 $N_u=N$，由式(4.7)得 $x=N/\alpha_1 f_c b$，代入式(4.8)得

$$A_s' = A_s = \frac{Ne - \alpha_1 f_c bx\left(h_0 - \dfrac{x}{2}\right)}{f_y'(h_0 - a_s')} \tag{4.9}$$

②适用条件

为了保证受压钢筋 A_s' 能达到 f_y'，受压区高度不能太小，必须满足以下条件：

$$x \geqslant 2a_s' \tag{4.10}$$

为了保证受拉钢筋 A_s 能达到 f_y，防止发生超筋破坏，受压区高度 x 不能太大，必须满足以下条件：

$$x \leqslant x_b = \xi_b h_0 \tag{4.11}$$

当受压区高度太小(图 4.13)，说明受压钢筋 A_s' 未能达到 f_y'，为了安全起见取 $x=2a_s'$，并对受压钢筋 A_s' 合力点取矩，可得：

$$Ne' \leqslant N_u e' = f_y A_s(h_0 - a_s') \tag{4.12}$$

式中 e'——纵向力 N 到 A_s' 受压钢筋的合力作用点之间的距离，$e'=e_i-(h/2-a_s')$。

由式 (4.12)得

$$A_s' = A_s = \frac{Ne'}{f_y(h_0 - a_s')} \tag{4.13}$$

(3)小偏心受压计算公式及适用条件

对于小偏心受压，在纵向压力作用下，靠近纵向力一侧 A_s' 受压并且达到 f_y'，而远离纵向力一侧钢筋随着偏心距由小到大的增加，混凝土受压区面积变得越来越小，使得远离纵向力一侧钢筋 A_s 由受压变为受拉，但应力 σ_s 小于钢筋的屈服强度。

计算简图如图 4.14 所示，由静力平衡条件得：

$$N \leqslant N_u = \alpha_1 f_c bx + f_y' A_s' - \sigma_s A_s \tag{4.14}$$

$$Ne \leqslant N_u e = \alpha_1 f_c bx\left(h_0 - \frac{x}{2}\right) + f_y' A_s'(h_0 - a_s') \tag{4.15}$$

取 $N=N_u$，由式(4.15)得：

$$A_s' = A_s = \frac{Ne - \alpha_1 f_c bx\left(h_0 - \dfrac{x}{2}\right)}{f_y'(h_0 - a_s')} = \frac{Ne - \alpha_1 f_c bh_0^2 \xi(1 - 0.5\xi)}{f_y'(h_0 - a_s')} \tag{4.16}$$

ξ 计算很复杂，为计算方便，ξ 可近似按下列公式计算：

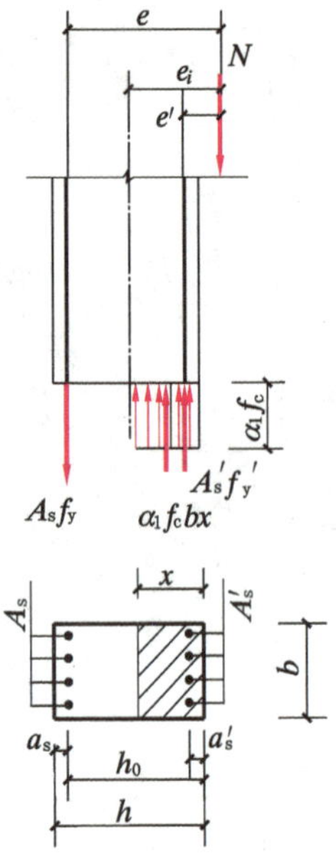

图 4.12　大偏心受压构件计算简图

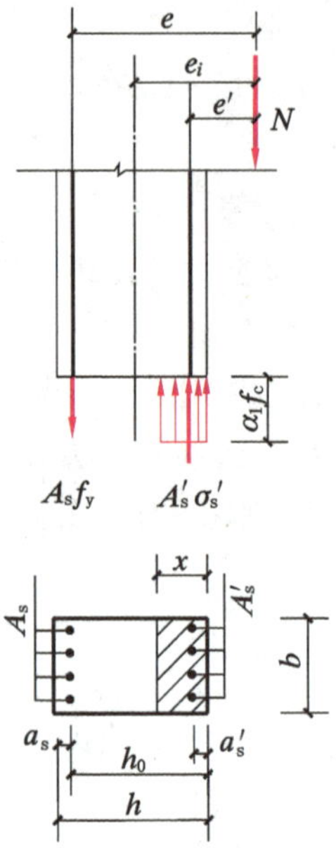

图 4.13　大偏心受压（第二种情况）

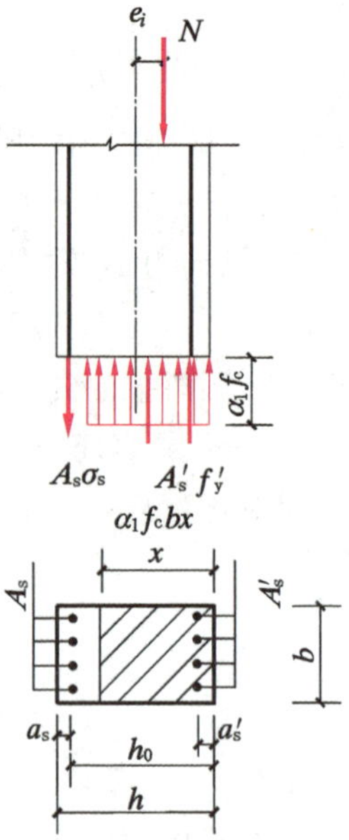

图 4.14　小偏心受压构件计算简图

$$\xi = \frac{N - \xi_b \alpha_1 f_c b h_0}{\frac{Ne - 0.43 \alpha_1 f_c b h_0^2}{(\beta_1 - \xi_b)(h_0 - a_s')} + \alpha_1 f_c b h_0} + \xi_b \tag{4.17}$$

(4)公式的应用(对称配筋矩形截面的截面设计)

已知柱子截面尺寸为 $b \times h$，混凝土及钢筋的强度等级，柱子计算长度 l_0，承受弯矩设计值 M，轴向压力设计值 N。求纵向受力钢筋的截面面积 $A_s = A_s'$。

步骤如下：

①判断偏心受压类型

$x = \frac{N}{\alpha_1 f_c b} \leqslant \xi_b h_0$ 为大偏心受压；$x = \frac{N}{\alpha_1 f_c b} > \xi_b h_0$ 为小偏心受压。

②计算 $A_s = A_s'$

若是大偏心受压并且 $x \geqslant 2a_s'$ 时，由式 $x = \frac{N}{\alpha_1 f_c b}$ 和式(4.9)求 $A_s = A_s'$；当 $x < 2a_s'$ 由式(4.13)求 $A_s = A_s'$。

若是小偏心受压，则由式(4.16)及式(4.17)求 $A_s = A_s'$。

③适用条件验算

$$A_s = A_s' \geqslant \rho'_{min} bh = 0.002bh$$

④验算垂直于弯矩作用平面承载力

同轴压构件，但公式中的全部纵向受压钢筋用 $A_s + A_s'$ 即可。若不能满足，可增加配筋。

若偏心受压柱在承受弯矩、轴力的同时，还承受剪力作用，则还应进行斜截面受剪承载力计算，可参见有关书籍。

【例 4.6】　已知偏心受压柱其截面尺寸为 $b \times h = 300\text{mm} \times 400\text{mm}$，混凝土为 C30($f_c = 14.3\text{N/mm}^2$，$\alpha_1 = 1.0$)，钢筋为 HRB400($f_y = f_y' = 360\text{N/mm}^2$)，柱子计算长度 $l_0 = 3600\text{mm}$，承受弯矩设计值 $M = 235\text{kN} \cdot \text{m}$，轴

向压力设计值 $N=400\text{kN}$，$a_s=a_s'=40\text{mm}$。求纵向受力钢筋的截面面积($A_s=A_s'$)。

【解】 (1)判断偏心受压类型

$h_0=400-40=360\text{mm}$

$$x=\frac{N}{\alpha_1 f_c b}=\frac{400\times10^3}{1.0\times14.3\times300}=93.2\text{mm}<x_b=\xi_b h_0=0.518\times360=186.48\text{mm}$$

且 $x>2a_s'=80\text{mm}$

所以为大偏心受压，并且 A_s' 部分的钢筋受力达到 f_y'。

(2)计算 e_i

$$e_0=\frac{M}{N}=\frac{235\times10^3}{400}=587.5\text{mm}$$

$e_i=e_0+e_a=587.5+20=607.5\text{mm}$

(3)求 A_s、A_s'

$$e=e_i+\frac{h}{2}-a_s=607.5+\frac{400}{2}-40=767.5\text{mm}$$

$$A_s=A_s'=\frac{Ne-\alpha_1 f_c bx\left(h_0-\frac{x}{2}\right)}{f_y'(h_0-a_s')}=\frac{400\times10^3\times767.5-1.0\times14.3\times300\times93.2\times\left(360-\frac{93.2}{2}\right)}{360\times(360-40)}=1552.6\text{mm}^2$$

(4)适用条件验算

$$A_s+A_s'=2\times1552.6=3105.2\text{mm}^2>\rho'_{\min}bh=0.55\%\times300\times400=660\text{mm}^2$$

$$\text{且}<\rho'_{\max}bh=5\%\times300\times400=6000\text{mm}^2$$

$A_s=A_s'=1552.6\text{mm}^2>\rho'_{\min}bh=0.2\%\times300\times400=240\text{mm}^2$，满足要求。

每侧选用 2Φ25+2Φ20，$A_s=A_s'=1610\text{mm}^2$，箍筋选用φ8，配筋见图 4.15。

(5)验算垂直于弯矩作用平面的承载力

$l_0/b=3600/300=12$，查表 4.3 得：$\varphi=0.95$

$$\begin{aligned}N_u&=0.9\varphi[f_cA+f_y'(A_s+A_s')]\\&=0.9\times0.95\times[14.3\times300\times400+360\times(1610+1610)]\\&=2458296\text{N}\\&=2458.296\text{kN}>400\text{kN}\text{，满足要求。}\end{aligned}$$

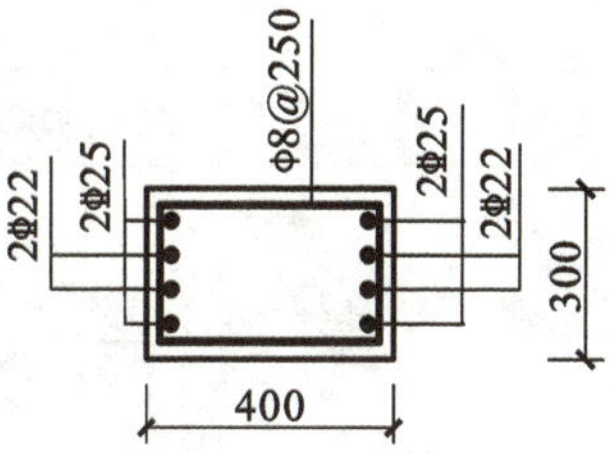

图 4.15 例 4.6 图

【例 4.7】 已知偏心受压柱截面尺寸 $b\times h=400\text{mm}\times400\text{mm}$，混凝土强度等级为 C30，纵向受力钢筋采用 HRB400 钢筋，$a_s=a_s'=40\text{mm}$，柱计算长度 $l_0=3600\text{mm}$，柱两端截面弯矩设计值 $M_1=M_2=150\text{kN}\cdot\text{m}$，轴向压力设计值 $N=350\text{kN}$，求纵向受力钢筋的截面面积($A_s=A_s'$)。

【解】 (1)判断偏心受压类型

$h_0=400-40=360\text{mm}$

$x=N/(\alpha_1 f_c b)=350\times10^3/(1.0\times14.3\times400)=61.19\text{mm}<x_b=\xi_b h_0=0.518\times360=186.48\text{mm}$，并且 $x<2a_s'=80\text{mm}$，所以为大偏心受压，但是 A_s' 部分的钢筋受力未达到 f_y'。

(2)计算 e_i

$$C_m=0.7+0.3\frac{M_1}{M_2}=1.0$$

$$\zeta_c=\frac{0.5f_cA}{N}=\frac{0.5\times14.3\times400\times400}{350\times10^3}=3.27>1.0$$

$$e_a=20;\frac{h}{30}=\frac{1}{30}\times400=13.3\text{，取 }e_a=20\text{mm}$$

$$\frac{l_0}{h}=\frac{3600}{400}=9$$

$$\eta_{ns}=1+\frac{1}{1300(M_2/N+e_a)/h_0}\left(\frac{l_0}{h}\right)^2\zeta_c$$

$$=1+\frac{1}{1300(150\times10^6/350\times10^3+20)/360}\times9^2\times1.0$$

$$=1.050$$

$M=C_m\eta_{ns}M_2=1.0\times1.050\times150=157.5\text{kN}\cdot\text{m}$

$e_0=\frac{M}{N}=\frac{157.5\times10^3}{350}=450\text{mm}$

$e_i=e_0+e_a=450+20=470\text{mm}$

(3)求 A_s、A_s'

$e'=e_i-(\frac{h}{2}-a_s')=470-\left(\frac{400}{2}-40\right)=310\text{mm}$

$A_s=A_s'=\frac{Ne'}{f_y(h_0-a_s')}=\frac{360\times10^3\times310}{360\times(360-40)}=942\text{mm}^2$

每侧纵筋选配 3 Φ 20($A_s=A_s'=942\text{mm}^2$)。

适用条件验算和垂直于弯矩作用平面的承载力验算同例 4.6,本例略。

4.3　砌体受压构件

4.3.1　受压砌体破坏特征

受压砌体破坏特征如表 4.5 所示。

表 4.5　受压砌体破坏特征

名称	轴心受压无筋砌体	网状配筋砌体	组合砌体
受力简图	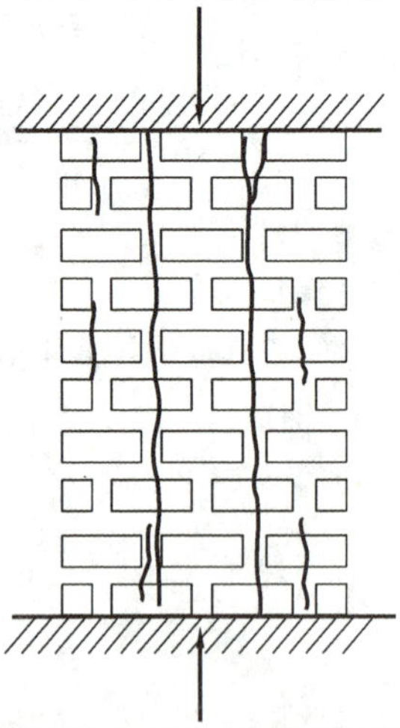	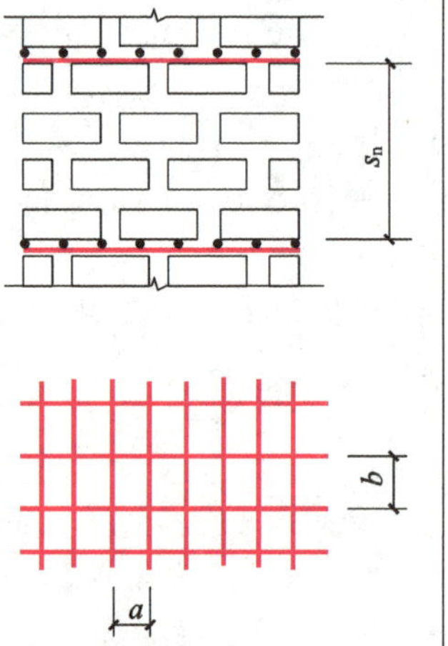	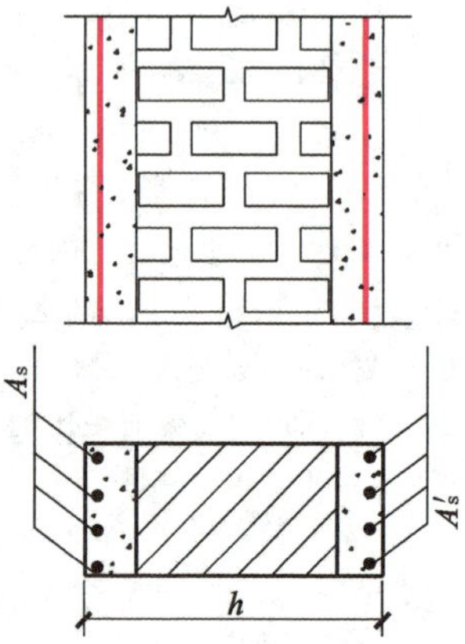
破坏特征	(1)荷载加到破坏荷载的 50%～70%,个别单砖出现并不立即贯通的短裂缝(第一批裂缝);(2)荷载加到破坏荷载的 80%～90%,裂缝加大并迅速发展,形成明显的竖向裂缝;(3)破坏时,竖向裂缝形成小柱而失稳破坏或被压碎	(1)荷载加到破坏荷载的 60%～75%才出现第一批裂缝;(2)继续加荷,竖向裂缝受到横向钢筋的约束,阻止横向变形,砌体处于三向受压状态;(3)破坏时,砌体部分砖压碎严重,失稳破坏不明显,其承载力高,材料较充分利用	(1)第一批裂缝出现在砌体与钢筋混凝土连接处;(2)随着荷载增加,砖砌体内出现短裂缝,但受到混凝土钢筋的约束,短裂缝发展缓慢;(3)破坏时,砖砌体、面层混凝土都被压碎,混凝土脱落,纵筋压曲,但箍筋未达到屈服强度

续表 4.5

名称	轴心受压无筋砌体	网状配筋砌体	组合砌体
适用条件	无筋砌体适合轴压或偏心距较小并且轴向压力不是很大的结构或构件	当纵向压力很大、偏心距较小，增加截面面积受到限制时；或轴向压力很大的轴压砌体	偏心距较大的偏心受压砌体，另外还能代替无筋砌体、网状配筋砌体。受力合理

4.3.2 无筋受压砌体承载力计算

4.3.2.1 影响砌体受压承载力的因素

(1)砌体的抗压强度

砌体的抗压能力随着砌体的抗压强度的提高而提高，关于影响砌体抗压强度的因素已在第 2 章讨论过。

(2)偏心距的影响($e=M/N$)

当其他条件相同时，随着偏心距的增大，截面应力分布变得愈来愈不均匀；并且受压区愈来愈小，甚至出现受拉区；其承载力愈来愈小；截面从压坏可变为水平通缝过宽而影响正常使用，甚至被拉坏。所以，为了充分发挥砌体的抗压能力，对偏心距要加以限制。《砌体结构设计规范》规定：纵向力偏心距应满足 $e\leqslant 0.6y$（y 表示截面的形心到纵向力作用一侧截面边缘的距离）。

(3)高厚比 β 对承载力的影响

砌体的高厚比 β 是指砌体的计算高度 H_0 与对应于计算高度方向的截面尺寸之比，$\beta\leqslant 3$ 时为短柱，$\beta>3$ 时为长柱。当矩形截面两个方向计算高度相等时，轴压柱 $\beta=H_0/b$（b 表示截面短边方向的尺寸）；偏心受压柱（单向偏心受压沿长边 h 偏心）：偏心方向 $\beta=H_0/h$，垂直偏心方向 $\beta=H_0/b$。对于墙体（轴压或偏心受压），$\beta=H_0/h$（h 指墙厚）。

随着高厚比的增加，构件承载力将降低；对于轴压短柱，纵向弯曲很小，可以忽略，不考虑高厚比影响。

(4)砂浆强度等级影响

对于长柱，若提高砂浆强度等级，可以减少纵向弯曲，减少应力不均匀分布。

《砌体结构设计规范》给出了单向偏心受压的高厚比及偏心距、砂浆强度等级对纵向受力构件承载力影响系数 φ。φ 的计算公式如下：

当 $\beta\leqslant 3$ 时

$$\varphi=\frac{1}{1+12\left(\frac{e}{h}\right)^2} \tag{4.18}$$

当 $\beta>3$ 时

$$\varphi=\frac{1}{1+12\left[\frac{e}{h}+\sqrt{\frac{1}{12}\left(\frac{1}{\varphi_0}-1\right)}\right]^2} \tag{4.19}$$

式中 φ_0——轴心受压柱的稳定系数，按下式计算：

$$\varphi_0=\frac{1}{1+\alpha\beta^2} \tag{4.20}$$

式中　α——与砂浆强度等级有关的系数，当砂浆强度等级≥M5 时，$\alpha=0.0015$；为 M2.5 时，$\alpha=0.002$。

4.3.2.2　承载力计算公式（$e\leqslant 0.6y$）

$$N\leqslant N_u=\varphi fA \tag{4.21}$$

式中　f——砌体的抗压强度设计值（要考虑强度调整系数）；

A——砌体的毛截面面积。

其余符号同前。

应用式（4.21）时应注意以下两点：

（1）当为偏心受压时，除计算偏心方向计算承载力外（该方向影响系数为 φ 时，应按偏心方向偏心距和偏心方向高厚比考虑），还应计算垂直偏心方向计算承载力即按轴压考虑（该方向影响系数为 φ 时，偏心距 $e=0$，高厚比按垂直偏心方向计算），特别是 h 较大，e 较小，b 较小，在短边方向可能先发生轴压破坏。

（2）由于各类砌体在强度达到极限时变形有较大差别，因此在计算 φ 时，高厚比还应进行修正，乘以砌体高厚比修正系数 γ_β，即 $\beta=\gamma_\beta\dfrac{H_0}{h}$，$\gamma_\beta$ 值见表 4.6。

表 4.6　砌体高厚比修正系数 γ_β

砌体材料类别	γ_β	砌体材料类别	γ_β
烧结普通砖、烧结多孔砖	1.0	蒸压灰砂普通砖、蒸压粉煤灰普通砖、细料石	1.2
普通混凝土砖、混凝土多孔砖、混凝土及轻集料混凝土砌块	1.1	粗料石、毛石	1.5

【例 4.8】　已知某单向偏心受压柱（沿长边偏心），截面尺寸 $b\times h=370\text{mm}\times 620\text{mm}$，柱计算高度 $H_0=5\text{m}$（两方向相等），承受轴向压力设计值 $N=108\text{kN}$，弯矩设计值 $M=15\text{kN}\cdot\text{m}$，采用 MU10 烧结普通砖、M5 混合砂浆（$f=1.5\text{N/mm}^2$），质量等级为 B 级，试验算该砌体的承载力。

【解】　（1）计算偏心方向的承载力

$e=M/N=15\times10^6/(108\times10^3)=139\text{mm}<0.6y=0.6\times310=186\text{mm}$，满足要求。

$\beta=\gamma_\beta H_0/h=1.0\times5000/620=8>3$，$e/h=139/620=0.224$，由式（4.20）得：

$$\varphi_0=\frac{1}{1+\alpha\beta^2}=\frac{1}{1+0.0015\times8^2}=0.912$$

$$\varphi=\frac{1}{1+12\left[\dfrac{e}{h}+\sqrt{\dfrac{1}{12}\left(\dfrac{1}{\varphi_0}-1\right)}\right]^2}=\frac{1}{1+12\left[0.024+\sqrt{\dfrac{1}{12}\left(\dfrac{1}{0.912}-1\right)}\right]^2}=0.459$$

$A=0.37\times0.62=0.23\text{m}^2<0.3\text{m}^2$，所以砌体强度 f 应乘以调整系数 $\gamma_a=A+0.7=0.93$。

$N_u=\varphi fA=0.459\times0.93\times1.5\times0.23\times10^6=147\times10^3\text{N}=147\text{kN}>N=108\text{kN}$

所以偏心方向的承载力满足要求。

（2）验算垂直弯矩方向的承载力

$$\beta=\gamma_\beta H_0/b=1.0\times5000/370=13.5>3$$

$$\varphi_0=\frac{1}{1+\alpha\beta^2}=\frac{1}{1+0.0015\times13.5^2}=0.785$$

对轴心受压构件，$\varphi=\varphi_0$，故 $\varphi=0.785$。

$N_u=\varphi fA=0.785\times0.93\times1.5\times0.23\times10^6=252\times10^3\text{N}=252\text{kN}>N=108\text{kN}$

所以垂直偏心方向的承载力满足要求。

4.3.2.3 受压砌体局部受压面承载力计算

在混合结构的楼屋盖中，当空间比较大时，一定少不了大梁或屋架，它们将楼屋盖荷载通过与墙体接触的局部受压面传给承重墙体的全截面，在局部受压面上往往承受较大的竖向压力，如果局部受压面强度不够，这将导致全截面的有效面积减少，全截面承载力降低。在工程事故中，由于局部受压强度不满足，导致墙体倒塌的事故并不少见，所以局部受压面承载力要计算。

(1)受压砌体局部受压强度提高系数 γ

由于局部受压砌体受到竖向压力作用，将产生横向变形，这种变形受到周围砌体的约束作用，使得局部受压砌体处于三向或两向受压状态，所以局部受压砌体的抗压强度有所提高。局部受压强度提高系数 γ 按下式计算：

$$\gamma = 1 + 0.35\sqrt{\frac{A_0}{A_l} - 1} \tag{4.22}$$

式中 A_0——影响砌体局部抗压强度的计算面积，见图 4.16；

A_l——受压砌体局部受压面积。

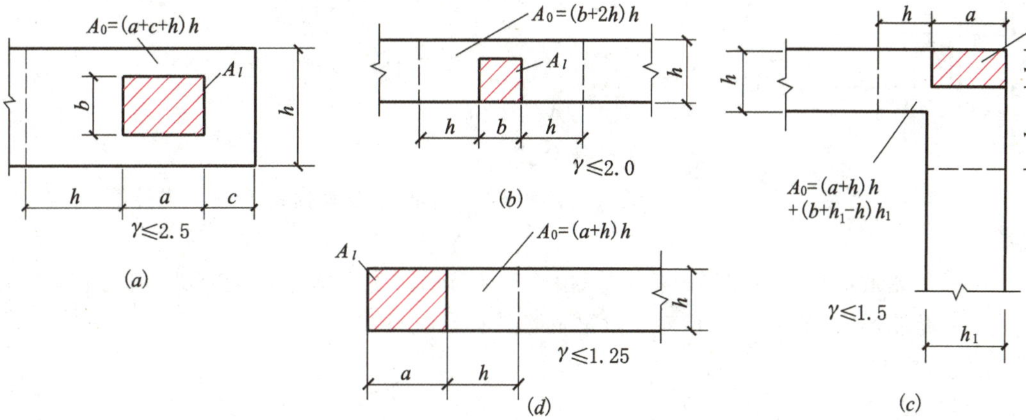

图 4.16 影响局部抗压强度的计算面积

试验及理论分析表明：局部受压砌体除受到竖向压力作用外，在局部受压面一定深度下，由于压力线的扩散而产生环向的拉力，并且当 A/A_l 不太大时，环向拉力也不大，箍的作用大于环向拉力，局部受压砌体强度有明显提高；当 A/A_l 太大时，环向拉力增加，箍的作用小于环向拉力，局部受压砌体将产生竖向劈裂破坏，所以对提高系数要加以限制。《砌体结构设计规范》给出了 γ 的容许值，见图 4.16。

(2)受压砌体局部均匀受压

当作用在局部受压砌体上的竖向压力设计值 N_l 与局部受压面 A_l 的形心重合时，局部受压砌体为均匀受压。局部均匀受压砌体的承载力应满足下列条件：

$$N_l \leqslant \gamma f A_l \tag{4.23}$$

式中 N_l——作用在局部受压砌体上竖向压力设计值；

f——砌体的抗压强度设计值(不考虑调整系数)。

(3)梁端支承处砌体局部受压

①梁的有效支承长度 a_0

由于梁跨内在竖向荷载作用下将产生弯曲变形，使得梁端局部受压砌体压应力分布不均

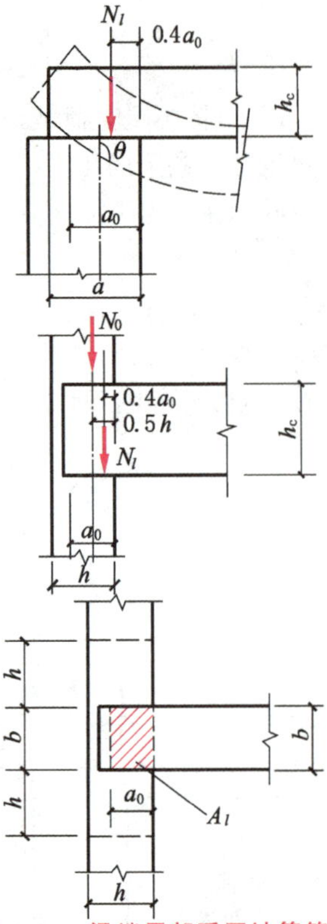

图 4.17　梁端局部受压计算简图

匀，支座内边缘压缩变形大，并靠近梁端压缩变形愈来愈小，所以梁在墙上有效支承长度 a_0 小于或等于实际支承长度 a，则局部受压面积 $A_l=a_0b$（b 表示梁的宽度），见图 4.17。其有效支承长度 a_0 计算如下：

$$a_0=10\sqrt{\frac{h_c}{f}} \tag{4.24}$$

式中　h_c——梁截面的高度，mm；

f——砌体的抗压强度设计值。

其余符号同前。

②上部荷载折减系数 ψ

由于局部受压砌体在竖向荷载作用下产生压缩变形，使得梁端上皮与上部砌体有托空趋势，形成内拱卸荷作用，所以上部荷载对局部受压面产生的压力设计值小于 N_0，为计算方便，《砌体结构设计规范》给出了上部荷载折减系数 ψ：

$$\psi=1.5-0.5\frac{A_0}{A_l} \tag{4.25}$$

当 $A_0/A_l\geqslant3$ 时，$\psi=0$。

③计算公式

梁端支承处砌体局部受压承载力应按下式计算：

$$N_l+\psi N_0\leqslant\eta\gamma fA_l \tag{4.26}$$

式中　η——梁端底面压应力图形完整系数，由于破坏时局部受压砌体并未达到抗压强度，应考虑折减，一般取 0.7，但对于过梁及墙梁取 1.0。

其余符号同前。

④梁垫的设置

砌体局部受压承载力不能满足要求时，可在梁端支承处设置刚性垫块，即梁垫。梁垫可以现浇，也可以预制。梁垫构造要求如表 4.7 所示。

表 4.7　梁垫构造要求

名称	预　制　梁　垫	现　浇　梁　垫
简图	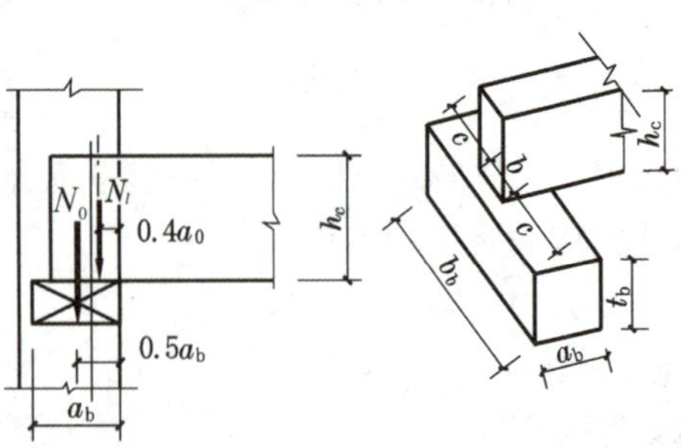	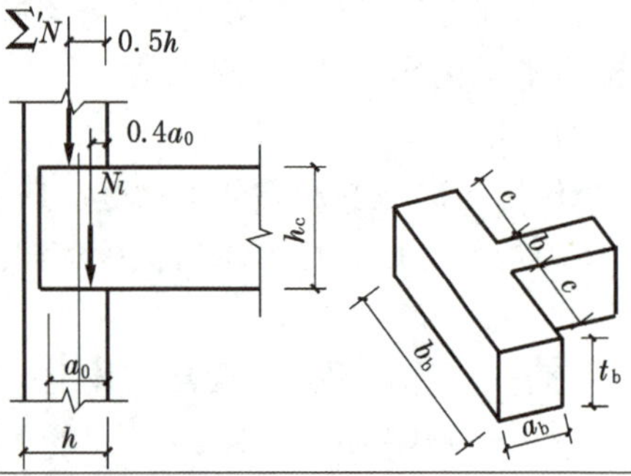
构造要求	(1)垫块的高度 $t_b\geqslant180$mm，自梁边缘算起其挑出长度 c 不宜大于梁垫的高度 t_b； (2)带壁柱墙，垫块伸入翼缘墙内的长度不应小于 120mm； (3)当现浇梁垫与梁整浇时，梁垫可在梁高范围内设置	

【例 4.9】 验算图 4.18 所示外纵墙梁端局部受压砌体强度。已知梁的截面尺寸 $b\times h_c=200\text{mm}\times 500\text{mm}$，梁的实际支承长度 $a=240\text{mm}$，梁上荷载对局部受压面产生的压力设计值 $N_l=100\text{kN}$，梁底标高处由上部荷载对全截面产生的压力设计值(不包括本层梁传来) $\sum N=160\text{kN}$，窗间墙截面尺寸 $1200\text{mm}\times 370\text{mm}$，采用 MU10 黏土砖，M5 混合砂浆砌筑($f=1.5\text{N/mm}^2$)。

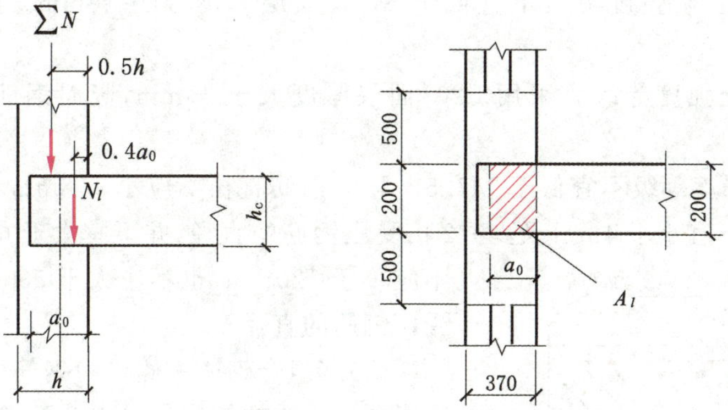

图 4.18 例 4.9 图

【解】

$$a_0=10\sqrt{\frac{h_c}{f}}=10\times\sqrt{\frac{500}{1.5}}=183\text{mm}<a=240\text{mm}$$

$$A_l=a_0b=183\times 200=36600\text{mm}^2$$

$$A_0=(b+2h)h=940\times 370=347800\text{mm}^2$$

$$(b+2h=200+2\times 370=940\text{mm}<1200\text{mm},\text{所以 } b+2h=940\text{mm})$$

因为 $A_0/A_l=347800/36600=9.5>3$，故 $\psi=0$。

$$\gamma=1+0.35\sqrt{\frac{A_0}{A_l}-1}=1+0.35\sqrt{\frac{347800}{36600}-1}=2.02>2$$

所以 $\gamma=2.0$。

$$\psi N_0+N_l=100\text{kN}>\eta\gamma fA_l=0.7\times 2\times 1.5\times 36600=77\times 10^3\text{N}=77\text{kN}$$

所以局部受压承载力不能满足要求。

4.3.3 配筋砌体构造

4.3.3.1 网状配筋砌体

为了使网状配筋砌体安全可靠地工作，除满足承载力要求外，还应满足以下构造要求：

(1)网状配筋砖砌体体积配筋率不宜小于 0.1%，且不应大于 1%。钢筋网的竖向间距不应大于 5 皮砖，不应大于 400mm。配筋率过小，强度提高不明显；配筋率过大，破坏时，钢筋不能充分利用。

(2)钢筋的直径 3～4mm。钢筋直径过细，由于锈蚀降低承载力；钢筋过粗，增大灰缝厚度，对砌体受力不利。

(3)网内钢筋间距不应大于 120mm 且不应小于 30mm。钢筋间距过小，灰缝中的砂浆难以密实均匀；间距过大，钢筋的砌体横向约束作用不明显。为保证钢筋与砂浆有足够的粘结力，网内砂浆强度不应低于 M7.5，灰缝厚度应保证钢筋上下各有 2mm 砂浆层。

4.3.3.2　组合砖砌体

组合砖砌体由砌体和面层混凝土(或面层砂浆)两种材料组成,故应保证它们之间有良好的整体性和工作性能。

(1)面层水泥砂浆强度等级不宜低于 M10,面层厚度 30～45mm。竖向钢筋宜采用 HPB300 钢筋。

(2)面层混凝土强度等级宜采用 C20,面层厚度大于 45mm,竖向钢筋宜采用 HPB300 钢筋。

(3)砌筑砂浆强度等级不宜低于 M7.5。竖向钢筋直径不应小于 8mm,净间距不应小于 30mm。箍筋直径不宜小于 4mm 及≥0.2 倍受压钢筋的直径,并不宜大于 6mm,箍筋的间距不应小于 120mm,也不应大于 500mm 及 20d(d 为受压钢筋的直径)。

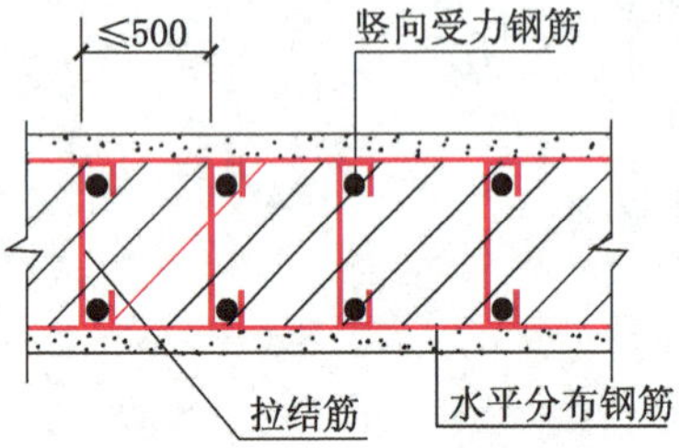

图 4.19　混凝土或砂浆面层组合墙

(4)当组合砌体一侧受力钢筋多于 4 根时,应设置附加箍筋或拉结筋。对于截面长短边相差较大的构件(如墙体等),应采用穿通构件或墙体的拉结筋作为箍筋,同时设置水平分布钢筋,以形成封闭的箍筋体系。水平分布钢筋的竖向间距及拉结筋的水平间距均不应大于 500mm,见图 4.19。

4.4　钢　　柱

4.4.1　截面形式

钢柱常见的截面形式如表 4.8 所示。

表 4.8　钢柱截面形式

种类		主要截面形式	特点及适用范围
型钢截面		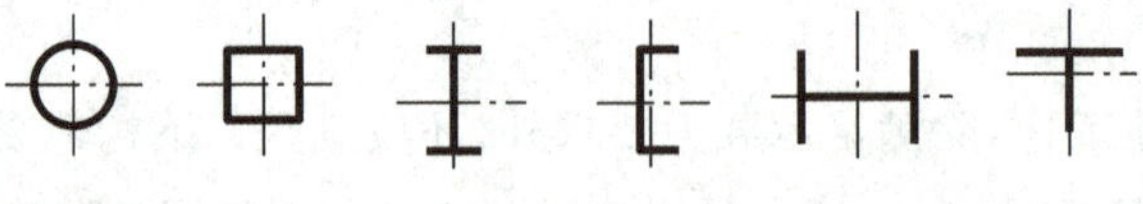	用工省,制作方便,但承载力低、刚度小。工字钢由于受轧制工艺的限制,两方向惯性矩往往相差较大,壁厚,用料不经济。适用于高度小、荷载小的构件,但 H 型钢用料经济
组合截面	实腹柱	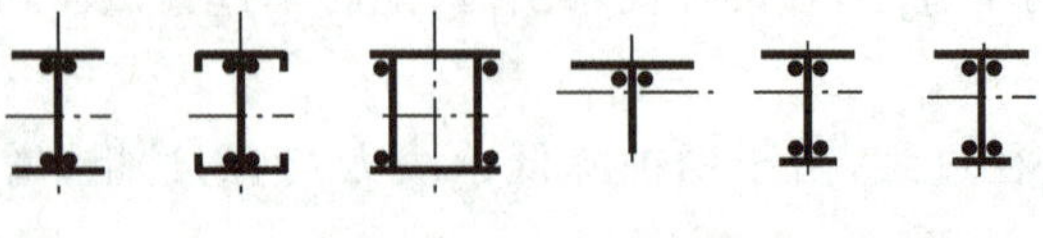	承载力较高,刚度大,截面尺寸、形状不受限制,用料经济。但费工费时,制作不便,受力复杂。适用于高度较大、荷载较大的构件
	格构柱	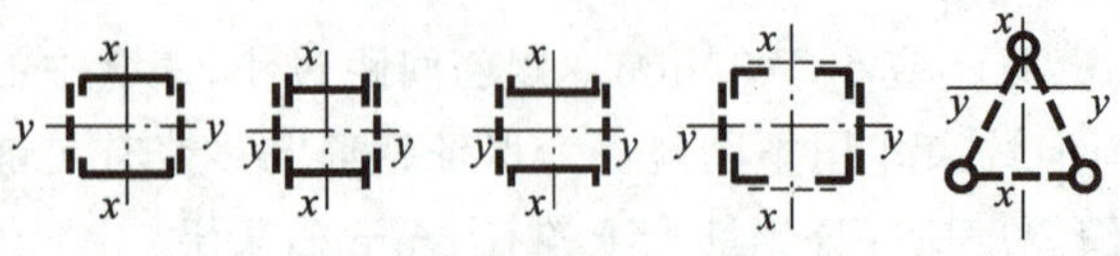	稳定性、刚度更好,自重轻。但构造复杂,费工费时,制作设计较繁杂。适用于高度很大,对稳定性、刚度要求很高的构件

格构柱是由各个单肢(型钢或钢管)通过缀材以角焊缝形式相连。格构柱按缀材材料分为缀条(缀材主要为单边角钢)柱(图 4.20(a)、(b))及缀板柱(图 4.20(c))。按柱肢数量,格构柱分为双肢柱、三肢柱、四肢柱,见表 4.8 中格构柱。当柱肢间距较大时,用缀条柱还是比较经济的。缀条柱的斜缀条及横缀条通常布置在柱分肢的两侧平面内,并沿柱身高度呈桁架式布置,其夹角 α 一般为 30°～50°。由于格构柱截面材料集中在分肢,与实腹柱相比在用料相同的情况下,可增大截面惯性矩,提高刚度和稳定性,从而节约材料。图 4.20 所示为双肢格构柱,截面有两个主轴,一根主轴横穿缀材(图中 x -x 轴),称为虚轴;另一根主轴横穿两个肢(图中 y -y 轴),称为实轴。

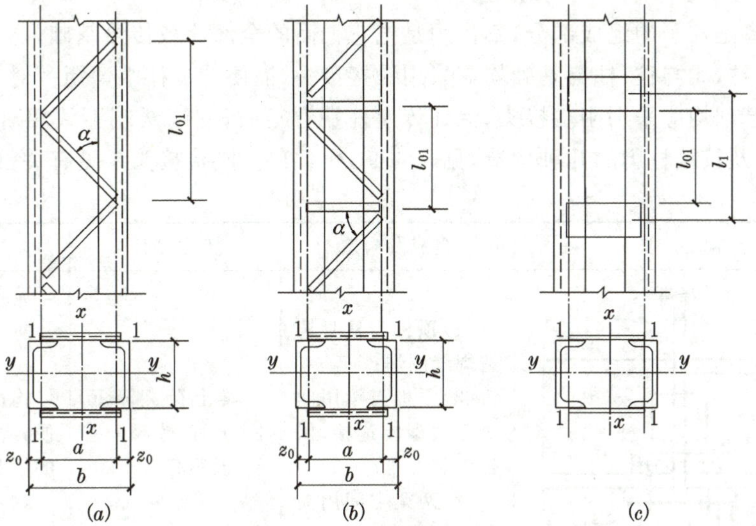

图 4.20　格构柱的组成

(a)无横杆的缀条柱;(b)有横杆的缀条柱;(c)缀板柱

4.4.2　轴心受压构件的稳定性

受压钢构件一般不会发生强度破坏,其截面往往是由稳定性控制的,但有时荷载小,杆件过于柔细时(如支撑)由刚度控制,所以要重视受压构件的稳定问题,这是与受压砌体和钢筋混凝土柱子的根本区别。

4.4.2.1　整体稳定性

对于细长轴压柱,随着轴向压力的增加,远在钢材未达到屈服强度之前就因构件屈曲而破坏,这种破坏叫整体失稳,它是轴心受压构件的主要破坏形式。

若整体稳定性不满足要求时,应采取以下措施:

(1)增加截面面积;

(2)在相同用量的前提下,选用合理的截面形式,尽量采用宽肢薄壁的截面来提高整体稳定系数;

(3)尽量减少构件的计算长度,增加侧向支承点,提高结构的刚度,以达到提高整体稳定性的作用;

(4)当柱子很高时,最有效措施是采用格构柱。

4.4.2.2　实腹式组合截面局部稳定

为了提高实腹式轴心受压构件的整体稳定性，设计时往往采用宽肢薄壁截面，以提高截面的回转半径。但板件太薄，会导致板件在丧失强度之前和丧失整体稳定之前产生凹凸鼓屈变形，这种现象称为局部失稳。对于型钢柱，由于壁厚，局部稳定一般满足。

《钢结构设计标准》通过限制轴心受压实腹柱翼缘宽厚比及腹板高厚比来防止局部失稳。

4.4.3　轴压柱头与柱脚

柱头、柱脚是柱子的组成部分，其作用是把它上面的全部荷载传给基础。

对于轴压柱，梁与柱、柱与基础均应采用铰接接头，以便减少柱端弯矩。对于偏心受压柱，梁与柱、柱与基础均应采用刚接接头，保证传递柱端弯矩时，支座两端不致相对转动。下面仅给出铰接柱头及铰接柱脚的几种构造，见表 4.9、表 4.10。刚接接头参见有关书籍。

表 4.9　铰接柱头构造

类型	简　　图	组成及构造	传力途径	特　　点
梁支承于柱顶	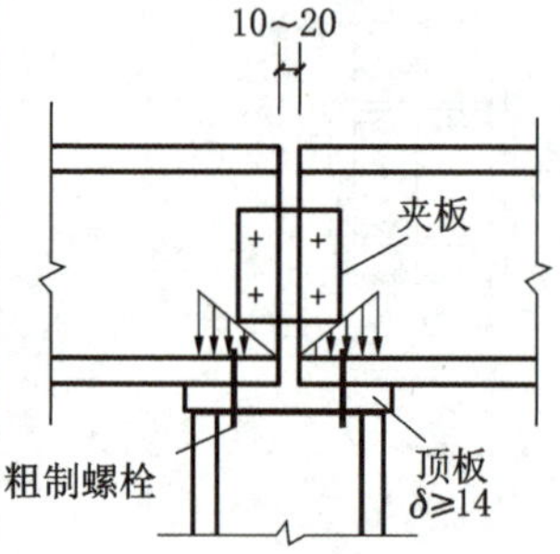	(1)顶板与柱身构造焊缝围焊； (2)顶板与梁用四个普通螺栓连接，保证安装方便； (3)两梁之间用夹板连接	梁上荷载→顶板→柱翼缘（主要）及腹板	构造简单，施工方便，适用于荷载不大的情况
	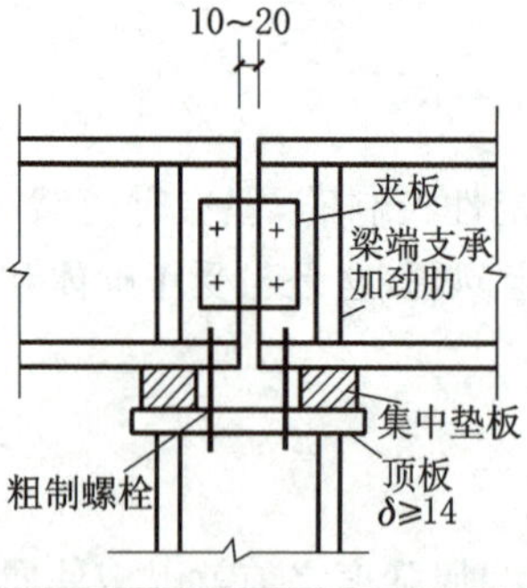	(1)、(2)、(3)同上； (4)集中垫板与梁、顶板以构造焊缝围焊，保证梁能绕支点自由转动，并将荷载有效传给柱翼缘	梁上荷载通过梁端加劲肋→集中垫板→柱翼缘	传力明确，构造稍复杂，柱翼缘受力较大。两侧梁的反力不等时易引起偏心。适用于荷载较大的情况
	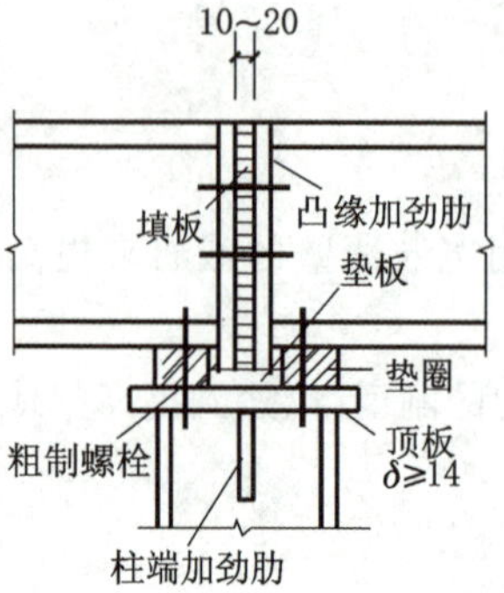	(1)顶板与柱端、柱端加劲肋以构造焊缝围焊； (2)顶板与梁通过垫圈以螺栓连接； (3)两梁之间通过凸缘及填板以普通螺栓连接； (4)垫板与凸缘、顶板以角焊缝连接	梁上荷载通过梁端凸缘→垫板→柱端加劲肋→柱腹板	传力明确，构造复杂，柱腹板受力较大，两侧梁的反力不等时引起偏心很小，仍可以按铰接柱头考虑

续表 4.9

类型	简　图	组成及构造	传力途径	特　点
梁支承于柱侧	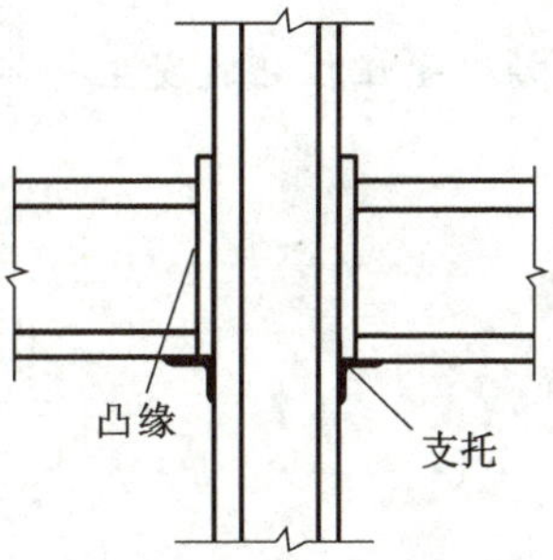	(1)支托与柱翼缘可以用大角钢或厚钢板以角焊缝连接； (2)凸缘与柱翼缘用普通螺栓连接	梁上荷载通过梁端凸缘→支托→柱翼缘	传力明确，构造简单，但两侧梁的反力不等时易引起偏心

表 4.10　铰接柱脚构造

简　图	组成及构造	传力途径	特点及说明
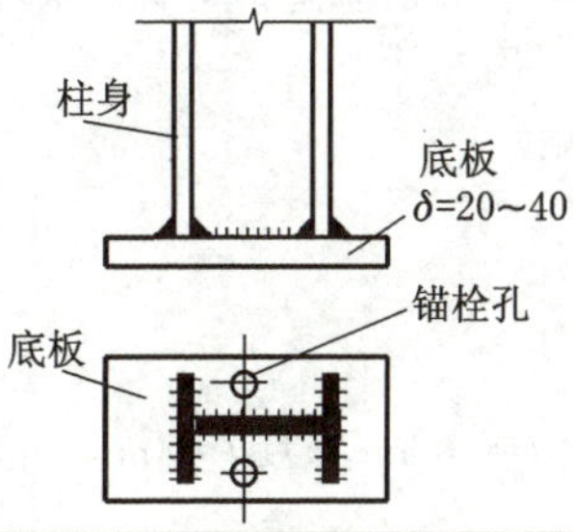	(1)柱身与底板以水平角焊缝连接； (2)底板与基础用锚栓连接，底板锚栓孔直径 $d_0=(1.5\sim2)d$（d 为栓杆直径）	柱身荷载 N 通过水平角焊缝→底板→基础	构造简单，施工方便，适用于荷载不大，底板面积及厚度不大的情况
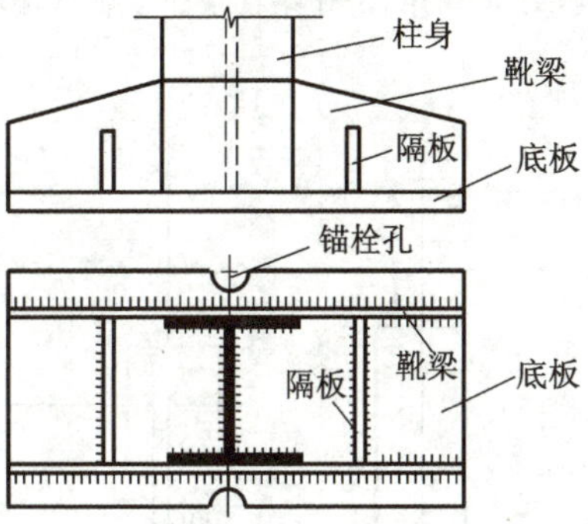	(1)、(2)同上； (3)靴梁与柱身以垂直角焊缝连接； (4)隔板与靴梁以垂直角焊缝连接； (5)隔板、靴梁与底板以水平角焊缝连接	隔板 ↑　↘ N→靴梁→底板→基础→地基。 "→"表示主要传力途径，均通过角焊缝传力	构造较复杂，施工不太方便，传力可靠，适用于荷载大、底板面积大、底板刚度好的情况

单元小结

(1)轴心受力构件的内力为轴力，可用截面法计算。偏心受力构件是轴向变形和弯曲变形同时存在的组合变形构件，其内力包括轴力、弯矩和剪力。

(2)钢筋混凝土轴心受压构件的承载力按下式计算：

$$N \leqslant N_u = 0.9\varphi(f_c A + f_y' A_s')$$

(3)按破坏特征不同，钢筋混凝土偏心受压构件分为大偏心受压构件和小偏心受压构件。前者为受拉破坏，后者为受压破坏。

(4)钢筋混凝土偏心受压构件有对称配筋和非对称配筋两种配筋方式，常用对称配筋。

(5)无筋砌体受压承载力应满足下式要求：

$$N \leqslant N_u = \varphi f A$$

(6)砌体局部受压时，其抗压强度有所提高。砌体局部受压承载力不能满足要求时，可在梁端支承处设置梁垫。

(7)钢柱的截面形式有型钢截面和组合截面两类。细长轴心受压柱可能发生整体失稳，实腹式组合截面可能出现局部失稳。

思 考 题

4.1　举出在实际工程中受压构件的例子，指出其控制截面的位置。

4.2　简述钢筋混凝土轴压柱和偏心受压柱配筋的主要构造要求。

4.3　钢筋混凝土轴压柱的稳定系数 φ 与什么因素有关？

4.4　钢筋混凝土偏心受压柱计算时，为什么要引入偏心距增大系数？

4.5　受压砌体承载力计算时偏心距的限值是多少？当偏心距超过规定的限值时，应采取什么措施？

4.6　为什么局部受压砌体的抗压强度设计值大于全截面受压砌体的强度设计值？

4.7　轴心受压钢柱的整体稳定不能满足要求时，在不增加截面面积的前提下，可以采取哪些措施来提高稳定承载力？

4.8　为保证实腹式组合截面钢柱的局部稳定，应采取什么措施？

习 题

4.1　图 4.21 所示柱子不计自重，求作轴力图。

4.2　图 4.22 所示吊杆的单位体积重 $\gamma = 76\text{kN/m}^3$，截面直径 $d = 30\text{mm}$，长度 $l = 4\text{m}$，求作轴力图。

4.3　图 4.23 所示砖柱的自重为 F_W，柱顶承受轴向偏心压力 F 作用，F 作用在顶面 y 轴上偏心距为 $\frac{b}{6}$ 的 K 点，求作该柱内力图。

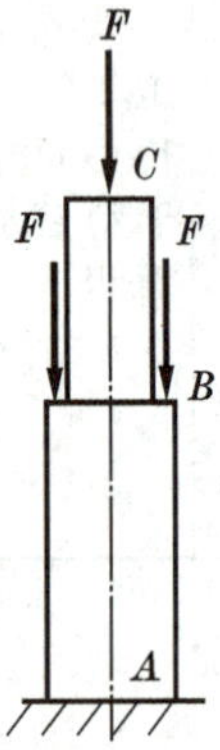

图 4.21　习题 4.1 图

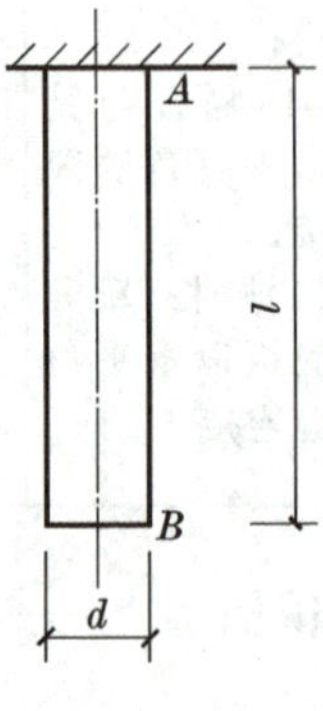

图 4.22　习题 4.2 图

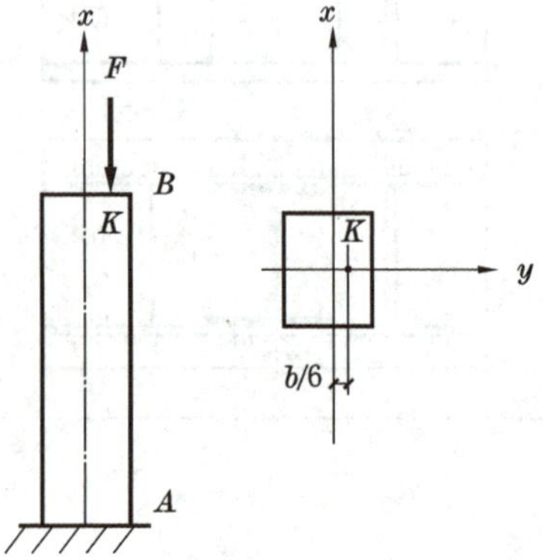

图 4.23　习题 4.3 图

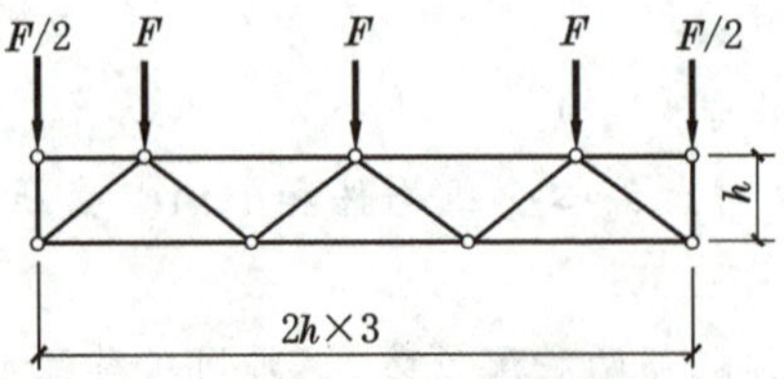

图 4.24　习题 4.4 图

4.4　求图 4.24 所示平行弦桁架在节点荷载作用下各杆件的内力，并将计算结果标注在计算简图中。

4.5　钢筋混凝土轴心受压柱截面为 400mm×400mm，计算长度 $l_0 = 6400\text{mm}$，采用 C25 混凝土，HRB400 纵向钢筋，$N = 1500\text{kN}$。试确定纵向受力钢筋的面积，并按构造要求确定箍筋的直径和间距（箍筋 HPB300）。

4.6　一钢筋混凝土柱，计算长度 $l_0=6.8$m，截面尺寸 $b\times h=400$mm$\times 500$mm，混凝土选用 C30 级，受力钢筋为 HRB400，该柱承受轴向压力设计值 $N=315$kN(已包括柱自重)，弯矩设计值 $M=155$kN · m(沿长边方向作用)，采用对称配筋。试计算所需的纵向受力钢筋的面积。

4.7　一钢筋混凝土柱，计算长度 $l_0=3$m，截面尺寸 $b\times h=300$mm$\times 400$mm，混凝土选用 C30 级，受力钢筋为 HRB400，该柱承受轴向压力设计值 $N=200$kN(已包括柱自重)，弯矩设计值 $M=160$kN · m(沿长边方向作用)，采用对称配筋。试计算所需的纵向受力钢筋的面积。

4.8　已知一轴心受压砌体柱，计算长度 $H_0=3.6$m，截面尺寸 $b\times h=370$mm$\times 490$mm，采用 MU10 的烧结普通砖，M5 的混合砂浆，该砌体承受轴向压力设计值 $N=180$kN(已包括柱自重)，试验算该柱承载力。

5 受扭构件

知识目标

1. 理解钢筋混凝土受扭构件的构造要求；

2. 了解受扭构件的扭矩计算方法。

思政元素举例

规范意识、质量意识、安全意识、学用结合。

在建筑工程中，构件除承受弯矩、剪力外，往往还要承受平行横截面的力偶矩，即扭矩作用，例如雨篷梁、框架结构边梁等。承受扭矩作用的构件称为受扭构件。

5.1 受扭构件内力计算

5.1.1 作用在受扭构件上的荷载

(1)集中外力偶 M_e

图 5.1(a)中 L_1 表示框架梁的边梁。集中外力偶是指作用在受扭构件上的集中力 F 到构件轴线的距离 e 的乘积，其弯曲平面与杆件轴线垂直。所以图 5.1(b)中的 L_1 上集中外力偶 $M_e=Fe$，其弯曲方向与构件轴线垂直。只要作用在构件上的竖向荷载(或荷载的竖向分力)与构件的中性面不重合，就存在与杆件轴线垂直的力偶作用。实际上 L_1 除承受集中外力偶作用外，还要承受集中竖向荷载 F 作用(图 5.1(c))，竖向荷载作用下的内力计算同受弯构件，在此略。

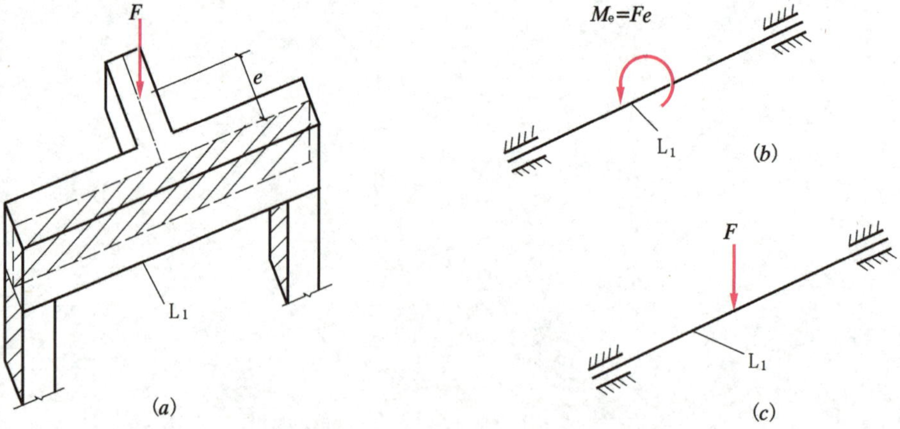

图 5.1 集中外力偶

(2)均布外力偶 m_e

均布外力偶 m_e 是指作用在受扭构件上均布荷载 q 到构件轴线的距离 e 的乘积,即 $m_e = qe$,其弯曲平面与杆件轴线垂直,如图 5.2(a)、(b)所示。雨篷梁还承受雨篷板传来的均布荷载,如图 5.2(c)所示。

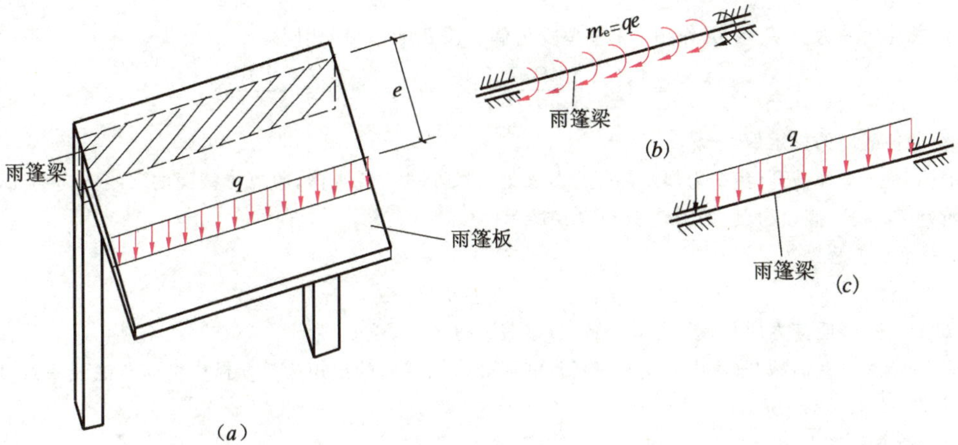

图 5.2 均布外力偶

5.1.2 内力计算

外力偶对构件产生的内力叫扭矩,用 T 表示,单位是 kN · m。扭矩沿构件轴线的分布图形称为扭矩图。计算扭矩一般采用截面法。扭矩正负规定为:用右手握住构件,四指表示扭矩转向,若拇指指向与法线一致,该截面扭矩为正;反之为负。

【例 5.1】 如图 5.3(a)所示杆件,承受集中外力偶 $T_e = Fe$ 作用,求支座反力偶并绘出扭矩图。

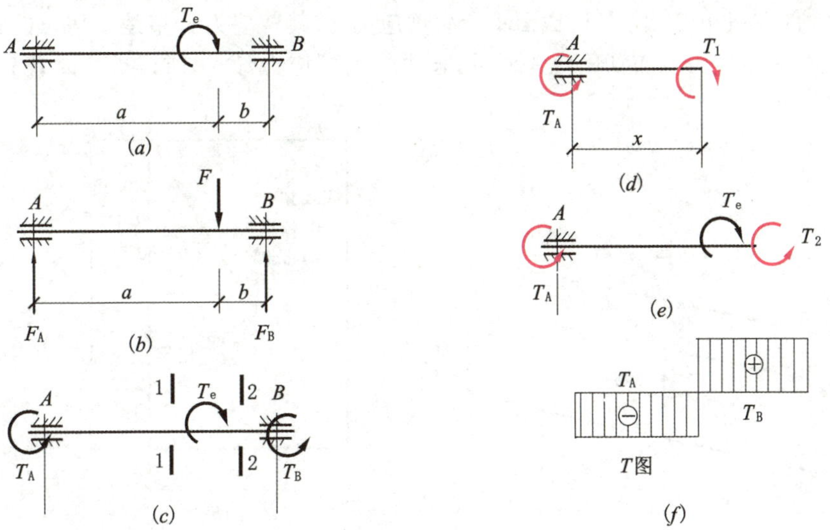

图 5.3 例 5.1 图

【解】 (1)先不考虑集中力偶 T_e 作用,求在集中荷载 F(作用位置同集中力偶)作用下支座反力 F_A、F_B,如图 5.3(b)所示。

由 $\sum M_A = 0$ 得: $F_B(a+b) = Fa$

$$F_B = \frac{Fa}{a+b}$$

由 $\sum M_B = 0$ 得：

$$F_A(a+b) = Fb$$

$$F_A = \frac{Fb}{a+b}$$

(2)求在集中力偶 $T_e = Fe$ 作用下的支座反力偶 T_A、T_B(偏心距相同)

$$T_A = F_A e = \frac{Fb}{a+b}e \qquad T_B = F_B e = \frac{Fa}{a+b}e$$

(3)求各截面的扭矩值

①从 1—1 截面截开(集中力偶左侧任意截面处)，取左段为脱离体，脱离体截面的法线方向为 x，该截面的扭矩为 T_1。T_1 假设为负，如图 5.3(c)、(d)所示。

②列平衡方程：

$$-T_1 + T_A = 0$$

$$T_1 = T_A$$

(T_1 为正，说明其方向与假设方向一致，故该截面扭矩 T_1 为负)

同理从 2—2 截面截开(集中力偶右侧任意截面处)，该截面的扭矩为 T_2，拇指指向与法线一致，所以 T_2 为正，如图 5.3(c)、(e)所示。

由平衡方程 $T_2 - T_e + T_A = 0$ 得：

$$T_2 = T_e - T_A = T_B$$

(4)绘制扭矩图，如图 5.3(f)所示。

5.2　钢筋混凝土受扭构件

5.2.1　矩形截面纯扭构件剪应力分布

纯扭构件在扭矩 T 作用下，截面将产生剪应力 τ，其剪应力分布是不均匀的，当材料处于弹性状态时，其剪应力分布如图 5.4 所示，长边中点剪应力最大，所以破坏时首先从长边形成 45°斜裂缝。

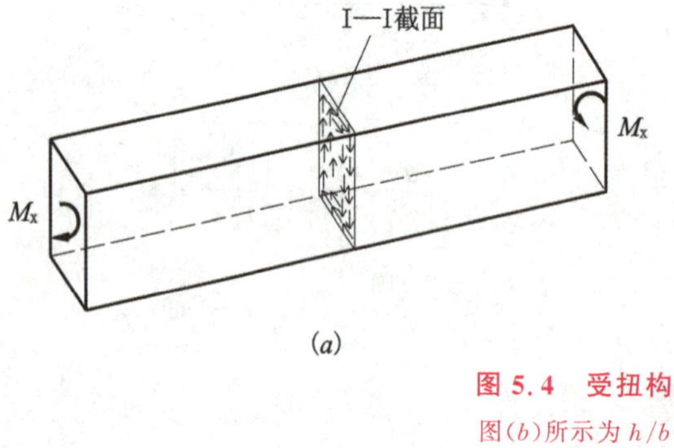

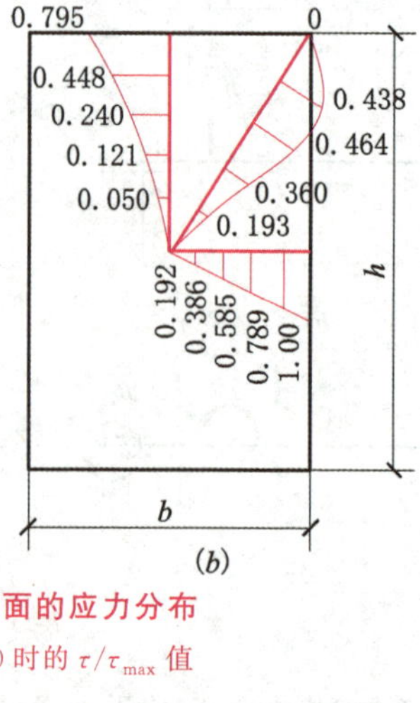

图 5.4　受扭构件截面的应力分布

图(b)所示为 $h/b=2.0$ 时的 τ/τ_{max} 值

5.2.2　素混凝土受扭构件与钢筋混凝土受扭构件的破坏特征

素混凝土受扭构件与钢筋混凝土受扭构件的破坏特征见表 5.1。

表 5.1 素混凝土受扭构件与钢筋混凝土受扭构件的破坏特征

	素混凝土纯扭构件	钢筋混凝土纯扭构件
示意图	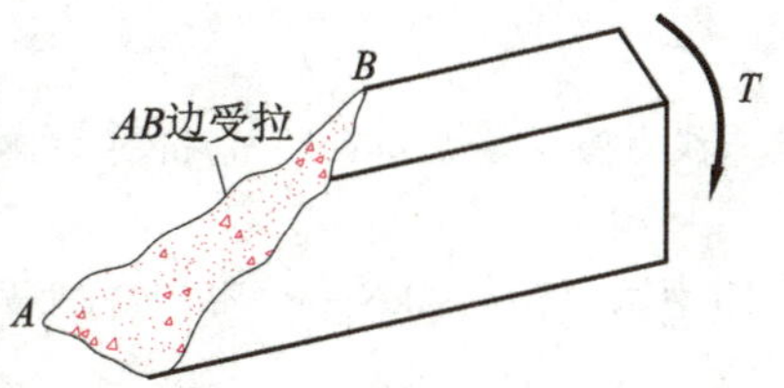	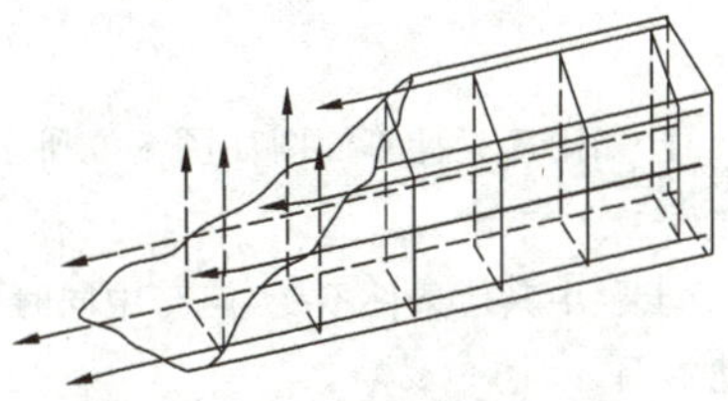
破坏特征	破坏时首先从长边形成45°斜裂缝，迅速向两边延伸至上下两面交界处，马上三面开裂一面压碎，形成空间曲面而破坏。整个破坏过程是突然的，所以破坏扭矩与开裂扭矩接近。工程中不允许	横向箍筋和纵向受扭钢筋配置适当，产生45°斜裂缝后，还能继续加荷，直到与斜裂缝相交的钢筋屈服后，最后形成三面开裂一面压碎而破坏。破坏时具有明显预兆，承载力比素混凝土纯扭构件高得多。破坏是纵筋屈服、箍筋屈服，混凝土也被压碎

5.2.3 钢筋混凝土受扭构件的配筋构造要求

由于破裂面是斜向曲面，所以纵向受扭钢筋 A_{stl} 应沿截面周边均匀对称布置，间距不应大于200mm或截面短边尺寸，根数≥4根。纵向受扭钢筋在支座内的锚固长度按受拉钢筋考虑。

由于箍筋在截面四周均受拉，所以应做成封闭式（图5.5），末端应做成135°弯钩，弯钩端平直部分的长度≥10d（d 为箍筋直径）。

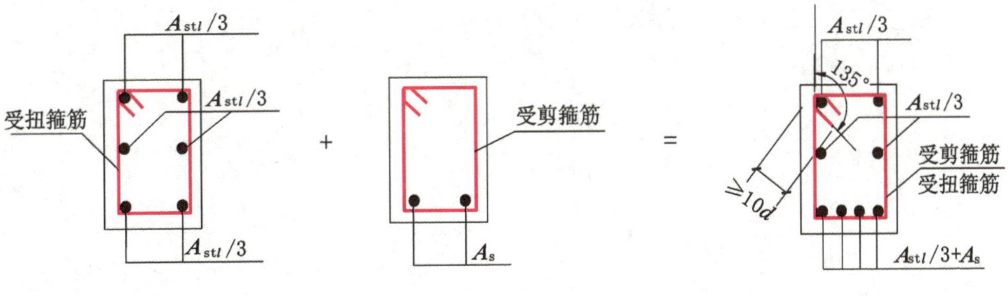

图 5.5 受扭构件配筋示例

单元小结

(1)外力偶对构件产生的内力叫扭矩。扭矩计算一般可用截面法。

(2)纵向受扭钢筋应沿截面周边均匀对称布置，受扭箍筋应做成封闭式，末端应做成135°弯钩，弯钩端平直部分的长度≥10d（d 为箍筋直径）。

思　考　题

5.1　钢筋混凝土受扭构件构造要求有哪些？

习　　题

5.1　已知雨篷梁计算简图如图 5.6 所示。承受均布线力偶 $m_e = 2.66\text{kN}\cdot\text{m/m}$，求支座边缘的扭矩并绘出扭矩图。

5.2　上题中其他条件不变，但跨中同时作用一个集中外力偶 $M_e = 2\text{kN}\cdot\text{m}$（图 5.7），求支座边缘的扭矩并绘出扭矩图。

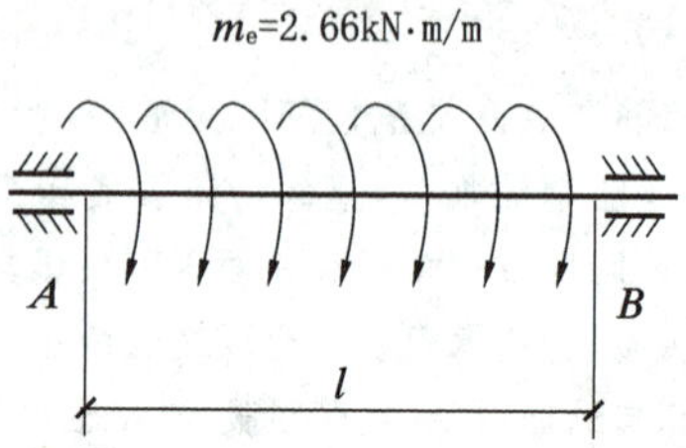

图 5.6　习题 5.1 图

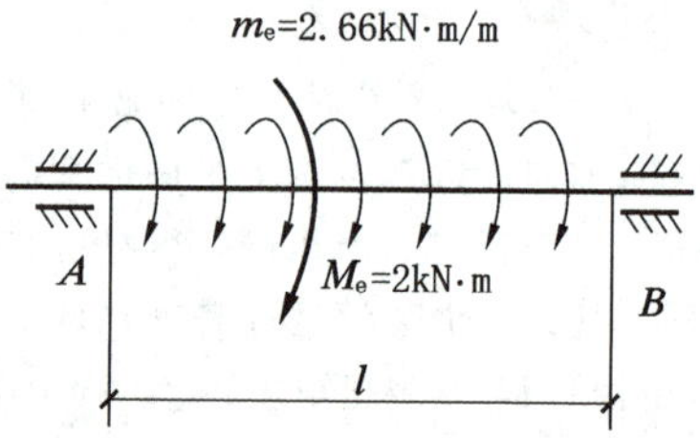

图 5.7　习题 5.2 图

6 预应力混凝土构件

知识目标

1. 掌握预应力混凝土的基本概念及预加应力的方法；
2. 理解预应力混凝土的特点及构造要求；
3. 理解先张法和后张法的张拉程序、传力途径；
4. 了解预应力混凝土对材料性能的要求。

思政元素举例

创新意识、规范意识。

6.1 预应力混凝土的基本原理

6.1.1 基本概念及特点

关于预应力的基本概念，人们早已应用到了生活实践中，例如，用一片片竹板围成的竹桶，用铁箍箍紧，铁箍给竹桶施加预压应力，盛水后水对竹桶内壁产生环向拉应力，当拉应力小于预压应力时，水桶就不会漏水。一般情况下，普通混凝土构件受拉区裂缝宽度限制在0.2～0.3mm，此时钢筋的应力仅为150～250N/mm^2，所以高强度钢筋不能充分利用。所谓预应力混凝土构件，就是在构件受荷之前（制作阶段），人为给使用阶段的受拉区混凝土施加预压应力，受荷之后（使用阶段）首先要抵消拉区混凝土的预压应力，若再加荷拉区混凝土开裂，直至破坏为止。预应力混凝土受弯构件的工作原理见表6.1。

表6.1 预应力混凝土受弯构件工作原理

名称	预应力作用	外荷载作用（相当于普通混凝土）	预应力＋外荷载＝预应力混凝土
受力简图	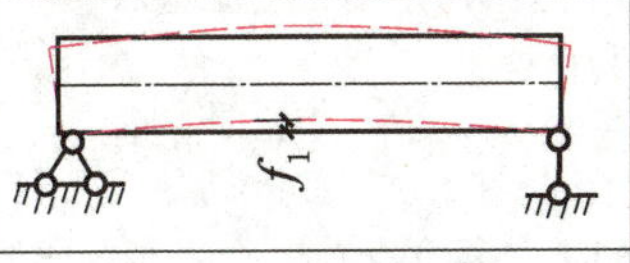	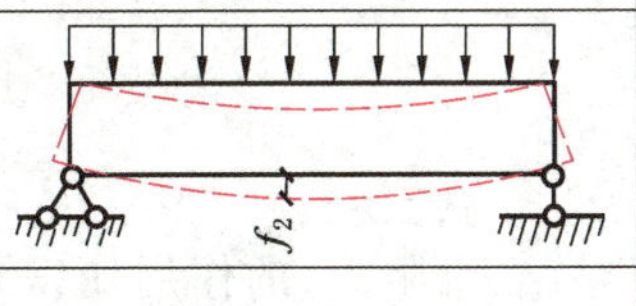	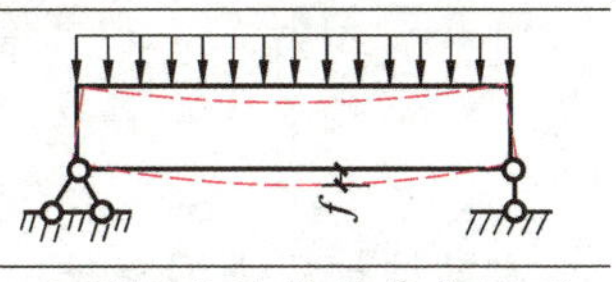
受力特征	在预压力作用下，截面下边缘产生压应力 σ_1，形成反拱 f_1	在外荷载作用下，截面下边缘产生拉应力 σ_2，其挠度为 f_2	在预压力及外荷载作用下，截面下边缘产生应力 $\sigma_2-\sigma_1$，其挠度为 $f_2-f_1=f$
优点	（1）提高构件的抗裂度（当 $\sigma_2-\sigma_1\leqslant 0$ 时构件不开裂）；（2）减少裂缝宽度，提高耐久性；（3）减小挠度，提高刚度，扩大使用范围；（4）充分利用高强材料，减轻自重，节约材料；（5）由于限制斜裂缝的开展，提高构件抗剪强度；（6）预应力钢筋可减少纵向弯曲，提高受压构件稳定承载力；（7）在循环荷载作用下，减少应力变化幅度，提高构件抗疲劳能力		
缺点	（1）工艺复杂，质量要求高，技术含量高。（2）需要专门设备（例如：先张法需要张拉台座，后张法需要张拉机具、灌浆设备）。（3）后张法开工费用大，当跨度小，数量少时，成本高；另外，锚具用钢量大		
适用范围	大型屋面板、屋面梁、空心板、桁架下弦、铁路桥梁等		

6.1.2　预加应力的方法

给拉区混凝土施加预应力的方法，根据张拉钢筋与浇注混凝土的先后顺序分为先张法及后张法。

(1)先张法

即先张拉钢筋后浇注混凝土。其主要张拉程序为：在台座上按设计要求将钢筋张拉到控制应力→用锚具临时固定→浇注混凝土→待混凝土达到设计强度75%以上切断放松钢筋。其传力途径是依靠钢筋与混凝土的粘结力阻止钢筋的弹性回弹，使截面混凝土获得预压应力，见图6.1。

先张法施工简单，靠粘结力自锚，不必耗费特制锚具，临时锚具可以重复使用(一般称工具式锚具或夹具)，大批量生产时经济，质量稳定。适用于中小型构件工厂化生产。

(2)后张法

①有粘结预应力混凝土

先浇混凝土，待混凝土达到设计强度75%以上，再张拉钢筋(钢筋束)。其主要张拉程序为：埋管制孔→浇混凝土→抽管→养护穿筋张拉→锚固→灌浆(防止钢筋生锈)。其传力途径是依靠锚具阻止钢筋的弹性回弹，使截面混凝土获得预压应力，如图6.2所示。这种做法使钢筋与混凝土结为整体，称为有粘结预应力混凝土。

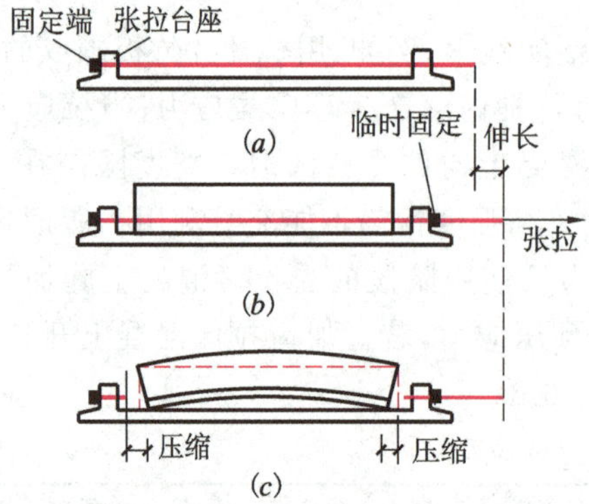

图6.1　先张法工艺流程

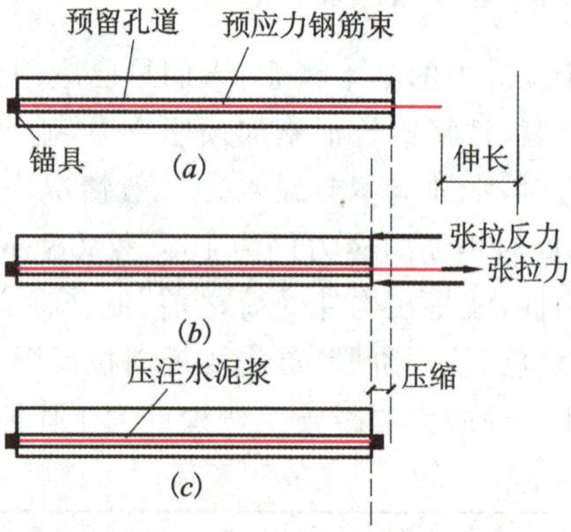

图6.2　后张法主要工艺流程示意图

(a)浇注构件混凝土，预留孔道，穿入钢筋束；(b)张拉钢筋并锚固；(c)往孔道内灌浆

有粘结预应力混凝土由于粘结力(阻力)的作用使得预应力钢筋拉应力降低，导致混凝土压应力降低，所以应设法减少这种粘结。这种方法设备简单，不需要张拉台座，生产灵活，适用于大型构件的现场施工。

②无粘结预应力混凝土

其主要张拉程序为预应力钢筋沿全长外表涂刷沥青等润滑防腐材料→包上塑料纸或套管(预应力钢筋与混凝土不建立粘结力)→浇混凝土养护→张拉钢筋→锚固。

施工时跟普通混凝土一样，将钢筋放入设计位置可以直接浇混凝土，不必预留孔洞、穿筋、灌浆，简化施工程序，由于无粘结预应力混凝土有效预压应力增大，降低造价，适用于跨度大的曲线配筋的梁体。

6.2 预应力混凝土的材料及主要构造要求

6.2.1 预应力筋

6.2.1.1 性能要求

(1)强度高。预应力混凝土从制作到使用的各个阶段,预应力钢筋一直处于高拉应力状态,若钢筋强度低,将会导致混凝土预压效果不明显,或者在使用阶段钢筋突然脆断。

(2)较好的塑性、可焊性。高强度的钢筋塑性性能一般较低,为了保证结构在破坏之前有较大的变形,必须有足够的塑性性能。另外,钢筋常需要焊接或镦头,所以对化学成分有一定的要求。

(3)良好的粘结性。先张法是通过粘结力传递预压应力,所以纵向受力钢筋宜选用直径较细的钢筋,高强度的钢丝表面要进行“刻痕”或“压波”处理。

(4)低松弛。预应力钢筋在长度不变的前提下,其应力随着时间的延长而慢慢降低,这种现象称为应力松弛。不同的钢筋松弛不同,应选用松弛小的钢筋。

6.2.1.2 钢筋的种类

《混凝土结构设计标准》规定,预应力筋宜采用预应力钢丝、钢绞线和预应力螺纹钢筋。这几种钢筋的特点如表 6.2 所示。

表 6.2 预应力筋的种类及其特点

种类		直径(mm)	特 点
中等强度应力钢丝	光面	5、7、9	中等强度应力钢丝是钢筋经过拉拔或搓丝法加工,得到的具有较高强度、较好韧性的钢丝,以补强中等强度预应力的空缺。其抗拉设计强度为 510～810N/mm²,淘汰了锚固性很差的刻痕钢丝
	螺旋肋	5、7、9	
消除应力钢丝	光面	5、7、9	消除应力钢丝,是用高碳镇静钢轧制成的盘圆钢筋,经过加温、淬火(铅浴)、酸洗、冷拔、回火矫直等处理工序来消除应力,而成的碳素钢丝。抗拉强度为 1040～1320 N/mm²,强度高、低松弛、韧性好
	螺旋肋	5、7、9	
钢绞线	1×3 股	8.6,10.8,12.9	钢绞线以一根直径较粗为钢丝的芯,并用边丝围绕其进行螺旋状绞捻而成,其抗拉强度为 1110 ～1390 N/mm²,强度高、抗扭转性能好、低松弛、伸直性好,比较柔软 ,盘弯方便,粘结性好
	1×7 股	9.5,12.7,15.2,17.8,21.6	
预应力螺纹钢筋(精轧螺纹钢)		18、25、32、40、50	钢筋经过热轧、余热处理或热处理后且能满足力学性能要求,抗拉设计强度为 785～1080N/mm²,大直径,以直条形式供应,推荐直径 18mm、25mm、32mm

6.2.2 混凝土

用于预应力混凝土结构的混凝土应符合下列要求：

(1)高强度。预应力混凝土在制作阶段受拉区混凝土一直处于高压应力状态，受压区可能受拉也可能受压，特别是受压区混凝土受拉时最容易开裂，这将影响在使用阶段压区的受压性能，因此，混凝土必须有足够的强度。此外，采用高强度混凝土可以有效减少截面尺寸，减轻自重。规范规定：预应力混凝土楼板结构的混凝土强度等级不应低于 C30，其他预应力混凝土结构的混凝土强度等级不应低于 C40。

(2)收缩小、徐变小。由于混凝土收缩徐变的结果，使得混凝土得到的有效预压力减少，即预应力损失，所以在结构设计中应采取措施减少混凝土收缩徐变。

6.2.3 构造要求

6.2.3.1 先张法构件

(1)预应力筋的净距及保护层

先张法预应力筋之间的净距不宜小于其公称直径的 2.5 倍和混凝土粗骨料最大粒径的 1.25 倍，且符合表 6.3 的规定。当混凝土振捣密实性具有可靠保证时，净距可放宽为粗骨料最大粒径的 1.0 倍。

预应力筋的混凝土保护层厚度与普通梁相同。

表 6.3 先张法构件预应力筋净距要求

种类	钢丝及热处理钢筋	钢绞线	
		1×3	1×7
钢筋净距	≥15mm	≥20mm	≥25mm

(2)端部加强措施(图 6.3)

①单根配置的预应力筋，其端部宜设置螺旋筋，如图 6.3(*a*)所示。

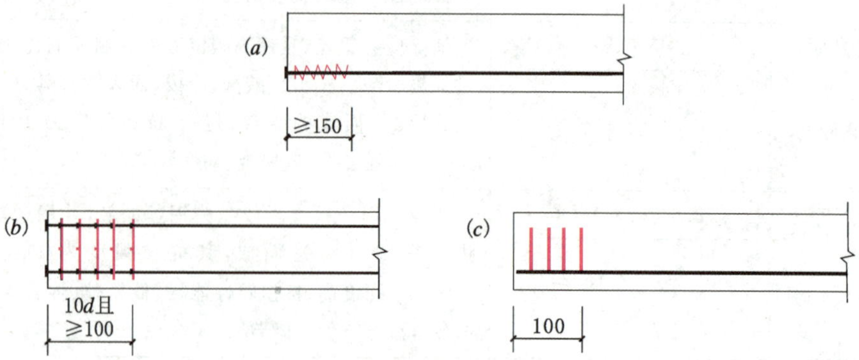

图 6.3 构件端部配筋构造要求

②分散配置的多根预应力筋，其端部 10*d*(*d* 为预应力筋公称直径)，且不小于 100mm 长度范围内应设置 3～5 片与预应力钢筋垂直的钢筋网，如图 6.3(*b*)所示。

③预应力对钢丝配筋的薄板，在端部100mm范围内应适当加密横向钢筋，如图6.3(*c*)所示。

6.2.3.2 后张法构件

(1)预应力筋及预留孔道布置要求

后张法构件预留孔道布置应符合下列规定：

①预制构件中预留孔道之间的水平净间距不宜小于50mm，且不宜小于粗骨料粒径的1.25倍；孔道至构件边缘的净间距不宜小于30mm，且不宜小于孔道直径的50%。

②现浇混凝土梁中预留孔道在竖直方向的净间距不应小于孔道外径，水平方向的净间距不宜小于1.5倍孔道外径，且不应小于粗骨料粒径的1.25倍；从孔道外壁至构件边缘的净间距，梁底不宜小于50mm，梁侧不宜小于40mm，裂缝控制等级为三级的梁，梁底不宜小于60mm，梁侧不宜小于50mm。

③预留孔道的内径宜比预应力束外径及需穿过孔道的连接器外径大6～15mm，且孔道的截面积宜为穿入预应力束截面积的3.0～4.0倍。

④当有可靠经验并能保证混凝土浇筑质量时，预留孔道可水平并列贴紧布置，但并排的数量不应超过2束。

⑤在现浇楼板中采用扁形锚固体系时，穿过每个预留孔道的预应力筋数量宜为3～5根；在常用荷载情况下，孔道在水平方向的净间距不应超过8倍板厚及1.5m中的较大值。

无粘结预应力筋布置应符合下列规定：

①板中单根无粘结预应力筋的间距不宜大于板厚的6倍，且不宜大于1m；带状束的无粘结预应力筋根数不宜多于5根，带状束间距不宜大于板厚的12倍，且不宜大于2.4m。

②梁中集束布置的无粘结预应力筋，集束的水平净间距不宜小于50mm，束至构件边缘的净距不宜小于40mm。

(2)端部加强措施

后张预应力混凝土构件端部锚固区和构件端面在预应力筋张拉后常出现两类裂缝：一是局部承压区承压垫板后面的纵向劈裂裂缝；二是当预应力束在构件端部偏心布置，且偏心距较大时，在构件端面附近会产生较高的沿竖向的拉应力，从而产生位于截面高度中部的纵向水平端面裂缝。为防止第一类劈裂裂缝，应在端部预埋钢板，并在垫板下配置附加钢筋(钢筋网片或螺旋式钢筋)，如图6.4所示；为防止第二类端面裂缝，需要合理布置预应力筋，尽量使锚具能沿构件端部均匀布置，以减少横向拉力。

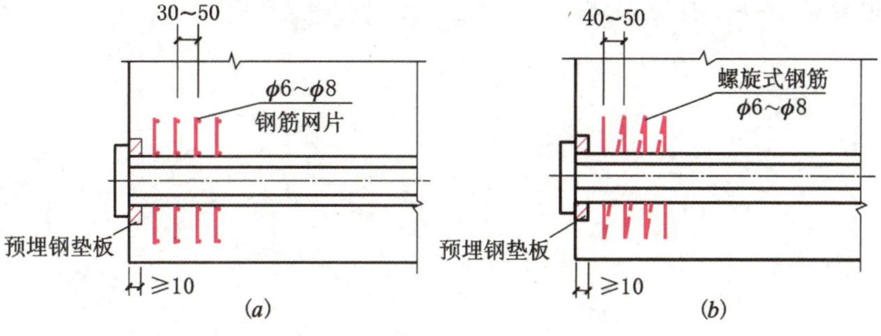

图6.4 后张法端部加强构造图

(*a*)附加横向钢筋网片；(*b*)附加螺旋式钢筋

当构件在端部有局部凹进时，应增设折线构造钢筋(图 6.5)或其他有效的构造钢筋。

(3)后张预应力混凝土外露金属锚具，应采取可靠的防腐及防火措施。

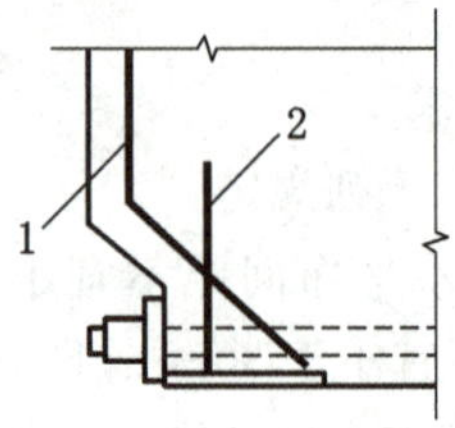

图 6.5　端部凹进处构造钢筋

1—折线构造钢筋；2—竖向构造钢筋

单元小结

(1)预应力混凝土有效合理地采用了高强材料，减小了构件截面尺寸，减轻了构件的自重，大大提高了结构抗裂度，减小了裂缝宽度，提高了结构的刚度和耐久性，扩大了适用范围。

(2)预加应力的方法常见的有先张法和后张法。先张法是通过钢筋与混凝土的粘结力来传递预压应力的，而且要有一定的传递长度，为了使拉区混凝土尽快得到有效预压应力，减少钢筋的回弹，要对端部混凝土采取加强措施，以减小传递长度。后张法是依靠锚具传递预压应力，为了提高锚具下混凝土的局部抗压强度，防止锚具下混凝土局部压坏，所以必须对锚具下混凝土采取加强措施。

(3)无粘结预应力混凝土可类似于普通混凝土构件进行施工，无粘结预应力筋可以像普通钢筋一样进行铺设，然后浇注混凝土，待混凝土达到规定强度后，再进行预应力钢筋的张拉和锚固，省去了传统的后张法部分施工程序，缩短了工期，故综合经济效果好。

思考题

6.1　什么叫预应力混凝土结构？为什么要对构件施加预应力？

6.2　为什么在普通钢筋混凝土中不能有效地利用高强度钢材和高强度混凝土，而在预应力混凝土结构中必须用高强度钢材和高强度混凝土？

6.3　试比较普通钢筋混凝土结构与预应力混凝土结构的优缺点。

6.4　先张法及后张法的主要张拉工艺、传力途径、适用范围是什么？

6.5　预应力混凝土对材料性能有哪些要求？

6.6　先张法和后张法构件端部加强的原因各是什么？

7 钢筋混凝土楼(屋)盖

知识目标

1. 理解现浇整体式肋形楼盖的受力特点及构造要求;
2. 理解钢筋混凝土现浇板式楼梯、现浇梁式楼梯的构造要求;
3. 了解装配式楼盖的结构布置、预制梁板的形式、连接及构造要求。

思政元素举例

规范意识、质量意识、安全意识。

楼(屋)盖是建筑结构的重要组成部分。在建筑结构中,混凝土楼(屋)盖的自重和造价均占有较大比例。因此,合理选择楼(屋)盖的结构形式,正确进行楼(屋)盖设计,对整个房屋的使用和经济指标具有一定影响。

钢筋混凝土楼盖按结构形式可分为单向板肋形楼盖、双向板肋形楼盖、井式楼盖、密肋楼盖和无梁楼盖,如图 7.1 所示。

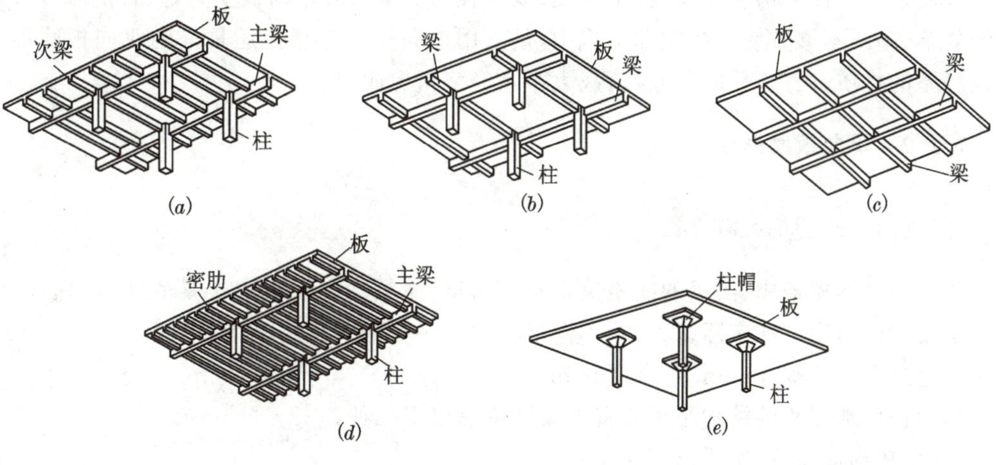

图 7.1　楼盖的结构形式

(a)单向板肋形楼盖;(b)双向板肋形楼盖;(c)井式楼盖;(d)密肋楼盖;(e)无梁楼盖

钢筋混凝土楼盖按施工方法分类,可分为现浇式、装配式和装配整体式三种。现浇楼盖刚度大,整体性好,抗震抗冲击性能好,防水性好,对不规则平面的适应性强;其缺点是费工、费模板,施工工期长。顶层、刚性过渡层和平面复杂或开洞过多的楼层,应采用现浇楼盖。

装配式楼盖施工进度快,节省模板,工业化程度高,但整体性较差,且易裂缝,主要用于多层房屋,如多层住宅。装配整体式楼盖兼有现浇式和装配式的某些优缺点,主要用于整体性要求较高的建筑。

7.1　现浇肋形楼盖

7.1.1　受力特点

肋形楼盖由板、次梁、主梁组成，三者整体相连，通常为多跨连续的超静定结构。每一区格的板一般四边均有支承，板上的荷载通过双向受弯传到四边支承的构件上。但当区格板的长边 l_1 与短边 l_2 之比较大时，板上的荷载主要沿短边方向传递到支承构件上，而沿长边方向传递的荷载较小，可忽略不计。《混凝土结构设计标准》规定，当 $l_2/l_1\leqslant 2.0$ 时应按双向板计算；当 $2.0<l_2/l_1<3.0$ 时宜按双向板计算；当 $l_2/l_1\geqslant 3.0$ 时可按单向板计算。双向板沿长边传递的荷载及板在长跨方向的弯曲均较大而不能忽略，在设计中考虑板双向受弯。单向板与双向板如图 7.2 所示。

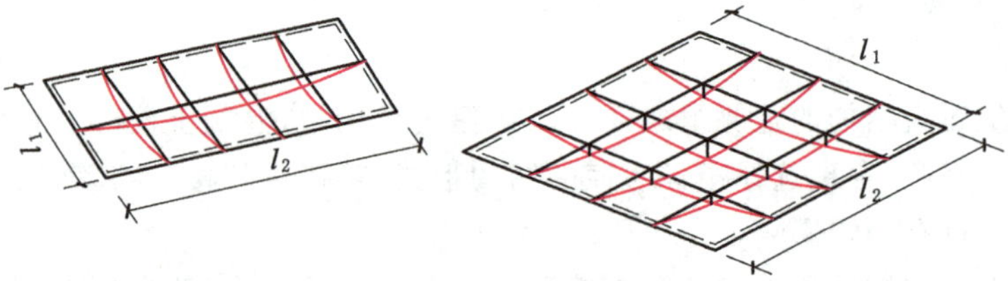

图 7.2　单向板与双向板

单向板肋形楼盖构造简单、施工方便；双向板肋形楼盖较单向板受力好、板的刚度好，但构造较复杂、施工不够方便。在实际工程中，是采用单向板肋形楼盖还是采用双向板肋形楼盖，应视房屋的性质、用途、平面尺寸、荷载大小及经济指标而定。

7.1.2　单向板肋形楼盖

7.1.2.1　结构平面布置

单向板肋形楼盖中，次梁的间距决定板的跨度；主梁的间距决定次梁的跨度；柱或墙的间距决定主梁的跨度。在实际工程中，单向板、次梁、主梁的常用跨度为：单向板 1.7～2.5m，一般不宜超过 3m；次梁 4～6m；主梁 5～8m。

单向板肋形楼盖的结构平面布置方案通常有以下三种：

(1)主梁横向布置，次梁纵向布置

如图 7.3(a)所示，其优点是主梁和柱可形成横向框架，房屋横向抗侧移刚度大，各榀横向框架间由纵向的次梁相连，整体性较好。此外，由于次梁沿外纵墙方向布置，使外纵墙上窗户高度可开得大些，对室内采光有利。

(2)主梁纵向布置，次梁横向布置

如图 7.3(b)所示，其优点是减小了主梁的截面高度，增加了室内净高，适用于横向柱距比纵向柱距大得多的情况。

(3)只布置次梁，不布置主梁

如图 7.3(c)所示，仅适用于有中间走道的砌体墙承重的混合结构房屋。

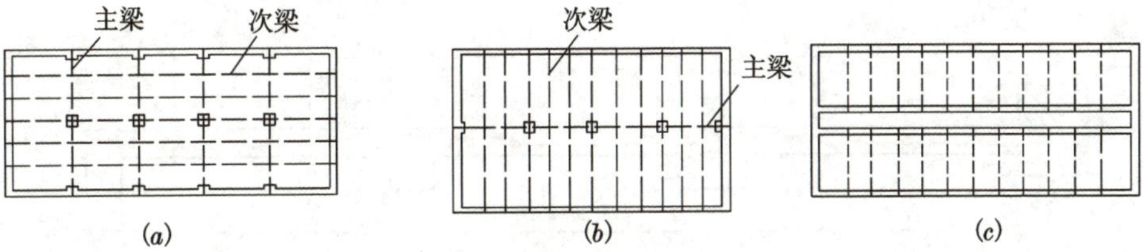

图 7.3 梁的布置

(a)主梁沿横向布置;(b)主梁沿纵向布置;(c)不设主梁

7.1.2.2 板的构造

(1)板厚

为保证刚度,单向板板厚一般取 $l_0/40 \sim l_0/35$,悬臂板可取 $l_0/12 \sim l_0/10$(l_0 为板的计算跨度)。板在砌体墙上的支承长度不宜小于 120mm。

(2)板中受力钢筋

板中受力钢筋有板面承受负弯矩的板面负筋和板底承受正弯矩的受力钢筋,常用直径为 8~12mm。为防止施工中踩塌负筋,负筋直径不宜小于 8mm。板中受力钢筋的间距,当板厚 $h \leqslant 150$mm 时,不宜大于 200mm;当板厚 $h > 150$mm 时,不宜大于 $1.5h$,且不宜大于 250mm,钢筋间距也不宜小于 70mm。对于简支板或连续板下部纵向钢筋伸入支座的锚固长度不应小于 $5d$(d 为下部纵向受力钢筋直径)。

为方便施工,选择板内正、负钢筋时,一般宜使它们的间距相同而直径不同,但直径不宜多于两种。

连续单向板中受力钢筋的配筋方式有弯起式和分离式两种,如图 7.4 所示。

弯起式配筋锚固较好,整体性强,用钢量少,但施工较复杂,工程中应用较少。

分离式配筋锚固稍差,耗钢量略高,但设计和施工都比较方便,是目前工程中常用的配筋方式。

连续单向板内受力钢筋的弯起和截断,一般可按图 7.4 确定。图中 a 的取值,当相邻跨度之差不超过 20%,可按下列规定采用:

当 $q/g \leqslant 3$ 时,$a = l_n/4$;

当 $q/g > 3$ 时,$a = l_n/3$。

其中 l_n 为板的净跨;q、g 分别为板上均布活荷载和均布恒荷载。

(3)板中构造钢筋

①分布钢筋

在垂直于受力钢筋方向布置的分布钢筋,放在受力筋的内侧,每米宽度内不少于 3 根,分布钢筋的间距不宜大于 250mm,直径不宜小于 6mm。

②与主梁垂直的附加负筋

主梁梁肋附近的板面上,由于力总是按最短距离传递,所以荷载大部分传给主梁,因此存在一定负弯矩。为此在主梁上部的板面应配置附加短钢筋,其直径不宜小于 8mm,间距不大于 200mm,且单位长度内的总截面面积不宜小于板中单位宽度内受力钢筋截面面积的 1/3,伸入板内的长度从梁边算起每边不宜小于板计算跨度 l_0 的 1/4,如图 7.5 所示。

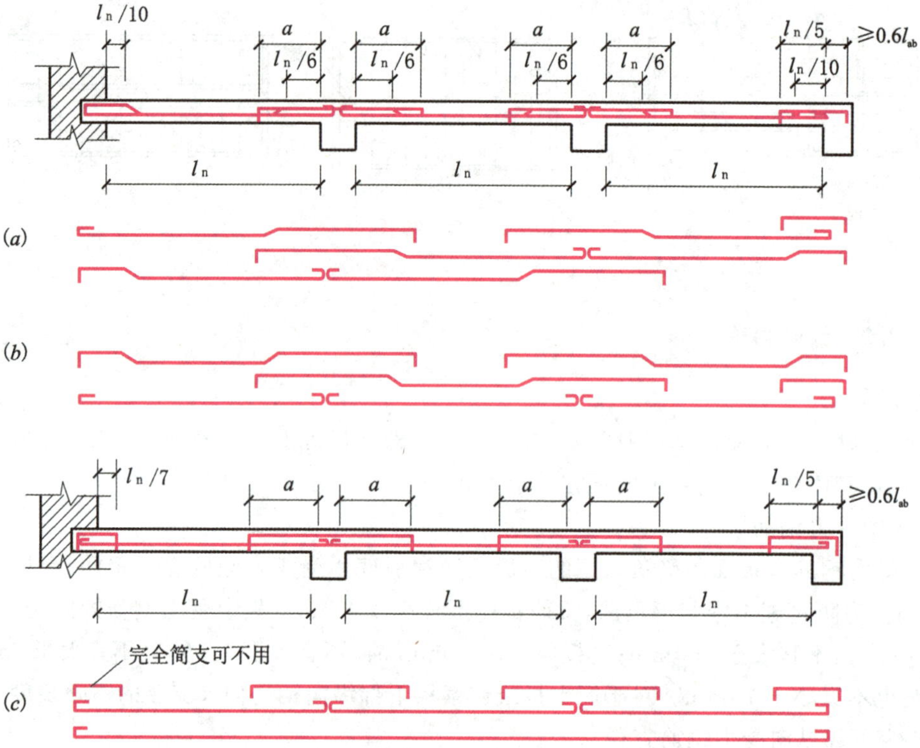

图 7.4 连续单向板的配筋方式

(a)一端弯起式;(b)两端弯起式;(c)分离式

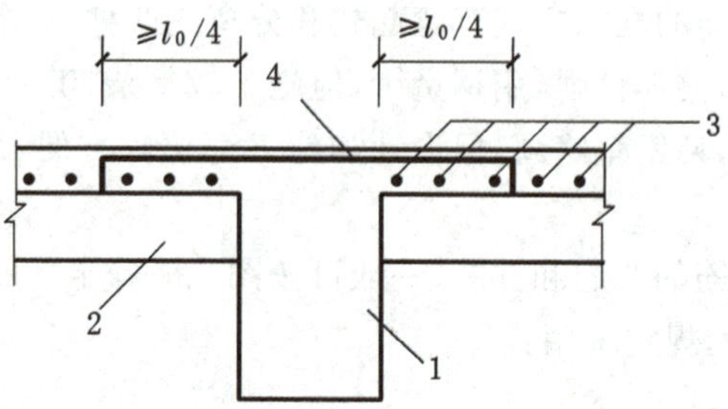

图 7.5 与主梁垂直的附加负筋

1—主梁;2—次梁;3—板的受力钢筋;4—附加负筋

③与承重砌体墙垂直的附加负筋

嵌固在承重砌体墙内的板,由于支座处的嵌固作用将产生负弯矩。所以,沿承重砌体墙应配置不少于 $\phi 8@200$ 的附加负筋,伸出墙边长度 $\geqslant l_0/7$。在楼板角部,宜沿两个方向正交、斜向平行或放射状布置附加钢筋,以防止出现垂直于板的对角线的板面裂缝。如图 7.6 所示。

④板未配钢筋表面的温度收缩钢筋

在温度、收缩应力较大的现浇板区域内,应在板的表面双向配置防裂构造钢筋。该钢筋主要设置在未配钢筋的部位或配筋数量不足的部位。钢筋间距不宜大于 200mm。温度收缩钢筋可利用原有钢筋贯通布置,也可另行设置钢筋,并与原有钢筋按受拉钢筋的要求搭接或在周边构件中锚固。

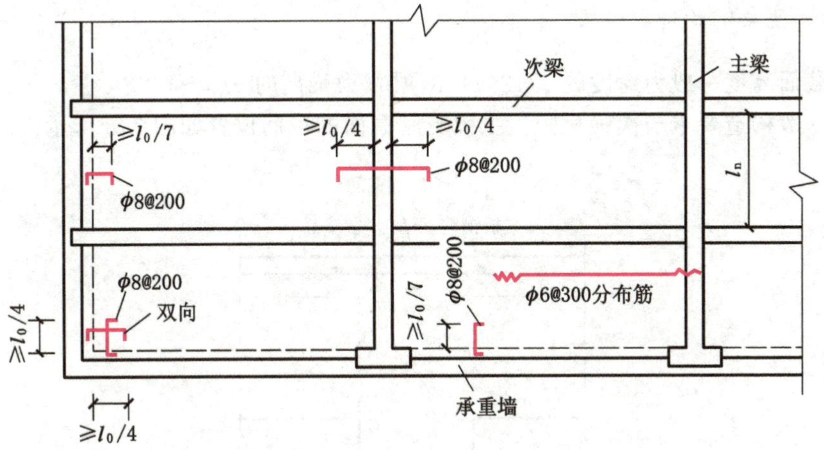

图 7.6　墙边和角部附加负筋

7.1.2.3　次梁的构造

次梁的截面高度一般为跨度的 1/20～1/15，梁宽为梁高的 1/3～1/2。

次梁的一般构造要求与第 3 章受弯构件的配筋构造相同。

次梁的配筋方式有弯起式和连续式。当次梁的跨度相等或相邻跨跨度相差不超过 20%，且活荷载与恒荷载之比 $q/g \leqslant 3$ 时，梁中纵向钢筋沿梁长的弯起和截断可参照图 7.7。

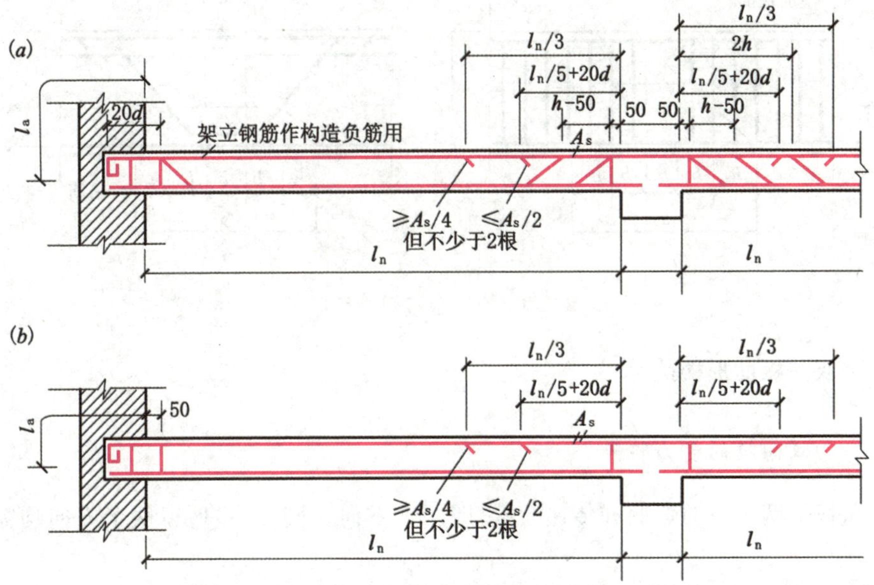

图 7.7　次梁的钢筋布置

(a)有弯起钢筋；(b)无弯起钢筋

位于次梁下部的纵向钢筋除弯起以外，应全部伸入支座，不得在跨间截断。下部的纵向受力钢筋伸入边支座和中间支座的锚固长度见第 3 章。

7.1.2.4　主梁的构造

主梁的截面高度一般为跨度的1/12～1/8,梁宽为梁高的1/3～1/2。

主梁的一般构造要求与次梁相同。主梁支座截面的钢筋位置如图7.8所示。

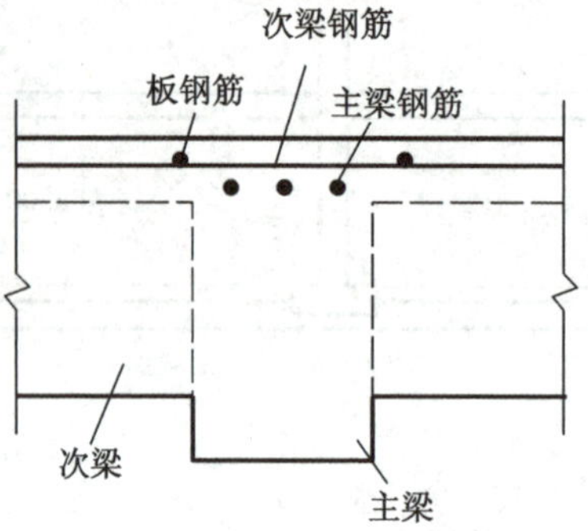

图7.8　主梁支座截面的钢筋位置

主梁内纵向钢筋的弯起与截断的位置,应按弯矩包络图确定。

次梁与主梁相交处,次梁传来的集中荷载有可能在主梁上产生斜裂缝而引起局部破坏,所以,在主梁与次梁的交接处应设置附加横向钢筋。位于梁下部或梁截面高度范围内的集中荷载,应全部由附加横向钢筋(箍筋、吊筋)承担,附加横向钢筋宜优先采用箍筋。附加横向钢筋应布置在长度为 $s=2h_1+3b$ 的范围内,如图7.9所示。

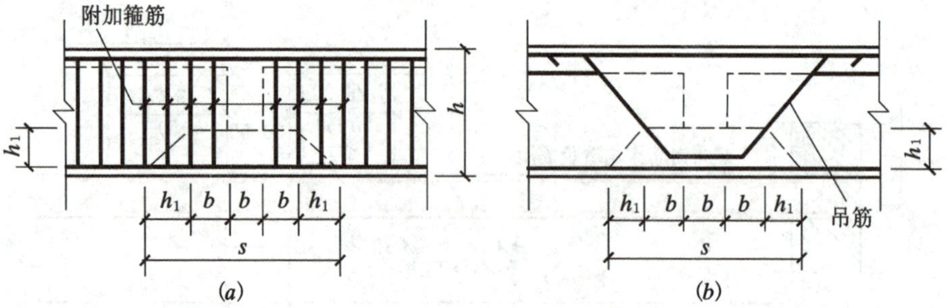

图7.9　附加横向钢筋布置

7.1.3　双向板肋形楼盖

7.1.3.1　双向板的受力特点

(1)双向板沿两个方向弯曲和传递荷载,即两个方向共同受力,所以两个方向均需配置受力钢筋。

(2)图7.10为双向板破坏时板底面及板顶面的裂缝分布图,加载后在板底中部出现第一批裂缝,随荷载加大,裂缝逐渐沿45°角向板的四角扩展,直至板底部钢筋屈服而裂缝显著增大。当板即将破坏时,板顶面四角产生环状裂缝,这些裂缝的出现促进了板底面裂缝的进一步扩展,最后板完全破坏。

(3)双向板在荷载作用下,四角有翘起的趋势,所以板传给四边支座的压力沿板长方向不是均匀的,中部大、两端小,大致按正弦曲线分布。

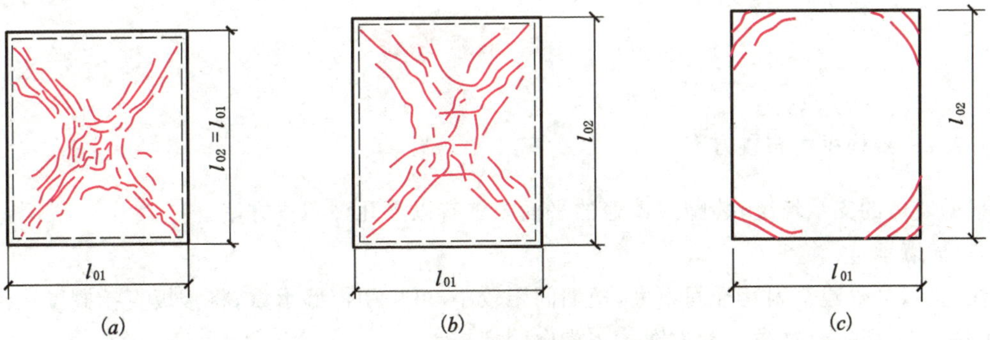

图 7.10 双向板的裂缝分布

(a)正方形板板底裂缝;(b)矩形板板底裂缝;(c)矩形板板面裂缝

(4)细而密的配筋较粗而疏的配筋有利。

7.1.3.2 双向板的构造

双向板的板厚不宜小于 80mm。为满足板的刚度要求,简支板板厚应$\geqslant l_{01}/45$,连续板应$\geqslant l_{01}/50$(l_{01} 为短边的计算跨度)。

双向板的配筋方式有弯起式和分离式两种。

双向板中受力钢筋的直径、间距和弯起点、切断点的位置,以及沿墙边、墙角处的构造钢筋要求,均与单向板的有关规定相同。

7.1.3.3 双向板支承梁的受力特点

双向板沿两个方向传递给支承梁的荷载可采用近似方法确定,即从每一区格板的四角作45°分角线,把整块板分为四小块,每块面积上的荷载就近传至其支承梁上,如图 7.11 所示。沿短跨方向的支承梁承受板面传来的三角形荷载,沿长跨方向的支承梁承受板面传来的梯形荷载。

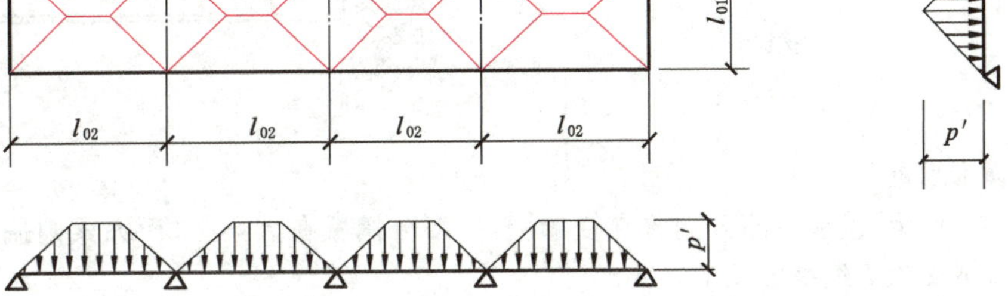

图 7.11 双向板支承梁承受的荷载

7.2 装配式楼盖

7.2.1 结构平面布置方案

根据墙体的支承情况,装配式楼盖的平面布置有以下几种布置方案:

(1)横墙承重

住宅、宿舍等建筑因其开间不大,横墙间距较小,可采用横墙承重,将楼板直接搁置在横墙上,如图 7.12 所示。这类布置方案楼盖横向刚度较大。

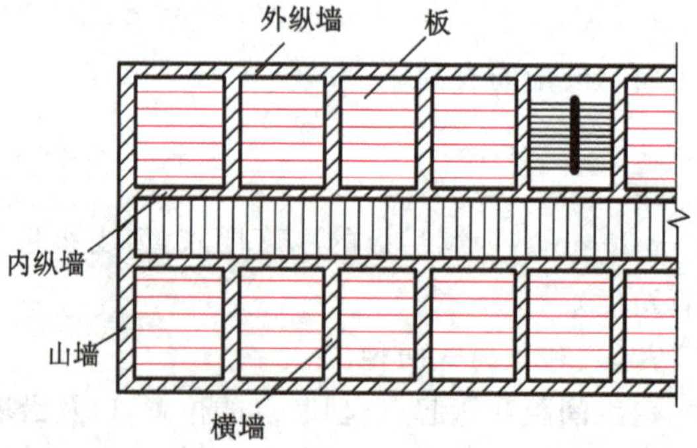

图 7.12 横墙承重

(2)纵墙承重

教学楼、办公楼、食堂等建筑因内部空间要求较大,横墙间距较大,一般可采用纵墙承重,将楼板直接搁置在纵向承重墙上或将楼板铺设在梁上,如图 7.13 所示。这类布置方案结构平面布置灵活。

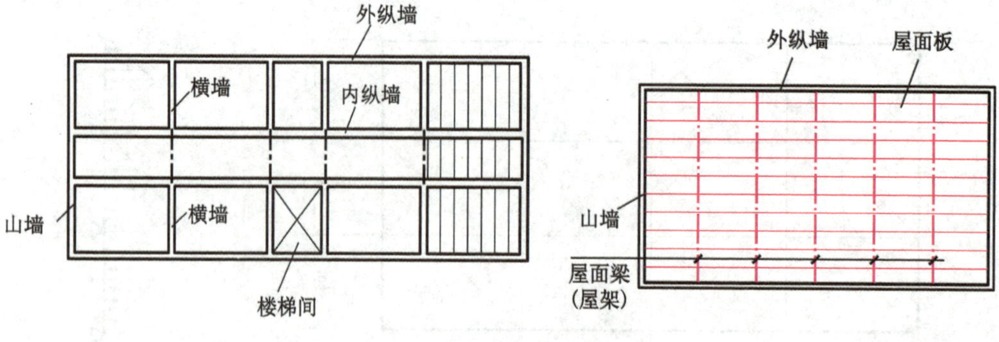

图 7.13 纵墙承重

(3)纵横墙承重

如图 7.14 所示,楼板一部分搁置在横墙上,一部分搁置在大梁上,而大梁则搁置在纵墙上,这类布置方案称为纵横墙承重方案。

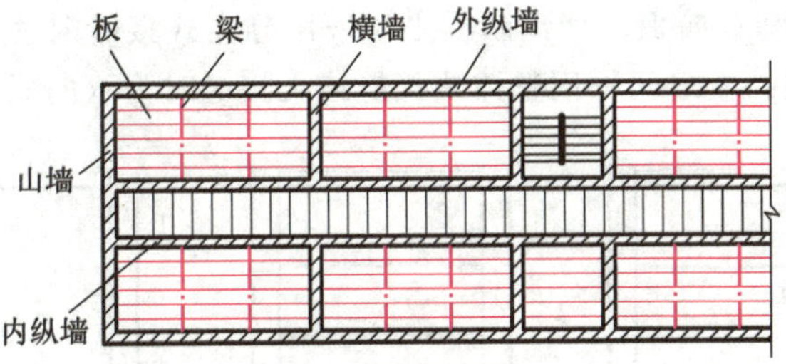

图 7.14 纵横墙承重

7.2.2 预制板的形式

常用的预制板有实心板、空心板、槽形板、T形板、夹心板、叠合板等，如图 7.15 所示，一般均为本地区通用定型构件，由预制构件厂供应。

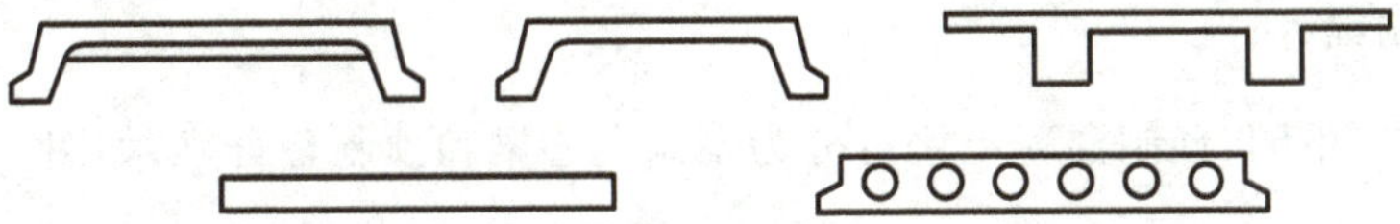

图 7.15 常用的预制板类型

叠合板有各种形式，常用的叠合板由预制板和后浇混凝土叠合层构成。预制板厚度不宜小于 60mm，后浇混凝土叠合层厚度不应小于 60mm。为了增加预制板的整体刚度和水平界面抗剪性能，跨度大于 3m 时，宜在预制板内设置桁架钢筋(图 7.16)。桁架钢筋应沿主要受力方向布置，其弦杆钢筋直径不宜小于 8mm，腹杆钢筋直径不宜小于 4mm，桁架钢筋间距不宜大于 600mm，距板边不应大于 300mm。当未设置桁架钢筋时，叠合板的预制板与后浇混凝土叠合层之间，应按规定设置抗剪构造钢筋。钢筋桁架的下弦钢筋可视情况作为楼板下部的受力钢筋使用。

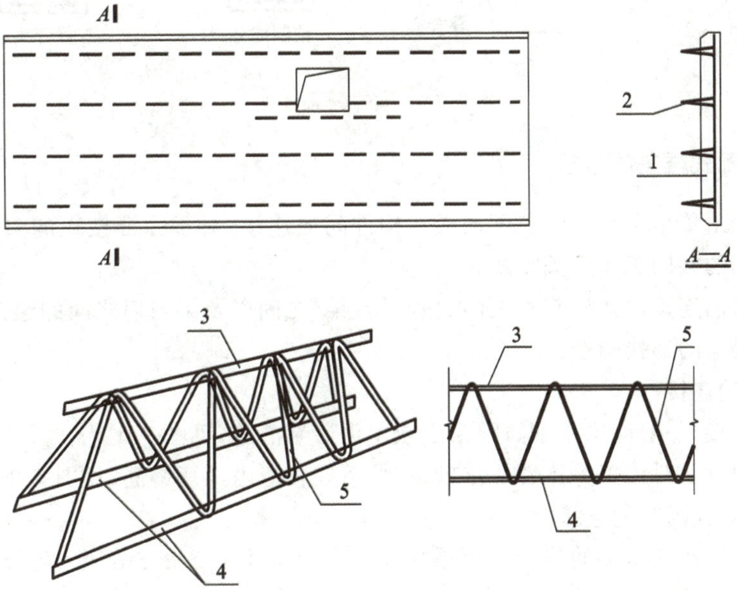

图 7.16 叠合板的预制板设置桁架钢筋构造示意

1—预制板；2—桁架钢筋；3—上弦钢筋；4—下弦钢筋；5—格构钢筋

叠合板分为单向板和双向板。当预制板之间采用分离式接缝时为单向板;长宽比不大于3的四边支承板,当其预制板之间采用整体式接缝或无接缝时为双向板(图7.17)。

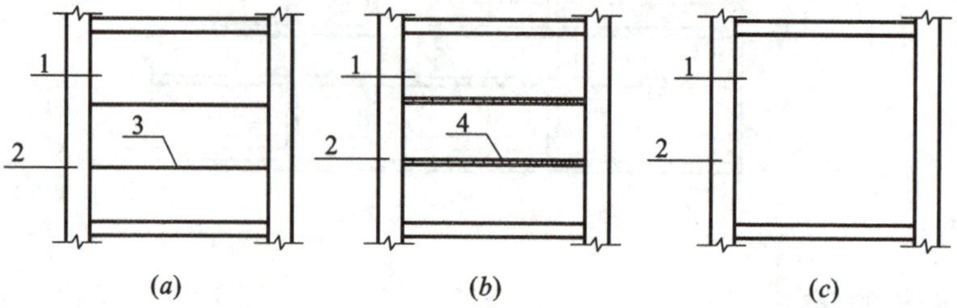

图7.17　叠合板的预制板布置形式示意

(a)单向叠合板;(b)单接缝的双向叠合板;(c)无接缝双向叠合板

1—预制板;2—梁或墙;3—板侧分离式接缝;4—板侧整体式接缝

7.2.3　预制梁

根据制作工艺不同,预制混凝土梁可分为预制实心梁和预制叠合梁,如图7.18所示。

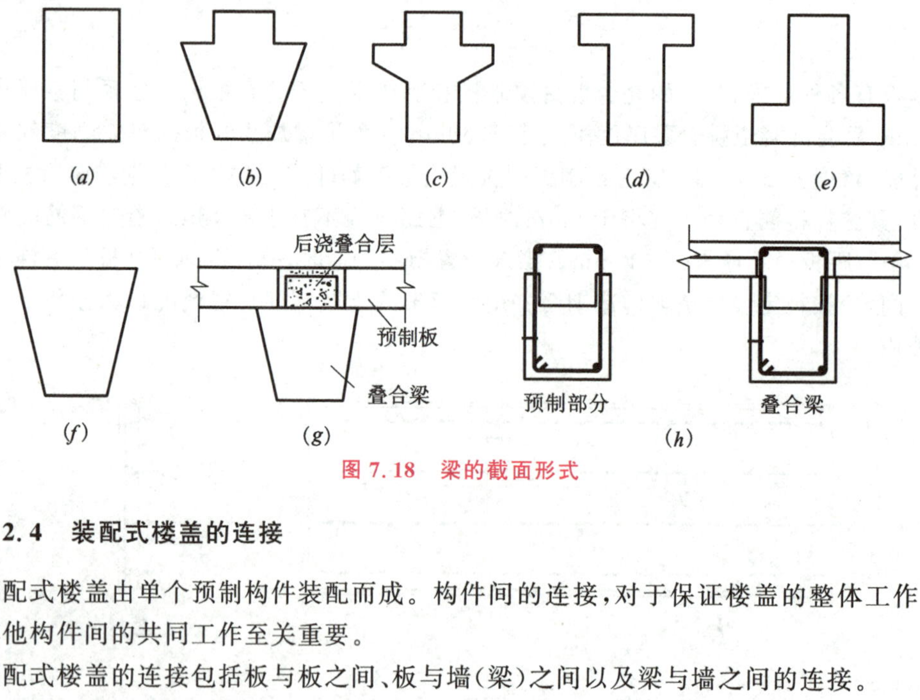

图7.18　梁的截面形式

7.2.4　装配式楼盖的连接

装配式楼盖由单个预制构件装配而成。构件间的连接,对于保证楼盖的整体工作以及楼盖与其他构件间的共同工作至关重要。

装配式楼盖的连接包括板与板之间、板与墙(梁)之间以及梁与墙之间的连接。

1.铺板式楼盖的连接构造

(1)板与板的连接

板与板的连接,一般应采用细石混凝土或水泥砂浆灌缝,见图7.19(a)。当楼板有振动荷载或不允许开裂以及对楼盖整体性要求较高时,可在板缝内加短钢筋,见图7.19(b)。

(2)板与墙或板与梁的连接

①板与支承墙或支承梁的连接　可采用在支座上坐浆10～20mm厚,且板在砖墙上的支承长度不应小于100mm,在混凝土梁上不应小于60～80mm,如图7.20所示。空心板两端的孔洞应用混凝土块或砖块堵实,避免在灌缝或浇筑混凝土面层时漏浆。

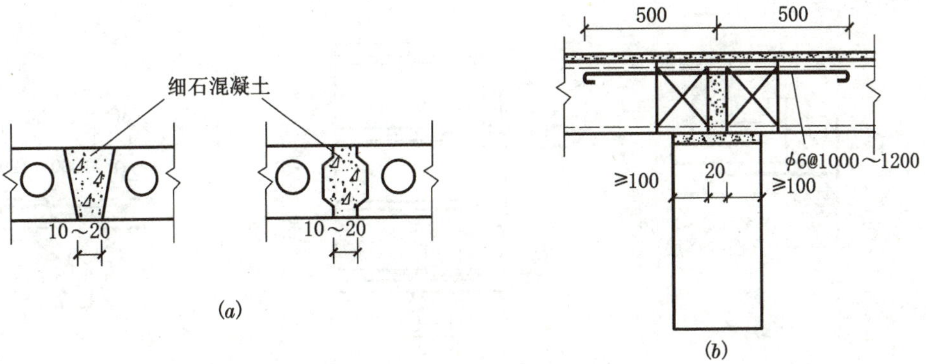

图 7.19 预制板灌缝及面层

(a)预制板灌缝；(b)预制板面层

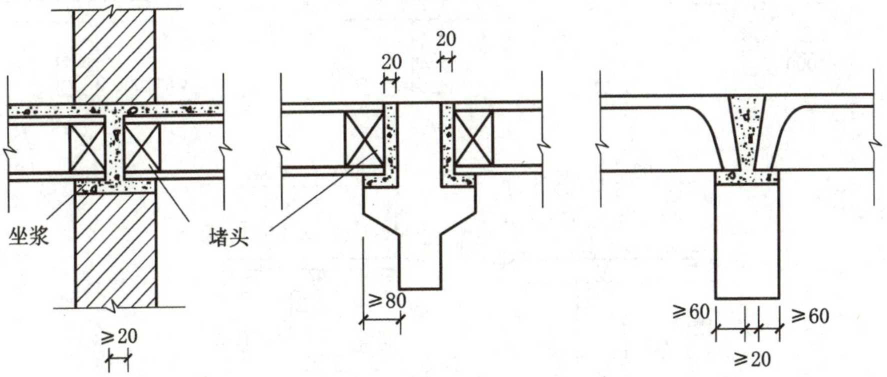

图 7.20 板与支承墙(梁)的连接

②板与非支承墙的连接 一般采用细石混凝土灌缝，见图 7.21(a)。当板长≥5m 时，应配置锚拉筋，以加强其与墙的连接，见图 7.21(b)；若横墙上有圈梁，则可将灌缝部分与圈梁连成整体，其整体性更好，见图 7.21(c)。

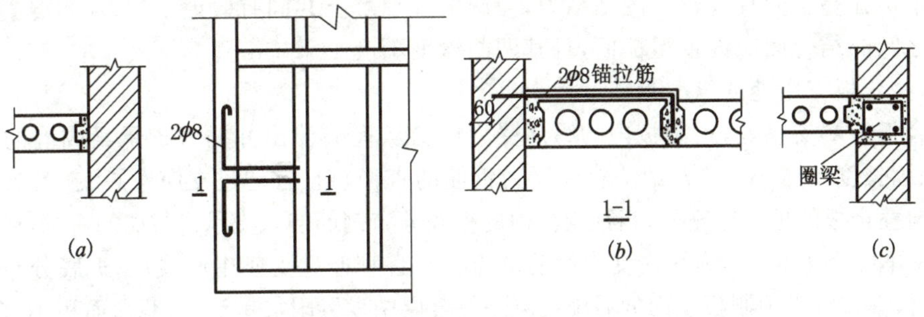

图 7.21 板与非支承墙的连接

(a)板与非支承墙连接；(b)板长≥5m 配锚拉筋；(c)板长≥5m 配圈梁

(3)梁与墙的连接

梁在砖墙上的支承长度，应满足梁内受力纵筋在支座处的锚固要求及支承处砌体局部受压承载力要求。预制梁的支承处应坐浆，必要时可在梁端设拉结钢筋。

(4)对于抗震设防区的多层砌体房屋，当圈梁设在板底时，预制板应相互拉结，并与梁、墙或圈梁拉结，参见图 7.22。

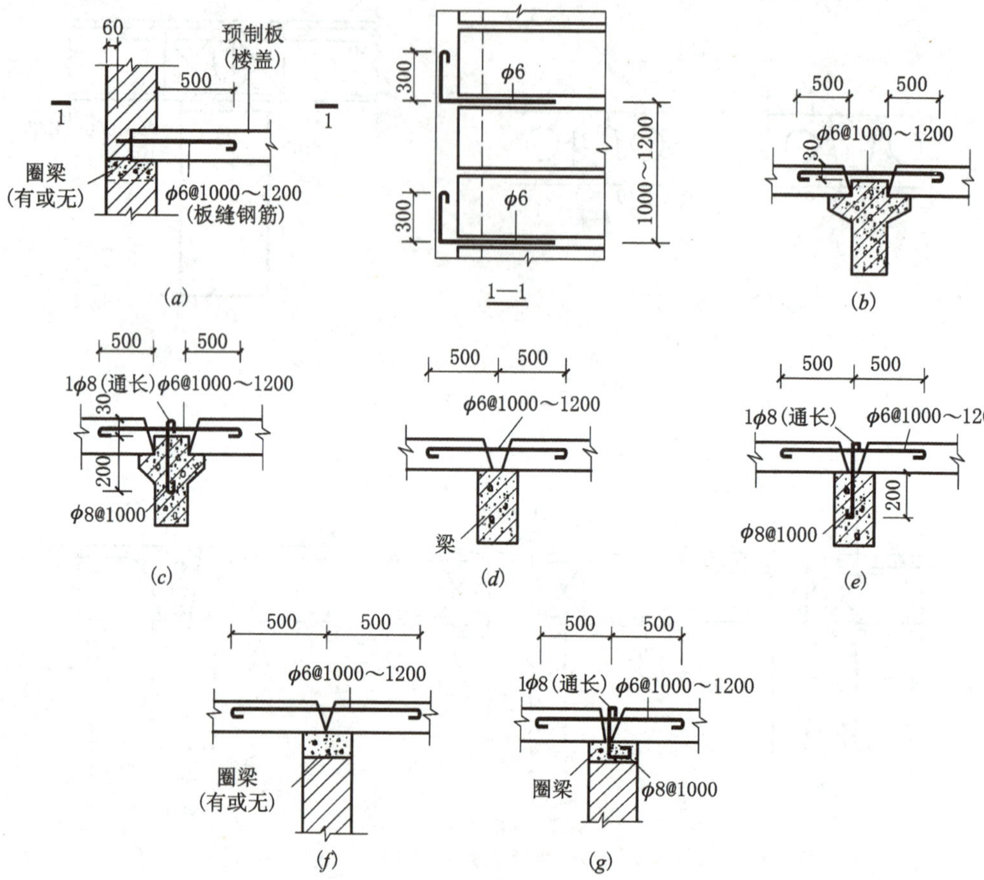

图 7.22　板底有圈梁时板端头连接

2. 叠合楼盖的连接构造

(1)结合面的构造

为了保证叠合面具有较强的粘结力，使两部分混凝土共同有效地工作，预制混凝土与后浇混凝土之间的结合面应设置粗糙面，且其凹凸深度不应小于 4mm。

(2)叠合板支座处的纵向钢筋

叠合板板端支座处，预制板内的纵向受力钢筋从板端伸出并锚入支承梁或墙的后浇混凝土中，锚固长度不应小于 $5d$(d 为纵向受力钢筋的直径)，且宜伸过支座中心线(图 7.23(a))。

单向叠合板的板侧支座处，当预制板内的板底分布钢筋伸入支承梁或墙的后浇混凝土中时，锚固长度不应小于 $5d$(d 为纵向受力钢筋的直径)，且宜伸过支座中心线；当板底分布钢筋不伸入支座时，宜在紧邻预制板顶面的后浇混凝土叠合层中设置附加钢筋，其截面面积不宜小于预制板内的同向分布钢筋面积，间距不宜大于 600mm，在板的后浇混凝土叠合层内锚固长度不应小于 $15d$，在支座内锚固长度不应小于 $15d$(d 为附加钢筋直径)且宜伸过支座中心线(图 7.23(b))。

(3)单向叠合板拼缝构造

单向叠合板板侧采用分离式接缝时，接缝处紧邻预制板顶面宜设置垂直于板缝的附加钢筋(图 7.24)。附加钢筋的截面面积不宜小于预制板中该方向的钢筋面积，钢筋直径不宜小于 6mm、间距不宜大于 250mm，伸入两侧后浇混凝土叠合层的锚固长度不应小于 $15d$(d 为附加

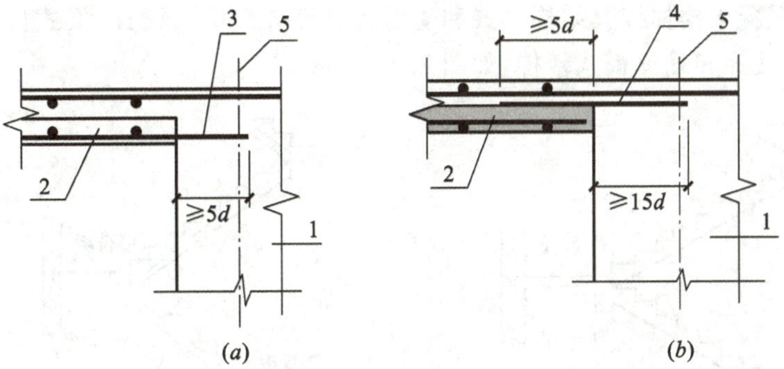

图 7.23 叠合板端及板侧支座构造示意

(a)板端支座；(b)板侧支座

1—支承梁或墙；2—预制板；3—纵向受力钢筋；4—附加钢筋；5—支座中心线

钢筋直径）。

(4)双向叠合板接缝构造

双向叠合板板侧采用整体式接缝时，接缝宜设置在叠合板的次要受力方向上，且宜避开最大弯矩截面。

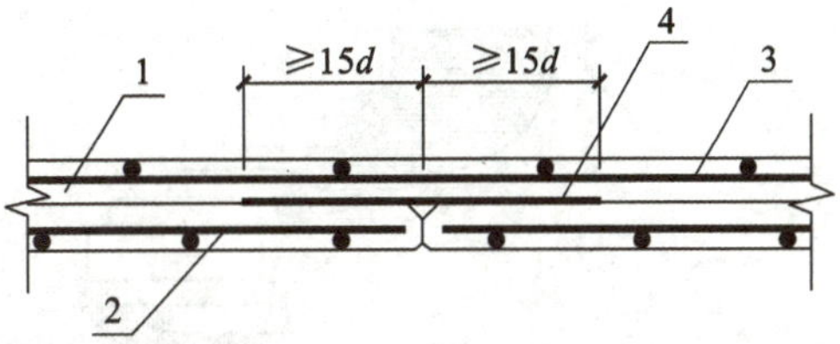

图 7.24 单向叠合板板侧分离式拼缝构造示意图

1—后浇混凝土叠合层；2—预制板；

3—后浇层内钢筋；4—附加钢筋

整体式接缝一般采用后浇带形式。后浇带宽度不宜小于 200mm，后浇带两侧板底纵向受力钢筋可在后浇带中焊接、搭接连接或弯折锚固。弯折锚固时，叠合板厚度不应小于 $10d$（d 为弯折钢筋直径的较大值），且不应小于 120mm；接缝处预制板侧伸出的纵向受力钢筋应在后浇混凝土叠合层内锚固，锚固长度不应小于 l_a，两侧钢筋在接缝处重叠的长度不应小于 $10d$，弯折钢筋角度不应大于 30°，弯折处沿接缝方向应配置不少于 2 根通长构造钢筋，其直径不应小于该方向预制板内钢筋直径（图 7.25）。

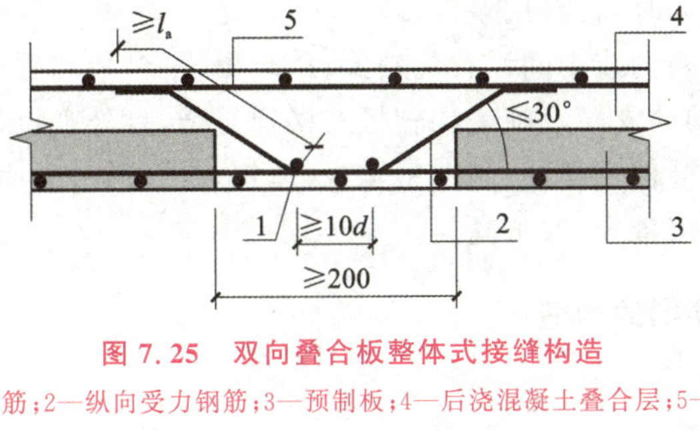

图 7.25 双向叠合板整体式接缝构造

1—通长构造钢筋；2—纵向受力钢筋；3—预制板；4—后浇混凝土叠合层；5—后浇层内钢筋

7.3 钢筋混凝土楼梯

7.3.1 钢筋混凝土楼梯的类型

钢筋混凝土楼梯可分为现浇整体式和装配式两类。现浇整体式楼梯的结构设计较灵活，整体性好；装配式楼梯的制造工业化程度高，施工速度快。

现浇钢筋混凝土楼梯按其结构形式和受力特点可分为板式楼梯、梁式楼梯及一些特种楼梯，如螺旋板式楼梯和悬挑板式楼梯，如图 7.26 所示。

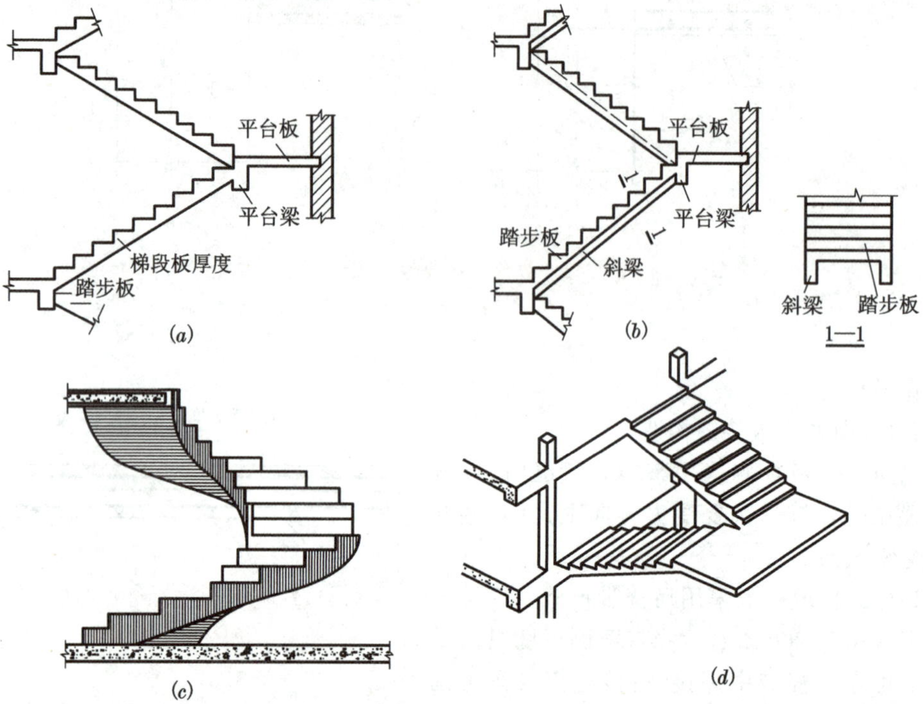

图 7.26　现浇楼梯形式

(*a*)板式楼梯；(*b*)梁式楼梯；(*c*)螺旋板式楼梯；(*d*)悬挑板式楼梯

板式楼梯由踏步板、平台板和平台梁组成，一般用于跨度在 3m 以内的小跨度楼梯较为经济。板式楼梯的下表面平整，施工支模方便，外观也较轻巧，但斜板较厚(为梯段板水平长度的 1/30～1/25)，当跨度较大时，材料用量较多。

梁式楼梯由在斜板两侧或中间设置的斜梁、踏步板、平台板和平台梁组成。用于梯段较长时较为经济，但梁式楼梯的支模及施工均较板式楼梯复杂，且外观也显得笨重。

螺旋板式楼梯及悬挑板式楼梯，其造型美观，建筑效果较好，常用于公共建筑中，但其受力较复杂、计算困难、材料用量大、造价高。

7.3.2　现浇板式楼梯的构造

(1)斜板

板式楼梯斜板承受均布面荷载作用，两端支承在平台梁上；平台板承受均布面荷载作用，两端支承在平台梁或墙上；平台梁承受楼梯斜板和平台板传来的均布线荷载作用，并传至墙体，由墙体再传给建筑物的基础。

斜板的厚度 $h \geqslant (1/30 \sim 1/25)l_0$，一般可取 $h = 100 \sim 120$mm。为避免斜板在支座处产生过大的裂缝，斜板上部应配置适量钢筋，一般为 ϕ8@200，钢筋距支座的距离为 $l_n/4$(l_n 为水平净跨度)。斜板内分布钢筋应在受力筋的内侧，在每踏步下设置一根 ϕ8 钢筋，见图 7.27。

(2)平台板与平台梁

平台板一般为一块单向板，见图 7.28。因板支座的转动会受到一定约束，所以一般将板下

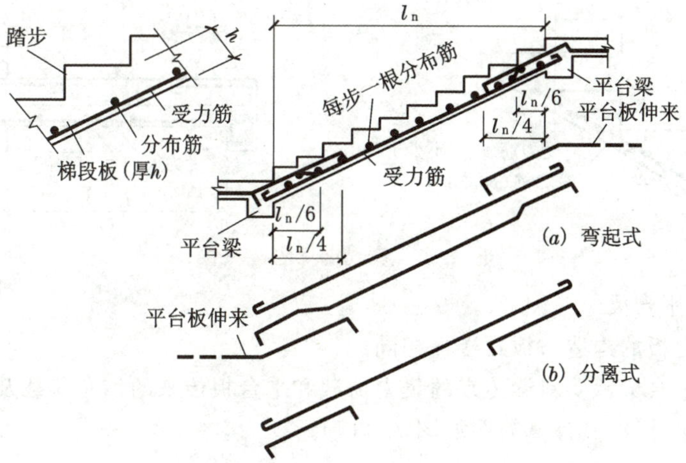

图 7.27 板式楼梯的配筋

部钢筋在支座附近弯起一半或在板面支座处另加短钢筋，其伸出支承边缘长度为 $l_n/4$，如图 7.29 所示。

平台梁除承受平台板传来的荷载外，主要承受斜板传来的均布荷载(图 7.30)，其构造同一般受弯构件。

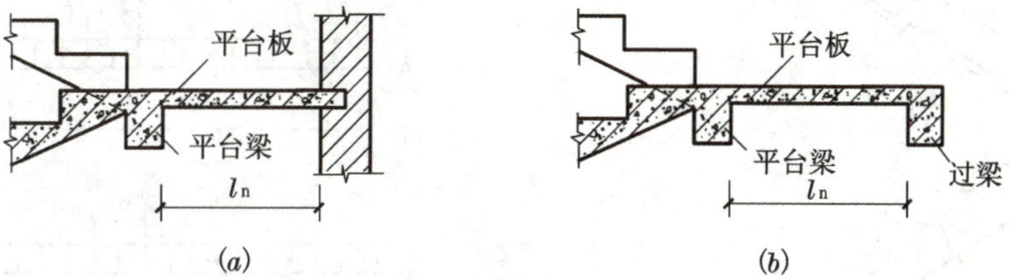

图 7.28 平台板的两种支承方式

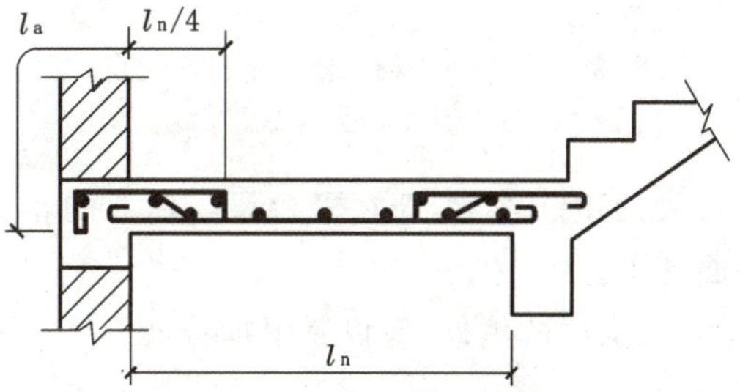

图 7.29 平台板配筋

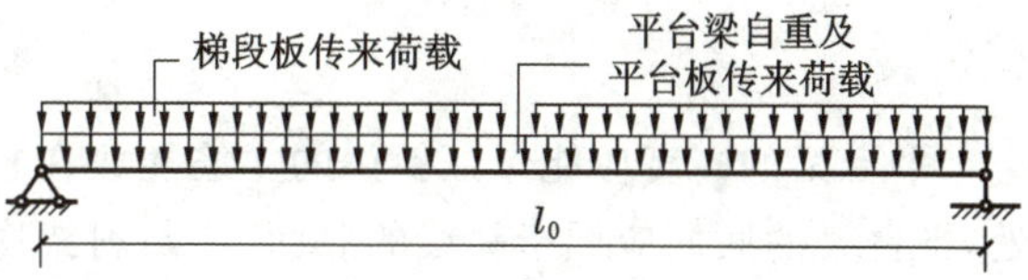

图 7.30 板式楼梯平台梁计算简图

7.3.3 现浇梁式楼梯的构造

(1)踏步板

梁式楼梯的踏步板两端支承在斜梁上，按两端简支的单向板计算。踏步板厚度一般不小于 30～40mm。踏步板每一踏步一般需配置不少于 2ϕ6 的受力钢筋，沿斜向应布置间距不大于 300mm 的 ϕ6 分布钢筋。梁式楼梯的踏步板还应配置负弯矩钢筋，即每两根受力钢筋中应有一根在伸入支座后，再弯向上部，见图 7.31。

(2)斜梁

图 7.32 所示为边斜梁的配筋构造。

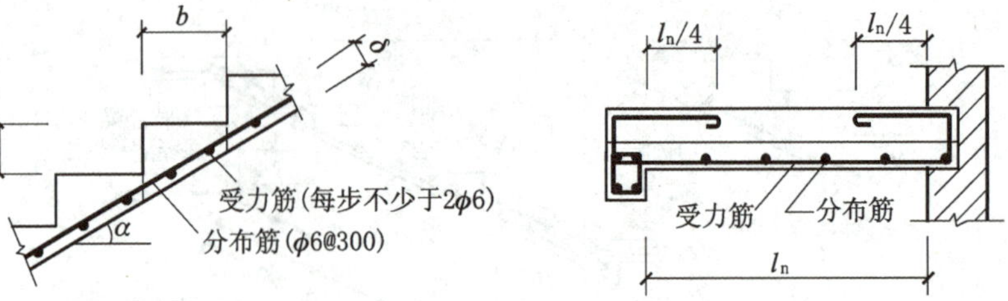

图 7.31　梁式楼梯的踏步板

(3)平台板与平台梁

梁式楼梯平台板的构造与板式楼梯相同。

梁式楼梯的平台梁承受斜梁传来的集中荷载和平台板传来的均布荷载及平台梁自重。平台梁一般按简支梁计算,其计算简图如图 7.33 所示。

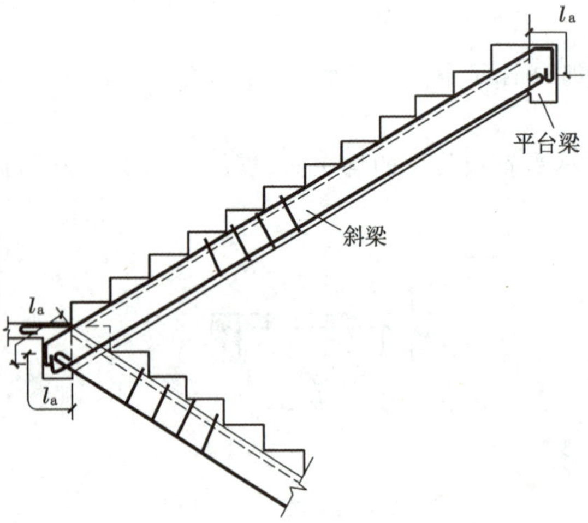

图 7.32　斜梁的配筋

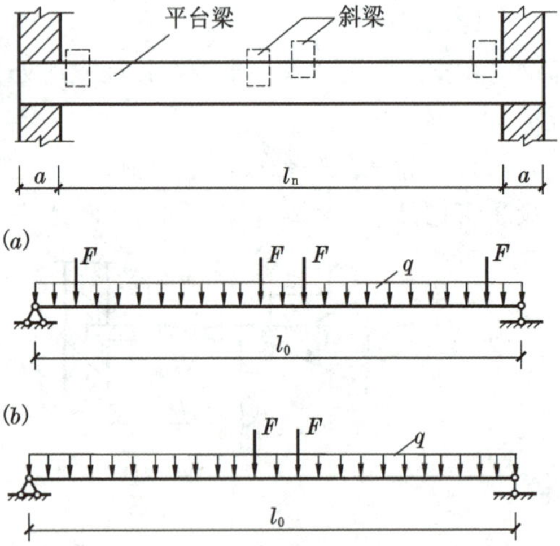

图 7.33　梁式楼梯平台梁的计算简图

(a)有双边梁时;(b)有单边梁时

平台梁的高度应能保证斜梁的主筋能放在平台梁的主筋之上,即在平台梁与斜梁的相交处,平台梁的底面应低于斜梁的底面,或与斜梁底面齐平。

平台梁因受有斜梁传来的集中荷载,所以位于斜梁支座两侧处,应设置附加箍筋。

7.3.4　装配式楼梯的构造

常用的装配式楼梯有悬臂式楼梯、板式楼梯、小型分件装配式楼梯、大型整体预制楼梯等。

装配式楼梯一般各地均编有通用图,可根据制作、运输、吊装等条件选用。

(1)悬臂式楼梯

悬臂式楼梯是将单块预制踏步板的一端砌固在砖墙内,如图 7.34 所示。这种楼梯现在基本不使用。

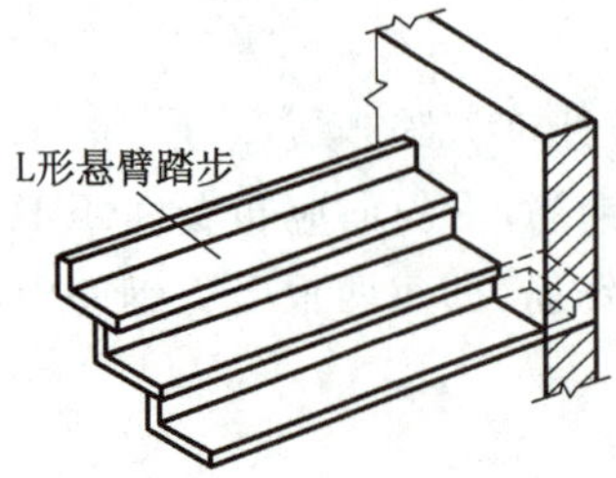

图 7.34　悬臂式楼梯

(2)装配式板式楼梯

装配式板式楼梯是由预制踏步板和预制平台梁组装而成。

图 7.35 为 ST-29-24 楼梯安装图。

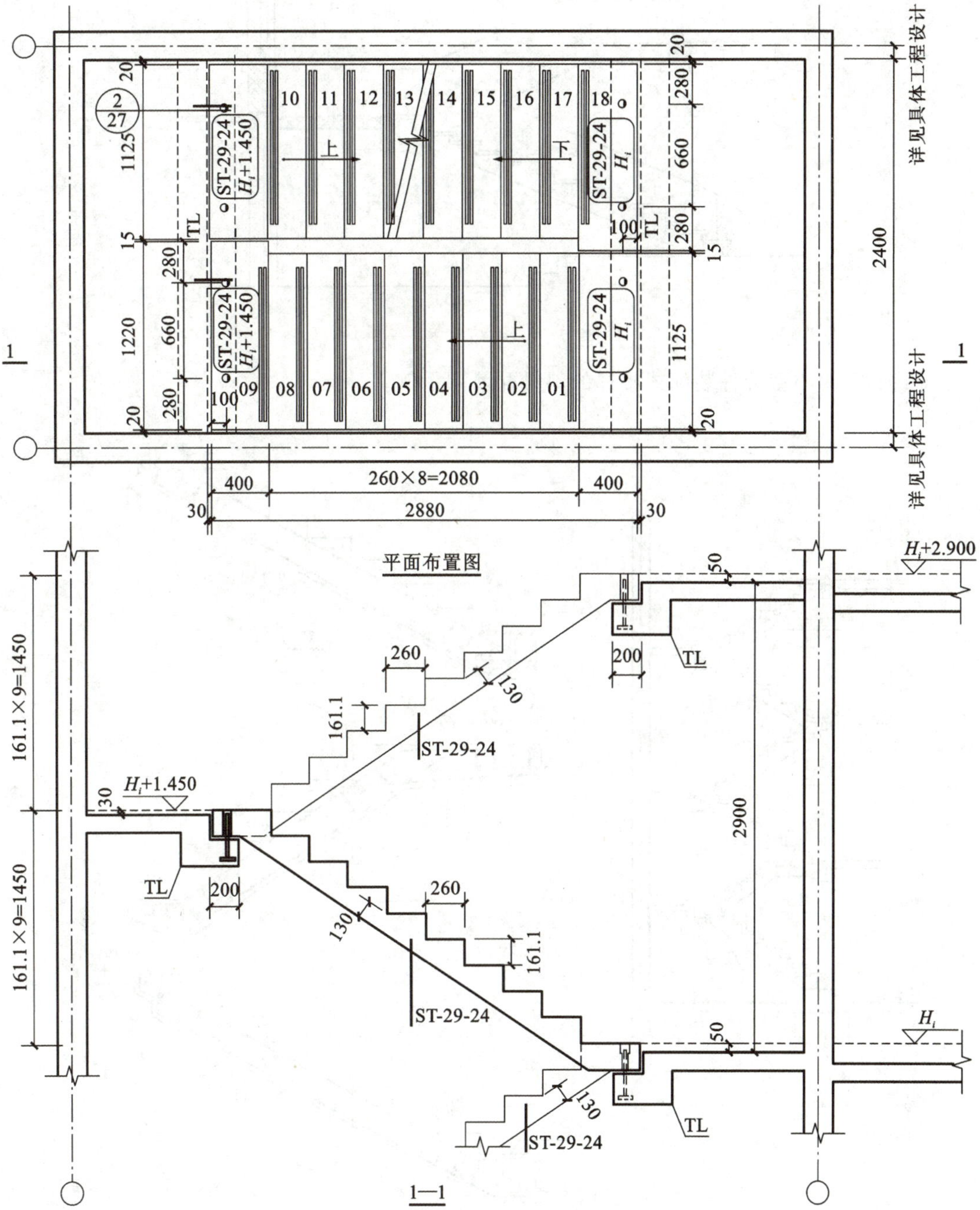

图 7.35 ST-29-24 **楼梯安装图**

注:1. 摘自国家建筑标准设计图集《预制钢筋混凝土板式楼梯》;

2. 图中 H_i 表示楼层标高。

(3)小型分件装配式楼梯

小型分件装配式楼梯是将踏步板、斜梁、平台板、平台梁分别预制,然后在现场进行拼装,如图 7.36 所示。这种楼梯目前应用较少。

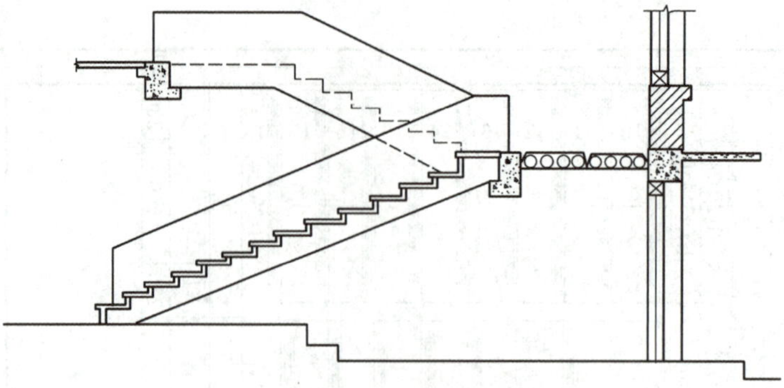

图 7.36　小型分件装配式楼梯

图 7.37 为小型分件装配式楼梯的斜梁配筋图示例。

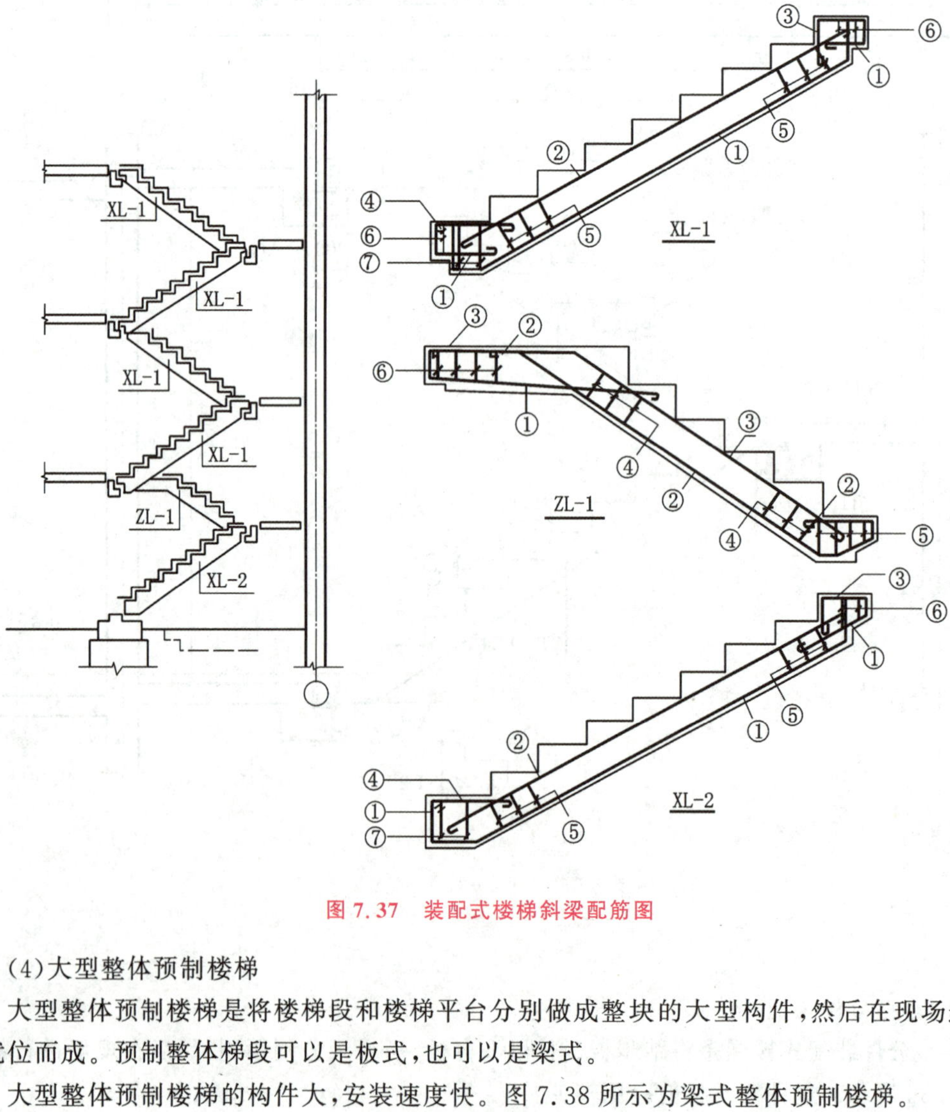

图 7.37　装配式楼梯斜梁配筋图

(4)大型整体预制楼梯

大型整体预制楼梯是将楼梯段和楼梯平台分别做成整块的大型构件,然后在现场进行安装就位而成。预制整体梯段可以是板式,也可以是梁式。

大型整体预制楼梯的构件大,安装速度快。图 7.38 所示为梁式整体预制楼梯。

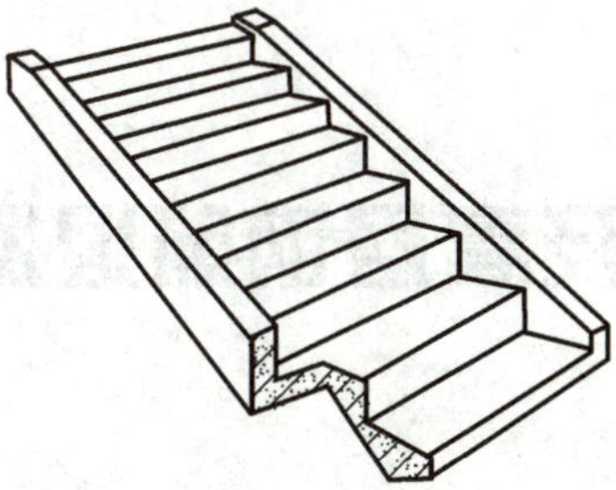

图 7.38 梁式整体预制楼梯

单元小结

(1)整体式单向板肋形楼盖由板、次梁、主梁组成。连续单向板的配筋方式有弯起式和分离式两种,后者因设计和施工方便,常被采用。次梁中的纵向钢筋可参照图 7.7 确定其弯起与截断的位置;主梁内纵向钢筋的弯起与截断位置应按弯矩包络图确定。在次梁与主梁相交处,应设置附加横向钢筋。

(2)双向板双向弯曲和传递荷载,所以双向板在两个方向均需配置受力钢筋。双向板的配筋方式也有弯起式和分离式两种。

(3)装配式楼盖由预制板、梁组成。装配式楼盖的预制构件,各地均有本地区的通用图,实际设计时可按通用定型图集选用。装配式楼盖中应注意构件与构件之间以及构件与墙或梁之间的连接。

(4)现浇钢筋混凝土楼梯按其结构形式和受力特点,分为板式楼梯、梁式楼梯及一些特种楼梯。跨度较小时常用板式楼梯。板式楼梯中钢筋配置可参照图 7.27 确定。

思 考 题

7.1 钢筋混凝土楼盖结构有哪几种类型?

7.2 什么是单向板?什么是双向板?两者在受力与配筋构造上有何特点?

7.3 什么是单向板肋形楼盖?其组成构件中的板、次梁、主梁各有哪些受力钢筋和构造钢筋?其受力钢筋在截断、弯起、伸入支座时各有什么要求?

7.4 双向板肋形楼盖受力有哪些特点?

7.5 装配式楼盖的平面布置有哪几种方式?

7.6 现浇板式楼梯与现浇梁式楼梯有何区别?

7.7 装配式楼梯有哪几种形式?

8　多层及高层钢筋混凝土房屋

知识目标

1. 理解框架结构、剪力墙结构、框架-剪力墙结构、筒体结构的受力特点、构造要求（含抗震构造要求）；

2. 了解钢筋混凝土多层及高层房屋的常用结构体系的特点及适用高度。

思政元素举例

规范意识、质量意识、安全意识。

10 层及 10 层以上或高度大于 28m 的居住建筑和建筑高度大于 24m 的公共建筑称为高层建筑，否则为多层建筑。

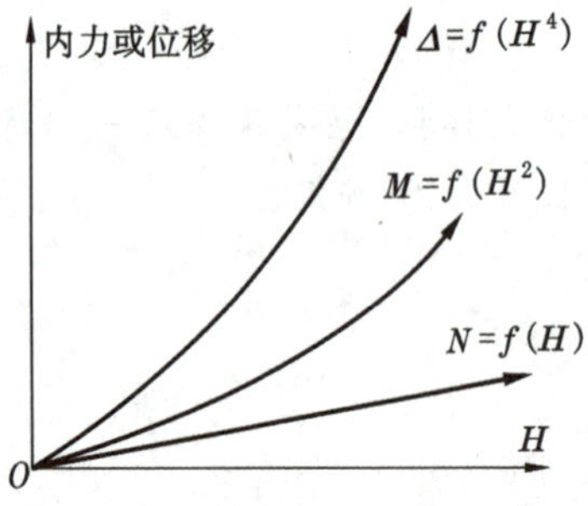

图 8.1　结构内力、位移与高度的关系

高层建筑是随着社会生产力、人们生活的需要发展起来的，是商品化、工业化、城市化的结果。但是当建筑物高度增加时，水平力（风荷载及地震作用）对结构起的作用将愈来愈大。除了结构内力将明显加大外，结构侧向位移增加更快。

图 8.1 所示是结构内力（N，M）、位移（Δ）与高度的关系，弯矩和位移都随高度呈指数曲线上升。

高层建筑中，结构要使用更多的材料来抵抗水平力，抗侧力成为高层建筑结构设计的主要问题。特别是在地震区，地震作用对高层建筑的威胁也比低层建筑要大，抗震设计应受到加倍重视。

8.1　常用结构体系

多层及高层钢筋混凝土房屋的常用结构体系可分为四种类型：框架结构、剪力墙结构、框架-剪力墙结构和筒体结构，各有不同的适用高度和优缺点。

8.1.1　框架结构体系

当采用梁、柱组成的框架体系作为建筑竖向承重结构，并同时承受水平荷载时，称其为框架结构体系。其中，连系平面框架以组成空间体系结构的梁称为连系梁，框架结构中承受主要荷载的梁称之为框架梁，如图 8.2 所示。图 8.3 所示为框架结构柱网布置的几种常见形式。

框架结构的优点是建筑平面布置灵活，可做成需要较大空间的会议室、餐厅、办公室及工

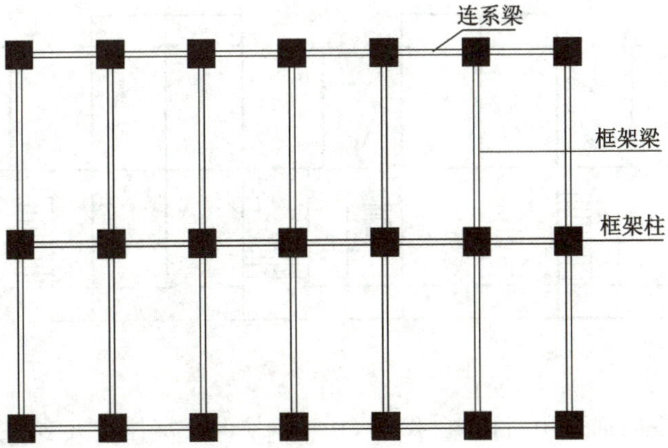

图 8.2 框架结构构件

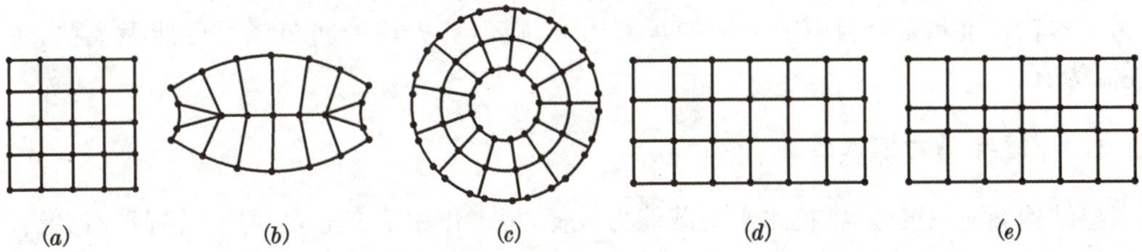

图 8.3 框架柱网布置举例

业车间、实验室等，加隔墙后，也可做成小房间。框架结构的构件主要是梁和柱，可以做成预制或现浇框架，布置比较灵活，立面也可变化。

通常，框架结构的梁、柱断面尺寸都不能太大，否则影响使用面积。因此，框架结构的侧向刚度较小，水平位移大，这是它的主要缺点，也因此限制了框架结构的建造高度，一般不宜超过60m。在抗震设防烈度较高的地区，高度更加受到限制。

通过合理的设计，框架结构本身的抗震性能较好，能承受较大的变形。但是，变形大了容易引起非结构构件(如填充墙、装修等)出现裂缝及破坏，这些破坏会造成很大的经济损失，也会威胁人身安全。所以，如果在地震区建造较高的框架结构，必须选择既减轻重量，又能经受较大变形的隔墙材料和构造做法。框架结构的适用层数为6～15层。

柱截面为L形、T形、Z形或十字形的框架结构称为异型柱框架，其柱截面厚度一般为180～300mm，目前一般用于非抗震设计或按6、7度抗震设计的12层以下的建筑中。

8.1.2 剪力墙结构体系

如图8.4所示，将房屋的内、外墙都做成实体的钢筋混凝土结构，这种体系为剪力墙结构体系。

剪力墙的间距受到楼板跨度的限制，一般为3～8m，因而剪力墙结构适用于具有小房间的住宅、旅馆等建筑，此时可省去大量砌筑填充墙的工序及材料，如果采用滑升模板及大模板等先进的施工方法，施工速度很快。

现浇钢筋混凝土剪力墙结构的整体性好，刚度大，在水平力作用下侧向变形很小。墙体截面积大，承载力要求也比较容易满足。剪力墙的抗震性能也较好。因此它适宜于建造高层建

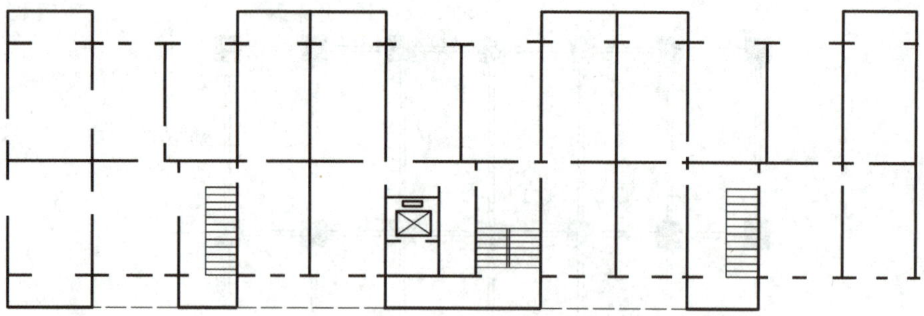

图 8.4 剪力墙结构的平面

筑，在 10～50 层范围内都适用，目前在我国 10～30 层的公寓住宅大多采用这种体系。

剪力墙结构的缺点和局限性也是很明显的，主要是剪力墙间距太小，平面布置不灵活，结构自重较大。

为了减轻自重和充分利用剪力墙的承载力和刚度，剪力墙的间距要尽可能做大些，一般 6m 左右为宜。

8.1.3 框架-剪力墙体系

框架结构侧向刚度差，抵抗水平荷载能力较低，地震作用下变形大，但它具有平面灵活、有较大空间、立面处理易于变化等优点。而剪力墙结构则相反，抗侧力刚度、强度大，但限制了使用空间。把两者结合起来，取长补短，在框架中设置一些剪力墙，就成了框架-剪力墙（简称框-剪）体系，如图 8.5 所示。

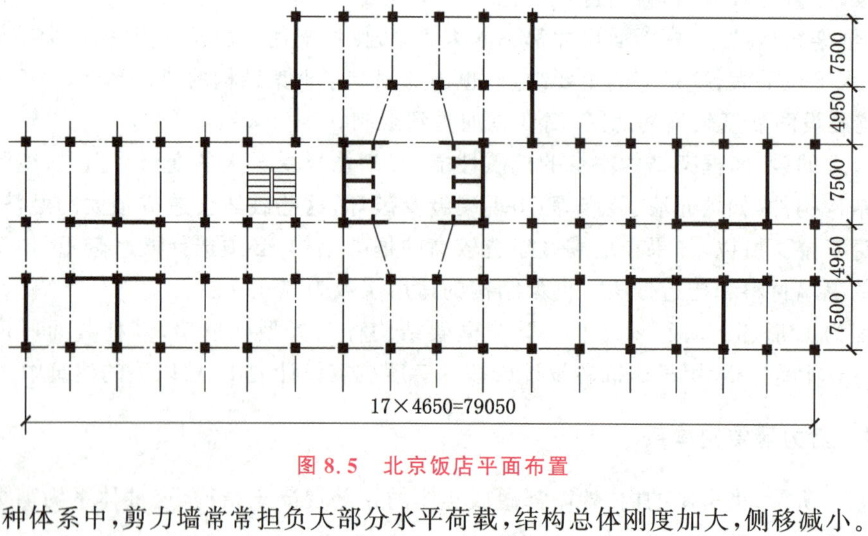

图 8.5 北京饭店平面布置

在这种体系中，剪力墙常常担负大部分水平荷载，结构总体刚度加大，侧移减小。同时，通过框架和剪力墙协同工作，通过变形协调，使各种变形趋于均匀，改善了纯框架或纯剪力墙结构中上部和下部层间变形相差较大的缺点，因而在地震作用下可减少非结构构件的破坏。从框架本身看，上下各层柱的受力也比纯框架柱的受力均匀，因此柱子断面尺寸和配筋都可比较均匀。所以，框-剪体系在多层及高层办公楼、旅馆等建筑中得到了广泛应用。框-剪体系的适用高度为 15～25 层，一般不宜超过 30 层。

8.1.4 筒体体系

由筒体为主组成的承受竖向和水平作用的结构称为筒体结构体系。筒体是由若干片剪力墙围合而成的封闭井筒式结构，其受力与一个固定于基础上的筒形悬臂构件相似。根据开孔的多少，筒体有空腹筒和实腹筒之分，如图 8.6 所示。

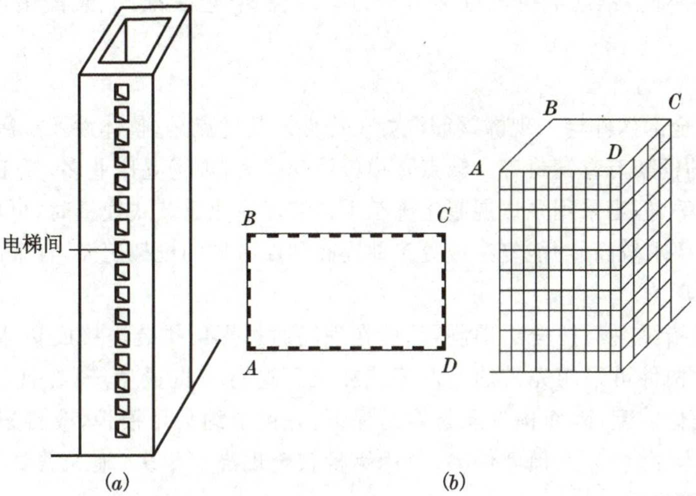

图 8.6 筒体示意

(a)实腹筒；(b)空腹筒

空腹筒一般由电梯井、楼梯间、管道井等形成，开孔少，因其常位于房屋中部，故又称核心筒。空腹筒又称框筒，由布置在房屋四周的密排立柱（柱距一般为 1.22～3.0m）和截面、高度很大的横梁组成。这些横梁称为窗裙梁，梁高一般为 0.6～1.22m。由核心筒、框筒等基本单元组成的承重结构体系称为筒体体系。根据房屋高度及其所受水平力的不同，筒体体系可以布置成核心筒结构、框筒结构、筒中筒结构、框架-核心筒结构、成束筒结构和多重筒结构等形式。筒中筒结构通常用框筒作为外筒，实腹筒作为内筒，如图 8.7 所示。

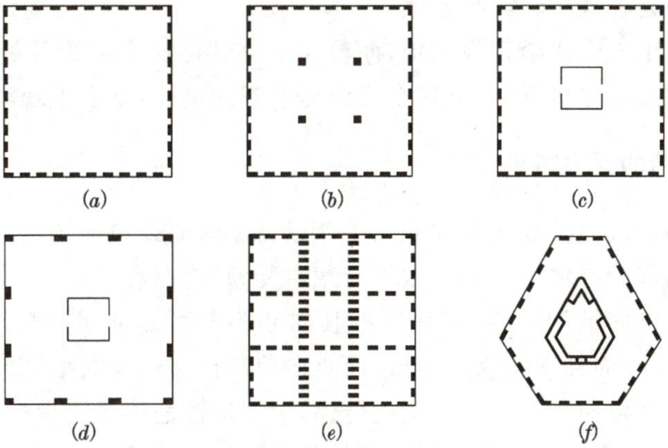

图 8.7 筒体体系类别

8.2　框架结构

8.2.1　框架结构类型

按施工方法的不同,钢筋混凝土框架可分为全现浇式、全装配式、装配整体式及半现浇式四种形式。

(1)全现浇框架

全现浇框架的全部构件均为现浇钢筋混凝土构件。其优点是,整体性及抗震性能好,预埋铁件少,较其他形式的框架节省钢材等。缺点是模板消耗量大,现场湿作业多,施工周期长,在寒冷地区冬季施工困难等,但当采用泵送混凝土施工工艺和工业化拼装式模板时,可以缩短工期和节省劳动力。对使用要求较高、功能复杂或处于地震高烈度区域的框架房屋,宜采用全现浇框架。

(2)装配式框架

装配式框架系指梁、板、柱全部预制,然后在现场通过焊接拼装连接成整体的框架结构。

装配式框架的构件可采用先进的生产工艺在工厂进行大批量生产,在现场以先进的组织处理方式进行机械化装配,因而构件质量容易保证,并可节约大量模板,改善施工条件,加快施工进度,但结构整体性差,节点预埋件多,总用钢量较全现浇框架多,施工需要大型运输和拼装机械,在地震区不宜采用。

(3)装配整体式框架

装配整体式框架是将预制梁、柱和板在现场安装就位后,焊接或绑扎节点区钢筋,在构件连接处现浇混凝土使之成为整体框架结构。

与全装配式框架相比,装配整体式框架保证了节点的刚性,提高了框架的整体性,省去了大部分预埋铁件,节点用钢量减少,但增加了现场浇筑混凝土量。装配整体式框架是常用的框架形式之一。

(4)半现浇框架

这种框架是将部分构件现浇,部分预制装配而形成的。常见的做法有两种:一种是梁、柱现浇,板预制;另一种是柱现浇,梁、板预制。

半现浇框架的施工方法比全现浇简单,而整体受力性能比全装配优越。梁、柱现浇,节点构造简单,整体性较好;而楼板预制,又比全现浇框架节约模板,省去了现场支模的麻烦。

8.2.2　框架结构的受力特点

框架结构承受的荷载包括竖向荷载和水平荷载。竖向荷载包括结构自重及楼(屋)面活荷载,一般为分布荷载,有时有集中荷载。水平荷载主要为风荷载。

框架结构是一个空间结构体系,沿房屋的长向和短向可分别视为纵向框架和横向框架。纵、横向框架分别承受纵向和横向水平荷载,而竖向荷载传递路线则根据楼(层)布置方式而不同。现浇板楼(屋)盖主要向距离较近的梁上传递,预制板楼盖传至支承板的梁上。

在多层框架结构中,影响结构内力的主要是竖向荷载,一般不必考虑结构侧移对建筑物使用的功能和结构可靠性的影响。随着房屋高度的增大,增加最快的是结构侧移,弯矩次之。因此在高层框架结构中,竖向荷载的作用与多层建筑相似,柱内轴力随层增加而增加,而水平荷载的内力和位移则将成为控制因素。同时，多层建筑中的柱以轴力为主，而高层框架中的柱受到压、弯、剪的复合作用，其破坏形态更为复杂。其侧移由两部分组成：第一部分侧移由柱和梁的弯曲变形产生。柱和梁都有反弯点，形成侧向变形。框架下部的梁、柱内力大，层间变形也大，愈到上部层间变形愈小，如图 8.8(*a*)所示。第二部分侧移由柱的轴向变形产生。在水平力作用下，柱的拉伸和压缩使结构出现侧移。这种侧移在上部各层较大，愈到底部层间变形愈小，如图 8.8(*b*)所示。在两部分侧移中第一部分侧移是主要的，随着建筑高度加大，第二部分变形比例逐渐加大。结构过大的侧向变形不仅会使人不舒服，影响使用，也会使填充墙或建筑装修出现裂缝或损坏，还会使主体结构出现裂缝、损坏，甚至倒塌。因此，高层建筑不仅需要较大的承载能力，而且需要较大的刚度。框架抗侧刚度主要取决于梁、柱的截面尺寸。通常梁柱截面惯性较小，侧向变形较大，所以称框架结构为柔性结构。虽然通过合理设计可以使钢筋混凝土框架获得良好的延性，但由于框架结构层间变形较大，在地震区高层框架结构容易引起非结构构件的破坏。这是框架结构的主要缺点，也因此而限制了框架结构的高度。

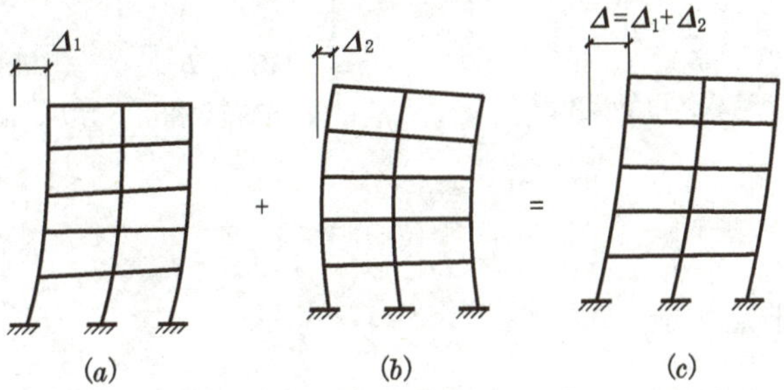

图 8.8 框架结构在水平荷载作用下的受力变形

除装配式框架外，一般可将框架结构的梁、柱节点视为刚接节点，柱固结于基础顶面，所以框架结构多为高次超静定结构，如图 8.9 所示。

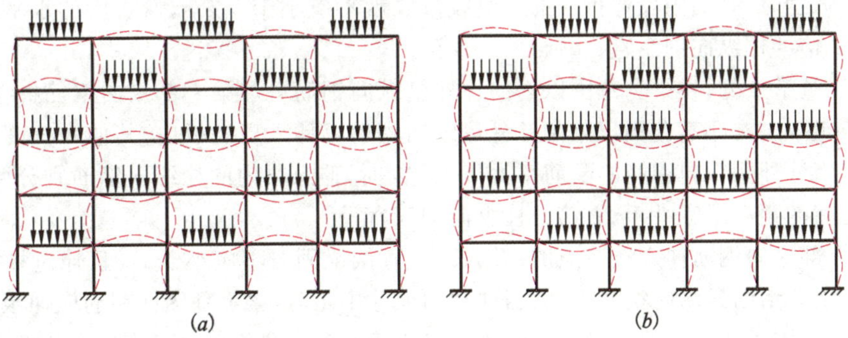

图 8.9 竖向活荷载最不利位置

(*a*)梁跨中弯矩最不利荷载位置；(*b*)梁支座弯矩最不利荷载位置

竖向活荷载具有不确定性。梁、柱的内力将随竖向活荷载的位置而变化。图 8.9(*a*)、(*b*)所示分别为梁跨中和支座产生最大弯矩的活荷载位置。风荷载也具有不确定性，梁、柱可能受到反号的弯矩作用，所以框架柱一般采用对称配筋。图 8.10 为框架结构在竖向荷载和水平荷载作用下的内力图。由图可见，梁、柱端弯矩、剪力、轴力都较大，跨度较小的中间跨度框架梁甚至出现了上部受拉的情况。

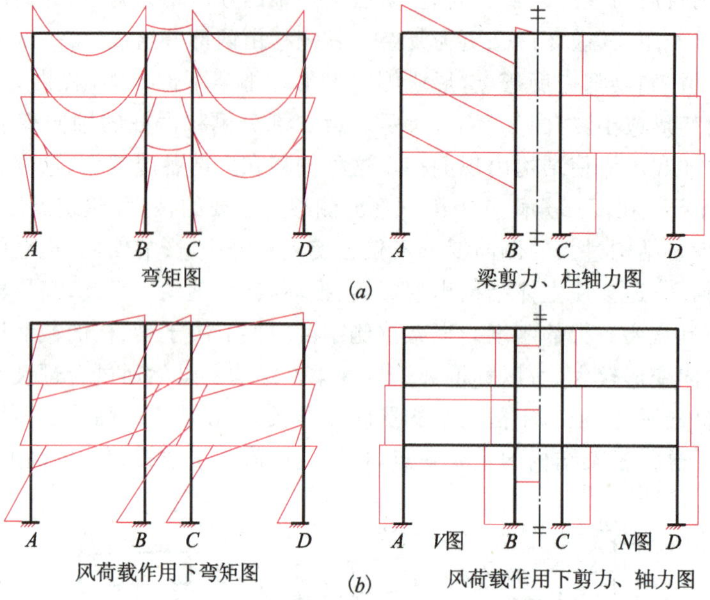

图 8.10　框架结构的内力图

(a)竖向荷载作用下的内力图;(b)左向水平荷载作用下的内力图

8.2.3　现浇框架节点构造

构件连接是框架设计的一个重要组成部分。只有通过构件之间的相互连接,结构才能成为一个整体。现浇框架的连接构造,主要是梁与柱、柱与柱之间的配筋构造。

(1)顶层中节点柱纵向钢筋和边节点柱内侧纵向钢筋应伸至柱顶;当从梁底边计算的直线锚固长度不小于 l_a 时,可不必水平弯折,否则应向柱内或梁、板水平弯折;当充分利用柱纵向钢筋的抗拉强度时,其锚固段弯折前的竖直投影长度不应小于 $0.5l_a$,弯折后的水平投影长度不宜小于 12 倍的柱纵向钢筋直径。

(2)顶层端节点处,在梁宽范围以内的柱外侧纵向钢筋可与梁上部纵向钢筋搭接,搭接长度不应小于 $1.5l_a$;在梁宽范围以外的柱外侧纵向钢筋可伸入现浇板内,其伸入长度与伸入梁内的相同。当柱外侧纵向钢筋的配筋率大于 1.2%时,伸入梁内的柱纵向钢筋宜分两批截断,其截断点之间的距离不宜小于 20 倍的柱纵向钢筋直径。

(3)梁上部纵向钢筋伸入端节点的锚固长度,直线锚固时不应小于 l_a,且伸过柱中心线的长度不宜小于 5 倍的梁纵向钢筋直径;当柱截面尺寸不足时,梁上部纵向钢筋应伸至节点对边并向下弯折,锚固段弯折前的水平投影长度不应小于 $0.4l_a$,弯折后的竖直投影长度应取 15 倍的梁纵向钢筋直径。

(4)当计算中不利用梁下部纵向钢筋的强度时,其伸入节点内的锚固长度应取不小于 12 倍的梁纵向钢筋直径。当计算中充分利用梁下部钢筋的抗拉强度时,梁下部纵向钢筋可采用直线方式或向上 90°弯折方式锚固于节点内,直线锚固时的锚固长度不应小于 l_a;弯折锚固时,锚固段的水平投影长度不应小于 $0.4l_a$,竖直投影长度应取 15 倍的梁纵向钢筋直径。

8.3 剪力墙结构

为保证墙体的稳定及浇灌混凝土的质量，钢筋混凝土剪力墙的截面厚度不应小于楼层净高的 1/25，也不应小于 140mm。采用装配式楼板时，楼板搁置不能切断或过多削弱剪力墙沿高度的连续性，剪力墙至少应有 60%面积与上层相连。在决定墙厚时也应考虑这一因素。

剪力墙的配筋有单排及双排配筋两种形式，见图 8.11。单排配筋施工方便，但当墙厚度较大时，表面易出现温度收缩裂缝。在山墙及楼梯间一侧的剪力墙，常常有墙体平面外的偏心。因此在多数情况下剪力墙都宜配置双排钢筋，双排钢筋之间要设置拉结筋。

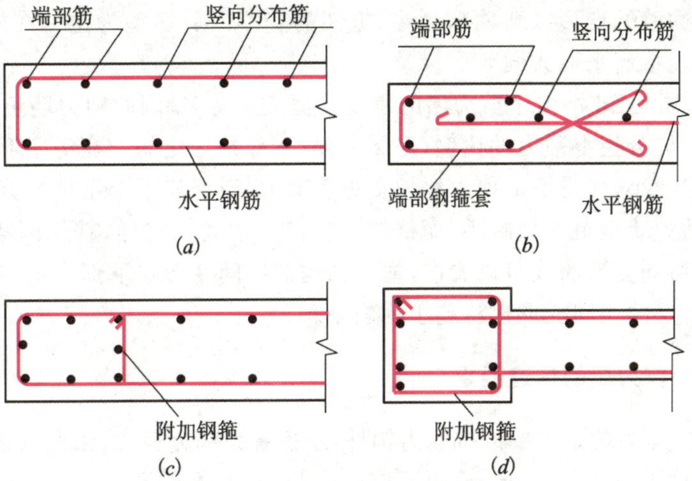

图 8.11　剪力墙截面配筋形式

(a)双排筋；(b)单排筋；(c)暗柱；(d)明柱

一般剪力墙竖向和水平分布钢筋间距均不应大于 300mm，分布钢筋直径均不应小于 8mm。

剪力墙竖向及水平分布钢筋的搭接连接，如图 8.11 所示。

剪力墙上开洞时，洞口边缘必须配置钢筋，必要时应配斜筋以抵抗洞口角部的应力集中。

当洞口较大，按整体小开口墙或联肢墙计算剪力墙内力时，洞口边的钢筋按连梁及墙肢截面计算要求配置，如洞口较小，按整体计算时，洞口按构造要求配置钢筋。每边不少于 2ϕ12，钢筋伸过洞口边至少 600mm 或 l_a，如图 8.12 所示。

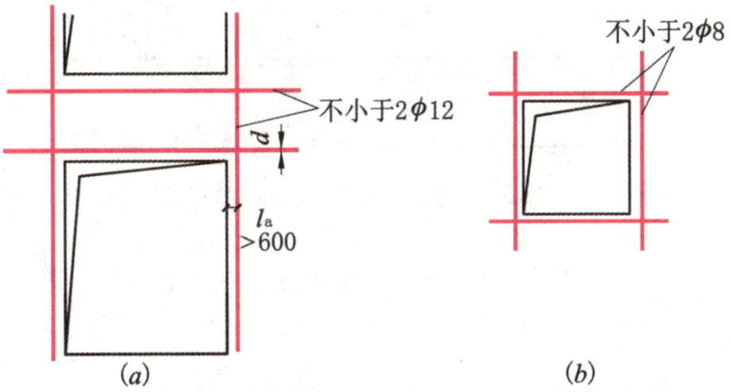

图 8.12　洞口配筋

(a)门窗洞口；(b)小洞口

注：抗震时锚固长度为 l_{aE}。

当开的洞口很小(如穿管道需要的小洞),未切断分布筋时,可利用分布筋作洞口边的钢筋。当洞口切断分布筋时,则洞口边应放置构造钢筋,其面积不小于切断的分布筋或不小于 2ϕ8。

8.4　框架-剪力墙结构简介

8.4.1　框架-剪力墙结构的受力特点

框架-剪力墙结构是由框架和剪力墙两类抗侧力单元组成,这两类抗侧力单元的变形和受力特点不同。剪力墙的变形以弯曲型为主,框架的变形以剪切型为主。在框-剪结构中,框架和剪力墙由楼盖连接起来而共同变形。

框-剪结构协同工作时,由于剪力墙的刚度比框架大得多,因此剪力墙负担大部分水平力;另外,框架和剪力墙分担水平力的比例,房屋上部、下部是变化的。在房屋下部,由于剪力墙变形增大,框架变形减小,使得下部剪力墙担负更多剪力,而框架下部担负的剪力较少。在上部,情况恰好相反,剪力墙担负外载减小,而框架担负剪力增大。这样,就使框架上部和下部所受剪力均匀化。从协同变形曲线可以看出,框架结构的层间变形在下部小于纯框架,在上部小于纯剪力墙,因此各层的层间变形也将趋于均匀化。

8.4.2　框架-剪力墙的构造要求

框-剪结构中,剪力墙是主要的抗侧力构件,承担着大部分剪力,因此构造上应加强。

剪力墙的厚度不应小于 160mm,也不应小于 $h/20$(h 为层高)。

剪力墙墙板的竖向和水平方向分布钢筋的直径不应小于 8mm,间距不应大于 300mm,并至少采用双排布置。各排分布钢筋间应设拉筋,拉筋直径不小于 6mm,间距不应大于 600mm。

剪力墙周边应设置梁(或暗梁)和端柱组成边框。墙中的水平和竖向分布钢筋宜分别贯穿柱、梁或锚入周边的柱、梁中,锚固长度为 l_a。端柱的箍筋应沿全高加强配置。

剪力墙水平和竖向分布钢筋的搭接长度不应小于 $1.2l_a$。同排水平分布钢筋的搭接接头之间以及上、下相邻水平分布钢筋的搭接接头之间沿水平方向的净距不宜小于 500mm,如图 8.13 所示。竖向分布钢筋可在同一高度搭接。

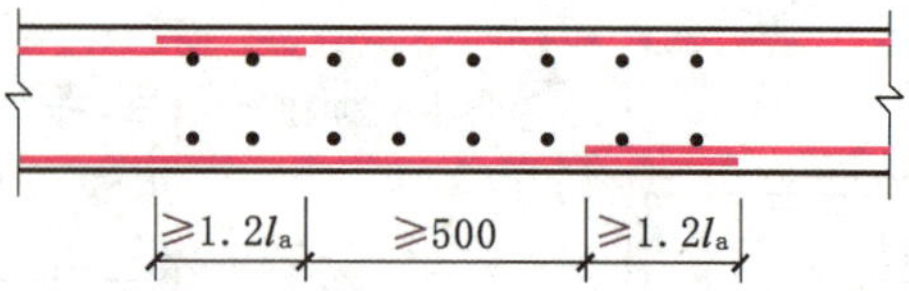

图 8.13　剪力墙内分布钢筋的连接

注:抗震设计时,图中锚固长度取 l_{aE}。

剪力墙洞口上、下两边的水平纵向钢筋不应少于 2 根直径 12mm 的钢筋,钢筋截面面积分别不宜小于洞口截断面的水平分布钢筋总截面面积的 1/2。纵向钢筋自洞口边伸入墙内的长度不应小于 l_a。剪力墙洞口边梁应沿全长配置箍筋,箍筋不宜小于 ϕ6@150。在顶层洞口连系梁纵向钢筋伸入墙内的锚固长度范围内，应设置间距不大于 150mm 的箍筋，箍筋直径宜与该连系梁跨内箍筋相同，如图 8.14 所示。同时，门窗洞边的竖向钢筋应按受拉钢筋锚固在顶层连系梁高度范围内。

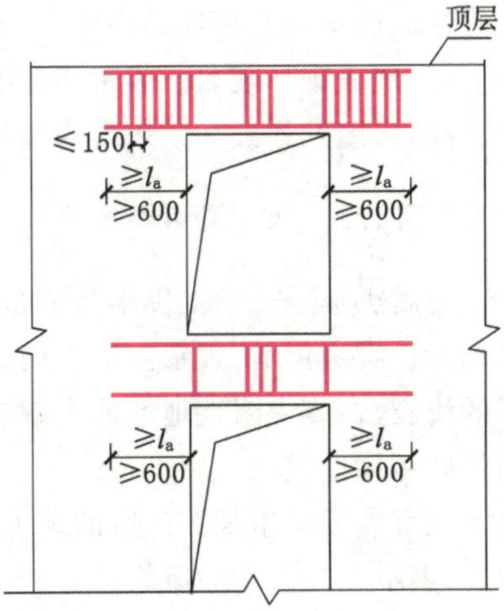

图 8.14 连系梁配筋构造

注：抗震设计时，图中锚固长度取 l_{aE}。

当剪力墙墙面开有非连续小洞口（其各边长度小于 800mm），且在整体计算中不考虑其影响时，应将洞口处被截断的分布筋量分别集中配置在洞口上、下和左、右两边，且钢筋直径不应小于 12mm，如图 8.15(*a*)所示。穿过连系梁的管道宜预埋套管，洞口上、下的有效高度不宜小于梁高的 1/3，且不宜小于 200mm，洞口处宜配置补强钢筋，如图 8.15(*b*)所示。

剪力墙端部应按构造配置不少于 4 根 12mm 的纵向钢筋，沿纵向钢筋应配置不少于直径 6mm、间距为 250mm 的拉筋。

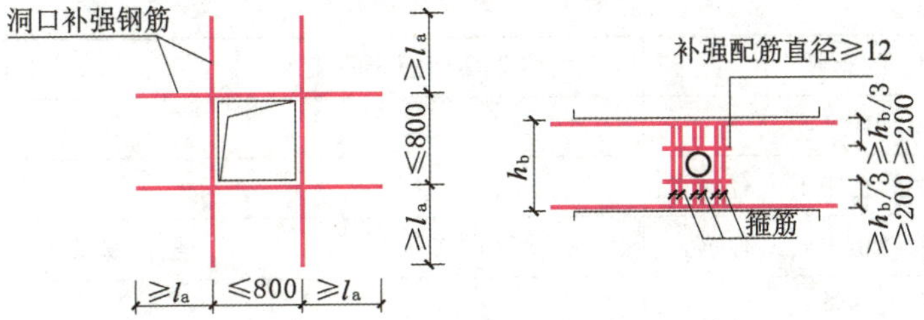

(*a*) (*b*)

图 8.15 洞口补强配筋示意

(*a*)剪力墙洞口补强；(*b*)连系梁洞口补强

注：抗震设计时，图中锚固长度取 l_{aE}。

8.5 多层及高层钢筋混凝土房屋抗震措施

8.5.1 地震基本知识

8.5.1.1 地震及其破坏作用

地震是指由于人工爆破、矿山开采、工程活动以及火山爆发、地壳的运动所引起的地面震动。

地震可分为诱发地震和天然地震两大类。

诱发地震主要是由于人工爆破、矿山开采及工程活动（如兴建水库）所引发的地震。诱发地震一般都不太强烈，仅有个别情况（如水库地震）会造成严重的地震灾害。

天然地震主要有构造地震与火山地震。后者由火山爆发所引起，前者由地壳构造运动所产生。比较而言，构造地震发生次数多（占地震发生总数约 90%）、影响范围广，是建筑抗震设防研究的对象，以下所称地震均指构造地震。

地震时会释放出巨大的能量，从而造成地震灾害。地震灾害分为原生地震、次生地震，由地震造成的地面和房屋的破坏，主要表现有：

(1)地表破坏现象。表现为地裂缝、地面下沉、喷水冒砂和滑坡等形式。

(2)房屋结构破坏。表现为墙体裂缝、钢筋混凝土构件开裂或酥裂等。

8.5.1.2　地震震级和烈度

地震震级是表示地震本身能量大小的一种度量，其数值是根据地震仪记录到的地震波图表确定。震级用 M 表示。地震震级每增加一级，地震所释放的能量约增加 30 倍。大于 2.5 级的浅震，在震中附近地区的人就有感觉，叫作有感地震；5 级以上的地震会造成明显的破坏，叫作破坏性地震。

地震烈度是指某一区域的地表和各类建筑物遭受某一次地震影响的平均强弱程度。一次地震，表示地震大小的震级只有一个。然而，由于同一次地震对不同地点的影响不一样，随着距离震中的远近会出现多种不同的烈度。一般来说，距离震中近，烈度就高；距离震中越远，烈度也越低。为评定地震烈度而建立起来的标准叫地震烈度表。不同国家所规定的地震烈度表往往是不同的，我国规定的地震烈度见表 8.1。

表 8.1　中国地震烈度表

烈度	人的感觉	大多数房屋震害程度	其他现象
1	无感觉		
2	室内个别静止中的人有感觉		
3	室内少数静止中的人有感觉	门、窗轻微作响	悬挂物微动
4	室内多数人感觉； 室外少数人感觉； 少数人梦中惊醒	门、窗作响	悬挂物明显摆动，器皿作响
5	室内普遍感觉； 室外多数人感觉； 多数人梦中惊醒	门窗、屋顶、屋梁颤动作响，灰土掉落，抹灰出现微细裂缝	不稳定器物翻倒
6	惊慌失措，仓皇逃出	损坏——个别砖瓦掉落，墙体微细裂缝	河岸和松软土上出现裂缝；饱和砂层出现喷砂冒水；地面上有的砖烟囱轻度裂缝、掉头
7	大多数人仓皇逃出	轻度破坏——局部破坏、开裂，但不妨碍使用	河岸出现塌方，饱和砂层常见喷砂冒水；松软土地裂缝较多；大多数砖烟囱中等破坏
8	摇晃颠簸，走路困难	中等破坏——结构受损，需要修理	干硬土上亦有裂缝；大多数砖烟囱严重破坏
9	坐立不稳，行动的人可能摔跤	严重破坏——墙体龟裂，局部倒塌，修复困难	干硬土上有许多裂缝，基岩上可能出现裂缝；滑坡、塌方常见；砖烟囱出现倒塌
10	骑自行车的人会摔倒；处于不稳定状态的人会摔出几尺远，有抛起感	大部倒塌	山崩和地震断裂出现，基岩上的拱桥破坏；大多数砖烟囱从根部破坏或倒毁

续表 8.1

烈度	人的感觉	大多数房屋震害程度	其他现象
11		普遍倒塌	地震断裂延续很长,大量山崩滑坡
12			地面剧烈变化,山河改观

注:①1～5度以地面上人的感觉为主;6～10度以房屋震害为主,人的感觉仅供参考;11、12度以地表现象为主。11、12度的评定,需要专门研究。

②表中数量词的说明:个别:10%以下;少数:10%～50%;多数:50%～70%;大多数:70%～90%;普遍:90%以上。

8.5.1.3 建筑抗震设防

(1)抗震设防的依据

一个地区在一定时期(我国取50年)内在一般场地条件下按一定的概率(我国取10%)可能遭遇到的最大地震烈度称为基本烈度。

抗震设防烈度是指按国家规定的权限批准作为一个地区抗震设防依据的地震烈度。一般取基本烈度。

(2)建筑抗震设防分类

建筑应根据其使用功能的重要性分为特殊设防类(甲类)、重点设防类(乙类)、标准设防类(丙类)、适度设防类(丁类)四个抗震设防类别。甲类建筑应属于重大建筑工程和地震时可能发生严重次发性灾害的建筑,乙类建筑应属于地震时使用功能不能中断或需尽快恢复的建筑,丙类建筑应属于除甲、乙、丁类以外的一般建筑,丁类建筑应属于抗震次要建筑。

(3)抗震设防标准

抗震设防标准是指衡量抗震设防要求的尺度,由抗震设防烈度和建筑使用功能的重要性确定。

①甲类建筑,地震作用应高于本地区抗震设防烈度的要求,其值应按批准的地震安全性评价结果确定;抗震措施,当抗震设防烈度为6～8度时,应符合本地区抗震设防烈度提高一度的要求,当为9度时,应符合比9度抗震设防更高的要求。

②乙类建筑,地震作用应符合本地区抗震设防烈度的要求;抗震措施,一般情况下,当抗震设防烈度为6～8度时,应符合本地区抗震设防烈度提高一度的要求,当为9度时,应符合比9度抗震设防更高的要求;地震基础的抗震措施,应符合有关规定。对较小的乙类建筑,当其结构改用抗震性能较好的结构类型时,应允许仍按本地区抗震设防烈度的要求采取抗震措施。

③丙类建筑,地震作用和抗震措施均应符合本地区抗震设防烈度的要求。

④丁类建筑,一般情况下,地震作用仍应符合本地区抗震设防烈度的要求;抗震措施应允许比本地抗震设防烈度的要求适当降低,但抗震设防烈度为6度时不应降低。抗震设防烈度为6度时,除本规范有具体规定外,对乙、丙、丁类建筑可不进行地震作用计算。

(4)抗震设防的目的

抗震设防的目的是在一定的经济条件下,最大限度地限制和减轻建筑物的地震破坏,保障人民生命财产的安全。为了实现这一目的,近年来,许多国家的抗震设计规范都趋向于以“小震不坏、中震可修、大震不倒”作为建筑抗震设计的基本准则。

“小震不坏”即当遭受低于本地区抗震设防烈度的多遇地震影响时,一般不受损坏或不需修理仍可继续使用;

“中震可修”即遭受相当于本地区抗震设防烈度的地震影响时,建筑物可能损坏,经一般修理或不需修理仍可继续使用；

"大震不倒"即当遭受到本地区抗震设防烈度预估的罕遇地震影响时，建筑物不致倒塌或发生危及生命的严重破坏。

8.5.1.4　抗震设计的基本要求

建筑设计应符合抗震概念设计的要求。所谓建筑抗震概念设计指根据地震灾害和工程经验等所形成的基本设计原则和设计思想，进行建筑和结构总体布置并确定细部构造的过程。建筑抗震概念设计的基本内容和要求如下：

(1)场地和地基的要求

①同一结构单元的基础不宜设置在性质截然不同的地基上；

②同一结构单元不宜部分采用天然地基、部分采用桩基；

③地基为软弱黏性土、液化土、新近填土或严重不均匀土时，应估计地震时地基不均匀沉降或其他不利影响，并采取相应的措施。

所谓地基，是指为支撑基础的土体或岩体；场地指工程群体所在地，其范围相当于厂区、居民小区和自然村或不小于 1.0km^2 的平面面积。

不同场地上的地震，其频谱特征有明显的差别。为了反映这一特点，我国建筑抗震设计规范将场地划分为四个不同的类别，见表 8.2。

表 8.2　各类建筑场地的覆盖层厚度(m)

岩石的剪切波速 v_s 或土的等效剪切波速 v_{se}(m/s)	场地类别				
	I_0 类	I_1 类	Ⅱ类	Ⅲ类	Ⅳ类
$v_s>800$	0	—	—	—	—
$500<v_s\leqslant 800$	—	0	—	—	—
$250<v_{se}\leqslant 500$	—	<5	≥5	—	—
$150<v_{se}\leqslant 250$	—	<3	3～50	>50	—
$v_{se}\leqslant 150$	—	<3	3～15	>15～80	>80

(2)建筑设计和建筑结构的规则性

建筑设计时应符合抗震设计要求，不应采用严重不规则的设计方案。

(3)结构体系的要求

①应具有明确的计算简图和合理的地震作用传递途径。

②应避免因部分结构或构件破坏而导致整个结构丧失抗震能力或对重力荷载的承载能力。

③应具备必要的抗震能力、良好的变形能力和消耗地震能量的能力。

④对可能出现的薄弱部位，应采取措施提高抗震能力。

8.5.2　多层及高层钢筋混凝土房屋抗震措施

抗震措施指除地震作用计算和抗力计算以外的抗震设计内容，包括抗震构造措施。

8.5.2.1　震害特点

(1)钢筋混凝土框架房屋的震害

钢筋混凝土框架房屋是我国工业与民用建筑较常用的结构形式，层数一般在十层以下，多数为五层或六层。

①结构层间屈服强度有明显的薄弱楼层

钢筋混凝土框架结构在整体设计上存在较大的不均匀性，使得这些结构存在着层间屈服强度特别弱的楼层。在强烈地震作用下，结构的薄弱楼层率先屈服，进而发展为弹塑性变形，并形成弹塑性变形集中的现象。

②柱端与节点的破坏较为突出

框架结构的构件震害一般是梁轻柱重，柱顶重于柱底，尤其是角柱和边柱更易发生破坏。除剪跨比小的短柱（如楼梯间平台柱等）易发生柱中剪切破坏外，一般柱是柱端的弯曲破坏，轻者发生水平或斜向断裂，重者混凝土压酥，主筋外露、压屈和箍筋崩脱。当节点核心区无箍筋约束时，节点与柱端破坏合并加重。当柱侧有强度高的砌体填充墙紧密嵌砌时，柱顶剪切破坏加重，破坏部位还可能转移到窗（门）洞上下处，甚至出现短柱的剪切破坏。

③砌体填充墙的破坏较为普遍

砌体填充墙刚度大而承载力低，首先承受地震作用而遭受破坏，在 8 度或 8 度以上地震作用下，填充墙的裂缝明显加重，甚至部分倒塌，震害规律一般是上轻下重，空心砌体墙重于实心砌体墙。

④防震缝的震害也很普遍

以往抗震设计多主张复杂、不规则的钢筋混凝土结构房屋用防震划分较规则的单元。由于防震缝的宽度受到建筑装饰等要求限制，往往难以满足强烈地震时实际侧移量，从而造成相邻单元间碰撞而产生震害。

(2)高层钢筋混凝土剪力墙结构和钢筋混凝土框架-剪力墙结构房屋的震害

历次地震震害表明，高层钢筋混凝土剪力墙结构和高层钢筋混凝土框架-剪力墙结构房屋具有较好的抗震性能，其震害一般比较轻，其震害主要特点是：

①设有剪力墙的钢筋混凝土结构有良好的抗震性能

通过实际震害分析，人们普遍认识到设置剪力墙的钢筋混凝土结构，其抗震效果远比柔性框架为好，所以对建筑装修要求较高的房屋和高层建筑应优先采用框架-剪力墙结构或剪力墙结构。

②连系梁和墙肢底层的破坏是剪力墙的主要震害

开洞剪力墙中，由于洞口应力集中，连系梁端部极为敏感，在约束弯矩作用下，很容易在连系梁端部形成垂直方向的弯曲裂缝。

8.5.2.2 抗震设计的一般规定

(1)钢筋混凝土高层建筑房屋的适用高度和高宽比

钢筋混凝土高层建筑结构的最大适用高度和高宽比应分为 A 级和 B 级。B 级高度高层建筑结构的最大适用高度和高宽比可较 A 级适当放宽，其结构抗震等级、有关的计算和构造措施应相应严格。

A 级高度钢筋混凝土乙类和丙类高层建筑的最大适用高度应符合表 8.3 的规定，框架-剪力墙、剪力墙和筒体结构高层建筑，其高度超过表 8.3 的规定时，为 B 级高度高层建筑。B 级高度钢筋混凝土乙类和丙类高层建筑的最大适用高度应符合表 8.4 的规定。钢筋混凝土高层建筑结构适用的最大高宽比应符合表 8.5 的规定。

表 8.3　A 级高度钢筋混凝土高层建筑的最大适用高度(m)

结构体系		非抗震设计	设防烈度				
			6 度	7 度	8 度		9 度
					0.20g	0.30g	
框架结构		70	60	50	40	35	—
框架-剪力墙结构		150	130	120	100	80	50
剪力墙结构	全部落地剪力墙结构	150	140	120	100	80	60
	部分框支剪力墙结构	130	120	100	80	50	不应采用
筒体结构	框架-核心筒结构	160	150	130	100	90	70
	筒中筒结构	200	180	150	120	100	80
板柱-剪力墙		110	80	70	55	40	不应采用

注:①表中框架不含异形柱框架;

②部分框支剪力墙结构指地面以上有部分框支剪力墙的剪力墙结构;

③甲类建筑,6、7、8 度时宜按本地区抗震设防烈度提高一度后符合本表的要求,9 度时应专门研究;

④框架结构、板柱-剪力墙结构以及 9 度抗震设防的表列其他结构,当房屋高度超过表内高度的房屋,应进行专门研究和论证,采取有效的加强措施。

表 8.4　B 级高度钢筋混凝土高层建筑的最大适用高度(m)

结构体系		非抗震设计	抗震设防烈度			
			6 度	7 度	8 度	
					0.20g	0.30g
框架-剪力墙		170	160	140	120	100
剪力墙	全部落地剪力墙	180	170	150	130	110
	部分框支剪力墙	150	140	120	100	80
筒体	框架-核心筒	220	210	180	140	120
	筒中筒	300	280	230	170	150

注:①部分框支剪力墙结构指地面以上有部分框支剪力墙的剪力墙结构;

②甲类建筑,6、7 度时宜按本地区设防烈度提高一度后符合本表的要求,8 度时应专门研究;

③当房屋高度超过表中数值时,结构设计应有可靠依据,并采取有效措施。

表 8.5　钢筋混凝土高层建筑结构适用的最大高宽比

结构体系	非抗震设计	抗震设防烈度		
		6 度、7 度	8 度	9 度
框架	5	4	3	—
板柱-剪力墙	6	5	4	—
框架-剪力墙、剪力墙	7	6	5	4
框架-核心筒	8	7	6	4
筒中筒	8	8	7	5

(2)抗震等级

钢筋混凝土房屋应根据烈度、结构类型和房屋高度采用不同的抗震等级,并应符合相应的计算和构造措施要求。丙类建筑的抗震等级按表 8.6、表 8.7 确定。

抗震设防类别为甲、乙、丁类的建筑,应按表 8.3 确定抗震等级。其中,8 度乙类建筑高度超过表 8.3 规定的范围时,应经专门研究采取比一级更有效的抗震措施。

(3)防震缝

高层钢筋混凝土房屋宜避免采用规范规定的不规则建筑结构方案,不设防震缝;当需要设置防震缝时,应符合下列规定:

①框架结构房屋的防震缝最小宽度,当高度不超过 15m 时,可采用 100mm;超过 15m 时,6 度、7 度、8 度和 9 度相应每增加高度 5m、4m、3m 和 2m,宜加宽 20mm。

②框架-剪力墙结构房屋的防震缝宽度可用①项规定数值的 70%,剪力墙结构房屋的防震缝宽度可采用①项规定数值的 50%,且均不宜小于 100mm。

③防震缝两侧结构类型不同时,宜按需要较宽防震缝的结构类型和较低房屋高度确定缝宽。

表 8.6 A 级高度的高层建筑结构抗震等级

结构类型			烈度						
			6 度		7 度		8 度		9 度
框架结构			三		二		一		一
框架-剪力墙结构	高度(m)		≤60	>60	≤60	>60	≤60	>60	≤50
	框架		四	三	三	二	二	一	一
	剪力墙		三		二		一		一
剪力墙结构	高度(m)		≤80	>80	≤80	>80	≤80	>80	≤60
	剪力墙		四	三	三	二	二	一	一
部分框支剪力墙结构	非底部加强部位的剪力墙		四	三	三	二	二	—	—
	底部加强部位的剪力墙		三	二	二	一	一		
	框支框架		二		二	一	一		
筒体结构	框架-核心筒	框架	三		二		一		一
		核心筒	二		二		一		一
	筒中筒	内筒	三		二		一		一
		外筒							
板柱-剪力墙结构	高度		≤35	>35	≤35	>35	≤35	>35	—
	框架、板柱及柱上板带		三	二	二	二	一	一	
	剪力墙		二	二	二	一	二	一	

注:①接近或等于高度分界时,应结合房屋不规则程序及场地、地基条件适当确定抗震等级;

②底部带转换层的筒体结构,其转换框架的抗震等级应按表中部分框支剪力墙结构的规定采用;

③当框架-核心筒结构的高度不超过 60m 时,其抗震等级应允许按框架-剪力墙结构采用。

表 8.7　B 级高度的高层建筑结构抗震等级

结构类型		烈度		
		6 度	7 度	8 度
框架-剪力墙	框架	二	一	一
	剪力墙	二	一	特一
剪力墙	剪力墙	二	一	一
框支剪力墙	非底部加强部位剪力墙	二	一	一
	底部加强部位剪力墙	一	一	一
	框支框架	一	特一	特一
框架-核心筒	框架	二	一	一
	筒体	二	一	特一
筒中筒	外筒	二	一	特一
	内筒	二	一	特一

注:底部带转换层的筒体结构,其框支架和底部加强部位筒体的抗震等级应按表中框支架剪力墙结构的规定采用。

(4) 抗撞墙

8、9 度框架结构房屋防震缝两侧结构高度、刚度或层高相差较大时,可在缝两侧房屋的尽端沿全高设置垂直于防震缝的抗撞墙,每一侧抗撞墙的数量不应少于两道,宜分别对称布置,墙肢长度可不大于一个柱距,框架和抗撞墙的内力应按设置和不设置抗撞墙两种情况分别进行分析,并按不利情况取值。防震缝两侧抗撞墙的端柱和框架的边柱、箍筋应沿房屋全高加密。

(5)纵向钢筋锚固和连接

纵向受拉钢筋的抗震锚固长度 l_{aE} 应按下式计算:

$$l_{aE}=\eta l_a \tag{8.1}$$

式中　η——系数,一、二级抗震等级取 1.15,三级取 1.05,四级取 1.0;

l_a——纵向受拉钢筋的锚固长度。

现浇钢筋混凝土框架梁、柱的纵向受力钢筋的连接方法,一、二级框架柱的各部位及三级框架柱的底层宜采用机械连接接头,也可采用绑扎搭接或焊接接头;三级框架柱的其他部位和四级框架柱可采用绑扎搭接或焊接接头。一级框架梁宜采用机械连接接头,二、三、四级框架梁可采用绑扎搭接或焊接接头。

焊接或绑扎接头均不宜位于构件最大弯矩处,且宜避开梁端、柱端的箍筋加密区。当无法避免时,应采用机械连接接头,且钢筋接头面积百分率不应超过 50%。

当采用绑扎搭接接头时,其搭接长度不应小于下式计算值:

$$l_{lE}=\zeta l_{aE} \tag{8.2}$$

式中　l_{lE}——抗震设计时受拉钢筋的搭接长度;

ζ——受拉钢筋搭接长度修正值。

(6)箍筋的要求

箍筋末端应做135°的弯钩，弯钩的平直部分的长度不应小于10d(d为箍筋直径)，高层建筑中尚不应小于75mm，如图8.16所示。在纵向受力钢筋搭接长度范围内的箍筋直径不应小于搭接钢筋较大直径的25%，间距不应大于搭接钢筋较小直径的5倍，且不应大于100mm。

8.5.2.3 抗震构造措施

1.框架结构的抗震构造措施

(1)梁的截面尺寸宜符合下列各项要求：截面宽度不宜小于200mm；截面高宽比不宜大于4；净跨与截面高度之比不宜小于4。

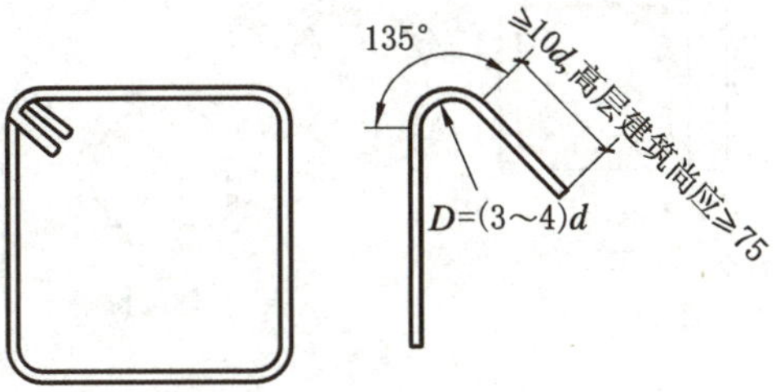

图8.16 箍筋的端部构造

(2)梁的纵向钢筋配置应符合下列各项要求：沿梁全长顶面和底面的配筋，一、二级不应少于2ϕ14，且分别不应少于梁两端顶面和底面纵向配筋中较大截面面积的1/4，三、四级不应少于2ϕ12。一、二级框架梁内贯通中柱的每根纵向钢筋直径，对矩形截面柱，不宜大于柱在该方向截面尺寸的1/20；对圆形截面柱，不宜大于纵向钢筋所在位置柱截面弦长的1/20。

(3)梁端箍筋加密区的长度，箍筋的最大间距和最小直径应按表8.8采用，当梁端纵向受拉钢筋配筋率大于2%时，表中箍筋最小直径应增大2mm。

表8.8 梁端箍筋加密区的长度、箍筋的最大间距和最小直径

抗震等级	加密区长度(采用较大值)(mm)	箍筋最大间距(采用最小值)(mm)	箍筋最小直径(mm)
一	$2h_b$,500	$h_b/4$,6d,100	10
二	$1.5h_b$,500	$h_b/4$,8d,100	8
三	$1.5h_b$,500	$h_b/4$,8d,150	8
四	$1.5h_b$,500	$h_b/4$,8d,150	6

注：d为纵向钢筋直径，h_b为梁截面高度。

梁端加密区的箍筋肢距，一级不宜大于200mm或20倍箍筋直径的较大值，二、三级不宜大于250mm或20倍箍筋直径的较大值，四级不宜大于300mm。

(4)柱的截面尺寸宜符合下列各项要求：截面的宽度和高度均不宜小于300mm；圆柱直径不宜小于350mm；剪跨比宜大于2；截面长边与短边的边长比不宜大于3。

(5)柱的纵向钢筋配置应符合下列各项要求：宜对称配置；截面尺寸大于400mm的柱，纵向钢筋间距不宜大于200mm；柱纵向钢筋的绑扎接头应避开柱端的箍筋加密区。

柱箍筋的类别见图8.17。

(6)柱的箍筋加密范围应按下列规定采用：

①柱端，取截面高度(圆柱直径)、柱净高的1/6和500mm三者的最大值。

②底层柱，柱根不小于柱净高的1/3。当有刚性地面时，除柱端外尚应取刚性地面上下各500mm。

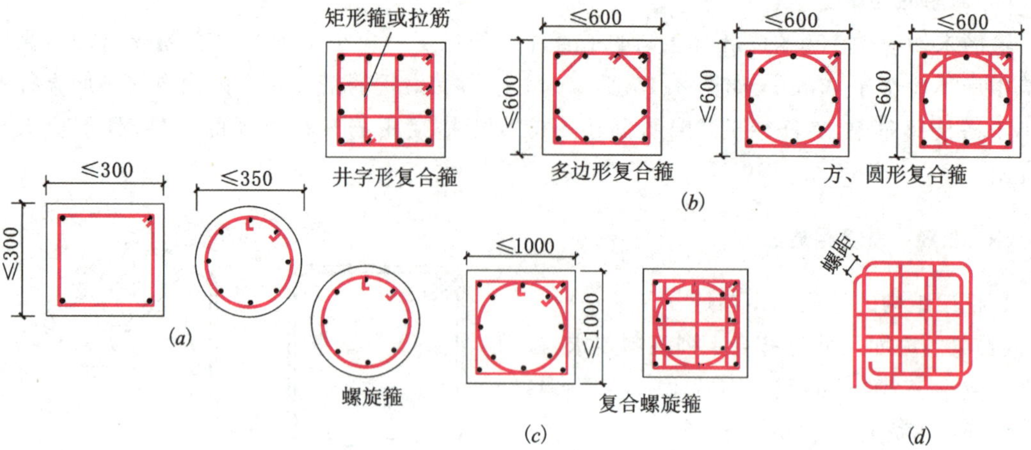

图 8.17　柱箍筋的类别

③剪跨比不大于 2 的柱和因设置填充墙等形成的柱净高与柱截面高度之比不大于 4 的柱，取全高。

一般情况下，柱箍筋加密区的箍筋最大间距和最小直径应按表 8.9 采用。

表 8.9　柱箍筋加密区的箍筋最大间距和最小直径

抗震等级	箍筋最大间距(采用较小值，mm)	箍筋最小直径(mm)
一	6*d*，100	10
二	8*d*，100	8
三	8*d*，150(柱根 100)	8
四	8*d*，150(柱根 100)	6(柱根 8)

注：*d* 为柱纵筋最小直径；柱根指框架底层柱的嵌固部位。

二级框架柱的箍筋直径不小于 10mm 且箍筋肢距不大于 200mm 时，除柱根外最大间距应允许采用 150mm；三级框架柱的截面尺寸不大于 400mm 时，箍筋最小直径允许采用 6mm；四级框架柱剪跨比不大于 2 时，箍筋直径不应小于 8mm。

框支柱和剪跨比不大于 2 的柱，箍筋间距不应大于 100mm。

柱箍筋加密区肢距，一级不宜大于 200mm，二、三级不宜大于 250mm 或 20 倍箍筋直径的较大值，四级不宜大于 300mm。至少每隔一根纵向钢筋宜在两个方向有箍筋或拉筋约束；采用拉筋复合箍时，拉筋宜紧靠纵向钢筋并钩住箍筋。

(7)框架梁、柱纵向钢筋在节点核心区的锚固和搭接：

框架梁、柱纵向钢筋在节点区的锚固和搭接构造如图 8.18 所示。

图中 l_{abE} 按下式取用：

$$l_{abE}=\zeta_{aE}l_{ab} \tag{8.3}$$

式中　ζ_{aE}——系数，一、二级抗震等级取 1.15，三级取 1.05，四级取 1.0；

l_{ab}——受拉钢筋的基本锚固长度。

高层框架梁、柱纵向钢筋在节点核心区的锚固和搭接如图 8.19 所示。

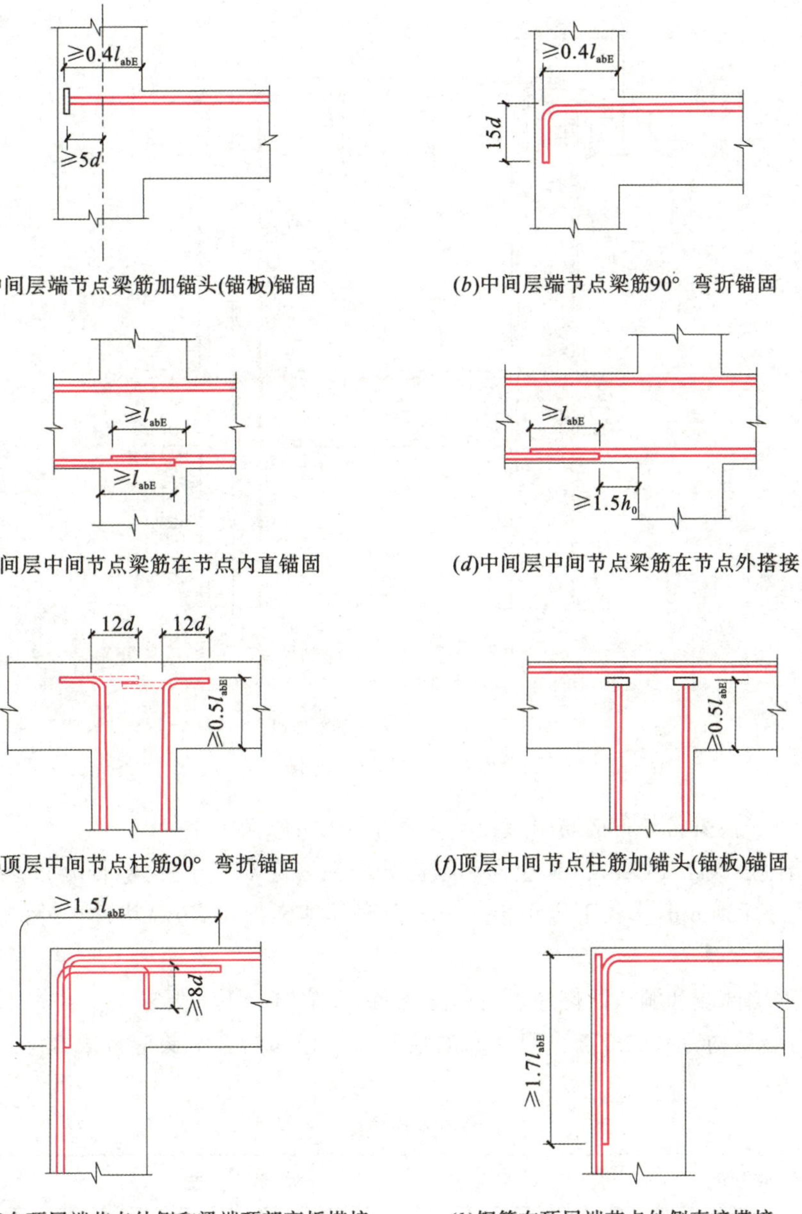

(*a*)中间层端节点梁筋加锚头(锚板)锚固　(*b*)中间层端节点梁筋90° 弯折锚固

(*c*)中间层中间节点梁筋在节点内直锚固　(*d*)中间层中间节点梁筋在节点外搭接

(*e*)顶层中间节点柱筋90° 弯折锚固　(*f*)顶层中间节点柱筋加锚头(锚板)锚固

(*g*)钢筋在顶层端节点外侧和梁端顶部弯折搭接　(*h*)钢筋在顶层端节点外侧直接搭接

图 8.18　框架梁、柱纵向钢筋在节点区的锚固和搭接

2.剪力墙结构抗震构造措施

(1)剪力墙的厚度,一、二级不应小于 160mm 且不应小于层高的 1/20,三、四级不应小于 140mm 且不应小于层高的 1/25。底部加强部位的墙厚,一、二级不宜小于 200mm 且不宜小于层高的 1/16;无端柱或翼墙时不应小于层高的 1/12。

(2)剪力墙竖、横向分布钢筋的配筋,应符合下列要求:

①钢筋最大间距不应小于 300mm,最小直径不应小于 8mm。

②部分框支剪力墙结构的剪力墙底部加强部位,纵向及横向分布钢筋间距不应大于 200mm。

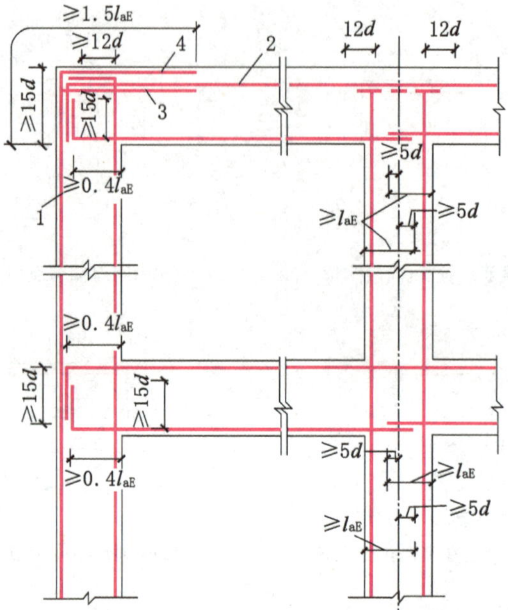

图 8.19　高层框架梁、柱纵向钢筋在节点核心区的锚固和搭接

1—柱外侧纵向钢筋，截面面积 A_{cs}；2—梁上部纵向钢筋；

3—伸入梁内的柱外侧纵向钢筋，截面面积不小于 0.65A_{cs}；

4—不能伸入梁内的柱外侧纵向钢筋，可伸入板内

剪力墙竖向、横向分布钢筋的直径不宜大于墙厚的 1/10。

剪力墙厚度大于 140mm 时，竖向和横向分布钢筋应双排布置；双排分布钢筋之间拉筋的间距不应大于 600mm，直径不应小于 6mm；在底部加强部位，边缘构件以外的拉筋间距应适当加密。

(3)剪力墙两端和洞口两侧应设置边缘构件，并应符合下列要求：

①剪力墙结构，一、二级剪力墙底部加强部位及相邻的上一层应按表 8.10 设置约束边缘构件。

表 8.10　剪力墙设置构造边缘构件的最大轴压比

等级或烈度	一级(9 度)	一级(6、7、8 度)	二、三级
轴压比	0.1	0.2	0.3

②部分框支剪力墙结构，一、二级落地剪力墙底部加强部位及相邻的上一层的两端应设置符合约束边缘构件要求的翼墙或端柱，洞口两侧应设置约束边缘构件；不落地剪力墙应在底部加强部位及相邻的上一层的墙肢两端设置约束边缘构件。

③一、二级剪力墙的其他部位和三、四级剪力墙，均应按表 8.10 设置构造边缘构件。

(4)剪力墙的约束边缘构件包括暗柱、端柱和翼墙，如图 8.20 所示。

(5)剪力墙的构造边缘构件的范围宜按图 8.21 采用；构造边缘构件的配筋应满足受弯承载力要求，并宜符合表 8.11 的要求。

(6)剪力墙的墙肢长度不大于墙厚的 3 倍时，应按柱的要求进行设计，箍筋应沿全高加密。

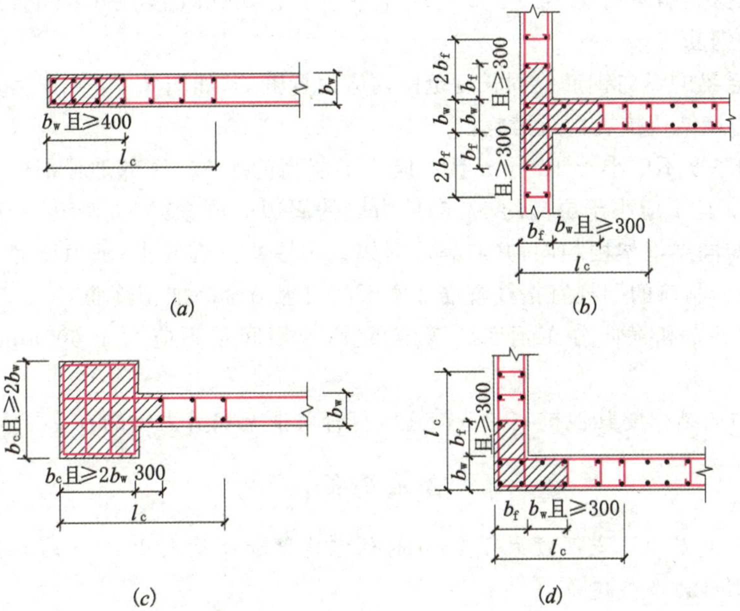

图 8.20　剪力墙的约束边缘构件

表 8.11　剪力墙构造边缘构件的配筋要求

抗震等级	底部加强部位			其他部位		
	纵向钢筋最小量（取较大值）	箍筋		纵向钢筋最小量(mm)（取较大值）	拉筋	
		最小直径(mm)	沿竖向最大间距(mm)		最小直径(mm)	沿竖向最大间距(mm)
一	$0.010A_c$,6ϕ16	8	100	$0.008A_c$,6ϕ14	8	150
二	$0.008A_c$,6ϕ14	8	150	$0.006A_c$,6ϕ12	8	200
三	$0.006A_c$,6ϕ12	6	150	$0.005A_c$,4ϕ12	6	200
四	$0.005A_c$,4ϕ12	6	200	$0.004A_c$,4ϕ12	6	250

注：①A_c为计算边缘构件纵向构造钢筋的暗柱或端柱面积，即图 8.21 剪力墙截面的阴影部分；
②对其他部位，拉筋的水平间距不应大于纵筋间距的 2 倍，转角处宜用箍筋；
③当端柱承受集中荷载时，其纵向钢筋、箍筋直径和间距应满足柱的相应要求，见图 8.21。

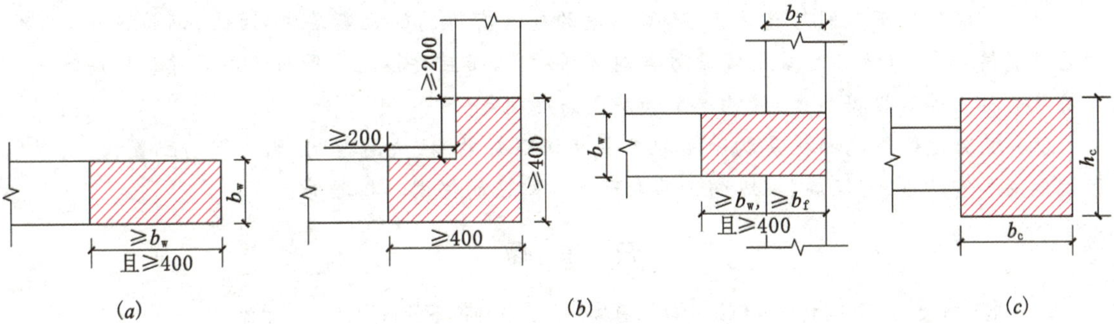

图 8.21　剪力墙的构造边缘构件范围

(a)暗柱；(b)翼柱；(c)端柱

(7)一、二级剪力墙跨高比不大于 2 且墙厚不小于 200mm 的连系梁，除普通箍筋外宜另设斜向交叉构造钢筋。

(8)顶层连系梁的纵向钢筋锚固长度范围内应设置箍筋，如图 8.14 所示。

3. 框架-剪力墙结构抗震构造措施

①剪力墙的厚度不应小于 160mm 且不应小于层高的 1/20，底部加强部位的剪力墙厚度不应小于 200mm 且不应小于层高的 1/16，剪力墙的周边应设置梁（或暗梁）和端柱组成的边框；端柱截面宜与同层框架柱相同，并应满足框架结构柱的抗震要求；剪力墙底部加强部位的端柱和紧靠剪力墙洞口的端柱宜按柱箍筋加密区的要求沿全高加密箍筋。

②剪力墙的竖向和横向分布钢筋应双排布置，拉筋间距不应大于 600mm，直径不应小于 6mm。

③框架-剪力墙结构的其他抗震构造措施应符合对框架和剪力墙的有关要求。

单元小结

(1) 10 层及 10 层以上或高度大于 28m 的住宅建筑和高度大于 24m 的其他民用建筑称为高层建筑，否则称为多层建筑。

(2) 钢筋混凝土多层及高层建筑常用的结构体系有框架体系、框架-剪力墙体系、剪力墙体系和筒体体系等。

(3) 按照施工方法的不同，钢筋混凝土框架结构可分为全现浇式、全装配式、装配整体式及半现浇式四种形式。

(4) 框架结构是一个空间结构体系，沿房屋的长向和短向可分别视为纵向框架和横向框架。纵、横向框架分别承受纵向和横向水平力，而竖向荷载传递路线则根据楼(层)布置方式而不同。

(5) 框架结构多为高次超静定结构。在竖向荷载和水平力作用下，梁和柱端弯矩、剪力、轴力都较大，且梁、柱可能受到反弯矩作用，所以框架柱一般采用对称配筋，抗震设计时，梁、柱端箍筋都要加密。

(6) 节点构造是保证框架结构整体空间受力性能的重要措施。现浇框架的梁、柱节点应做成刚性节点。

(7) 框架-剪力墙结构由框架和剪力墙两类抗侧力单元组成，剪力墙是主要的抗侧力构件，承担着大部分剪力，因此构造上应加强。

(8) 同样烈度下不同结构体系、不同高度的建筑有不同的抗震要求，因此，钢筋混凝土结构的抗震措施，不仅要按建筑抗震设防类别区别对待，而且要按抗震等级不同而异。钢筋混凝土房屋的抗震等级根据烈度、结构类型和房屋高度确定。

(9) 现浇框架结构的抗震构造措施主要包括框架梁、柱截面控制，纵向钢筋配置构造，梁柱端箍筋加密构造，以及梁、柱纵向钢筋在节点核心区的锚固和搭接等。

思考题

8.1　钢筋混凝土多层与高层建筑结构体系有哪几种？各种体系的适用范围是什么？

8.2　按施工方法不同，钢筋混凝土框架结构有哪几种形式？各有何优缺点？

8.3　简述现浇框架的节点构造要求，并比较有、无抗震设防要求时框架节点构造的异同。

8.4 什么是抗震设防烈度和抗震设防标准？

8.5 什么是抗震概念设计？

8.6 什么是场地与地基？

8.7 简述框架-剪力墙结构的受力特点。

8.8 纵向受拉钢筋的抗震锚固长度和绑扎搭接接头的搭接长度如何确定？

8.9 抗震设计与非抗震设计时梁、柱箍筋的构造要求有何不同？

8.10 什么是轴压比？限制框架柱和剪力墙肢轴压比的意义是什么？

9　砌体房屋的构造

知识目标

1. 掌握砌体房屋静力计算方案的分类和高厚比的概念；
2. 理解砌体房屋的构造要求(含抗震构造要求)；
3. 理解防止墙体开裂的主要措施；
4. 理解过梁、墙梁、挑梁的受力特点和构造要求；
5. 了解砌体房屋的震害特点。

思政元素举例

规范意思、质量意识、安全意识。

9.1　砌体房屋的受力特点

在砌体结构房屋中，纵横向的墙体、屋盖、楼盖、柱和基础等构件相互连接，构成一个空间受力体系，一方面承受着作用在房屋上的各种竖向荷载，另一方面还承受着墙面和屋面传来的水平荷载。由于各种构件之间是相互联系的，不仅是直接承受荷载的构件起着抵抗荷载的作用，而且与其相连接的其他构件也不同程度地参与工作，因此整个结构体系处于空间工作状态。

试验分析发现，房屋空间工作性能的主要影响因素为楼盖(屋盖)的水平刚度和横墙间距的大小。

房屋的静力计算，根据房屋的空间工作性能分为刚性方案、弹性方案、刚弹性方案。

(1)刚性方案

当房屋的横墙间距较小、楼盖(屋盖)的水平刚度较大时，房屋的空间刚度较大，在荷载作用下，房屋的水平位移很小，可视墙、柱顶端的水平位移等于零。在确定墙、柱的计算简图时，可将楼盖或屋盖视为墙、柱的水平不动铰支座，墙、柱内力按不动铰支承的竖向构件计算(图9.1(*a*))，按这种方法进行静力计算的房屋为刚性方案房屋。一般多层砌体房屋都属于这种方案。

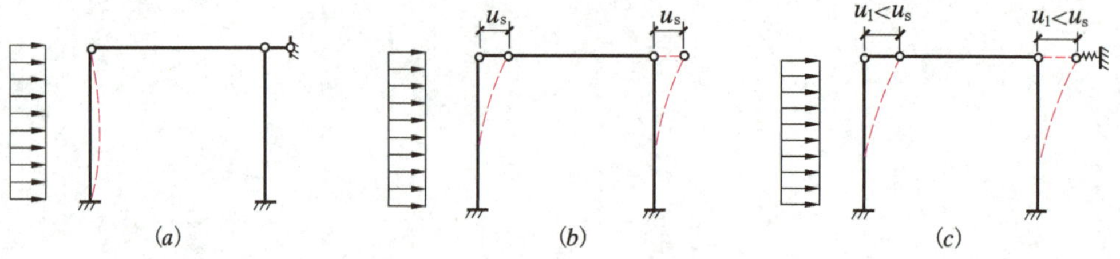

图 9.1　砌体房屋的计算简图

(*a*)刚性方案；(*b*)弹性方案；(*c*)刚弹性方案

(2)弹性方案

当房屋横墙间距较大、楼盖(屋盖)水平刚度较小时,房屋的空间刚度较小,在荷载作用下房屋的水平位移(图 9.1(*b*)中 u_s)较大,在确定计算简图时,不能忽略水平位移的影响,可不考虑空间工作性能,按这种方法计算的房屋为弹性方案房屋。一般的单层厂房、仓库、礼堂多属此种方案(图 9.1(*b*))。静力计算时,可按屋架或大梁与墙(柱)铰接的、不考虑空间工作性能的平面排架或框架计算。

(3)刚弹性方案

房屋空间刚度介于刚性方案和弹性方案房屋之间。在荷载作用下,房屋的水平位移(图 9.1(*c*)中 u_1)也介于两者之间,这种房屋为刚弹性方案房屋。在确定计算简图时,按在墙、柱有弹性支座(考虑空间工作性能)的平面排架或框架计算(图 9.1(*c*))。

根据楼(屋)盖类型和横墙间距的大小,计算时可根据表 9.1 确定房屋的静力计算方案。

表 9.1 房屋的静力计算方案

屋盖或楼盖类别		刚性方案	刚弹性方案	弹性方案
1	整体式、装配整体式和装配式无檩体系钢筋混凝土屋盖或钢筋混凝土楼盖	$s<32$	$32\leqslant s\leqslant 72$	$s>72$
2	装配式有檩体系钢筋混凝土屋盖、轻屋盖和有密铺望板的木屋盖或木楼盖	$s<20$	$20\leqslant s\leqslant 48$	$s>48$
3	瓦材屋面的木屋盖和轻钢屋盖	$s<16$	$16\leqslant s\leqslant 36$	$s>36$

注:表中 s 为横墙间距(m)。

9.2 砌体房屋构造要求

9.2.1 墙、柱高厚比的概念

墙、柱的高厚比验算是保证砌体房屋稳定性与刚度的重要构造措施之一。所谓高厚比是指墙、柱计算高度 H_0 与墙厚 h(或与柱的计算高度相对应的柱边长)的比值,用 β 表示。

$$\beta=\frac{H_0}{h}$$

砌体墙、柱的允许高厚比系指墙、柱高厚比的允许限值,用$[\beta]$表示。它与承载力无关,只是根据墙、柱在正常使用及偶然情况下的稳定性和刚度要求,由经验确定。

计算高度是指对墙、柱进行承载力计算或验算高厚比时所采用的高度,用 H_0 表示,它是由实际高度 H 并根据房屋类别和构件两端支承条件确定。

9.2.2 一般构造要求

工程实践表明,为了保证砌体结构房屋有足够的耐久性和良好的整体工作性能,必须采取合理的构造措施。

1.最小截面规定

为了避免墙柱截面过小导致稳定性能变差,以及局部缺陷对构件的影响增大,规范规定了各种构件的最小尺寸。

承重的独立砖柱截面尺寸不应小于 240mm×370mm。毛石墙的厚度不宜小于 350mm。毛料石柱截面较小边长不宜小于 400mm。当有振动荷载时，墙、柱不宜采用毛石砌体。

2. 提高砌体房屋整体性的连接措施

为了增强砌体房屋的整体性和避免局部受压损坏，《砌体结构设计规范》规定：

(1) 跨度大于 6m 的屋架和跨度大于下列数值的梁，应在支承砌体处设置混凝土或钢筋混凝土垫块：砖砌体 4.8m，砌块和料石砌体 4.2m，毛砌体 3.9m。当墙中设有圈梁时，垫块与圈梁宜浇成整体。

(2)当梁的跨度大于或等于下列数值时，其支承处宜加设壁柱或采取其他加强措施：240mm 厚的砖墙为 6m，180mm 厚的砖墙为 4.8m，砌块、料石墙为 4.8m。

(3)预制钢筋混凝土板在钢筋混凝土圈梁上的支承长度不应小于 80mm，板端伸出的钢筋应与圈梁可靠连接，且同时现浇；预制钢筋混凝土板在墙上的支承长度不应小于 100mm，并应按下列方法进行连接：

①板支承在内墙上时，板端钢筋伸出长度不应小于 70mm，且在支承处沿墙配置的纵筋绑扎，用强度等级不低于 C25 的混凝土浇筑成板带；

②板支承在外墙上时，板端钢筋伸出长度不应小于 100mm，且在支承处沿墙配置的纵筋绑扎，用强度等级不低于 C25 的混凝土浇筑成板带；

③钢筋混凝土预制板与现浇板对接时，预制板端钢筋应伸入现浇板中进行连接后，再浇筑现浇板。

(4)墙体转角处和纵横墙交接处应沿竖向每隔 400～500mm 设拉结钢筋，其数量为每 120mm 墙厚不少于 1 根直径 6mm 的钢筋；或采用焊接钢筋网片，埋入长度从墙的转角处或交接处算起，对实心砖墙每边不少于 500mm，对多孔砖墙和砌块墙不少于 700mm。

若位于抗震设防地区，楼屋盖与墙体的连接应符合抗震构造要求，见本书第 9.4.3 节。

(5)预制钢筋混凝土梁在墙上的支承长度应为 180～240mm，支承在墙、柱上的吊车梁、屋架以及跨度大于或等于下列数值的预制梁的端部，应采用锚固件与墙、柱上的垫块锚固：

① 砖砌体为 9m；

② 对砌块和料石砌体为 7.2m。

(6)山墙处的壁柱宜砌至山墙顶部，屋面构件应与山墙可靠拉结。

3. 砌块砌体房屋

(1)砌块砌体应分皮错缝搭砌，上下皮搭砌长度不得小于 90mm。当搭砌长度不满足上述要求时，应在水平灰缝内设置不少于 $2\phi4$ 的焊接钢筋网片(横向钢筋间距不宜大于 200mm)，网片每段均应超过该垂直缝，其长度不得小于 300mm。

(2)砌块墙与后砌隔墙交界处应沿墙高每 400mm 在水平灰缝内设置不少于 $2\phi4$、横筋间距不大于 200mm 的焊接钢筋网片，如图 9.2 所示。

(3)混凝土砌块房屋，宜将纵横墙交接处距墙中心线每边不小于 300mm 范围内的孔洞采用不低于 Cb20 灌孔混凝土将孔洞灌实，灌实高度应为墙身全高。

(4)混凝土砌块墙体的下列部位，如未设圈梁或混凝土垫块，应采用不低于 Cb20 灌孔混凝土将孔洞灌实：

① 搁栅、檩条和钢筋混凝土楼板的支承面下，高度不应小于 200mm 的砌体；

② 屋架、梁等构件的支承面下，高度不应小于600mm，长度不应小于600mm的砌体；

③ 挑梁支承面下，距墙中心线每边不应小于300mm，高度不应小于600mm的砌体。

(5)砌体中留槽洞或埋设管道时，应符合下列规定：

①不应在截面长边小于500mm的承重墙体、独立柱内埋设管线；

②不宜在墙体中穿行暗线或预留、开凿沟槽，无法避免时应采取必要的措施或按削弱后的截面验算墙体承载力。对受力较小或未灌孔砌块砌体，允许在墙体的竖向孔洞中设置管线。

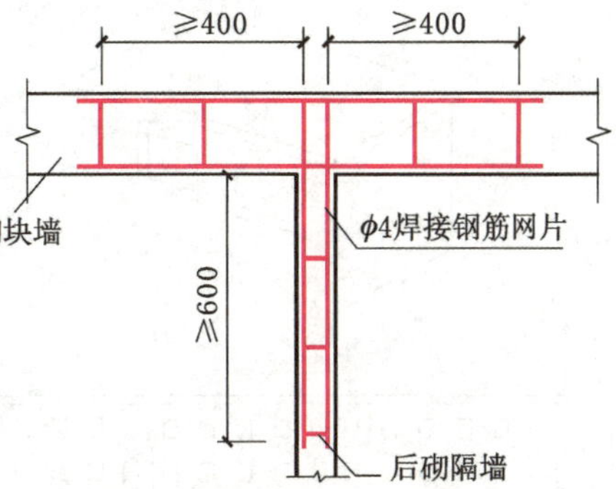

图 9.2 砌块墙与后砌隔墙交接处钢筋网片

9.2.3 框架填充墙与主体连接构造

填充墙与框架连接可根据设计要求采用脱开和不脱开的方法。填充墙与框架连接采用不脱开构造规定如下：

①沿柱高每隔500mm配置2根直径6mm的拉结钢筋(厚度大于240mm时配置3根)，钢筋伸入填充墙长度不宜小于700mm，且拉结钢筋应错开截断，相距不宜小于200mm，填充墙顶应与框架梁紧密结合。顶面与上部结构接触处宜用一皮砖或配砖斜砌楔紧。

②当填充墙有洞口时，宜在窗洞口的上端或下端、门洞口的上端设置钢筋混凝土带，应与过梁的混凝土同时浇筑，钢筋混凝土带的混凝土强度等级不低于C20。当有洞口的填充墙尽端至门窗洞口边的距离小于240mm时，宜采用钢筋混凝土门窗框。

③填充墙的长度超过5m或墙长大于2倍层高时，墙顶与梁宜有拉结措施，墙体中部应加设构造柱；墙高超过4m时，宜在墙高中部设置与柱连接的水平系梁，墙高超过6m时，宜沿墙高每2m设置与柱连接的水平系梁，梁的截面高度不小于60mm。

9.2.4 防止或减轻墙体开裂的主要措施

9.2.4.1 墙体开裂的主要原因

产生墙体裂缝的原因很多，但主要有三个，即外荷载、温度变化和砌体干缩、地基不均匀沉降。由外荷载作用引起的裂缝可以通过正确的承载力计算来避免。

(1)因温度变化和砌体干缩变形引起的墙体裂缝

温度裂缝形态有水平裂缝、八字裂缝两种，如图9.3(*a*)、(*b*)所示。

水平裂缝多发生在女儿墙根部、屋面板底部、圈梁底部附近，以及比较空旷高大房间的顶层外墙门窗洞口上下水平位置处；八字裂缝多发生在房屋顶层墙体的两端，且多数出现在门窗洞口上下，呈八字形。

干缩裂缝形态有垂直贯通裂缝、局部垂直裂缝两种，如图9.3(*c*)、(*d*)所示。

(2)因地基发生过大的不均匀沉降而产生的裂缝(图9.4)

常见的因地基不均匀沉降引起的裂缝形态有正八字形裂缝、倒八字形裂缝以及高层建筑中因沉降引起的斜向裂缝、底层窗台下墙体的斜向裂缝。

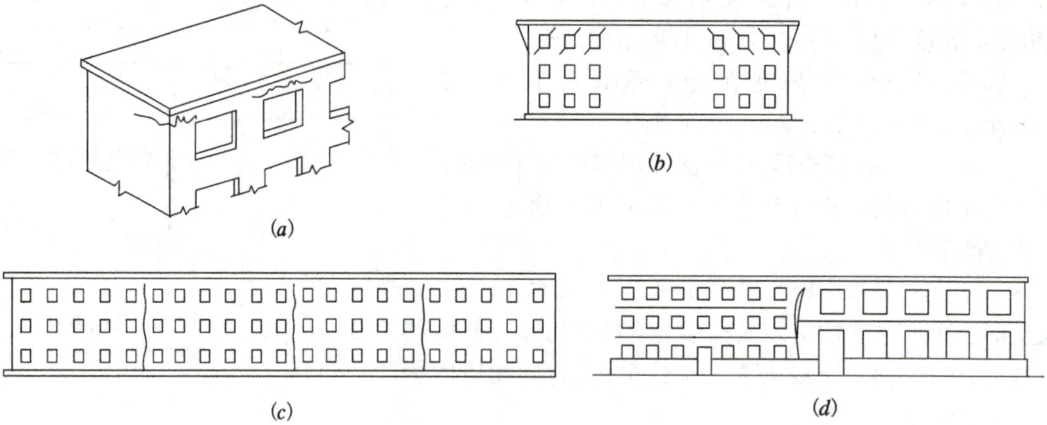

图 9.3　温度与干缩裂缝形态

(*a*)水平裂缝;(*b*)八字裂缝;(*c*)垂直贯通裂缝;(*d*)局部垂直裂缝

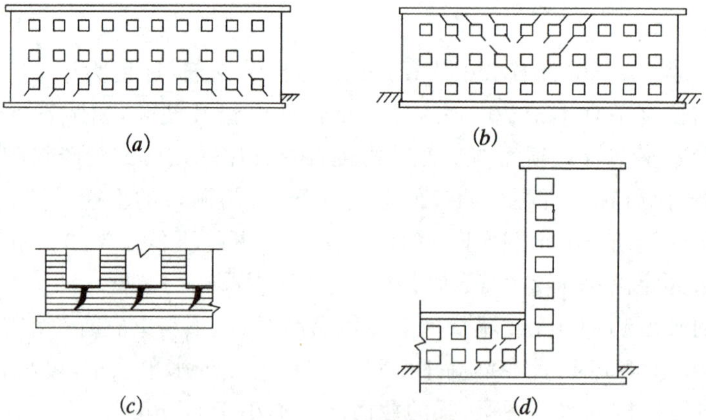

图 9.4　由地基不均匀沉降引起的裂缝

(*a*)正八字形裂缝;(*b*)倒八字形裂缝;(*c*)、(*d*)斜向裂缝

9.2.4.2　防止墙体开裂的措施

(1)为了防止或减轻房屋在正常使用条件下由温度和砌体干缩引起的墙体竖向裂缝,应在墙体中设置伸缩缝,伸缩缝间距见《砌体结构设计规范》。伸缩缝应设置在因温度和收缩变形可能引起应力集中、砌体产生裂缝可能性最大的地方。

(2)为了防止和减轻房屋顶层墙体的开裂,可根据情况采取表 9.2 所列措施。

表 9.2　防止和减轻顶层墙体开裂措施

措施	具体做法
设置保温层及隔热层	在屋面保温(隔热)层或屋面刚性面层及砂浆找平层设置分隔缝,间距不宜大于 6m,缝宽不小于 30mm,减小温差,达到减低温度应力作用
减少屋盖构件约束	①采用装配式有檩钢筋混凝土屋盖或瓦材屋盖; ②在钢筋混凝土屋盖与墙体圈梁之间设置水平滑动层

续表 9.2

措施	具体做法
加强顶层墙体易产生裂缝部分的整体性	①顶层屋面板下设置混凝土圈梁,并与内外墙拉通,房屋两端圈梁下墙体宜设置水平钢筋; ②顶层墙体有门窗等洞口时,在过梁水平灰缝内设置 2～3 道焊接钢筋网片或 $2\phi6$ 钢筋,网片或钢筋伸入两端墙内长度不小于 600mm; ③顶层挑梁末端墙体水平灰缝内设置 3 道焊接钢筋网片(纵向钢筋不宜小于 $2\phi4$,横向间距不宜大于 200mm)或 $2\phi6$ 纵向钢筋;网片或钢筋伸入两边墙内长度不小于 1m,如图 9.5 所示
加强女儿墙整体性	①顶层及女儿墙砂浆强度不低于 M7.5(Mb7.5); ②女儿墙内应设置构造柱,构造柱间距不宜大于 4m,构造柱应伸至女儿墙顶并与现浇混凝土压顶整浇

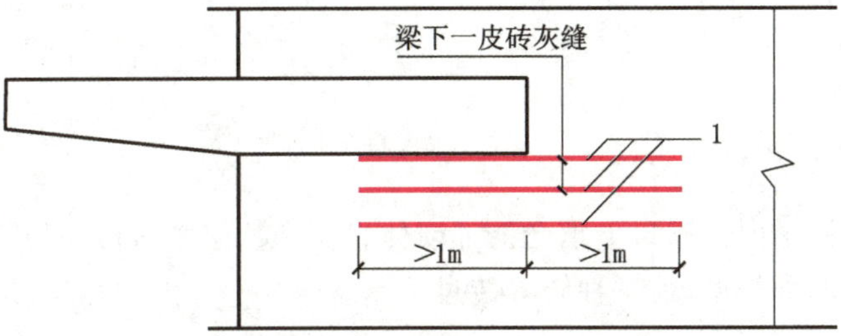

图 9.5 顶层挑梁末端钢筋网片或钢筋

1—$2\phi4$ 钢筋网片或 $2\phi6$ 钢筋

(3)防止或减轻房屋底层墙体裂缝的措施

底层墙体的裂缝主要是由于地基不均匀沉降或地基反力不均匀引起的,因此,防止或减轻房屋底层墙体裂缝可根据情况采取表 9.3 所列措施。

表 9.3 防止和减轻底层墙体开裂措施

措施	具体做法
增大基础刚度	如采用钢筋混凝土条形基础或筏形基础,以减少因地基不均匀沉降产生的裂缝
加强底层墙体易产生裂缝处的整体性	①在底层窗台下墙体设置 3 道钢筋网片或 $2\phi6$ 钢筋,网片或钢筋伸入两边窗间墙内长度不小于 600mm; ②采用钢筋混凝土窗台板,窗台板嵌入窗间墙内长度不少于 600mm

(4)在各层门、窗过梁上方的水平灰缝内及窗台下第一、第二道水平灰缝内设置焊接钢筋网片或 $2\phi6$ 钢筋,焊接钢筋网片或钢筋应伸入两边窗间墙内不小于 600mm。

(5)为防止或减轻混凝土砌块房屋顶层两端和底层第一、二开间门窗洞口处的裂缝,可采取下列措施:

①在门窗洞口两侧不少于一个孔洞中设置 $1\phi12$ 的钢筋,钢筋应在楼层圈梁或基础锚固,并采取不低于 C20 的灌孔混凝土灌实;

②在门窗洞口两边的墙体的水平灰缝内设置长度不小于 900mm,竖向间距为 400mm 的 $2\phi4$ 钢筋或焊接钢筋网片;

③在顶层和底层设置通长的钢筋混凝土窗台梁,窗台梁的高度宜为块高的模数,纵筋不少

于 4ϕ10，箍筋 ϕ6@200，Cb20 混凝土。

(6)防止墙体因为地基不均匀沉降而开裂的措施有：

①在地基土性质相差较大，房屋高度、荷载、结构刚度变化较大处，房屋结构形式变化处，以及高低层的施工时间不同处设置沉降缝，将房屋分割为若干刚度较好的独立单元。

②加强房屋整体刚度。

③对处于软土地区或土质变化较复杂地区，利用天然地基建造房屋时，房屋体型力求简单，采用对地基不均匀沉降不敏感的结构形式和基础形式。

④合理安排施工顺序，先施工层数多、荷载大的单元，后施工层数少、荷载小的单元。

9.3　过梁、墙梁和挑梁

9.3.1　过梁

9.3.1.1　过梁的种类与构造

过梁是砌体结构中门窗洞口上承受上部墙体自重和上层楼盖传来的荷载的梁。常用的过梁有图 9.6 所示的四种类型，前三种统称砖过梁。

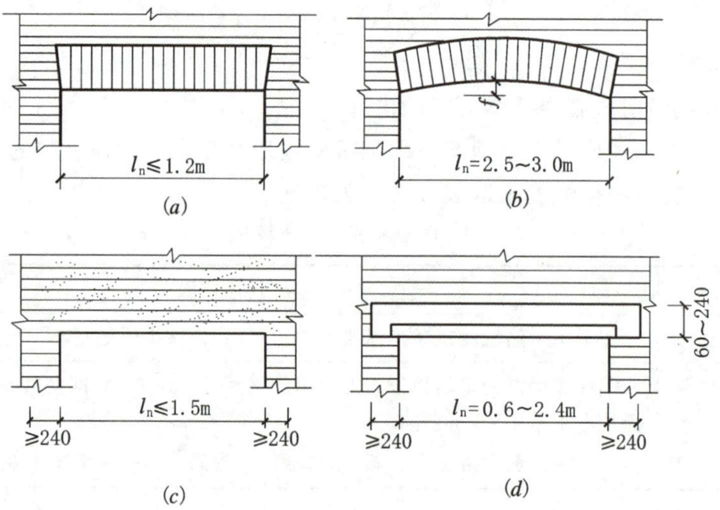

图 9.6　过梁的常用类型

(1)砖砌平拱过梁(图 9.6(*a*))

用竖砖砌筑部分高度不应小于 240mm，跨度不应超过 1.2m。砂浆强度等级不应低于 M5。

(2)砖砌弧拱过梁(图 9.6(*b*))

竖放砌筑砖的高度不应小于 240mm，当矢高 $f=(1/12\sim1/8)l$ 时，砖砌弧拱的最大跨度为 2.5～3m；当矢高 $f=(1/6\sim1/5)l$ 时，砖砌弧拱的最大跨度为 3～4m。

(3)钢筋砖过梁(图 9.6(*c*))

过梁底面砂浆层处的钢筋直径不应小于 5mm，间距不宜大于 120mm，钢筋伸入支座砌体内的长度不宜小于 240mm，砂浆层厚度不宜小于 30mm；过梁截面高度内砂浆强度等级不应低于 M5；砖的强度等级不应低于 MU10；跨度不应超过 1.5m。

(4)钢筋混凝土过梁(图 9.6(*d*))

当墙厚不小于 370mm 时，钢筋混凝土过梁宜做成 L 形。

《建筑抗震设计标准》规定：门窗洞口处不宜采用砖过梁；过梁支承长度，6～8 度设防时不应小于 240mm，9 度时不应小于 360mm。

9.3.1.2 过梁的受力特点

砖砌过梁承受荷载后，上部受拉、下部受压，像受弯构件一样受力。随着荷载的增大，当跨中竖向截面的拉应力或支座斜截面的主拉应力超过砌体的抗拉强度时，将先后在跨中出现竖向裂缝，在靠近支座处出现阶梯形斜裂缝。对于钢筋砖过梁，过梁下部的拉力将由钢筋承担；对砖砌平拱，过梁下部拉力将由两端砌体提供的推力来平衡；钢筋混凝土过梁与钢筋砖过梁类似。试验表明，当过梁上的墙体达到一定高度后，过梁上的墙体形成内拱将产生卸载作用，使一部分荷载直接传递给支座，而不会全部作用在过梁上。

作用在过梁上的荷载有砌体自重和过梁计算高度内的梁板荷载。

对于砖砌墙体，当过梁上的墙体高度 $h_w<l_n/3$ 时，应按全部墙体的自重作为均布荷载考虑。当过梁上的墙体高度 $h_w\geqslant l_n/3$ 时，应按高度 $l_n/3$ 的墙体自重作为均布荷载考虑。

对于混凝土砌块砌体，当过梁上的墙体高度 $h_w<l_n/2$ 时，应按全部墙体的自重作为均布荷载考虑。当过梁上的墙体高度 $h_w\geqslant l_n/2$ 时，应按高度 $l_n/2$ 的墙体自重作为均布荷载考虑。

当梁、板下的墙体高度 $h_w<l_n$ 时，应计算梁、板传来的荷载。当 $h_w\geqslant l_n$ 时，则可不计梁、板的作用。

9.3.1.3 钢筋混凝土过梁通用图集

现以钢筋混凝土过梁图集 13G322—1、2、3 为例。

(1)构件代号：用于烧结普通砖、蒸压灰砂砖、蒸压粉煤灰砖的过梁代号如图 9.7(*a*)所示，用于烧结多孔砖的过梁构件代号如图 9.7(*b*)所示。对于混凝土小型空心砌块的过梁构件代号，则只需将图 9.7(*b*)所示的构件代号中代表砖型的 P 或 M 改为代表混凝土小型空心砌块的 H，同时其代表墙厚的数字改为 1、2，其分别代表 190、290 墙。

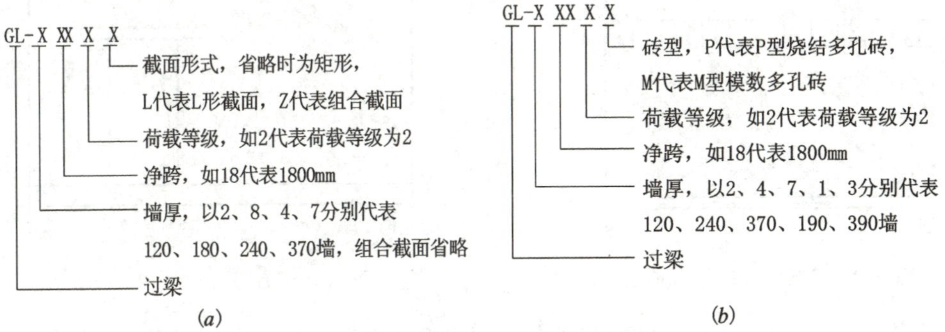

图 9.7 钢筋混凝土过梁构件代号

(2)梁板荷载等级：设定为 6 级，分别为 0kN/m、10kN/m、20kN/m、30kN/m、40kN/m、

50kN/m，相应的荷载等级为0、1、2、3、4、5。

例如，GL—4243代表240厚承重墙，洞口宽度为2400mm，梁板传到过梁上的荷载设计值为30kN/m。

9.3.2 墙梁

由钢筋混凝土托梁及其以上计算高度范围内的墙体共同工作，一起承受荷载的组合结构称为墙梁，如图9.8所示。墙梁按支承情况分为简支墙梁、连续墙梁、框支墙梁；按承受荷载情况可分为承重墙梁和自承重墙梁。除了承受托梁和托梁以上的墙体自重外，还承受由屋盖或楼盖传来的荷载的墙梁为承重墙梁，如底层为大空间、上层为小空间时所设置的墙梁；只承受托梁以及托梁以上墙体自重的墙梁为自承重墙梁，如基础梁、连系梁。

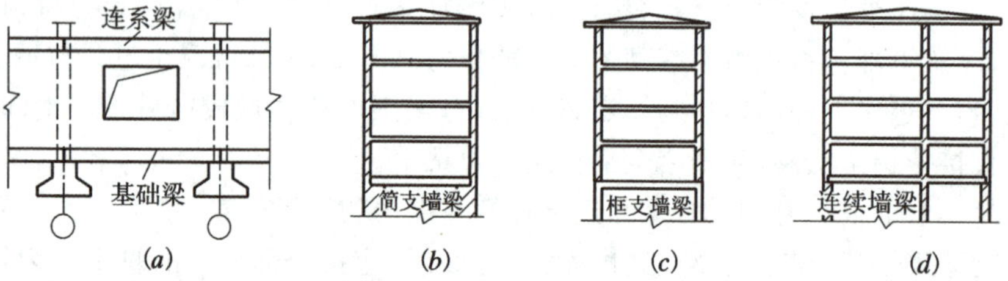

图9.8 墙梁

墙梁中承托砌体墙和楼盖(屋盖)的混凝土简支梁、连续梁和框架梁，称为托梁。墙梁中考虑组合作用的计算高度范围内的砌体墙，称为墙体。墙梁的计算高度范围内墙体顶面处的现浇混凝土圈梁，称为顶梁。墙梁支座处与墙体垂直相连的纵向落地墙，称为翼墙。

9.3.2.1 墙梁的受力特点

当托梁及其上的砌体达到一定强度后，墙和梁共同工作形成墙梁组合结构。试验表明，墙梁上部荷载主要是通过墙体的拱作用传向两边支座，托梁主要承受拉力，同时还要承受竖向力，两者形成一个带拉杆拱的受力结构，如图9.9所示。这种结构的受力状况从墙梁开始直至破坏。当墙体上有洞口时，其内力传递如图9.10所示。

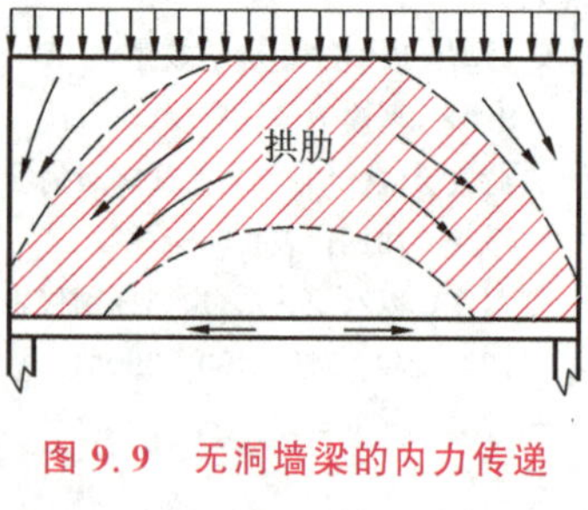

图9.9 无洞墙梁的内力传递

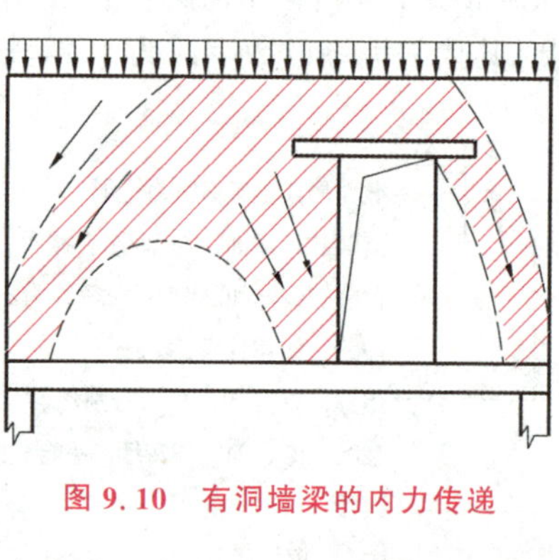

图9.10 有洞墙梁的内力传递

托梁是一个偏心受拉构件，影响其承载力的因素有很多。根据影响因素的不同，墙梁可能发生的破坏形态有正截面受弯破坏、墙体或托梁受剪破坏和支座上方墙体局部受压破坏三种，如图9.11所示。托梁纵向受力钢筋配置不足时，发生正截面受弯破坏；当托梁的箍筋配置不足时，可能发生托梁斜截面剪切破坏；当托梁的配筋较强，并且两端砌体局部受压，承载力得不到保证时，一般发生墙体剪切破坏。墙梁除上述主要破坏形态外，还可能发生托梁端部混凝土局部受压破坏、有洞口墙梁洞口上部砌体剪切破坏等。因此，必须采取一定的构造措施，防止这些破坏形态的发生。

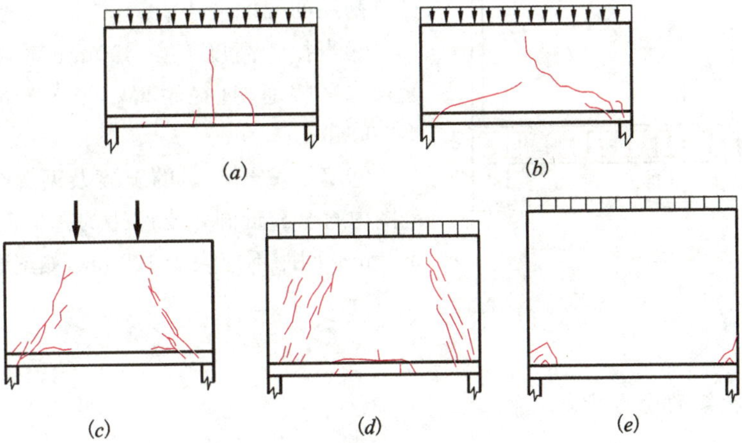

图 9.11 墙梁的破坏形态

(a) 弯曲破坏；(b)、(c)、(d) 剪切破坏；(e) 局部受压破坏

9.3.2.2 墙梁的构造要求

墙梁除应符合《砌体结构设计规范》和《混凝土结构设计标准》有关构造要求外，尚应符合下列构造要求：

(1)材料

托梁的混凝土强度等级不应低于 C30；承重墙梁的块材强度等级不应低于 MU10，计算高度范围内墙体的砂浆强度等级不应低于 M10(Mb10)。

(2)墙体

框支墙梁的上部砌体房屋以及设有承重的简支墙梁或连续墙梁的房屋，应满足刚性方案房屋的要求。计算高度范围内的墙体厚度，对砖砌体不应小于 240mm，对混凝土小型砌块不应小于 190mm。墙梁洞口上方应设置混凝土过梁，其支承长度不应小于 240mm，洞口范围内不应施加集中荷载。承重墙梁的支座处应设置落地翼墙。翼墙厚度，对砖砌体不应小于 240mm，对混凝土砌块砌体不应小于 190mm，翼墙宽度不应小于墙梁墙体厚度的 3 倍，并与墙梁墙体同时砌筑。当不能设置翼墙时，应设置落地且上、下贯通的构造柱。当墙梁墙体在靠近支座 1/3 跨度范围内开洞时，支座处应设置上、下贯通的构造柱，并与每层圈梁连接。墙梁计算高度范围内的墙体，每天砌筑高度不应超过 1.5m；否则，应加设临时支撑。

(3)托梁

①有墙梁的房屋的托梁两边各一个开间及相邻开间处应采用现浇混凝土楼盖，楼板厚度不宜小于 120mm。当楼板厚度大于 150mm 时，宜采用双层双向钢筋网，楼板上应少开洞，洞口尺寸大于 800mm 时应设置洞边梁。

②托梁每跨底部的纵向受力钢筋应通长设置，不得在跨中段弯起或截断。钢筋接长应采用机械连接或焊接。

③连续墙梁或多跨框支墙梁的托梁中支座上部附加纵向钢筋从支座边算起每边延伸不应小于 $l_0/4$。

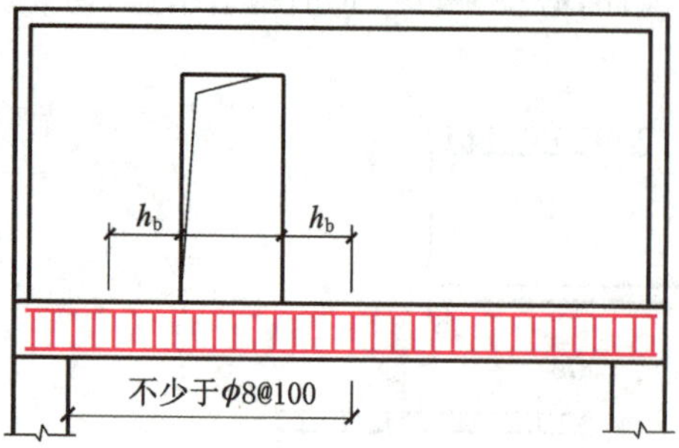

图 9.12 偏开洞时托梁箍筋加密区

④承重墙梁的托梁在砌体墙、柱上的支承长度不应小于 350mm。纵向受力钢筋伸入支座应符合受拉钢筋的锚固要求。

⑤当托梁高度 $h_b \geqslant 450$mm 时，应沿梁高设置通长水平腰筋，直径不得小于 12mm，间距不应大于 200mm。

⑥墙梁偏开洞口的宽度及两侧各一个梁高 h_b 范围内直至靠近洞口支座边的托梁箍筋直径不宜小于 8mm，间距不应大于 100mm，如图 9.12 所示。

9.3.3 挑梁

9.3.3.1 挑梁的受力特点

挑梁在悬挑端集中力 F、墙体自重以及上部荷载作用下，共经历三个工作阶段：

(1)弹性工作阶段。挑梁在未受外荷载之前，墙体自重及其上部荷载在挑梁埋入墙体部分的上、下界面产生初始压应力(图 9.13(a))，当挑梁端部施加外荷载 F 后，随着 F 的增加，将首先达到墙体通缝截面的抗拉强度而出现水平裂缝(图 9.13(b))，出现水平裂缝时的荷载为倾覆时的外荷载的 20%～30%，此为第一阶段。

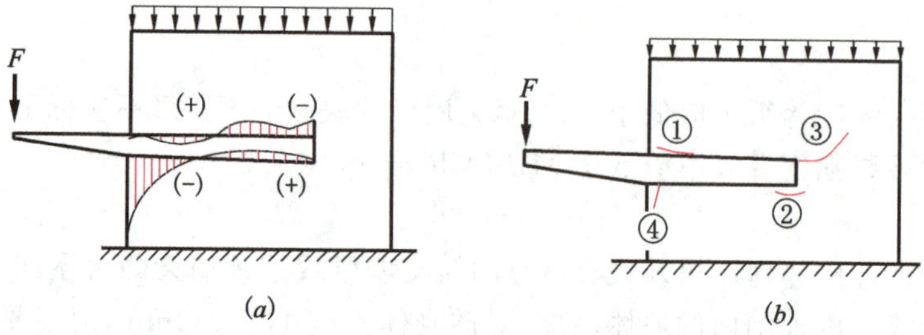

图 9.13 挑梁的应力分布与裂缝

(2)带裂缝工作阶段。随着外荷载 F 的继续增加，最开始出现的水平裂缝①将不断向内发展，同时挑梁埋入端下界面出现水平裂缝②并向前发展。随着上下界面的水平裂缝的不断发展，挑梁埋入端上界面受压区和墙边下界面受压区也不断减小，从而在挑梁埋入端上角砌体处产生裂缝。随着外荷载的增加，此裂缝将沿砌体灰缝向后上方发展为阶梯形裂缝③，此时的荷载约为倾覆时外荷载的 80%。斜裂缝的出现预示着挑梁进入倾覆破坏阶段，在此过程中，也可能出现局部受压裂缝④。

(3)破坏阶段。挑梁可能发生的破坏形态有以下三种：

①挑梁倾覆破坏(图 9.14(a))：挑梁倾覆力矩大于抗倾覆力矩，挑梁尾端墙体斜裂缝不断开展，挑梁绕倾覆点发生倾覆破坏；

②梁下砌体局部受压破坏(图 9.14(b))：当挑梁埋入墙体较深、梁上墙体高度较大时，挑梁下靠近墙边少部分砌体由于压应力过大发生局部受压破坏；

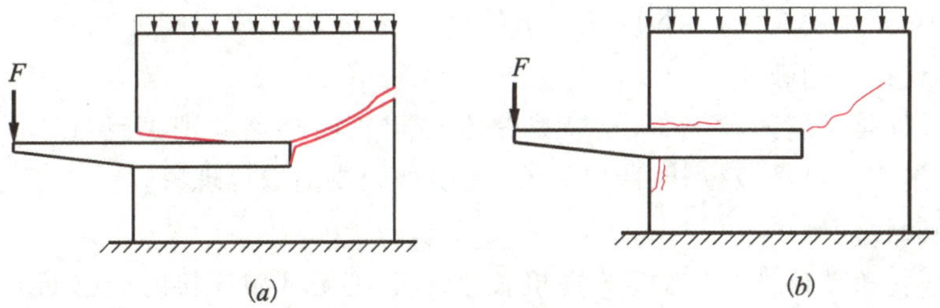

图 9.14 挑梁的破坏形态

(a)倾覆破坏;(b)挑梁下砌体局部受压或挑梁破坏

③挑梁自身弯曲破坏或剪切破坏。

9.3.3.2 挑梁的构造要求

(1)纵向受力钢筋至少应有 1/2 的钢筋面积伸入梁尾端,且不少于 2ϕ12。其余钢筋伸入支座的长度不应小于$\frac{2}{3}l_1$。

(2)挑梁埋入砌体的长度 l_1 与挑出长度 l 之比宜大于 1.2;当挑梁上无砌体时,l_1 与 l 之比宜大于 2。

9.4 砌体房屋的抗震措施

由于墙体材料的脆性性质以及房屋整体性能较差的原因,导致砌体房屋的抗震能力较差,历次强烈地震中,砌体房屋的破坏率都较高。但是,历次震害的调查表明,凡是经过合理的抗震设防,采取适当的构造措施,砌体房屋是具有一定的抗震能力的。

9.4.1 震害特点

在强烈地震作用下,多层砌体房屋的破坏部位主要在墙身和构件间的连接处,楼盖、屋盖的破坏较少。

(1)墙体的破坏

在砌体房屋中,墙体是主要承受地震作用的构件。导致墙体破坏的原因是墙体的抗剪承载力不足,在地震作用下砖墙首先出现斜向交叉裂缝,如果墙体的高宽比接近 1,则墙体出现 X 形交叉裂缝;如果墙体的高宽比更小,则在墙体中间部位出现水平裂缝,如图 9.15 所示。

图 9.15 墙体的破坏

(2)墙体转角处的破坏

由于墙角位于房屋尽端,房屋对它的约束作用减弱,使该处的抗震能力减弱,在地震时,当房屋发生扭转时,墙角处的位移反应较其他地方大,同时,该处还是应力集中的部位,这都是造成墙角破坏的原因。

(3)楼梯间的破坏

由于楼梯间的墙体计算高度(除顶层外)一般较房屋

其他部位墙体小，其刚度较大，因此该处分配的地震剪力大，易造成震害。

(4)内外墙连接处的破坏

内外墙连接处是房屋的薄弱部位，特别是有些建筑内外墙分别砌筑，以直槎或马牙槎连接，这些部位在地震中极易被拉开，造成外墙、山墙外闪或倒塌等现象。

(5)楼盖预制板的破坏

由于预制板楼盖整体性差，当板的搭接长度不足或无可靠连接时，在强烈地震中极易塌落，并造成墙体倒塌，见图 9.16。

(6)凸出屋面的屋顶间等附属结构的破坏

在房屋中，凸出屋面的屋顶间(电梯机房、水箱间等)、烟囱、女儿墙等附属结构，由于地震“鞭梢效应”的影响，所以一般较下部主体结构破坏严重，几乎在 6 度区就有所破坏。特别是较高的女儿墙、出屋面的烟囱，在 7 度区普遍破坏，8、9 度区几乎全部损坏或倒塌。图 9.17 所示为凸出屋面屋顶间的破坏情形。

图 9.16 楼盖预制板的破坏

图 9.17 凸出屋面的屋顶间的破坏

9.4.2 抗震设计的一般规定

1. 房屋高度的限制

震害表明，在一般场地条件下，砌体房屋层数越多，高度越高，其震害和破坏率就越大，因此必须对砌体房屋的层数和总高度作出限制。《建筑抗震设计标准》规定：多层砌体房屋的总高度和层数一般情况下不应超过表 9.4 的规定。对医院、教学楼等及横墙较少的多层砌体房屋，总高度应比表 9.4 的规定降低 3m，层数相应少一层；各层横墙很少的多层砌体房屋，层数相应减少一层；横墙较少的多层砖砌体住宅楼，当按规定采取加强措施并满足抗震承载力的要求时，其高度和层数应允许仍按表 9.4 的规定采用。

“横墙较少”是指同一楼层内开间大于 4.2m 的房间占该层总面积的 40%以上。

多层砌体承重房屋的层高不应超过 3.6m，底部框架-抗震墙房屋的底部和内框架房屋层高不应超过 4.5m。

2. 房屋高宽比的限制

为了保证砌体房屋整体弯曲的承载力，房屋总高度与总宽度的最大比值，应符合表 9.5 的要求。

表 9.4　多层砌体房屋的层数和总高度限值(m)

房屋类别		最小抗震墙厚度(mm)	烈度和设计基本地震加速度											
			6 度		7 度				8 度				9 度	
			0.05g		0.10g		0.15g		0.20g		0.30g		0.40g	
			高度	层数	高度	层数	高度	层数	高度	层数	高度	层数	高度	层数
多层砌体房屋	普通砖	240	21	7	21	7	21	7	18	6	15	5	12	4
	多孔砖	240	21	7	21	7	18	6	18	6	15	5	9	3
	多孔砖	190	21	7	18	6	15	5	15	5	12	4	—	—
	小砌块	190	21	7	21	7	18	6	18	6	15	5	9	3
底部框架-抗震墙砌体房屋	普通砖 多孔砖	240	22	7	22	7	19	6	16	5	—	—	—	—
	多孔砖	190	22	7	19	6	16	5	13	4	—	—	—	—
	小砌块	190	22	7	22	7	19	6	16	5	—	—	—	—

注:①房屋的总高度指室外地面到主要屋面板板顶或檐口的高度,半地下室从地下室室内地面算起,全地下室和嵌固条件好的半地下室应允许从室外地面算起;对带阁楼的坡屋面应算到山尖墙的 1/2 高度处;

②室内外高差大于 0.6m 时,房屋总高度应允许比表中的数据适当增加,但增加量应少于 1.0m;

③乙类的多层砌体房屋仍按本地区设防烈度查表,其层数应减少一层且总高度应降低 3m;不应采用底部框架-抗震墙砌体房屋;

④本表小砌块砌体房屋不包括配筋混凝土小型空心砌块砌体房屋。

表 9.5　房屋最大高宽比

烈　度	6 度	7 度	8 度	9 度
最大高宽比	2.5	2.5	2.0	1.5

注:①单面走廊房屋的总宽度不包括走廊宽度;

②建筑平面接近正方形时,其高宽比宜适当减小。

3.抗震横墙间距的限制

多层砌体房屋的横向水平地震作用主要由横墙承受,因此,对于横墙除了要满足抗震承载力的要求之外,还需要横墙间距保证楼盖传递水平地震作用所需要的刚度,因此必须对横墙间距作出限制。《建筑抗震设计标准》规定,多层砌体房屋的横墙间距不应超过表 9.6 的限制。

表 9.6　房屋抗震横墙最大间距(m)

房屋类别		烈　度			
		6 度	7 度	8 度	9 度
多层砌体	现浇或装配整体式钢筋混凝土楼盖、屋盖	15	15	11	7
	装配式钢筋混凝土楼盖、屋盖	11	11	9	4
	木屋盖	9	9	4	—
底部框架-抗震墙	上部各层	同多层砌体房屋			—
	底层或底部两层	18	15	11	—

注:①多层砌体房屋的顶层最大横墙间距应允许适当放宽,但应采取相应加强措施;

②多孔砖抗震墙厚度为 190mm 时,最大横墙间距应比表中数值减少 3m。

4.房屋局部尺寸的限制

在强烈地震作用下，房屋首先从薄弱部位破坏，这些薄弱部位一般是窗间墙、尽端墙、突出屋面的女儿墙等，因此应对这些部位的尺寸作出限制。《建筑抗震设计标准》规定，多层砌体房屋的局部尺寸限值宜符合表 9.7 的要求。

表 9.7　房屋局部尺寸限值(m)

部　　位	烈度			
	6 度	7 度	8 度	9 度
承重窗间墙最小宽度	1.0	1.0	1.2	1.5
承重外墙尽端至门窗洞边的最小距离	1.0	1.0	1.2	1.5
非承重外墙尽端至门窗洞边的最小距离	1.0	1.0	1.0	1.0
内墙阳角至门窗洞边的最小距离	1.0	1.0	1.5	2.0
无锚固女儿墙(非出入口)的最大高度	0.5	0.5	0.5	0.0

注：①局部尺寸不足时应采取局部加强措施弥补，且最小宽度不宜小于 1/4 层高和表列数据的 80%。
②出入口处的女儿墙应有锚固。

5.多层砌体房屋的结构体系

多层砌体房屋的结构体系应符合下列要求：

(1)应优先采用横墙承重或纵横墙共同承重的结构体系。

(2)纵横墙的布置宜均匀对称，沿平面内宜对齐，沿竖向应上下连续；同一轴线上的窗间墙宽度宜均匀。

(3)房屋在下列情况之一时宜设置防震缝，缝两侧均应设置墙体，缝宽度应根据烈度和房屋高度确定，可采用 70～100mm：

①房屋立面高度差在 6m 以上；

②房屋有错层，且楼板高差大于层高 1/4；

③各部分结构刚度、质量截然不同。

(4)楼梯间不宜设在房屋的尽端和转角处。

(5)烟道、风道、垃圾道等不应削弱墙体；当墙体被削弱时，应对墙体采取加强措施；不宜采用无竖向配筋的竖向烟囱及突出屋面的烟囱。

(6)不应采用无锚固的钢筋混凝土预制挑檐。

9.4.3　抗震构造措施

下面介绍多层普通砖、多孔砖房的抗震构造措施，底部框架-抗震墙房屋的抗震构造措施参阅有关文献。

1.钢筋混凝土构造柱的设置

试验和震害表明，构造柱虽然对提高砌体的抗剪承载力有限，但是对墙体的约束和防止墙体开裂后砖的散落能起非常显著的作用。构造柱与圈梁一起将墙体分片包围，能限制开裂后砌体裂缝的延伸和砌体的错位，使砌体能够维持竖向承载力，避免墙体倒塌。

(1)构造柱设置部位和要求(图 9.18)

构造柱的设置部位一般情况应符合表 9.8 的要求。

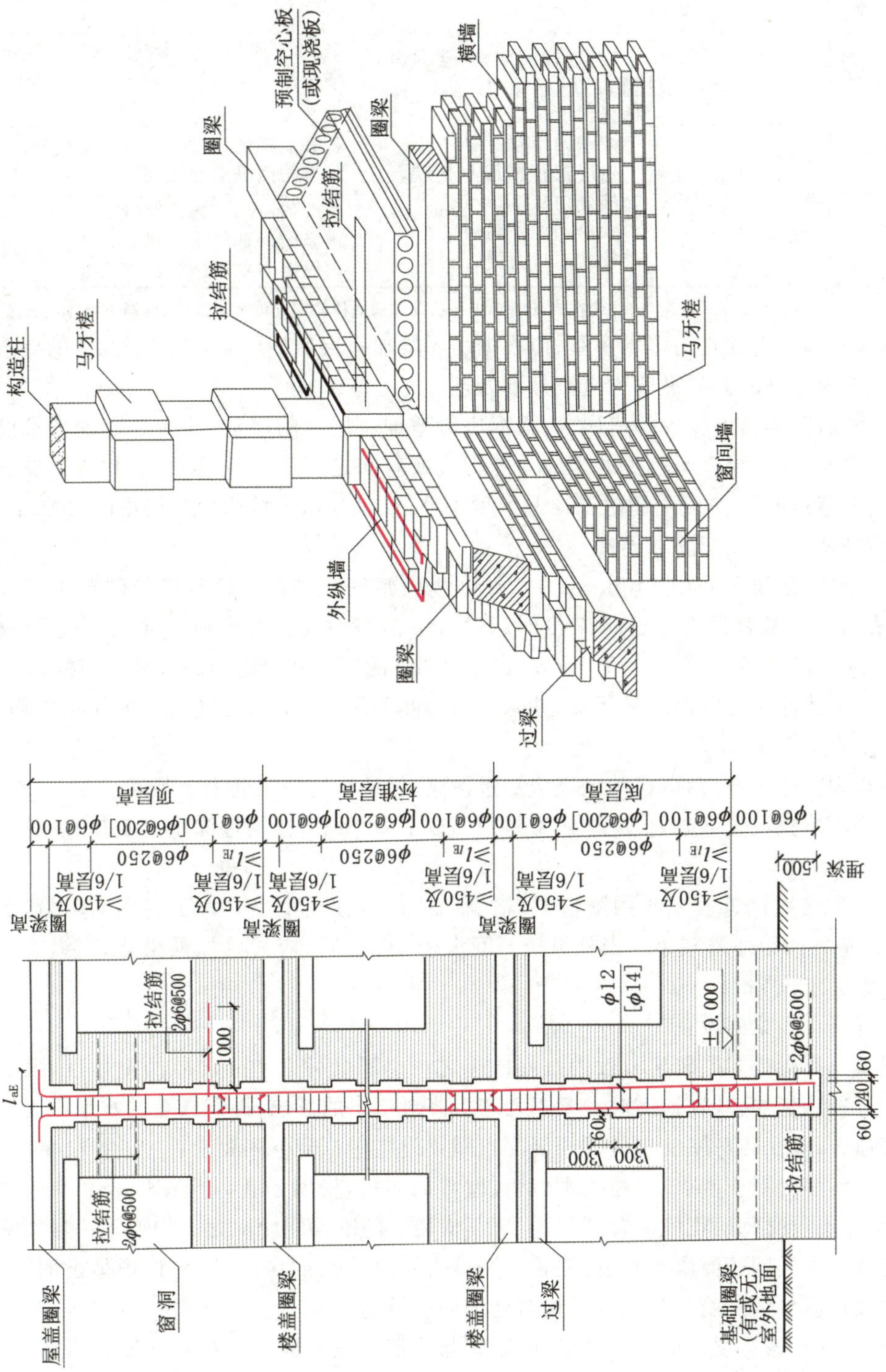
构造柱
马牙槎
拉结筋
圈梁
预制空心板
(或现浇板)
拉结筋
圈梁
横墙
马牙槎
窗间墙
外纵墙
圈梁
过梁
屋盖圈梁
窗洞
楼盖圈梁
楼盖圈梁
过梁
基础圈梁
(有或无)
室外地面
拉结筋
2φ6@500
1000
φ12
[φ14]
±0.000
300
60
240
埋深
500
顶层高
标准层高
底层高
φ6@250
φ6@100
[φ6@200]
≥450及1/6层高
圈梁高

图 9.18 构造柱示意图

表 9.8　多层砖砌体房屋构造柱设置要求

<table>
<tr><th colspan="4">房屋层数</th><th colspan="2" rowspan="2">设　置　部　位</th></tr>
<tr><th>6 度</th><th>7 度</th><th>8 度</th><th>9 度</th></tr>
<tr><td>四、五</td><td>三、四</td><td>二、三</td><td></td><td rowspan="3">楼、电梯间四角，楼梯斜梯段上下端对应的墙体处；
外墙四角和对应转角；
错层部位横墙与外纵墙交接处；
大房间内外墙交接处；
较大洞口两侧</td><td>隔 12m 或单元横墙与外纵墙交接处；
楼梯间对应的另一侧内横墙与外纵墙交接处</td></tr>
<tr><td>六</td><td>五</td><td>四</td><td>二</td><td>各开间横墙(轴线)与外墙交接处；
山墙与内纵墙交接处</td></tr>
<tr><td>七</td><td>≥六</td><td>≥五</td><td>≥三</td><td>内墙(轴线)与外墙交接处；
内墙的局部较小墙垛处；
内纵墙与横墙(轴线)交接处</td></tr>
</table>

注：较大洞口，内墙指不小于 2.1m 的洞口；外墙在内外墙交接处已设置构造柱时应允许适当放宽，但洞侧墙体应加强。

①外廊式和单面走廊式的多层房屋，应根据房屋增加一层后的层数，按照表 9.8 的要求设置构造柱，且单面走廊两侧的纵墙均应按外墙处理。

②教学楼、医院等横墙较少的房屋，应根据房屋增加一层后的层数，按表 9.8 的要求设置构造柱；当教学楼、医院等横墙较少的房屋为外廊式或单面走廊式时，应按第①款要求设置构造柱，但 6 度不超过四层、7 度不超过三层和 8 度不超过二层时，应按增加二层后的层数对待。

(2)构造柱截面尺寸、配筋和连接

构造柱的最小截面可采用 240mm×180mm，纵向钢筋宜采用 $4\phi12$，箍筋间距不宜大于 250mm，且在柱上下端宜适当加密；6、7 度时超过六层、8 度时超过五层和 9 度时，构造柱纵向钢筋宜采用 $4\phi14$，箍筋间距不应大于 200mm；房屋四角的构造柱可适当加大截面与配筋。

构造柱与墙体连接处应砌成马牙槎，并且应沿墙高每隔 500mm 设置 $2\phi6$ 的拉结钢筋，每边伸入墙内不宜小于 1m。

构造柱与圈梁连接处，构造柱的纵筋应穿过圈梁，保证构造柱纵筋上下贯通。

构造柱可不单独设置基础，但应伸入室外地面以下 500mm，或与埋深小于 500mm 的基础圈梁相连。

房屋高度和层数接近表 9.4 的限值时，横墙内的构造柱间距不宜大于层高的两倍，下部 1/3 楼层的构造柱间距适当减小。当外纵墙开间大于 3.9m 时，应另设加强措施，内纵墙的构造柱间距不宜大于 4.2m。

2. 钢筋混凝土圈梁的设置

钢筋混凝土圈梁是多层砖房有效的抗震措施之一。圈梁可以增强房屋的整体性，限制墙体斜裂缝的开展和延伸，减轻地震时地基不均匀沉降对房屋的影响，提高楼盖的水平刚度。

多层普通砖、多孔砖房屋的现浇钢筋混凝土圈梁设置应符合下列要求：

①装配式钢筋混凝土楼盖、屋盖或木楼盖、屋盖的砖房，横墙承重时应按照表 9.9 的要求设置圈梁，纵墙承重时每层均应设置圈梁，且抗震横墙上的圈梁间距应比表内要求适当加密。

②现浇或装配式钢筋混凝土楼盖、屋盖与墙体有可靠连接的房屋，应允许不另设圈梁，但楼板沿墙体周边应加强配筋并与相应的构造柱钢筋可靠连接。

③圈梁应闭合，遇有洞口应上下搭接，圈梁宜与预制板设在同一标高处或紧靠板底，如图 9.19 所示。圈梁的截面高度不应小于 120mm，配筋应符合表 9.10 的要求。当多层砌体房屋的地基为软弱黏性土、液化土、新近填土或严重不均匀，且基础圈梁作为减少地基不均匀沉降影响的措施时，基础圈梁的高度不应小于 180mm，配筋不小于 $4\phi12$。

表 9.9　砖房现浇混凝土圈梁设置要求

墙　类	烈　度		
	6、7 度	8 度	9 度
外墙和内纵墙	屋盖处及每层楼盖处	屋盖处及每层楼盖处	屋盖处及每层楼盖处
内横墙	屋盖处与每层楼盖处、屋盖处间距不应大于4.5m；楼盖处间距不应大于7.2m；构造柱对应部位	屋盖处与每层楼盖处；屋盖沿所有横墙，且间距不应大于4.5m；楼盖处间距不应大于4.5m；构造柱对应部位	屋盖处与每层楼盖处；各层所有横墙

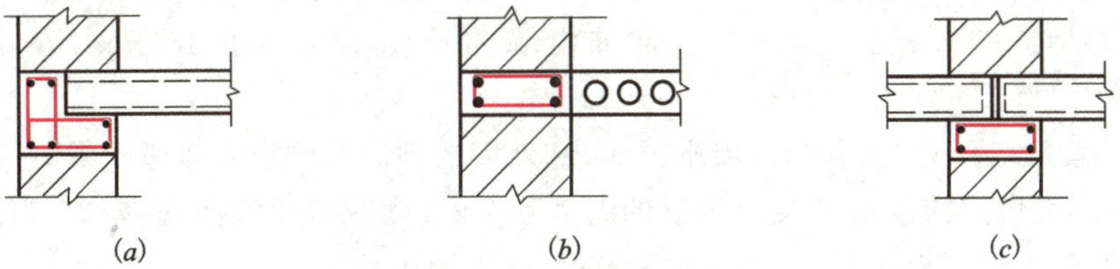

图 9.19　圈梁设置部位及形式

(*a*)缺口圈梁；(*b*)板边圈梁；(*c*)板底圈梁

表 9.10　砖房圈梁配筋要求

配　筋	烈　度		
	6、7 度	8 度	9 度
最小纵筋	4ϕ10	4ϕ12	4ϕ14
最大箍筋间距(mm)	250	200	150

3. 多层砖房墙体间、楼(屋)盖与墙体之间的连接

为了保证多层砖房的整体性，多层砖房墙体的连接以及墙体与楼盖之间的连接应符合下列要求：

①墙体之间的连接

6、7 度时大于 7.2m 的大房间及 8 度和 9 度时，外墙转角及内外墙交接处应沿墙高每隔 500mm 配置 2ϕ6 通长拉结钢筋(图 9.20)。

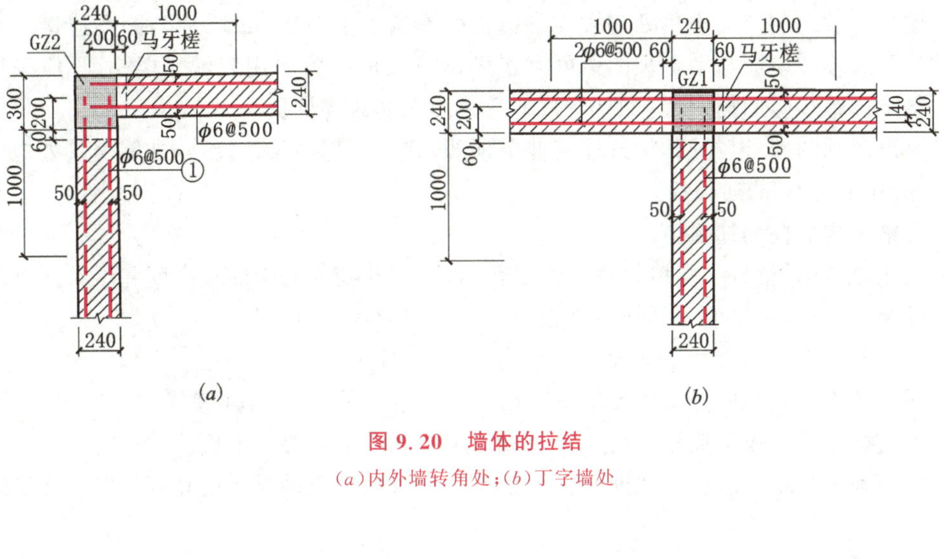

图 9.20　墙体的拉结

(*a*)内外墙转角处；(*b*)丁字墙处

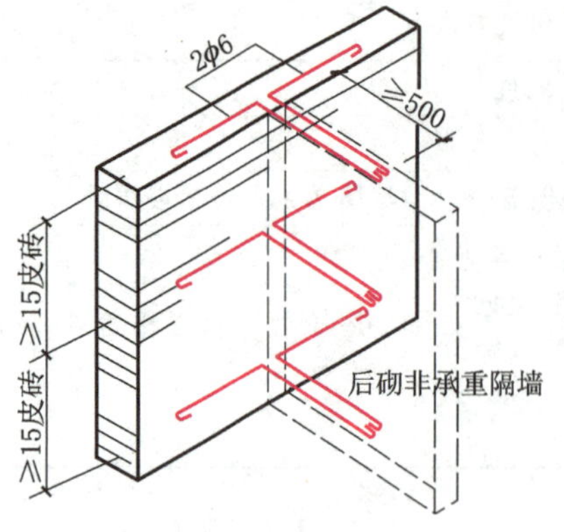

图 9.21　后砌非承重墙与承重墙的拉结

后砌的非承重隔墙应沿墙高每隔 500mm 配置 2ϕ6 拉结钢筋与承重墙或柱拉结，每边伸入墙内不应少于 500mm；8 度和 9 度时，长度大于 5m 的后砌隔墙，墙顶还应与楼板或梁拉结，见图 9.21。

②楼盖与墙体之间的拉结

现浇钢筋混凝土楼板或屋面板伸进纵、横墙内的长度均不应小于 120mm。

装配式钢筋混凝土楼板或屋面板，当圈梁未设在同一标高时，板端伸进外墙的长度不应小于 120mm，伸进内墙的长度不应小于 100mm，在梁上不应小于 80mm。

当板的跨度大于 4.8m 并与外墙平行时，靠外墙的预制板侧边应与墙或圈梁拉结。

房屋端部大房间的楼盖，6 度时房屋的屋盖和 7～9 度时房屋的楼盖、屋盖，当圈梁设在板底时，钢筋混凝土预制板应相互拉结，并应与梁、墙或圈梁拉结。

楼盖、屋盖的钢筋混凝土梁或屋架应与墙、柱(包括构造柱)或圈梁可靠连接，不得采用独立砖柱。

坡屋顶房屋的屋架应与顶层圈梁可靠连接，檩条或屋面板应与墙及屋架可靠连接，房屋出入口的檐口瓦应与屋面构件锚固；采用硬山搁檩时，顶层内纵墙顶宜增砌支撑山墙的踏步式墙垛并设置构造柱。

门窗洞口处不应采用无筋砖过梁；过梁的支承长度，6～8 度时不应小于 240mm，9 度时不应小于 360mm。

4. 楼梯间构造

为了加强楼梯间的整体性，楼梯间应符合下列要求：

①顶层楼梯间横墙和外墙应沿墙高每隔 500mm 设 2ϕ6 通长钢筋；7～9 度时其他各层楼梯间应在休息平台或楼层半高处设置 60mm 厚的钢筋混凝土配筋带或配筋砖带，其砂浆的强度等级不应低于 M7.5。混凝土配筋带纵向钢筋不应少于 2ϕ10；配筋砖带不少于 3 皮，每皮配筋不少于 2ϕ6。

②楼梯间及门厅内墙阳角处的大梁支承长度不应小于 500mm，并应与圈梁连接。

③装配式楼梯段应与平台板的梁可靠连接；8、9 度时不宜采用装配式楼梯，不应采用墙中悬挑式踏步或踏步竖肋插入墙体的楼梯，不应采用无筋砖砌栏板。

④突出屋顶的楼、电梯间，构造柱应伸至顶部，并与顶部圈梁连接，内外墙交接处应沿墙高每隔 500mm 设 2ϕ6 的通长筋。

5. 圈梁与构造柱的加强措施

丙类建筑砖砌体房屋，横墙较少的多层普通砖、多孔砖住宅楼的总高度和层数接近或达到表 9.4 规定的限值，应采取下列加强措施：

①房屋的最大开间尺寸不宜大于 6.6m。

②同一结构单元内横墙错位数量不宜超过横墙总数的 1/3，且连续错位不宜多于两道；错位的墙体交接处应增设构造柱，且楼、屋面板应采用现浇钢筋混凝土板。

③横墙和内纵墙上洞口的宽度不宜大于 1.5m，外纵墙上的洞口的宽度不宜大于 2.1m 或

开间尺寸的一半，且内外墙上洞口位置不应影响内外纵墙与横墙的整体连接。

④所有纵横墙均应在楼、屋盖标高处设置加强的现浇钢筋混凝土圈梁；圈梁的截面高度不宜小于 150mm，上下纵筋各不应少于 $3\phi10$，箍筋不少于 $\phi6@300$。

⑤所有纵横墙交接处及横墙的中部，均应增设满足下列要求的构造柱：在横墙内柱距不宜大于 3.0m。最小截面尺寸不宜小于 240mm×240mm，配筋宜符合表 9.11 的要求。

表 9.11 增设构造柱的纵筋和箍筋设置要求

<table>
<tr><th rowspan="2">位置</th><th rowspan="2">纵向钢筋
最小直径
(mm)</th><th colspan="3">箍 筋</th></tr>
<tr><th>加密区范围
(mm)</th><th>加密区间距
(mm)</th><th>最小直径
(mm)</th></tr>
<tr><td>角柱</td><td>14</td><td>全高</td><td rowspan="3">100</td><td rowspan="3">6</td></tr>
<tr><td>边柱</td><td>14</td><td rowspan="2">上端 700
下端 500</td></tr>
<tr><td>中柱</td><td>12</td></tr>
</table>

⑥同一结构单元的楼、屋面板应设置在同一标高处。

⑦房屋底层和顶层的窗台标高处宜设置沿纵横墙通长设置的水平现浇钢筋混凝土带，其截面高度不小于 60mm，宽度不小于墙厚，纵向钢筋不少于 $2\phi10$，横向分布筋不少于 $\phi6$ 且其间距不大于 200mm。

6. 采用同一类型的基础

同一结构单元的基础（或桩基础）宜采用同一类型的基础，底面宜埋置在同一标高上，否则应增设基础圈梁并应按 1∶2 的台阶放坡。

单元小结

(1)砌体房屋的结构布置方案有纵墙承重方案、横墙承重方案、纵横墙混合承重方案和内框架承重方案。

(2)砌体房屋的静力计算方案有刚性方案、弹性方案和刚弹性方案。

(3)墙、柱的高厚比验算是保证砌体房屋稳定性与刚度的重要构造措施之一。所谓高厚比是指墙、柱计算高度 H_0 与墙厚 h（或与柱的计算高度相对应的柱边长）的比值。

(4)产生砌体房屋墙体开裂的原因有外荷载、温度变化和地基不均匀沉降。工程中必须采取适当的措施以防止墙体开裂。

(5)工程中常用的过梁是钢筋混凝土过梁。

(6)墙梁由托梁、墙体和顶梁组成。墙梁的破坏形式有弯曲破坏、剪切破坏和局部受压破坏。

(7)挑梁的破坏形式有倾覆破坏、挑梁下砌体局部受压破坏以及挑梁强度不足破坏。

(8)砌体房屋在地震中的破坏部位有墙体的破坏、墙体转角处的破坏、楼梯间的破坏、内外墙连接处的破坏、楼盖预制板的破坏、突出屋面的屋顶间等附属结构的破坏。

(9)设置圈梁和构造柱是砌体房屋的重要抗震构造措施，同时为了加强房屋的整体性，还须加强墙体与墙体、墙体与楼盖以及楼梯间的搭接措施。

思 考 题

9.1 砌体房屋的结构布置方案有哪些？

9.2 砌体房屋静力计算方案有哪些？

9.3 什么是高厚比？砌体房屋限制高厚比的作用是什么？

9.4 产生墙体开裂的主要原因是什么？防止墙体开裂的主要措施有哪些？

9.5 温度裂缝和由地基不均匀沉降引起的裂缝有什么形态？

9.6 墙梁由哪几部分组成？墙梁可能的破坏形式有哪些？

9.7 挑梁的破坏形态有哪些？

9.8 砌体房屋的震害特点是什么？

9.9 砌体房屋抗震设计的一般规定有哪些？多层砌体房屋抗震构造措施主要有哪些？

10 钢结构

知识目标

1. 理解钢结构连接的主要构造要求；

2. 理解轻钢屋架的节点要求；

3. 了解檩条的种类。

思政元素举例

规范意识、质量意识、安全意识。

10.1 钢结构的连接

钢结构是由型钢或钢板通过连接组成的结构或构件。连接的方法有焊接、铆接和螺栓连接，其中焊接是最重要的连接形式，其次是螺栓连接，铆接由于劳动强度大，生产效率低，目前很少采用。

10.1.1 焊接连接

10.1.1.1 焊接的基本知识

焊接连接是通过电弧产生的热量使焊条、焊件局部熔化，经冷却连为一体。焊接的方法有手工电弧焊、自动或半自动电弧焊、气体保护焊。

手工电弧焊是手工焊接中最常用的方法，它是由电焊机、电线、焊钳、焊条、焊件组成。打火引弧后，手持焊钳夹紧的焊条与焊件很快接触形成短路，强大的电流激发电弧，电弧温度很高(6000℃左右)，使焊条与焊件熔化，焊条金属液滴落在电弧吹成的焊件熔池中，冷却后融为一体，如图 10.1 所示。

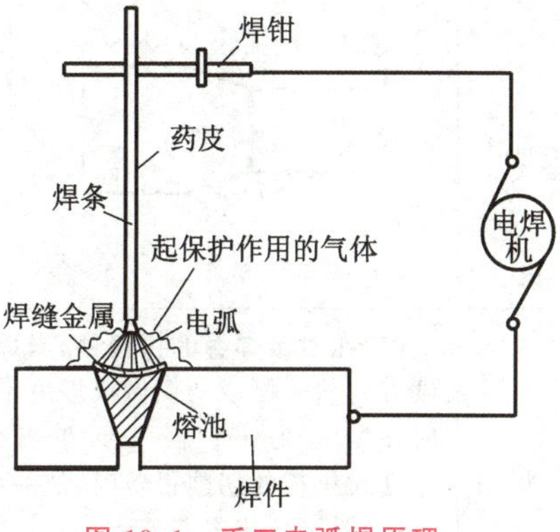

图 10.1　手工电弧焊原理

手工电弧焊设备简单，操作灵活方便，适应性强，在工程中广泛应用，但是焊接质量波动性大，要求具有一定的焊接水平，而且劳动强度大，劳动条件差。

焊接的优点是不必打孔，省工省时；任何形状构件可直接连接，构造简单，施工方便；密闭性好，结构刚度大，整体性好。其缺点是焊缝附近热影响区材质变脆；焊接残余应力使结构变脆，焊接残余变形使结构形状发生变化；焊接裂缝一旦形成，很容易扩展。

10.1.1.2 焊缝的构造

按焊缝本身截面形式不同，焊缝分为对接焊缝和角焊缝。

(1)对接焊缝

按焊缝金属充满母材的程度分为焊透的对接焊缝和未焊透的对接焊缝。未焊透的对接焊缝受力很小，而且有严重的应力集中。焊透的对接焊缝简称对接焊缝。

为了便于施工，保证施工质量，保证对接焊缝充满母材缝隙，根据钢板厚度采取不同的坡口形式，如表 10.1 所示。

表 10.1　对接焊缝坡口形式

坡口形式	I 形缝	V 形缝及单边 V 形缝	X 形缝及 K 形缝
简图及构造	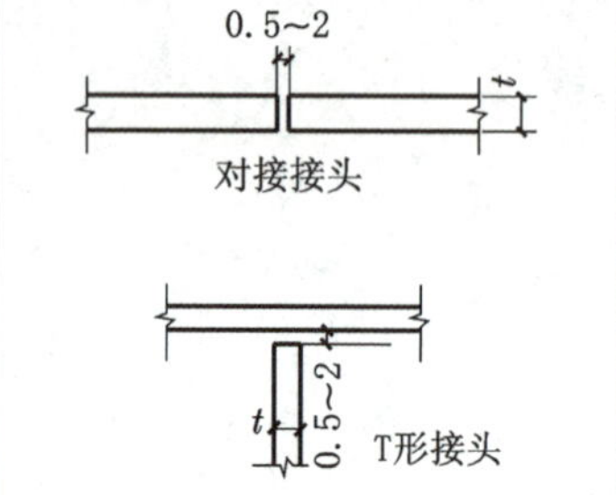	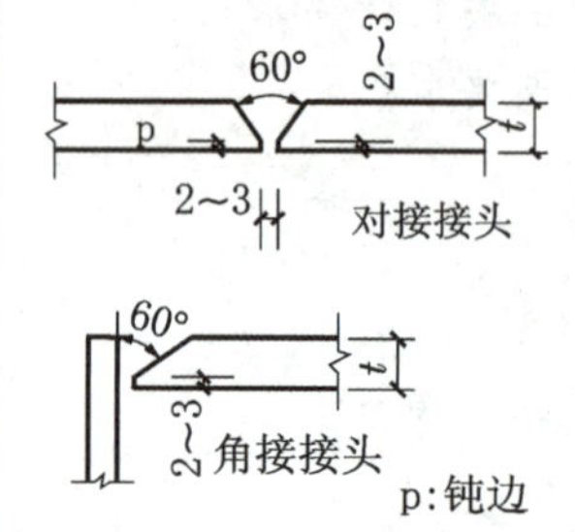	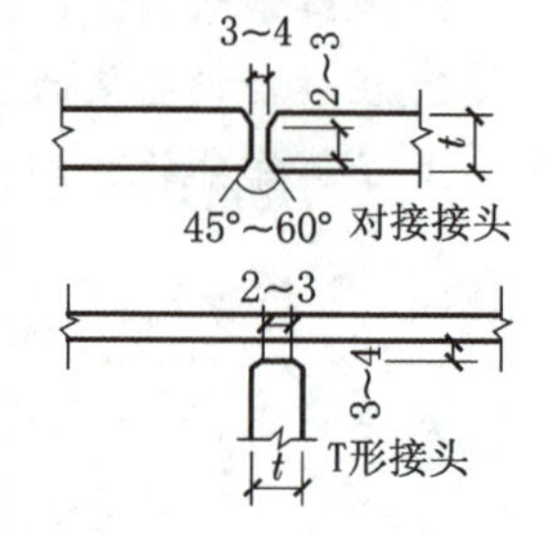
适用厚度	钢板厚度 $t<10$mm。对于对接接头：$t\leqslant 5$mm，应采用单边焊，$t=6\sim10$mm 应采用双面焊	钢板厚度 $t=10\sim20$mm。对于角接接头不便双边焊时可采用单边 V 形缝坡口	钢板厚度 $t>20$mm，两面施焊或两边施焊

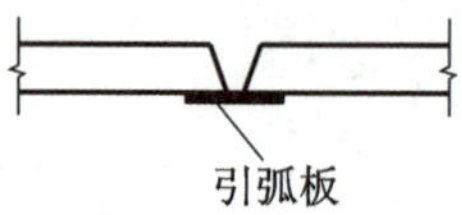

图 10.2　引弧板

当间隙过大(3～6mm)时，可在 V 形缝及单边 V 形缝、I 形缝下面设一块垫板(引弧板)，防止熔化的金属流淌，并使根部焊透。为保证焊接质量，防止焊缝两端凹槽，减少应力集中对动力荷载的影响，焊缝成型后，若不影响其使用，两端可留在焊件上，否则焊接完成后应切去，见图 10.2。

焊缝内部的缺陷(未焊透、裂痕、凹凸等)使得构件在外力作用下，经过该处的传力很不平顺，在局部应力突然增大，甚至形成高峰，这种现象叫钢材的应力集中，其结果导致材料脆性增加，塑性降低，对动力荷载特别敏感，除采用引弧板外，还可以采取如表 10.2 所示的措施。

表 10.2　对接焊缝减小应力集中的措施

名称	宽度变化时	厚度变化时	纵横向对接焊缝交叉点最小距离
简图	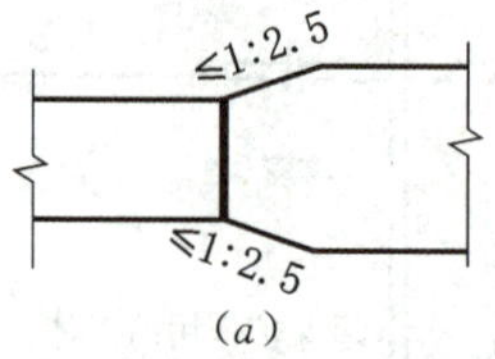	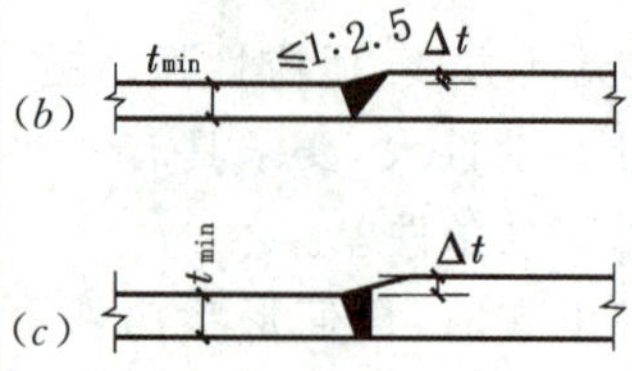	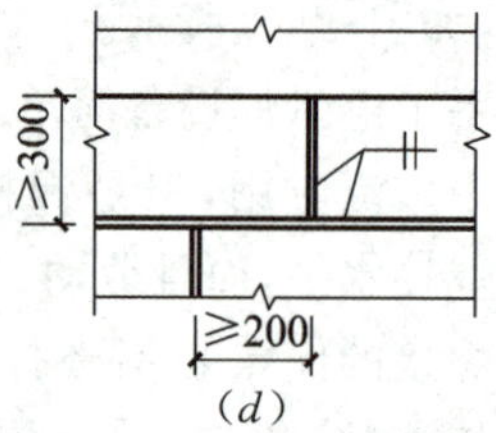
说明	(1)在对接焊缝的拼接处，当焊接宽度不同或厚度(当厚度之差 $\Delta t>[\Delta t]$)时，应分别在宽度或厚度方向从一侧或两侧做成坡度不大于 1∶2.5 的坡角，如图(*b*)所示。$[\Delta t]$规定为：当 $t_{min}=5\sim9$mm 时，$[\Delta t]=2$mm；当 $t_{min}=10\sim12$mm 时，$[\Delta t]=3$mm；当 $t_{min}>12$mm 时，$[\Delta t]=4$mm。考虑到改变厚度对钢板的切削很费时，故一般不宜改变厚度。 (2)厚度变化之差 $\Delta t\leqslant[\Delta t]$时，直接将焊缝表面做成斜坡即可，如图(*c*)所示。 (3)直接承受动力荷载的对接接头，宜采用 T 形接头交叉，交叉点的距离不宜小于 200mm，且拼接长度和宽度不小于 300mm，如图(*d*)所示		

由于焊接过程中形成的缺陷会影响钢结构的焊接质量，导致焊接强度降低，特别焊透的对接焊缝受拉对缺陷更为敏感，《钢结构工程质量验收规范》将对接焊缝分为一级、二级、三级，其中三级只要求对全部焊缝的外观检查，但对内部裂纹、夹渣、未焊透不能反映；二级除外观检查外，还须对部分焊缝作超声波检查；一级除外观检查外，还须对全部焊缝作无损探伤检查，这些检验都应符合各自的质量标准。

(2)角焊缝

①角焊缝的类型

角焊缝连接板件板边不必精加工，板件无缝隙，焊缝金属直接填充在两焊件形成的直角或斜角的区域内。按角焊缝本身的截面形式分为直角焊缝(图 10.3(*a*)、(*b*))、斜角焊缝(图 10.3(*c*)、(*d*))，常用直角焊缝；按角焊缝长度与外力作用方向分为侧焊缝(焊缝长度与外力作用方向平行)、端焊缝(也叫正面焊缝，焊缝长度与外力作用方向垂直)、斜焊缝(焊缝长度与外力作用方向倾斜)。由两种及两种以上的角焊缝(侧焊缝、端焊缝、斜焊缝)组成的焊缝叫混合焊缝，例如围焊缝、L 形焊缝，如图 10.4 所示。

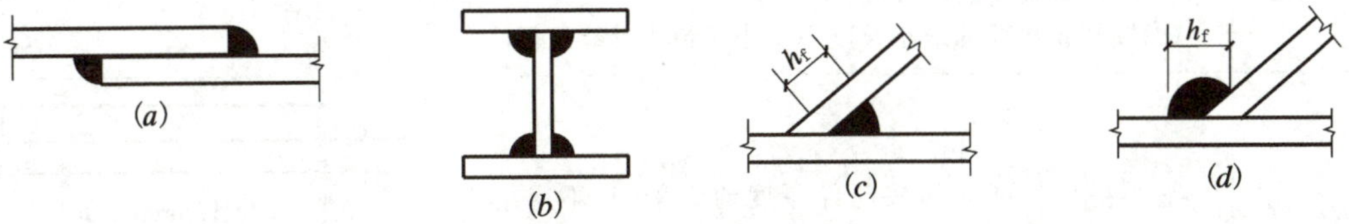

图 10.3　角焊缝截面形式

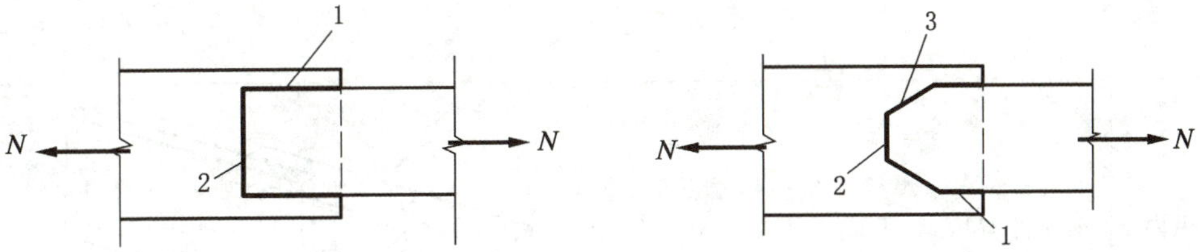

图 10.4　混合焊缝

1—侧面焊缝；2—正面焊缝；3—斜焊缝

②角焊缝的构造要求

直角焊缝中直角边的尺寸称为焊脚尺寸(图 10.5)，其中较小边的尺寸用 h_f 表示。

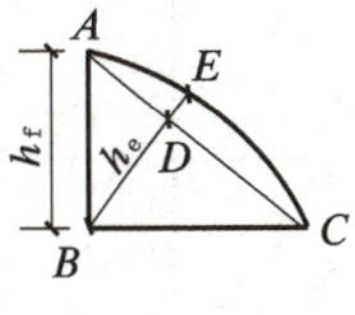

图 10.5　角焊缝计算高度

为保证焊缝质量，宜选择合适的焊脚尺寸。如果焊脚尺寸过小，则焊不牢，特别是焊件过厚，易产生裂纹；如果焊脚尺寸过大，特别是焊件过薄时，易烧伤穿透。另外当贴边焊时，易产生咬边现象。为此，规范给出了最大焊脚尺寸 h_{fmax} 和最小焊脚尺寸 h_{fmin}、焊缝计算长度及其他构造要求，见表 10.3。

(3)对接焊缝与角焊缝比较

对接焊缝与角焊缝的比较见表 10.4。

(4)焊接残余变形及焊接残余应力

焊接是一个局部加热，然后再冷却的过程。在焊接过程中形成一个很不均匀的温度场，热变形很不均匀，加之冷却后散热速度不均匀，收缩也不一致，这样钢材各纤维变形不能恢复原状，这种变形叫焊接残余变形，见图 10.6。在产生残余变形的同时，钢材各纤维之间形成相互制约的作用力，叫焊接残余应力。

表 10.3　角焊缝构造要求

<table>
<tr><th>项目</th><th>构造要求</th></tr>
<tr><td>最大焊脚尺寸 h_{fmax}</td><td>当板件厚度 $t \leqslant 6$mm 时，$h_{fmax}=t$；
当 $t>6$mm 时，$h_{fmax}=t-(1\sim2)$mm
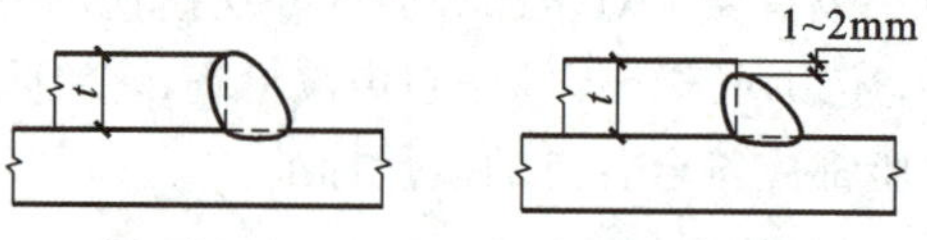

(a) $t \leqslant 6$mm　(b) $t>6$mm
搭接焊缝沿母材棱边的最大焊脚尺寸</td></tr>
<tr><td>最小焊脚尺寸 h_{fmin}</td><td><table>
<tr><td>母材厚度 t(mm)</td><td>h_{fmin}(mm)</td><td>母材厚度 t(mm)</td><td>h_{fmin}(mm)</td></tr>
<tr><td>$t \leqslant 6$</td><td>3</td><td>$12<t \leqslant 20$</td><td>6</td></tr>
<tr><td>$6<t \leqslant 12$</td><td>5</td><td>$t>20$</td><td>8</td></tr>
<tr><td colspan="4">注：承受动力荷载的角焊缝最小焊脚尺寸为 5mm</td></tr>
</table></td></tr>
<tr><td>焊缝长度</td><td>(1)角焊缝的最小计算长度应为焊脚尺寸的 $8h_f$ 且不应小于 40mm；焊缝的计算长度应扣除引弧、收弧长度后的长度。
(2)断续角焊缝的最小长度不应小于最小计算长度</td></tr>
<tr><td>搭接长度</td><td>最小搭接长度应为较薄件厚度的 5 倍，且不应小于 25mm，并应施焊纵向或横向双角焊缝，如图(c)所示
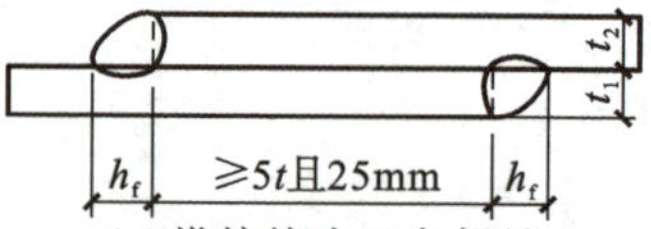

(c)搭接接头双角焊缝
$t=\min(t_1、t_2)$</td></tr>
<tr><td>只有纵向角焊缝连接型钢端部</td><td>只有纵向角焊缝连接型钢端部时，型钢杆件宽度 W 不应大于 200mm，型钢杆件每侧角焊缝长度不应小于 W，如图(d)；当 W 大于 200mm 时，应加横向角焊缝或中间塞焊
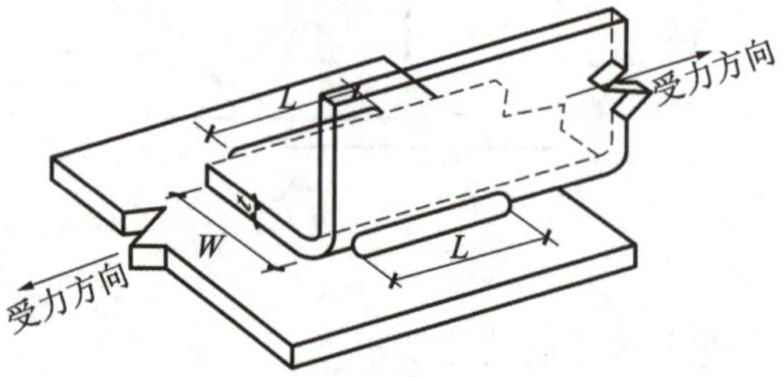

(d)纵向角焊缝最小长度</td></tr>
<tr><td>减少应力集中的措施</td><td>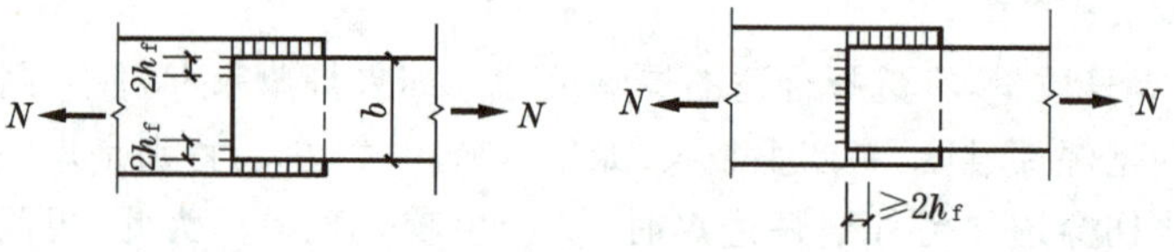

(e)
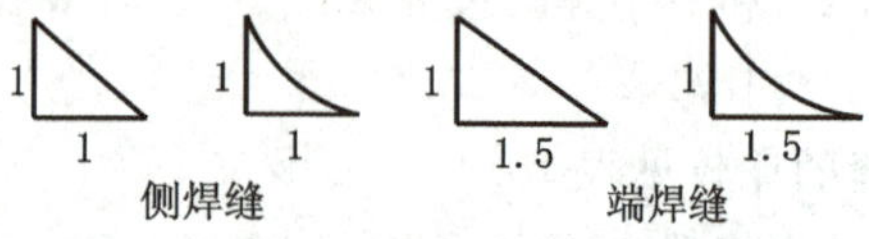

(f)
(1)绕角施焊：当杆件与节点板采用平行焊缝或 L 形焊缝时，为减少在焊缝两端弧坑引起的应力集中，可绕角施焊，施焊长度 $2h_f$，如图(e)所示。
(2)角焊缝表面处理：当直接承受动力荷载时，为保证传力平顺，避免陡变，将其表面做成直线或凹形，如图(f)所示</td></tr>
</table>

表 10.4 对接焊缝与角焊缝的比较

名称	特点	强度指标
对接焊缝	板边要精加工(包括坡口、矫正缝距),施工不便,但用料经济,传力平顺,无显著应力集中,承受动力荷载有利	(f_t^w、f_c^w、f_v^w)质量控制等级分为一级、二级、三级,对于一级、二级强度指标同母材,三级 $f_t^w=0.85f$,其余同母材
角焊缝	板边不必精加工(不需要坡口、矫正缝距),施工方便,但有显著应力集中,传力不平顺,采用搭接接头时,需要有一定的搭接长度,用料不经济	与质量等级无关,抗拉、抗压、抗剪强度指标相同,用 f_f^w 表示

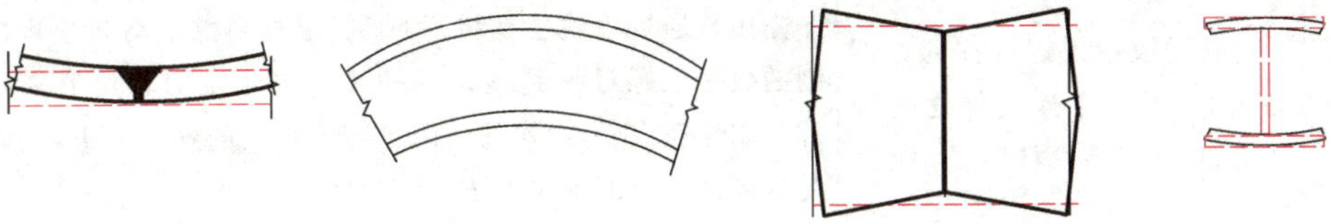

图 10.6 焊接变形

焊接残余变形、残余应力的危害及其消除或减小措施见表 10.5。

表 10.5 焊接残余变形、残余应力的危害及减小措施

危害	残余应力	(1)热影响材质变脆,韧性降低,对直接承受动力荷载低温工作焊接结构特别不利;(2)构件刚度降低,易开裂;(3)稳定承载力降低,导致提前失稳;(4)疲劳强度降低,重复作用动力荷载特别不利
	残余变形	(1)安装困难;(2)恶化构件的工作环境,例如轴压变为压弯,影响强度和稳定性
措施	设计方面	(1)选择合适的 h_f 及 l_w,优先选择细长焊缝,避开粗短焊缝;(2)避免焊缝过分集中;(3)保证施焊方便;(4)避免三向焊缝相交 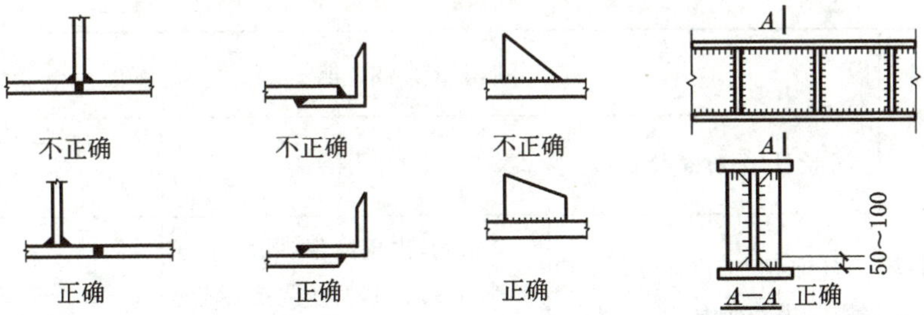
	制作方面	(1)选择合适的施焊顺序,减少热影响区,避免仰焊、立焊,保证焊接质量;(2)采用反变形焊,减少残余变形;(3)采用局部加热法,减少残余变形;(4)采用预热法、退火法或锤击法,减少残余应力

10.1.2 螺栓连接

按制作螺栓的材料强度大小及传力机理不同,螺栓连接分为普通螺栓连接和高强螺栓连接,其比较见表 10.6。

表 10.6　普通螺栓连接和高强螺栓连接比较

名称	普通螺栓连接 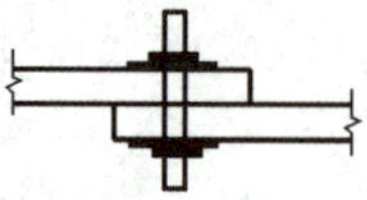	高强螺栓连接 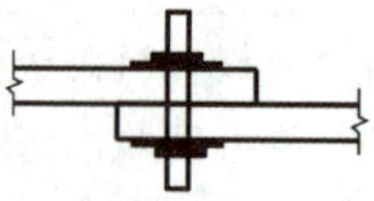
材料及性能等级	螺栓用 Q235 钢制作，其抗拉极限强度不低于 370 N/mm²，屈强比 0.6，性能等级为 4.6 级	(1)螺栓用 45 号或 35 号优质中碳钢制作，经热处理后，抗拉极限强度 $f_u \geqslant 830\mathrm{N/mm^2}$，屈强比 0.8，性能等级为 8.8 级； (2)螺栓用 20MnTiB、40B、35VB 优质合金钢制作，经热处理后，抗拉极限强度 $f_u \geqslant 1040\mathrm{N/mm^2}$，屈强比 0.9，性能等级为 10.9 级
制作阶段受力情况	用普通扳手把螺母拧到拧不动为止，不考虑连接件之间的压力，也不考虑栓杆所受拉力	先用普通扳手建立初拧后(把螺母拧到拧不动为止)，再用特制的扳手把螺母拧到规定的扭矩值或规定的转角值来完成终拧。制作完成后，连接件之间已产生很大的预压力 P，同时栓杆受到同样大小的预拉力 P
说明	(1)按国际标准的规定，螺栓的性能统一用螺栓的性能等级来表示，小数点前的数字如 4 或 8 表示螺栓材料的最低抗拉强度(400N/mm² 或 800N/mm²)，小数点后面的数字表示螺栓材料的屈强比(如 0.6、0.8)； (2)高强螺栓连接传递剪力的机理与普通螺栓不同，普通螺栓是依靠栓杆承压和抗剪来传递剪力，而高强螺栓连接首先是依靠连接件间强大的摩擦力来传递剪力，然后栓杆承压和抗剪，所以高强螺栓连接的承载力大于普通螺栓连接的承载力； (3)高强螺栓制作完成后，栓杆始终处于高拉应力状态，对钢材的缺陷特别敏感，有严重的应力集中，所以其制作安装必须符合有关技术要求，价格较贵	

(1)普通螺栓连接构造

普通螺栓连接按加工的精确程度分为精制螺栓连接和粗制螺栓连接，其比较见表 10.7。

表 10.7　精制螺栓连接和粗制螺栓连接比较

名称	加工性能			受力性能	
	栓杆(公称直径 d)	孔类(孔径 d_0)	d_0-d (mm)	抗剪	抗拉
精制螺栓连接	经车削加工而成，加工精细，尺寸准确	孔精确，内壁光滑，孔轴垂直于被连接件接触面，要求Ⅰ类孔	0.3～0.5	性能好	不经济
粗制螺栓连接	加工粗糙，尺寸不够准确	孔不精确，内壁不光滑(一次冲孔成型)，要求Ⅱ类孔	1.5～3	性能差	经济
说　明	(1)精制螺栓(A 级、B 级)连接成本高，安装困难，较少用，已被高强螺栓所代替； (2)粗制螺栓(C 级)连接成本低，装拆方便，广泛用于临时固定或拆卸，特别是承受拉力的结构连接中； (3)螺栓的直径 d 应根据整个结构及其主要连接的尺寸和受力情况选定，受力螺栓常用 M16、M20、M24 等				

螺栓的排列有并列式和错列式，如图 10.7 所示。其中并列式简单整齐，设计方便，较常用。

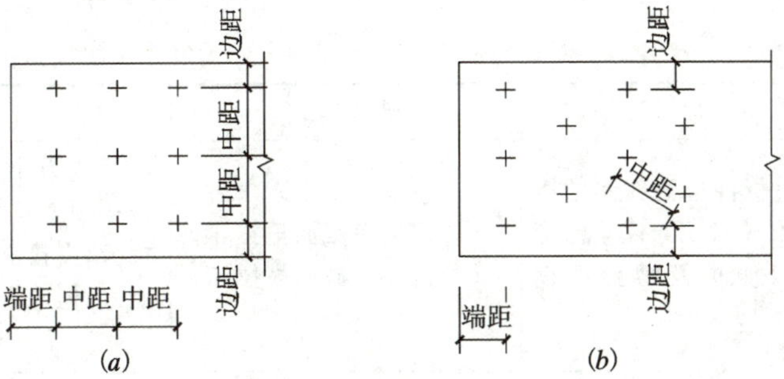

图 10.7 螺栓的排列

(a)并列；(b)错列

螺栓的排列应符合下列要求：

①受力要求 端距不能太小，否则孔端前的钢板被撕坏，要求端距$\geqslant 2d_0$；边距不能太小，否则边距前钢板也被撕坏，要求边距$\geqslant 1.2d_0$(或$1.5d_0$，视具体情况而定)；中距不能过小，否则两孔间的钢板被挤坏，要求中距$\geqslant 3d_0$，但中距也不能过大，否则受压构件两孔间的钢板被压屈鼓肚。

②构造要求 中距、端距、边距不能过大，否则板翘曲后浸入潮气、水而腐蚀。

③施工要求 为了便于拧紧螺栓，所以应留适当的间距，不同的施工工具有不同的要求。《钢结构工程质量验收规范》根据螺栓孔的直径、钢材板边加工情况及受力方向，规定了螺栓最大、最小容许距离，见表 10.8。

表 10.8 螺栓或铆钉的最大、最小容许距离

<table>
<tr><th>名称</th><th colspan="3">位置和方向</th><th>最大容许距离(取两者的较小值)</th><th>最小容许距离</th></tr>
<tr><td rowspan="5">中心间距</td><td colspan="3">外排(垂直内力方向或顺内力方向)</td><td>$8d_0$ 或 $12t$</td><td rowspan="5">$3d_0$</td></tr>
<tr><td rowspan="3">中间排</td><td colspan="2">垂直内力方向</td><td>$16d_0$ 或 $24t$</td></tr>
<tr><td rowspan="2">顺内力方向</td><td>构件受压力</td><td>$12d_0$ 或 $18t$</td></tr>
<tr><td>构件受拉力</td><td>$16d_0$ 或 $24t$</td></tr>
<tr><td colspan="3">沿对角线方向</td><td>—</td></tr>
<tr><td rowspan="4">中心至构件边缘距离</td><td colspan="3">顺内力方向</td><td rowspan="4">$4d_0$ 或 $8t$</td><td>$2d_0$</td></tr>
<tr><td rowspan="3">垂直内力方向</td><td colspan="2">剪切边或手工气割边</td><td rowspan="2">$1.5d_0$</td></tr>
<tr><td rowspan="2">轧制边、自动气割或锯割边</td><td>高强螺栓</td></tr>
<tr><td>其他螺栓或铆钉</td><td>$1.2d_0$</td></tr>
</table>

注：① d_0 为螺栓孔或铆钉孔直径，t 为外层较薄板件的厚度；

②钢板边缘与刚性构件(如槽钢、角钢等)相连的螺栓或铆钉的最大间距，可按中间排的数值采用；

③角钢或工字钢等型钢上的螺栓排列见有关书籍。

(2)高强螺栓连接

高强螺栓连接按抗剪传力途径分为摩擦型高强螺栓连接和承压型高强螺栓连接，见表10.9。

表 10.9　高强螺栓连接按抗剪传力途径分类及比较

名称	传力途径	破坏形式	特　　点
摩擦型高强螺栓连接	通过板件接触面间的摩擦力传递拉力，不考虑螺栓本身受剪及螺栓侧面承压	(1)钢板净截面被拉坏； (2)钢板毛截面被拉坏	承载力小，可靠度高，整体性和连接刚度好，变形小，受力可靠，耐疲劳，直接承受动力荷载作用的性能好，但成本高 $d_0-d=1.5\sim2$mm
承压型高强螺栓连接	摩擦力被克服后，以栓杆受剪或孔壁受压传递拉力	同普通螺栓连接	承载力大，可靠度降低，整体性和连接刚度较差，变形大，动力性能差，适用于直接承受静力荷载或间接承受动力荷载作用，成本较低 $d_0-d=1.0\sim1.5$mm

10.2　钢　屋　盖

钢屋盖具有自重轻、强度高、承载力大的特点，在重型或大跨度的空间结构中得到广泛应用。

10.2.1　钢屋盖的组成和布置

钢屋盖通常由屋面板或轻型屋面材料、檩条、屋架、托架、天窗架和屋面支撑材料等组成，屋架的跨度和间距取决于柱网布置，而柱网布置则取决于建筑物的工艺要求和经济要求；当屋架跨度较大时，为了采光和通风的需要，屋盖上常设天窗；当由于某种需要(例如设备基础及其他设备)柱距较大超出屋面板长度时，应设置中间屋架和柱间托架，中间屋架荷载通过托架传给柱子；屋架和屋架之间应设置支撑，以增加屋架的侧向刚度，传递水平荷载和保证屋盖的整体稳定，因此屋盖支撑也是构件不可缺少的重要的结构构件。根据屋面材料和屋面布置情况不同，屋盖可分为无檩体系和有檩体系。

无檩体系屋面板长度通常为6m，屋架的间距也是6m，这种屋面板上常采用卷材防水屋面，屋面坡度 $i=1:12\sim1:8$。无檩体系具有屋盖横向刚度好、整体性好、构造简单、施工方便等优点，但自重大，水平地震作用大，对抗震不利，多用于有桥式吊车的单层房屋的屋盖中。

有檩体系屋架间距与屋面布置灵活，自重轻，用料省，运输方便，但整体性差，构件种类多，构造较复杂。

10.2.2　屋盖支撑体系

屋盖中屋架是组成房屋横向平面承重结构(屋架、柱、基础)的主要承重构件，屋面大部分荷载通过它传给柱和基础；而屋架在平面外(纵向)的刚度、稳定性相当差，所以还需要设置屋盖支撑以形成一个空间的几何不变体系，保证具有传递纵向水平荷载的能力，同时也保证施工中的安全。其种类及布置要求见表10.10，其形式见图10.8。

表 10.10 屋盖支撑种类及布置要求

种类	布置原则及设置要求	构造要求
上弦横向支撑	(1)房屋两端或温度缝区段两端的第一、第二柱间，上弦横向支撑间距应≤60m，当房屋长度＞60m时，应在房屋的中间增设一道或几道支撑； (2)任何情况都要设(有檩或无檩)。有檩体系中，檩条可代替该支撑竖杆；当有天窗时，还要设天窗架上弦横向支撑	(1)该支撑由交叉斜杆(单角钢或圆钢)和竖杆(双角钢组成的T形)组成，在节点处用节点板以角焊缝连接，屋架上弦用不少于两个M20(天窗架M16)粗制螺栓连接，组成平行弦桁架； (2)节间长度为屋架节间长度的2～4倍
下弦横向水平支撑	(1)与上弦横向支撑布置在同一柱间，以便形成稳定的空间体系； (2)屋架跨度≤18m，且无悬挂吊车或桥式吊车吨位不大时，可以不设，否则要设	(1)支撑的形式及杆件截面同上弦横向支撑，由交叉斜杆、竖杆、屋架下弦杆组成平行弦桁架； (2)节间长度为屋架节间长度的2～4倍
下弦纵向水平支撑	(1)布置在屋架下弦左、右端节间内，纵向成通长布置，与下弦横向水平支撑共同形成一个封闭的支撑框架，以保证屋盖结构具有足够的水平刚度； (2)一般不设。当厂房内有托架或起重量大的桥式吊车，以及房屋高度或跨度较大时才设	(1)支撑的形式及杆件截面同上弦横向支撑，由交叉斜杆、竖杆、弦杆组成平行弦桁架，其中端竖杆就是屋架的竖杆； (2)节间长度可以为柱距
垂直支撑	(1)与上弦横向支撑布置在同一柱间，形成一个跨度为屋架间距的平行弦桁架。 (2)一定要设。对于梯形屋架，当跨度≤30m时，在跨中和屋架两端要设；当跨度＞30m时，在屋架两端和1/3跨度处分别要设共四道。对于三角形屋架，当跨度≤18m时，在跨中要设；当跨度＞18m时，在1/3跨度处分别要设共两道	(1)该支撑的上、下弦杆分别是上、下弦杆横向支撑的竖杆，该支撑的端竖杆就是屋架的竖杆； (2)中间腹杆组成W形或双节间交叉斜杆形式，其腹杆截面可用单角钢或双角钢T形截面
系杆	(1)未设横向支撑的柱节间内，相邻屋架由系杆连接，形成整体空间稳定体系； (2)设置屋架两端垂直支撑与屋架相交的上下弦节点处应沿房屋的长度通长布置； (3)对于有檩体系，檩条兼作上弦纵向水平系杆	系杆有刚性系杆(承受压力)和柔性系杆(承受拉力)，刚性系杆常用双角钢组成的T形截面或十字形截面，柔性系杆一般用单角钢或圆钢

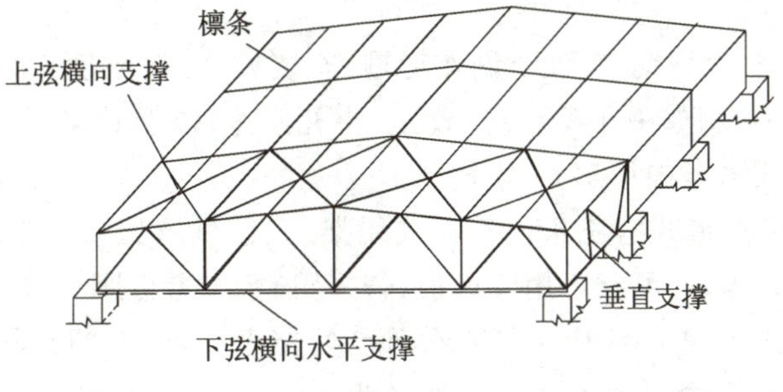

图 10.8 屋盖支撑

10.2.3　钢檩条

在有檩体系中，钢檩条是重要的承重构件，它所占的比例也是比较大的。檩条一般采用单跨简支的实腹式和桁架式两种。

(1)实腹式檩条(图 10.9)

构造简单、制作安装方便，常用跨度 $l=3\sim6$m，截面高度 $h=(1/50\sim1/35)l$，跨度再大就不经济了。常用型钢有普通工字钢、角钢、槽钢、冷弯薄壁型钢(如 Z 形钢、C 形钢)。冷弯薄壁型钢用钢量省，但防锈要求高。实腹式檩条一般放在屋架的斜坡上，通过与檩托(一般用小角钢焊在屋架上弦)用不少于 2 个 C 级螺栓或焊缝连接。在竖向荷载作用下，檩条产生双向弯曲，所以应按双向受弯的钢梁设计。

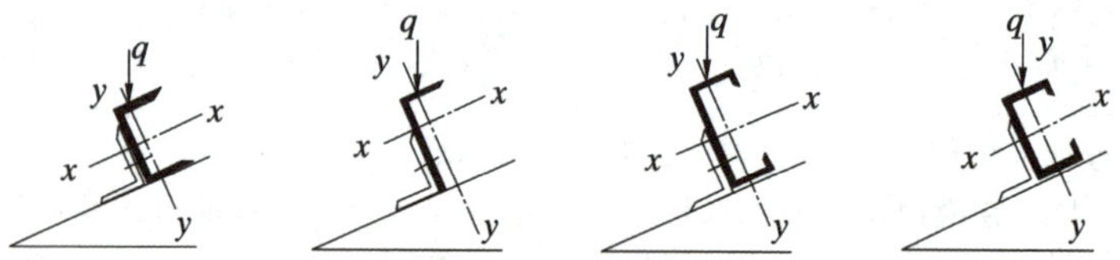

图 10.9　实腹式檩条截面

对于实腹式檩条，为了保证檩条的整体稳定，防止受压区提前屈曲，所以应靠近檩条的上翼缘设置侧向支承点即拉条，拉条应布置在纵向，垂直于檩条，拉条一般用圆钢，直径为 10～16mm，用螺母与腹板固定。当檩条跨度为 4～6m 时，至少在跨中布置一道拉条；当跨度 $l>6$m 时，应设置两道拉条。

(2)桁架式檩条

用料经济，但制作麻烦，当跨度 $l>6$m 时才采用。桁架式檩条分为平面式桁架和空间式桁架。

10.2.4　轻钢屋架的构造

用直径不宜小于 12mm(屋架杆件)或直径不宜小于 16mm(支撑杆件)的圆钢和小角钢(小于∟45×4 或小于∟56×36×4)组成的钢屋架以及用 2～6mm 薄钢板或带钢冷弯成型的薄壁型钢组成的钢屋架，统称为轻钢屋架。为了把两类轻钢屋架加以区别，前者称为轻型钢屋架，后者称为薄壁型钢屋架。

10.2.4.1　轻型钢屋架

轻型钢屋架自重小、用钢省，便于制作运输、安装方便，但刚度差，承载力低，锈蚀影响大。主要用于轻型屋盖中，例如中小型厂房、食堂、小礼堂等，以及跨度≤18m、吊车起重量不大于 5t 又不很繁忙的桥式吊车中厂房。

轻型钢屋架常见的形式有三角形芬克式屋架、三铰拱屋架和梭形屋架(图 10.10)。轻钢腹杆宜直接与弦杆焊接，尽可能不用节点板，若采用时，节点板厚一般为 6～8mm，支座节点板厚 12～14mm；屋架杆件重心线应尽可能在节点处交于一点，但圆钢与弦杆连接时，很难避免偏心，此时节点中心至腹板与弦杆的交点距离为 10～20mm，见图 10.11。

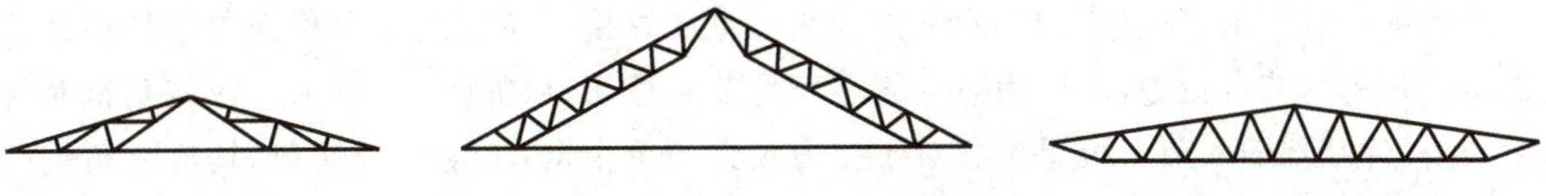

图 10.10 轻钢屋架形式

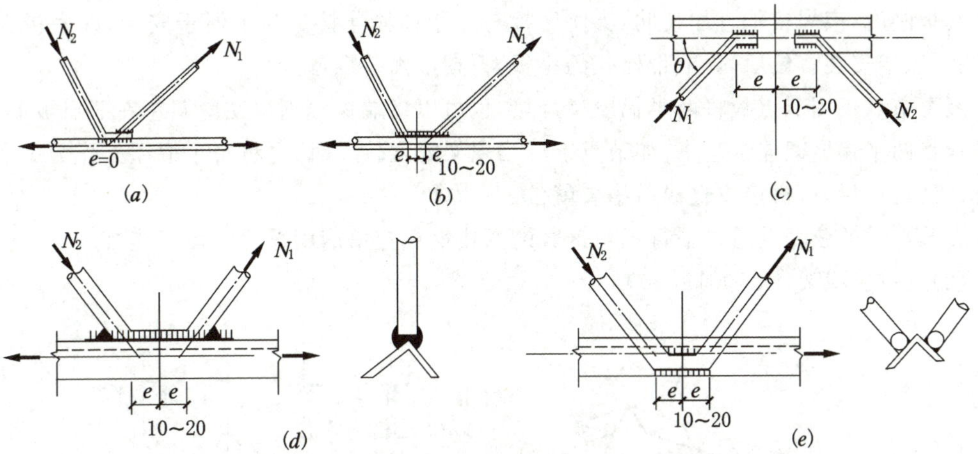

图 10.11 圆钢腹杆与圆钢或角钢弦杆的连接

(1)三角形芬克式屋架

一般为平面桁架,上弦截面常采用双角钢(为安放檩条),下弦和腹杆常采用单角钢或圆钢,圆钢不宜用作内力较大的受压腹杆。这种屋架构造简单,制作方便,短杆受压,长杆受拉,结构合理。这种屋架跨度 9～18m,屋架间距 4～6m,有桥式吊车时,屋架杆件不宜采用圆钢,其节点构造见图 10.12。

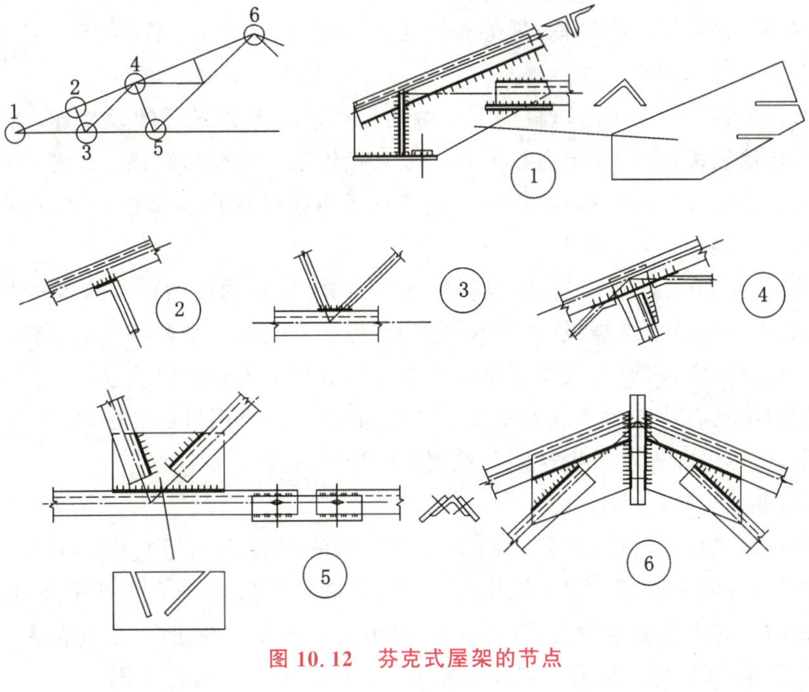

图 10.12 芬克式屋架的节点

从图中可以看出，节点②和③的圆钢与弦杆直接焊接。在节点④中角钢与弦杆通过节点板焊接。角钢与节点板焊接时，为减少偏心宜将节点板切口（如①、⑤所示），或将角钢肢背切口后，将杆件端部插入节点板焊接。对于受力较大的单角钢，不论何种切口，均应在角钢肢尖加焊平行于角钢的水平板。对于受力较小的单角钢可以不切口，直接与节点板焊接。

在支座节点①处，弦杆的内力通过支座节点板传给支座底板。为提高节点板侧向刚度和支座底板刚度，应焊接垂直加劲肋，支座底板与柱用锚栓连接。为了便于安装，在底板上开较大的孔，屋架安装就位后，焊上带栓孔的小板，再在上面装螺母。

屋脊节点仅用节点板将两半榀屋架焊接，也可以将端板分别焊在屋架左右节点板上，然后用螺栓将两半榀屋架连接起来，如节点⑥。当屋架跨度较大时，可将每半榀屋架作为一个运送单元送到现场后，再拼接成整榀后吊装就位。

在节点⑤的弦杆上通过平行于角钢肢的两块钢板与角钢用螺栓或焊缝连接。

(2)三铰拱屋架（图 10.13(*a*)）

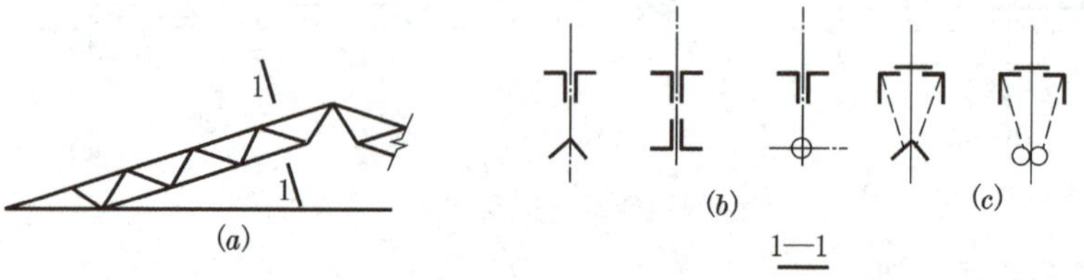

图 10.13　三铰拱轻钢屋架

三铰拱屋架由两根斜梁和一根拉杆组成，其斜梁截面有平面式桁架（图 10.13(*b*)）和空间式桁架（图 10.13(*c*)）两种。平面式桁架侧向刚度差，一般宜采用空间式桁架（倒三角形）。空间式桁架斜梁上弦截面宜用双角钢，并在节间内用缀条将两角钢相连；斜梁下弦宜采用单角钢，当下弦受拉时，也可以采用圆钢；斜梁腹杆通常用连续弯折的圆钢；拉杆一般采用单圆钢。空间式桁架节点构造见图 10.14。

在支座节点处（图 10.14(*a*)），斜梁上弦两角钢通过与上弦平行的板相连，再通过相互垂直的竖板将力传给底板；下弦与节点板的切口处直接焊接。拉杆与斜梁下弦弯折处的节点，通过连接板用受剪螺栓连接；也可以不设该螺栓在现场将拉杆焊在连接板上，但需设定位螺栓。当然还有其他的连接形式，在此略。

在屋脊节点（图 10.14(*b*)）左右两根斜梁的节点处，节点的内力由端板间的垫板传递，斜梁上弦、下弦的内力通过三块竖板（中央和两侧）和焊于上弦的水平板传至端面板，两侧的端面板用螺栓将其位置固定；斜梁下弦端部角钢肢背切口后与中央竖板焊接。

三铰拱屋架中具有特点的节点就是支座节点和屋脊节点，用量比较多，所以在满足传力和构造的情况下，应尽可能设法减少这些节点钢板的用量。

(3)梭形屋架

一般采用空间式桁架（三角形），它的上弦常采用单角钢（不小于∟90×6）并且开口朝上（V 形），下弦和腹杆常用圆钢，有时也用角钢。与前两种屋架主要不同点是高度小，坡度小。常用于有卷材防水的无檩屋盖中，跨度≤15m，间距随屋面板长度而定，变动范围大（2～6m）。其节点构造见图 10.15，与三角形芬克式屋架及三铰拱屋架节点构造类同。

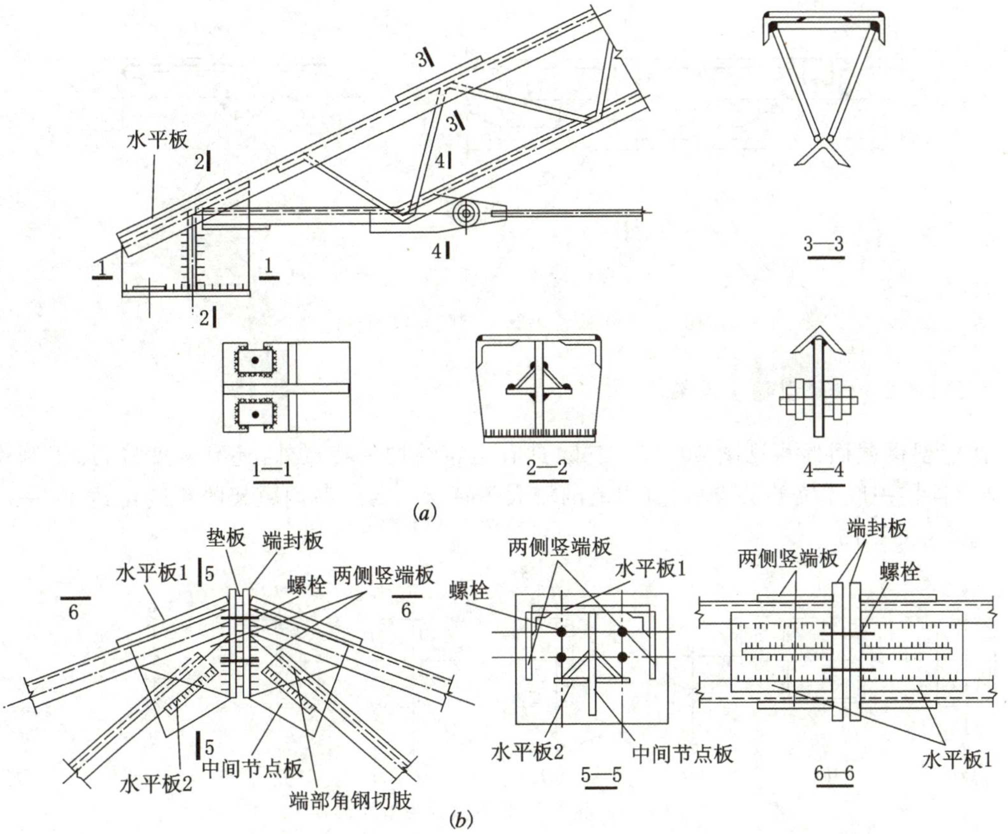

图 10.14 三铰拱轻钢屋架节点构造

(a)支座节点;(b)屋脊节点

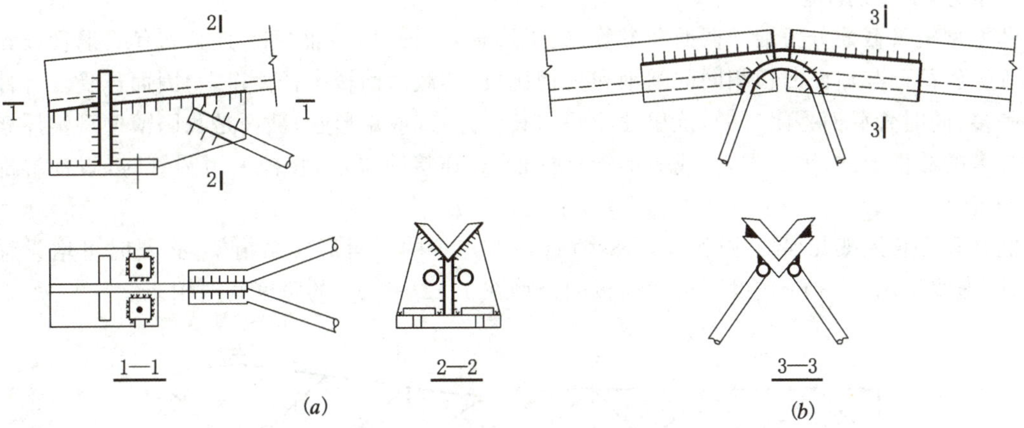

图 10.15 梭形屋架节点构造

(a)支座节点;(b)屋脊节点

为了保证支承屋面板的可靠性,宜顺上弦角钢槽内焊以绕筋(蛇形钢筋),再在屋面板纵缝之间布置连系筋,纵横缝之间灌以细石混凝土,这样上弦角钢与混凝土共同工作,刚度增加,见图 10.16。

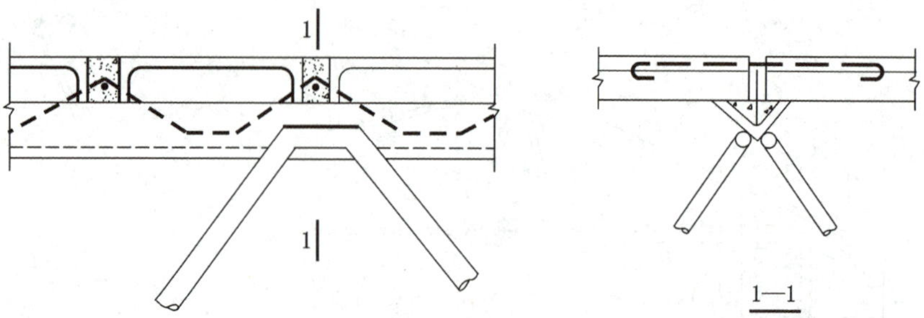

图 10.16 梭形轻型屋架上弦与屋面板的连接

10.2.4.2 薄壁型钢管屋架

薄壁型钢截面形式见图 10.17。它除具有型钢结构的特点外，还有刚度好，加工制作简单，节点连接一般不需要节点板，应用范围较大等特点。薄壁型钢屋架的跨度可达 12～30m，吊车起重量 5～75t。

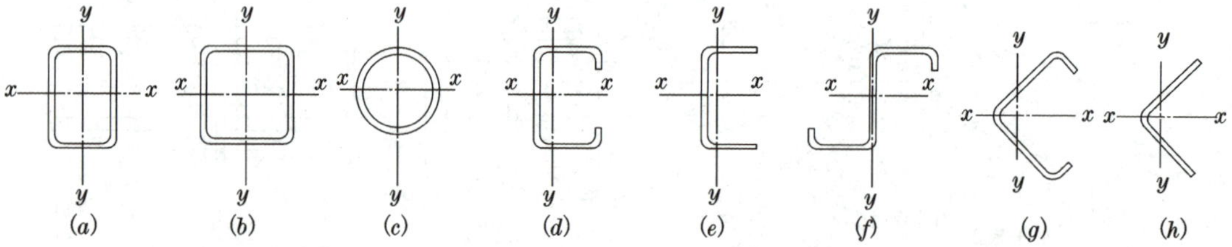

图 10.17 薄壁型钢屋架常用截面形式

薄壁型钢屋架可设计成平面桁架、刚架或网架。平面式桁架外形与普通屋架没有太大区别，只是所用杆件截面和构造不同，同时薄壁型钢由于厚度很小，截面的局部缺陷对于杆件受压比较敏感，要特别注意。

薄壁型钢管截面分为圆管截面和方管(或矩形管)截面，由薄钢板冷加工成有缝钢管或无缝钢管。管截面与截面面积相同的圆钢和角钢比较，其截面回转半径大得多，因而作受压杆件经济得多，同时管截面是闭口的，抗扭性能好。其中方管(或矩形管)截面是我国薄壁型钢屋架采用最多的截面形式，因为方管(或矩形管)截面节点连接简单，当腹杆采用圆管时，腹杆端部切割费工。

圆管和方管屋架几何形式(图 10.18)宜选用节点少的三角形腹系桁架，必要时可增设辅助竖杆(虚线所示)。上弦坡度可视屋面板的类型在 1/12～1/10 的跨度间选用。

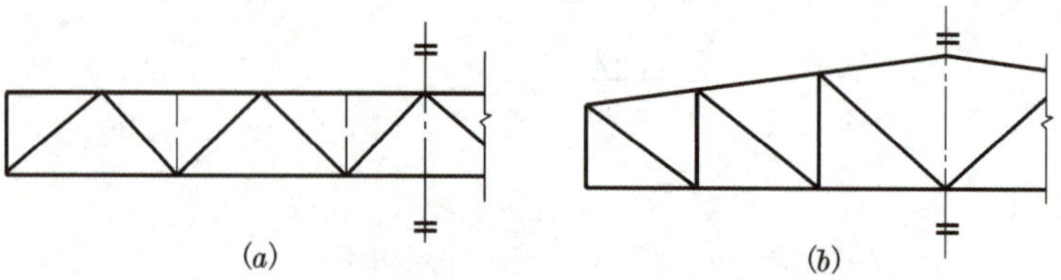

图 10.18 方管屋架几何形式

如图 10.19(a)所示，支座节点处上弦与下弦顶接，并且直接焊接，构造简单，节省材料；当杆件间的夹角较小时(小于 30°时)，可以加一块垫板便于施焊，垫板的作用是防止杆件烧伤和提高弦杆局部强度(图 10.19(*b*));在图 10.19(*c*)中还增加了节点板;图 10.19(*d*)是梯形或矩形管屋架支座节点,端竖杆焊接封板防止锈蚀。

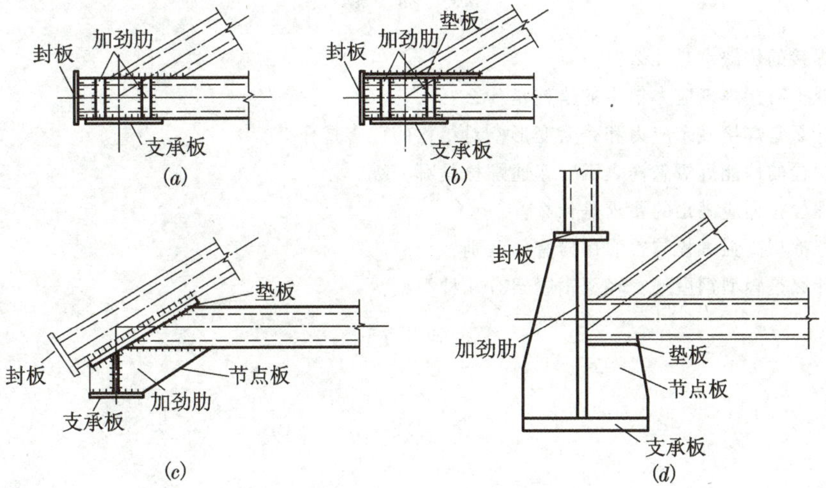

图 10.19 方管屋架支座节点

在屋脊节点,上弦用封板在工厂以焊缝拼接(图 10.20(*a*)),或在工地以螺栓拼接(图 10.20(*b*))。腹杆与弦杆直接焊接,构造简单。

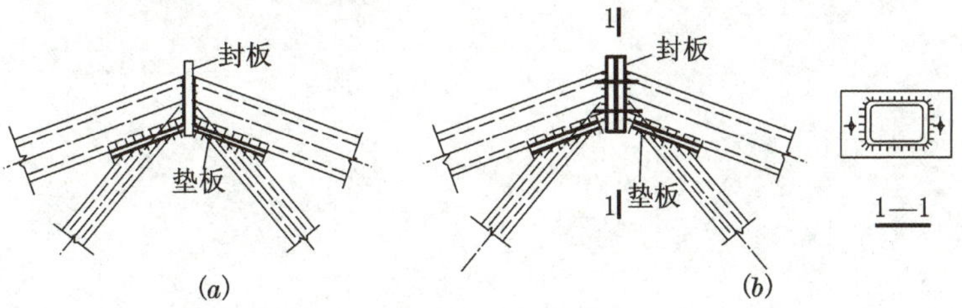

图 10.20 方管屋架屋脊节点

(*a*)工厂拼接;(*b*)工地拼接

单元小结

(1)钢结构的连接方法以焊接和螺栓连接应用最广。焊接在制作和安装中均可应用,其中角焊缝受力性能虽然较差,但加工方便,故应用最多。对接焊缝受力性能好,但费工,只在重要部位和材料拼接中使用。螺栓连接多用于安装连接。高强螺栓连接中以摩擦型应用最多,可用于结构的重要部位和承受动力荷载的安装连接中。

(2)焊接残余应力与残余变形是焊接过程中局部加热和冷却导致焊件不均匀膨胀和收缩产生的。当钢材的塑性较好时,可以不考虑残余应力对结构静力强度的影响,但会降低构件的刚度和稳定承载力。残余变形会导致结构安装困难,甚至影响正常使用。所以钢结构在设计、制作和安装过程中,应采取措施防止或减少残余应力和残余变形。

(3)轻型钢屋架由圆钢和小角钢组成,它具有质量轻,取材方便,加工制作容易,运输安装便利的特点。

(4)薄壁型钢屋架可以设计成平面桁架、刚架或网架。对于平面桁架式屋架,其外形与普通钢屋架类似,但薄壁型钢屋架杆件截面节点与普通钢屋架不同。其中方管屋架施工方便,受力性能好，一般省去节点板，杆件与杆件采用直接焊接方法连接在一起。

思 考 题

10.1 焊接的优缺点是什么？

10.2 减少对接焊缝应力集中的措施是什么？

10.3 什么是焊接残余应力和残余变形？对结构的危害是什么？

10.4 螺栓的性能等级怎样表示？普通螺栓是哪一级？

10.5 螺栓排列应满足的要求是什么？

10.6 摩擦型高强螺栓与普通螺栓有何区别？

10.7 什么是轻型钢屋架？轻型钢屋架有几种类型？

11 建筑地基与基础

知识目标

1. 掌握地基与基础的概念；
2. 理解土的物理性质指标；
3. 掌握岩土的工程分类；
4. 理解各类基础的受力特点和构造要求。

思政元素举例

规范意识、质量意识、安全意识。

11.1 地基与基础的概念

11.1.1 地基

地层受到建筑物荷载作用后，使地层在一定范围内，应力及变形状态发生改变，将附加应力、附加变形不能忽略的土体称之为地基，图 11.1 所示。

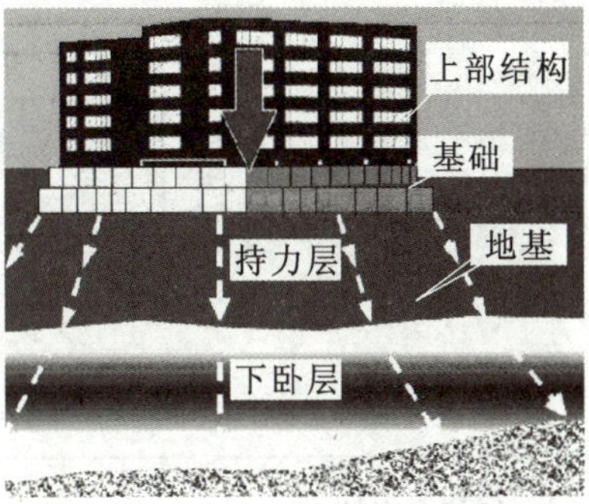

图 11.1 上部结构、基础、地基

按岩、土分，地基分为岩基和土基。岩基主要由岩石组成。土基则是由土层组成。当地基有两层及两层以上的土层组成时，直接与基础的接触土层称为持力层，其下的土层为下卧层，强度低于持力层的下卧层称为软弱下卧层。工程中常见的地基主要是土基。

按是否人工处理分，地基分为天然地基和人工地基。天然地基是未经人工处理就能满足设计要求的地基。人工地基是经人工处理才能满足设计要求的地基。

11.1.2 基础

建筑物的下部结构称为基础（图 11.2）。基础的作用是将上部结构荷载有效传给地基。基础对地基的表面处的压力称为基底压力，地基对基础反力称为基底反力。

基础按埋深及施工方法分为浅基础和深基础。埋深较浅（埋深一般不大于 5m），只需经过普通施工程序建造起来的基础称为浅基础，如独立基础、条形基础、筏形基础等。深基础是指埋深较大（埋深一般大于 5m），并要借助特殊施工方法、施工机械才能施工的基础，如桩基础、沉井等。

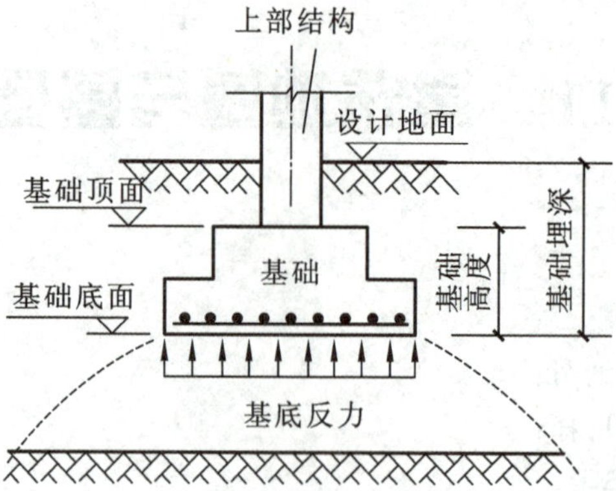

图 11.2　浅基础各部位名称

11.2　土的物理性质指标与岩土的工程分类

11.2.1　土的物理性质指标

为分析问题方便，设想将土的三部分（土粒、水、气体）分别集中起来（图 11.3），称为三相比例关系图。表示土的三相比例关系的指标有共 9 个，称为土的物理性质指标，其含义及表达式见表 11.1。

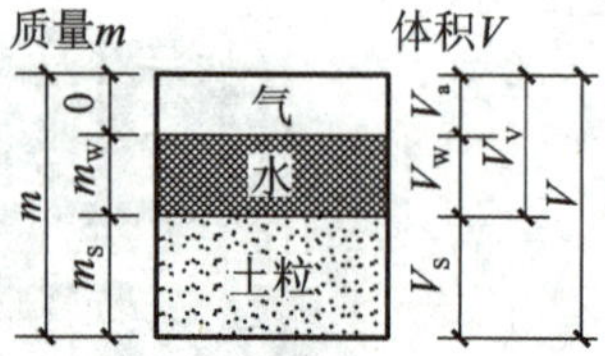

m_S—土粒质量；m_W—土中水质量；
m—土的总质量，$m=m_S+m_W$；
V_S—土粒体积；V_W—土中水体积；
V_a—土中气体体积；
V_V—土中孔隙体积，$V_V=V_W+V_a$；
V—土的总体积，$V=V_S+V_V$；

图 11.3　土的三相比例图

表 11.1　土的物理性质指标

物理性质指标		定义及作用	基本表达式
土体密实程度指标	孔隙比 e	土的孔隙体积与土粒体积之比称为孔隙比，用 e 表示。e 可以评价天然土层的密实程度。$e<0.6$时，是低压缩性的密实土；$e>1.0$时，是高压缩性土	$e=\dfrac{V_V}{V_S}$
	孔隙率 n	土的孔隙体积与土的总体积之比称为土的孔隙率，用 n 表示。 一般粗粒土的孔隙率比细粒土的小，黏性土的孔隙率为 30% ～ 60%，无黏性土的孔隙率为 25% ～ 45%	$n=\dfrac{V_V}{V}\times 100\%$ $=\dfrac{e}{1+e}\times 100\%$
潮湿程度指标	饱和度 S_r	饱和度 S_r 指土中水的体积与孔隙体积之比，用 S_r 表示。 S_r 是孔隙被水充满程度的指标，即反映土体潮湿程度的物理性质指标。当 $S_r<50\%$ 时土为稍湿的；S_r 在 50% ～ 80% 之间时土为很湿的；$S_r>80\%$ 时土为饱和的；当 $S_r=1$ 时，土则处于完全饱和状态	$S_r=\dfrac{V_W}{V_V}\times 100\%$

续表 11.1

物理性质指标		定义及作用	基本表达式
土在不同状态下的密度 (g/cm^3)	干密度 ρ_d	单位土体积内固体颗粒的质量称为土的干密度，用 ρ_d 表示。 干密度反映了土粒排列的紧密程度，一般达到 1.50～1.65g/cm^3 以上。干密度越大，土越密实，强度就越高，土稳定性也越好；干密度越小表明土越疏松	$\rho_d=\frac{m_S}{V}$
	饱和密度 ρ_{sat}	饱和密度指土体孔隙被水充满时，单位土体积内饱和土的质量，即饱和土的密度，用 ρ_{sat} 表示。 地下水位以下的土，其天然状态密度为饱和密度；ρ_{sat} 是计算浮重度的依据	$\rho_{sat}=\frac{m_S+V_V\cdot\rho_W}{V}$
	浮密度 ρ'	地下水位以下的土，其土粒受浮力作用时，单位土体积内土粒的质量称为土的浮密度，也称为土的有效密度，用 ρ' 表示。 地下水位以下的土，由于受到浮力作用，在计算自重应力应扣除浮力作用，按有效重度（浮重度）的计算，而有效重度与有效密度有关	$\rho'=\frac{m_S-V_S\cdot\rho_W}{V}$ $=\rho_{sat}-\rho_W$ $=\rho_{sat}-1$

小结：

① 反映土密实程度的指标孔隙比 e 及孔隙率 n，值越大，土中孔隙越大；在实际中可以分析砂土的密实度。二者关系：$n=\frac{V_V}{V_S}=\frac{e}{1+e}$；

② 土潮湿程度的指标 $S_r=\frac{V_W}{V_V}$ 反映孔隙中被水充满程度，其值越大，土中水越多，无单位；

③S_r、n、e 其表示式均是体积三相之间的关系，无单位；

④ 土在不同状态下的密度(g/cm^3)，地下水位以下的土体有饱和密度 ρ_{sat} 和浮密度 ρ'，其关系 $\rho'=\rho_{sat}-1$

11.2.2 岩土的工程分类

作为建筑地基的岩土，其工程性质由岩土的类别决定。《建筑地基基础设计规范》将作为建筑地基的岩土分为岩石、碎石土、砂土、粉土、黏性土和人工填土等。

11.2.2.1 *岩石*

岩石的坚硬程度根据岩块的饱和单轴抗压强度 f_{rk} 分为坚硬岩、较硬岩、较软岩、软岩和极软岩，见表 11.2。

表 11.2 岩石坚硬程度的划分

坚硬程度类别	坚硬岩	较硬岩	较软岩	软岩	极软岩
饱和单轴抗压强度标准值 f_{rk}(MPa)	$f_{rk}>60$	$30<f_{rk}\leqslant60$	$15<f_{rk}\leqslant30$	$5<f_{rk}\leqslant15$	$f_{rk}\leqslant5$

当缺乏饱和单轴抗压强度资料或不能进行该试验时，可在现场通过观察定性划分，见表 11.3。

表 11.3 岩石坚硬程度的定性划分

<table>
<tr><th colspan="2">名　称</th><th>定性鉴定</th><th>代表岩石</th></tr>
<tr><td rowspan="2">硬质岩</td><td>坚硬岩</td><td>锤击声清脆，有回弹，震手，难击碎；基本无吸水反应</td><td>未风化或微风化的花岗岩、闪长岩、辉绿岩、玄武岩、安山岩、片麻岩、石英岩、硅质砾岩、石英砂岩、硅质石灰岩等</td></tr>
<tr><td>较硬岩</td><td>锤击声较清脆，有轻微回弹，稍震手，较难击碎；
有轻微吸水反应</td><td>(1)微风化的坚硬岩；
(2)未风化或微风化的大理岩、板岩、石灰岩、钙质砂岩等</td></tr>
<tr><td rowspan="2">软质岩</td><td>较软岩</td><td>锤击声不清脆，无回弹，较易击碎；指甲可刻出印痕</td><td>(1)中分化的坚硬岩和较硬岩；
(2)未风化或微风化的凝灰岩、千枚岩、砂质泥岩、泥灰岩等</td></tr>
<tr><td>软　岩</td><td>锤击声哑，无回弹，有凹陷，易击碎；浸水后可捏成团</td><td>(1)强风化的坚硬岩和较硬岩；
(2)未风化或微风化的泥质砂岩、泥岩等</td></tr>
<tr><td colspan="2">极软岩</td><td>锤击声哑，无回弹，有较深凹陷，手可捏碎；
浸水后可捏成团</td><td>(1)风化的软岩；
(2)全风化的各种岩石；
(3)各种半成岩</td></tr>
</table>

岩石按风化程度分为未风化、微风化、弱风化、强风化和全风化。

岩体完整程度按表 11.4 划分为完整、较完整、较破碎、破碎和极破碎。

表 11.4 岩体完整程度划分

完整程度等级	完整	较完整	较破碎	破碎	极破碎
完整性指数	>0.75	0.55～0.75	0.35～0.55	0.15～0.35	<0.15

注：完整性指数为岩体纵波波速与岩块纵波波速之比的平方。选定岩体、岩块测定时波速应具有代表性。

11.2.2.2 碎石土

碎石土为粒径大于 2mm 的颗粒含量超过全重 50%的土。根据粒组含量及颗粒形状，碎石土可按表 11.5 分为块石、漂石、碎石、卵石、角砾、圆砾。

表 11.5 碎石土的分类

土的名称	颗粒形状	粒组含量
漂石 块石	圆形及亚圆形为主 棱角形为主	粒径大于 200mm 的颗粒含量超过全重 50%
卵石 碎石	圆形及亚圆形为主 棱角形为主	粒径大于 20mm 的颗粒含量超过全重 50%
圆砾 角砾	圆形及亚圆形为主 棱角形为主	粒径大于 2mm 的颗粒含量超过全重 50%

注：分类时应根据粒组含量栏从上到下以最先符合者确定。

11.2.2.3 砂土

砂土为粒径大于 2mm 的颗粒含量不超过全重 50%、粒径大于 0.075mm 的颗粒含量超过全重 50%的土。根据粒组含量,砂土可按表 11.6 分为砾砂、粗砂、中砂、细砂和粉砂。

表 11.6 砂土的分类

土的名称	粒组含量
砾砂	粒径大于 2mm 的颗粒含量占全重 25%～50%
粗砂	粒径大于 0.5mm 的颗粒含量超过全重 50%
中砂	粒径大于 0.25mm 的颗粒含量超过全重 50%
细砂	粒径大于 0.075mm 的颗粒含量超过全重 85%
粉砂	粒径大于 0.075mm 的颗粒含量超过全重 50%

注:分类时应根据粒组含量栏从上到下以最先符合者确定。

11.2.2.4 粉土

粉土为性质介于砂土和黏性土之间,塑性指数 $I_P \leqslant 10$ 且粒径大于 0.075mm 的颗粒含量不超过全重 50%的土。

塑性指数等于液限与塑限之差。液限是指土由可塑状态转变为流动状态的界限含水量,塑限为土由半固态转变为可塑状态的界限含水量。塑性指数表示土的可塑性范围,塑性指数越高,表示土中细粒含量越高,含水量范围增大,土的黏性与可塑性越好。一般说来,土的颗粒越细、细颗粒的含量越多,土的塑性(塑性指数)也就越大。

11.2.2.5 黏性土

黏性土是指塑性指数 $I_P > 10$ 的土。根据塑性指数,可将黏性土分为黏土($I_P > 17$)和粉质黏土($10 < I_P \leqslant 17$)。

根据液性指数可将黏性土分为坚硬、硬塑、可塑、软塑和流塑五种状态。

液性指数 I_L 是土的天然含水量和塑限之差与塑性指数的比值,是判断黏性土软硬程度的指标,也叫稠度。

黏性土的工程性质除了会受含水量的很大影响外,还与沉积历史有关。一般而言,黏性土的沉积历史越久,结构性越好,工程力学性质越好。

11.2.2.6 人工填土

人工填土是人类活动的堆积物,根据其组成和成因可分为素填土、杂填土和冲填土。

素填土为由碎石土、砂、粉土、黏性土等一种或几种土通过人工堆填方式而形成的土。经过分层压实后的素填土称为压实填土。

杂填土是指含有大量的建筑垃圾、工业废料或生活垃圾等的人工堆填物。其中建筑垃圾和工业废料一般均匀性差;生活垃圾成分复杂,且含有大量的污染物,不能作为地基。

冲填土是人类借助水力充填泥砂形成的土,一般压缩性大、含水量大、强度低。

11.2.2.7 特殊土

(1)软土

软土泛指天然含水量高、压缩性高、强度低、渗透性差的软塑、流塑状黏性土。它包括淤泥、淤泥质土、冲填土等。软土生成于静水或缓慢流动的流水环境。我国的软土主要分布在沿海地区,在内陆的河流两岸河漫滩、湖泊盆地和山间洼地也有分布。

建筑在软土地基上的建筑物易产生较大沉降或不均匀沉降,且沉降稳定所需要的时间很长,所以,在软土上建造建筑物必须慎重对待。

(2)红黏土

红黏土是碳酸盐系岩石经红土化作用所形成的棕红、褐黄等色的高塑性黏土。红黏土的液限一般大于50%,具有表面收缩、上硬下软、裂隙发育的特征,吸水后迅速软化。红黏土在我国云南、贵州和广西等省区分布较广,在湖南、湖北、安徽、四川等省也有局部分布。

一般情况下,红黏土的表层压缩性低、强度较高、水稳定性好,属良好的地基土层。但随着含水量的增大,土体呈软塑或流塑状态,强度明显变低,作为地基时条件较差。红黏土的土层分布厚度也受下部基岩起伏的影响而变化较大。因此,在红黏土地区的工程建设中,要注意场地及边坡的稳定性、地基土层厚度的不均匀性、地基土的裂隙性和膨缩性、岩溶和土洞现象以及高含水量红黏土的强度软化特性及其流变性。

(3)膨胀土

膨胀土是一种具有强烈的吸水膨胀和失水收缩特性的黏性土。土呈黄、红褐、灰白色,黏粒含量高,天然含水量接近塑限。膨胀土在我国南方分布较多,北方分布较少。

膨胀土通常表现为压缩性低、强度高,因此易被误认为是良好的天然地基。膨胀土地区易产生边坡裂开、崩塌和滑动;土方开挖工程中遇雨易发生坑底隆起和坑壁侧张开裂;地裂缝发育,对道路、渠道等易造成危害;膨胀土反复的吸水膨胀和失水收缩会造成围墙、室内地面以及轻型建筑物、构筑物的破坏,甚至种植在建筑物周围的阔叶树木生长(吸水)都会对建筑物的安全构成威胁。

(4)湿陷性黄土

黄土是指以粉粒为主,富含碳酸钙盐系,垂直节理发育,具有大孔结构,以黄色、褐黄色为主,有时为灰黄色的土体。黄土在天然含水状态下具有较高的强度和较小的压缩性,但雨水浸湿后,有的即使在自身重力作用下也会发生剧烈而大量的变形,强度也随之迅速降低。黄土在一定的压力下受水浸湿后结构迅速破坏而发生附加下沉的现象称为湿陷。浸水后发生湿陷的黄土称为湿陷性黄土。在自重压力作用下,受水浸湿而发生湿陷的黄土称为自重湿陷性黄土,不发生湿陷的黄土称为非自重湿陷性黄土。黄土在我国分布非常广泛,主要分布在陕西、甘肃、山西、河南、河北、宁夏、吉林、内蒙古、青海、新疆等地区。

11.3 建筑基础

11.3.1 浅基础

常见的浅基础的结构类型包括无筋扩展基础、扩展基础、柱下条形基础、筏形基础及箱基础。

11.3.1.1 无筋扩展基础

无筋扩展基础系指由砖、毛石、混凝土或毛石混凝土、灰土和三合土等材料组成的墙下条形基础或柱下独立基础，如图 11.4 所示。这些材料都是脆性材料，有较好的抗压性能，但抗拉、抗剪强度往往很低。为保证基础的安全，必须限制基础内的拉应力和剪应力不超过基础材料强度的设计值，基础设计时，通过基础构造的限制来实现这一目标，即基础的外伸宽度与基础高度的比值(称为无筋扩展基础台阶宽高比)应小于规范规定的台阶宽高比的允许值。由于此类基础几乎不可能发生挠曲变形，所以常称为刚性基础或刚性扩大基础。

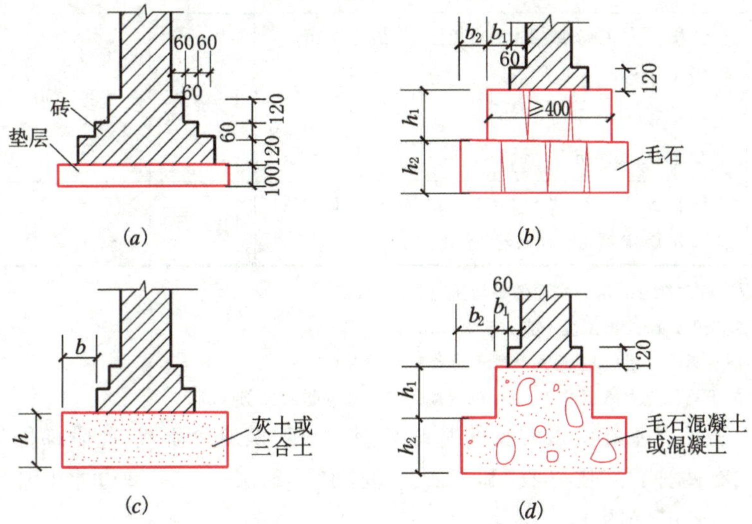

图 11.4 无筋扩展基础

(a)砖基础；(b)毛石基础；(c)灰土基础；(d)毛石混凝土基础、混凝土基础

无筋扩展基础可用于 6 层和 6 层以下(三合土基础不宜超过 4 层)的民用建筑和轻型厂房。无筋扩展基础的台阶宽高比(图 11.5 中 b_2 : H_0)应符合表 11.7 的要求。

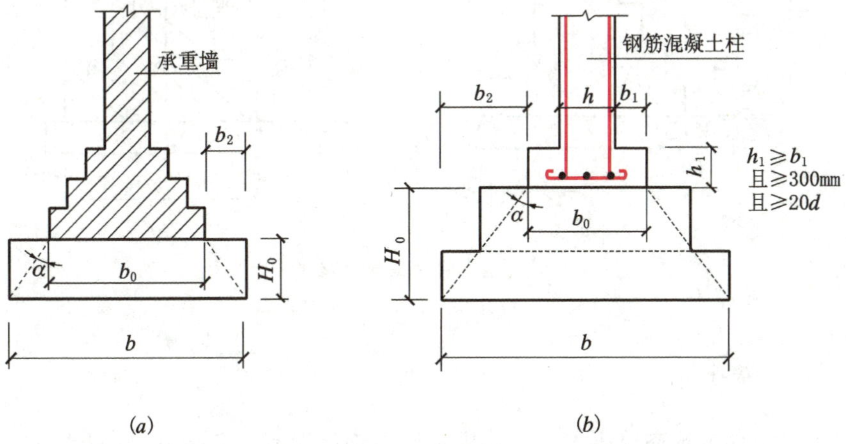

图 11.5 无筋扩展基础构造示意图

(d 为柱中纵向钢筋直径)

表 11.7 无筋扩展基础台阶宽高比的允许值

基础材料	质量要求	台阶宽高比的允许值		
		$p_k \leqslant 100$	$100 < p_k \leqslant 200$	$200 < p_k \leqslant 300$
混凝土基础	C15 混凝土	1∶1.00	1∶1.00	1∶1.25
毛石混凝土基础	C15 混凝土	1∶1.00	1∶1.25	1∶1.50
砖基础	砖不低于 MU10，砂浆不低于 M5	1∶1.50	1∶1.50	1∶1.50
毛石基础	砂浆不低于 M5	1∶1.25	1∶1.50	—
灰土基础	体积比为 3∶7 或 2∶8 的灰土，其最小干密度： 粉土 $1.55t/m^3$； 粉质黏土 $1.50t/m^3$； 黏土 $1.45t/m^3$	1∶1.25	1∶1.50	—
三合土基础	体积比 1∶2∶4～1∶3∶6（石灰∶砂∶骨料），每层虚铺 220mm，夯至 150mm	1∶1.50	1∶2.00	—

注：①p_k 为荷载效应标准组合时基础底面的平均压应力值（kPa）；
②阶梯形毛石基础的每阶伸出宽度不宜大于 200mm；
③当基础由不同材料叠合组成时，应对接触部分作抗压验算；
④基础底面处的平均压应力值超过 300kPa 的混凝土基础还应进行抗剪验算。

砖基础是无筋扩展基础中最常见的基础类型。一般做成台阶式，此阶梯称为“大放脚”，大放脚的砌筑方式有两种：“二皮一收”和“二、一间隔收”砌法。垫层每边伸出基础底面 50mm，厚度不宜小于 100mm，如图 11.6 所示。

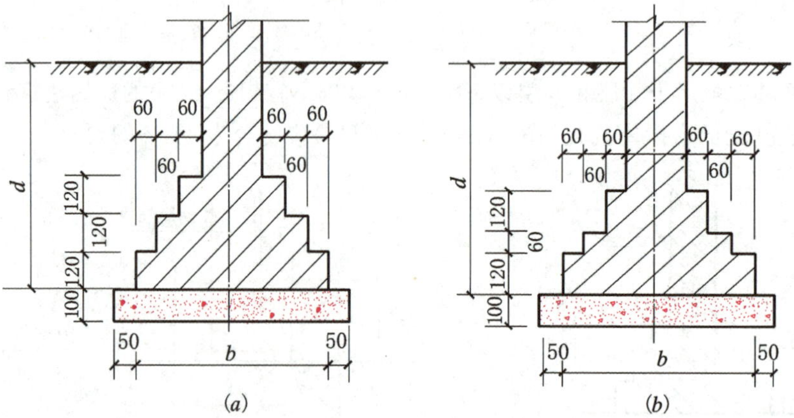

图 11.6 基础大放脚形式

（a）“二皮一收”砌法；（b）“二、一间隔收”砌法

11.3.1.2 扩展基础

扩展基础是指柱下钢筋混凝土独立基础和墙下钢筋混凝土条形基础，见图 11.7。这种基础抗弯和抗剪性能良好，特别适用于“宽基浅埋”或有地下水时。由于扩展基础有较好的抗弯能力，通常被看作柔性基础。这种基础能发挥钢筋的抗弯性能及混凝土抗压性能，适用范围广。

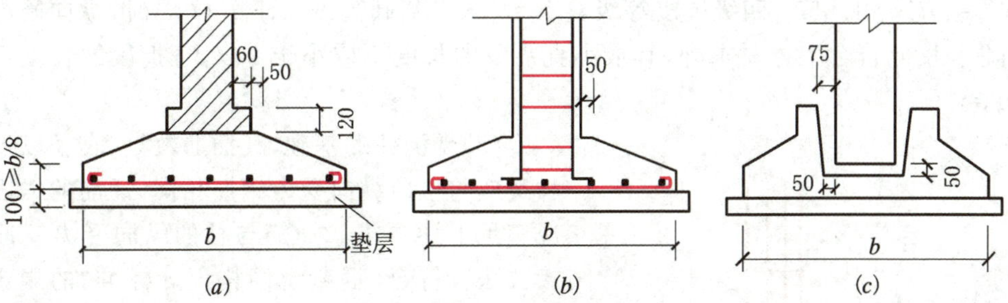

图 11.7 扩展基础

(a)钢筋混凝土条形基础;(b)现浇独立基础;(c)预制杯形基础

扩展基础应满足以下构造要求:

(1)扩展基础外形有锥形(坡形)和台阶形两种。锥形基础的边缘高度不宜小于 200mm;阶梯形基础的每阶高度宜为 300～500mm。

(2)垫层的厚度不宜小于 70mm;垫层混凝土强度等级应为 C10。

(3)扩展基础底板受力钢筋的最小直径不宜小于 10mm;间距不宜大于 200mm,也不宜小于 100mm。墙下钢筋混凝土条形基础纵向分布钢筋的直径不应小于 8mm;间距不大于 300mm。当有垫层时钢筋混凝土的保护层厚度不小于 40mm;无垫层时不小于 70mm。

(4)混凝土强度等级不应小于 C20,设计工作年限为 50 年的混凝土结构,如环境类别为二类环境 a、b 类时,混凝土强度等级分别不应低于 C25、C30。

(5)当柱下钢筋混凝土独立基础的边长和墙下钢筋混凝土条形基础的宽度大于或等于 2.5m 时,底板受力钢筋的长度可取边长或宽度的 90%,并宜交错布置,如图 11.8(a)所示。

(6)钢筋混凝土条形基础底板在 T 形及十字形交接处,底板横向受力钢筋仅沿一个主要受力方向通长布置,另一个方向的横向受力钢筋可布置到主要受力方向底板宽度的 1/4 处,如图 11.8(b)所示。在拐角处底板横向受力钢筋应沿两个方向布置,如图 11.8(c)所示。

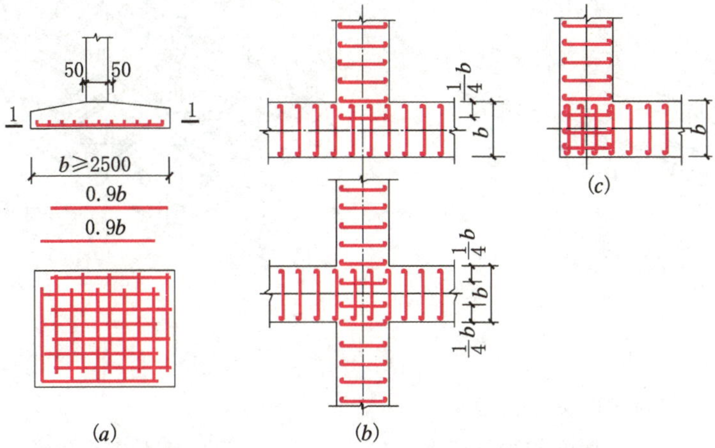

图 11.8 扩展基础底板受力钢筋布置示意图

(7)钢筋混凝土柱和剪力墙纵向受力钢筋在基础内的锚固长度 l_a 应根据钢筋在基础内的最小保护层厚度按《混凝土结构设计标准》有关规定确定。当有抗震设防要求时,纵向受力钢筋的最小锚固长度 l_{aE} 要根据不同的抗震等级进行调整;对一、二级抗震等级,$l_{aE}=1.15l_a$;三级抗震等级，$l_{aE}=1.05l_a$；四级抗震等级，$l_{aE}=l_a$。当基础高度小于 l_a（l_{aE}）时，纵向受力钢筋的锚固总长度除符合上述要求外，其最小直锚段的长度不应小于 $20d$，弯折段的长度不应小于 150mm。

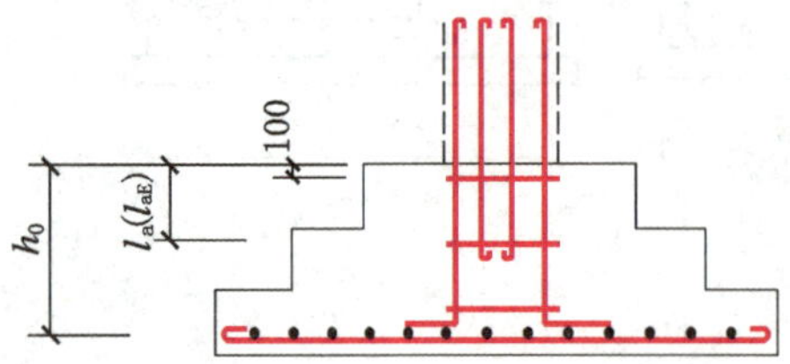

图 11.9　现浇柱的基础中的插筋构造示意图

(8)现浇柱的基础，其插筋数量、直径以及钢筋种类应与柱内纵向受力钢筋相同，插筋的锚固长度应满足上述要求。插筋与柱的纵向受力钢筋的连接方法应符合《混凝土结构设计标准》的规定。插筋的下段宜做成直钩放在基础底板钢筋网上。当符合下列条件之一时，可将四角的插筋伸至底板钢筋网上，其余插筋锚固在基础顶面下 l_a 或 l_{aE}（有抗震设防要求时）处，如图 11.9 所示。

①柱为轴心受压或小偏心受压，基础高度大于或等于 1200mm；

②柱为大偏心受压，基础高度大于或等于 1400mm。

11.3.1.3　柱下条形基础

当上部结构荷载较大、地基土的承载力较低时，采用无筋扩展基础或扩展基础往往不能满足地基承载力和变形的要求。为增加基础刚度，防止由于过大的不均匀沉降引起的上部结构的开裂和损坏，常采用柱下条形基础。根据刚度的需要，柱下条形基础可沿纵向设置，也可沿纵横向设置而形成双向条形基础，称为交梁基础，如图 11.10 所示。如果柱网下的地基土较软弱，土的压缩性或柱荷载的分布沿两个柱列方向都很不均匀，一方面需要进一步扩大基础底面积，另一方面又要求基础具有较大刚度以调整地基不均匀沉降，则可采用交梁基础。该基础形式多用于框架结构。

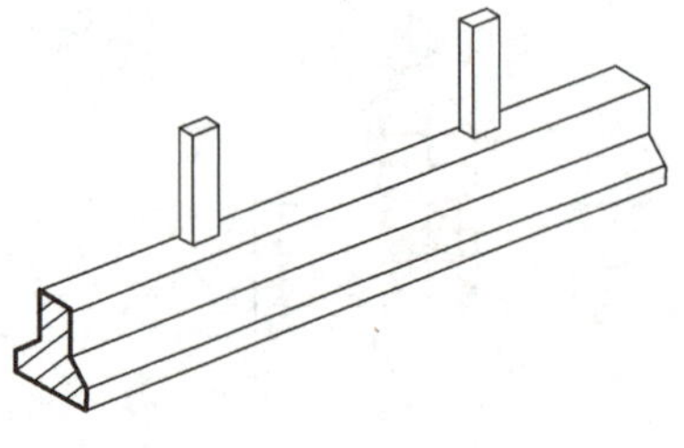

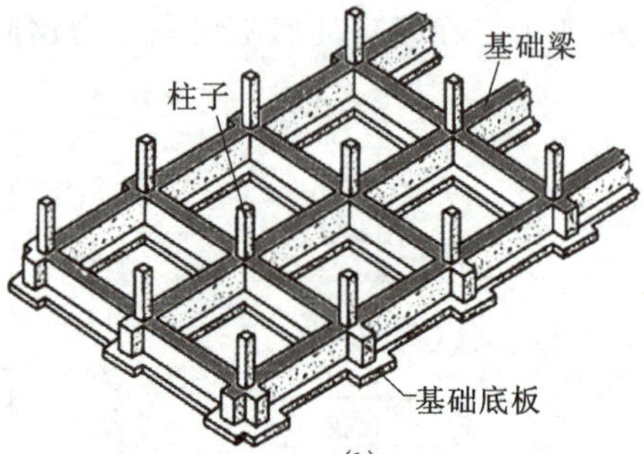

图 11.10　柱下条形基础

(a)柱下单向条形基础；(b)交梁基础

柱下条形基础应满足以下构造要求：

①柱下条形基础梁的高度宜为柱距的 1/8～1/4。翼板厚度不应小于 200mm。当翼板厚度大于 250mm 时，宜采用变厚度翼板，其坡度宜小于或等于 1∶3。

②柱下条形基础的两端宜向外伸出，其长度宜为第一跨度的 25%；既可增大基础底面积，又可使基底反力分布比较均匀、基础内力分布比较合理。

③现浇柱与条形基础梁的交接处，其平面尺寸不应小于图 11.11 的规定。

④条形基础梁顶部和底部的纵向受力钢筋除满足计算要求外，顶部钢筋按计算配筋全部贯通，底部通长钢筋不应少于底部受力钢筋截面总面积的 1/3。

⑤柱下条形基础的混凝土强度等级同扩展基础要求。

⑥基础垫层和钢筋保护层厚度、底板钢筋的部分构造要求可参考扩展基础的规定。

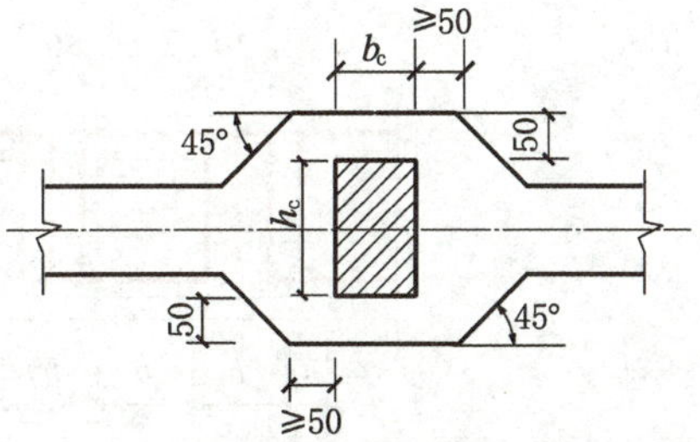

图 11.11 现浇柱与条形基础梁交接处构造

⑦当梁宽 $b \leqslant 350$mm 时箍筋可采用封闭式双肢箍；350mm$<b \leqslant$800mm 时箍筋采用四肢箍筋；$b>$800mm 时外围箍筋应采用封闭式，内箍可采用开口箍或封闭箍。箍筋直径一般不小于 8mm，开口箍口应向下并设在基础底板内，封闭箍的弯钩可设在四角任何部位，其形式如图 11.12 所示。

图 11.12 基础梁复合箍筋形式

柱下条形基础构造除符合前述构造外，尚应符合下列规定：

①柱下条形基础梁由于长度较大，为提高抗弯刚度，横截面一般做成倒 T 形，基础梁的高度宜为柱距的 1/8～1/4。翼板厚度不应小于 200mm。当翼板厚度大于 250mm 时，宜采用变厚度翼板，其顶面坡度宜小于或等于 1∶3。

②现浇柱与条形基础梁的交接处，基础梁的平面尺寸应大于柱的平面尺寸，且柱的边缘至基础梁边缘的距离不得小于 50mm，如图 11.13 所示。

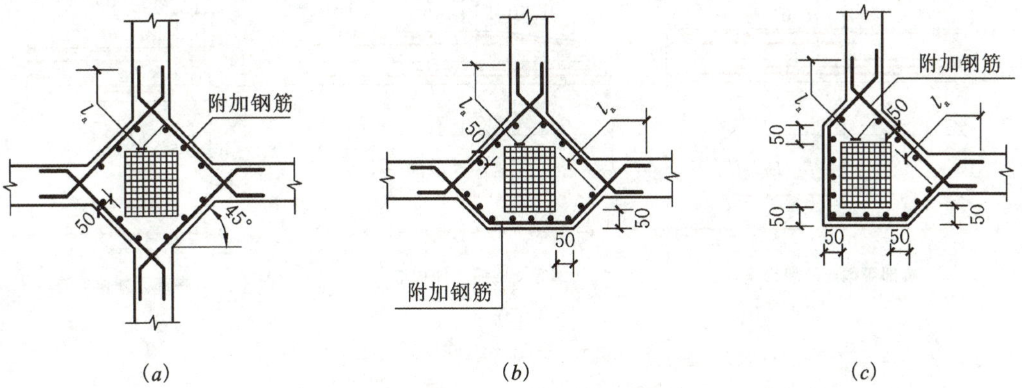

图 11.13 基础梁与柱结合部侧腋构造

(a)十字交叉基础梁与柱结合部侧腋结构；(b)丁字交叉基础梁与柱结合部侧腋构造；(c)无外伸基础梁与角柱结合部侧腑构造

③主、次梁相交处附加横向钢筋构造如图 11.14。

图 11.15、图 11.16 分别为基础梁纵筋和基础梁箍筋构造示例。

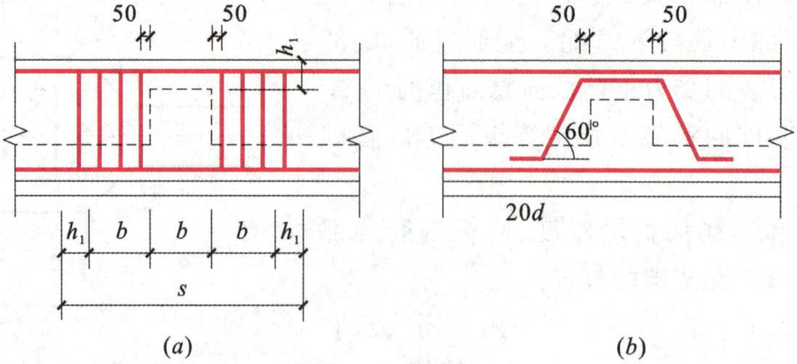

图 11.14 附加横向钢筋构造

(a)附加箍筋构造；(b)附加(反扣)吊筋构造

注：s 为附加箍筋最大布置范围但非必须满布

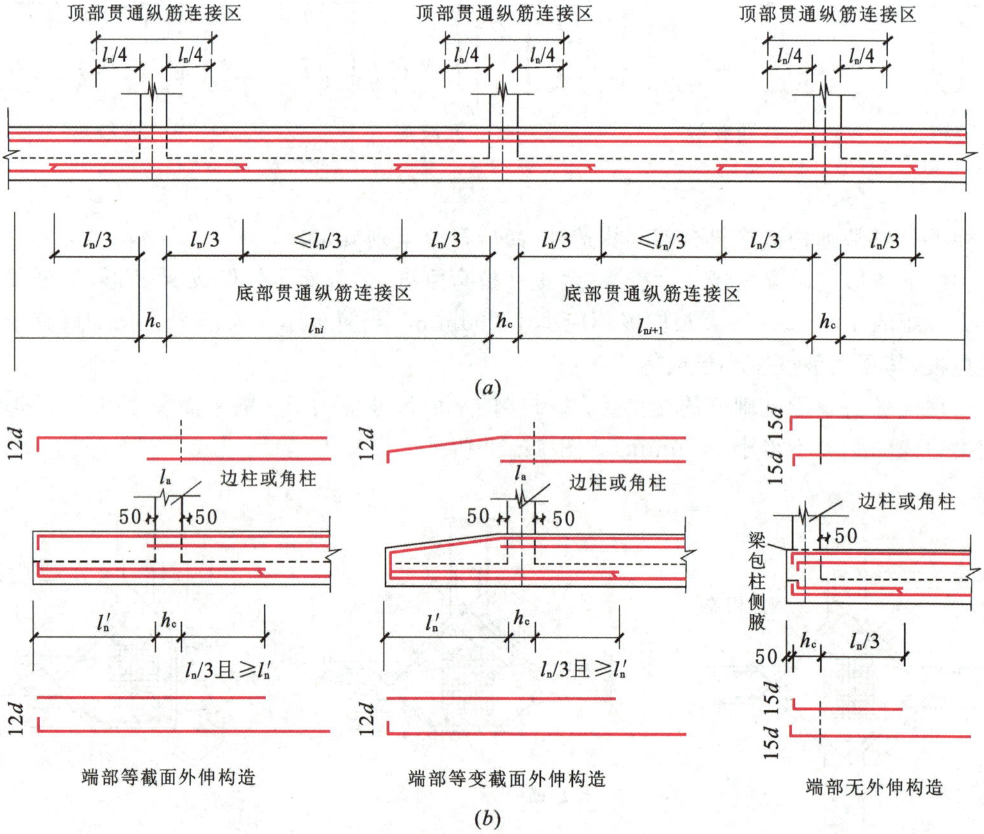

图 11.15 基础梁纵向钢筋构造

(a)纵筋在跨内构造；(b)基础梁在端部构造

11.3.1.4 高层建筑筏形基础

当地基特别软弱，上部荷载很大，用交梁基础将导致基础宽度较大而又相互接近时，或有地下室，可将基础底板联成一片而成为筏形基础。

筏形基础可分为墙下筏形基础和柱下筏形基础，如图 11.17 所示。柱下筏形基础常有平

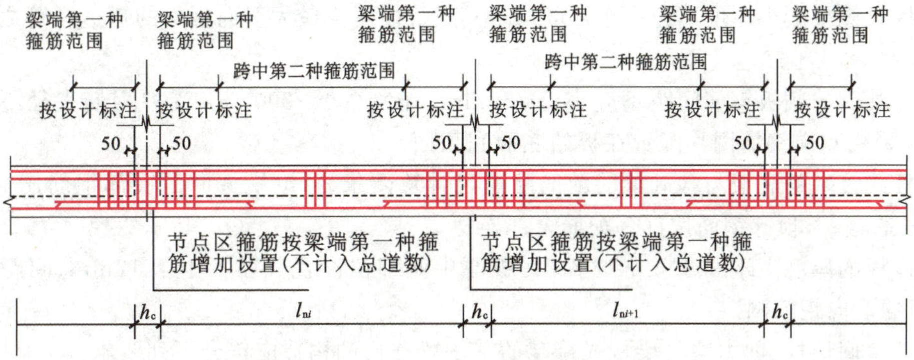

图 11.16 基础梁箍筋构造

板式和梁板式两种。平板式筏形基础是在地基上做一块钢筋混凝土底板，柱子通过柱脚支承在底板上；梁板式筏形基础分为下梁板式和上梁板式，下梁板式基础底板上面平整，可作建筑物底层地面。

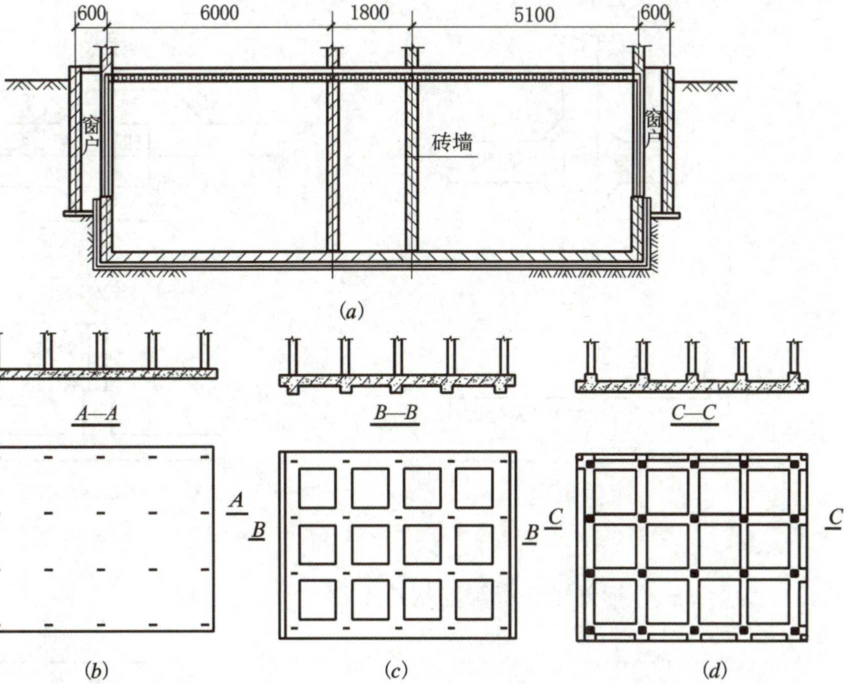

图 11.17 筏形基础

(a)墙下筏形基础；(b)平板式柱下筏形基础；(c)下梁板式柱下筏形基础；(d)上梁板式柱下筏形基础

筏形基础，特别是梁板式筏形基础整体刚度较大，能很好地调整不均匀沉降，常用于高层建筑中。

筏形基础的混凝土强度等级不应低于 C30。当有地下室时应采用防水混凝土，必要时宜设置架空排水层。

采用筏形基础的地下室应沿四周布置钢筋混凝土外墙，外墙厚度不应小于 250mm，内墙厚度不应小于 200mm。墙体内应设置双面钢筋，不应采用光面钢筋，竖向、水平钢筋的直径不应小于 12mm，竖向钢筋间距不应大于 200mm。

梁板式筏板最小厚度不应小于 400mm，其底板厚度与最大双向板格的短边净跨之比不小于 1/14。

筏形基础的底板钢筋间距不应小于 150mm，宜为 200～300mm，受力钢筋直径不宜小于 12mm。采用双向钢筋网片配置在板的底面和顶面。

梁板式筏基的底板与基础梁的配筋除满足计算要求外，纵横方向的底部钢筋还应有 1/3～1/2 贯通全跨，顶部钢筋按计算配筋全部连通。

当筏板的厚度大于 2000mm 时，宜在板厚中间部位设置直径不小于 12mm、间距不大于 300mm 的双向钢筋网。

地下室底层柱、剪力墙与梁板式筏基的基础梁连接的构造应符合下列要求：

①柱、墙的边缘至基础边缘的距离不应小于 50mm(图 11.17)；

②当交叉基础梁的宽度小于柱截面的边长时，交叉基础梁连接处应设置八字角，柱角与八字角之间的净距不宜小于 50mm(图 11.18(*a*))；

③单向基础梁与柱的连接，可按图 11.18(*b*)、(*c*)采用；

④基础梁与剪力墙的连接，可按图 11.18(*d*)采用。

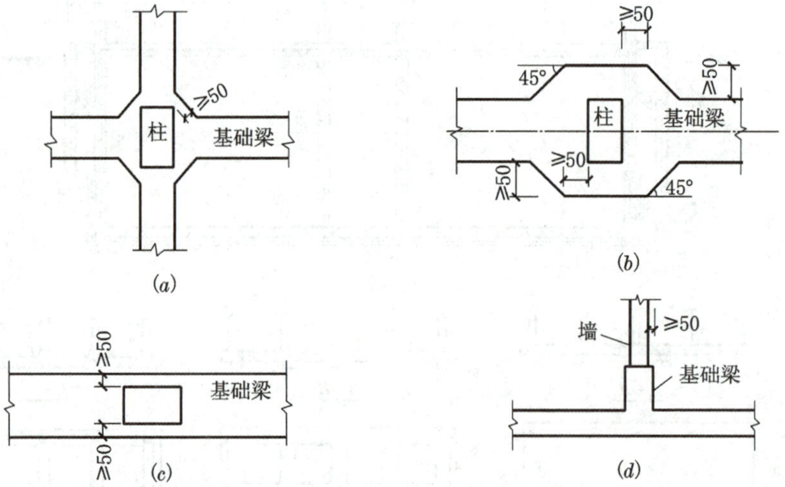

图 11.18　地下室底层柱、剪力墙与基础梁连接的构造要求

图 11.19 为梁板式筏形基础底板配筋构造示例。

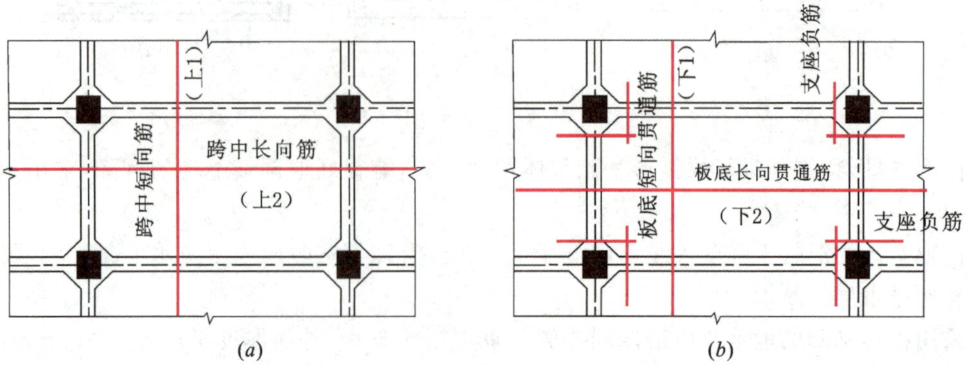

图 11.19　基础底板配筋构造

(*a*)板顶配筋构造；(*b*)板底配筋构造

11.3.1.5 高层建筑箱形基础

箱形基础是由底板、顶板、钢筋混凝土纵横隔墙构成的整体现浇钢筋混凝土结构，如图11.20所示。箱形基础具有较大的基础底面、较深的埋置深度和中空的结构形式，上部结构的部分荷载可用开挖卸去的土的重量得以补偿。与一般的实体基础比较，它能显著地提高地基的稳定性，降低基础沉降量。

箱形基础比筏形基础具有更大的空间刚度，以抵抗地基或荷载分布不均匀引起的差异沉降。此外，箱形基础还具有良好的抗震性能，广泛应用于高层建筑中。

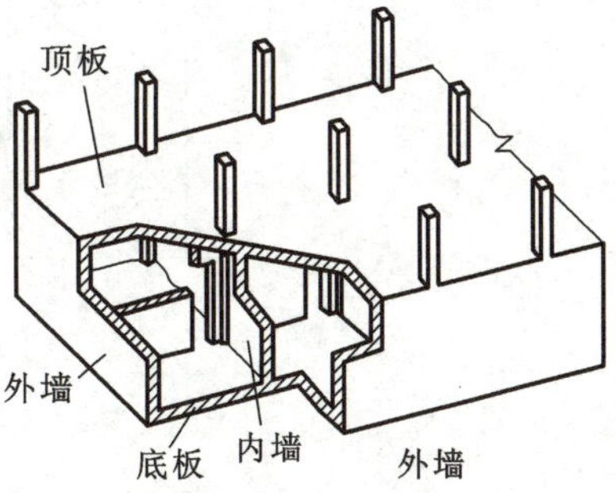

图 11.20 箱形基础

箱形基础的混凝土强度等级不应低于C30。

箱形基础外墙宜沿建筑物周边布置，内墙沿上部结构的柱网或剪力墙位置纵横均匀布置，墙体水平截面总面积不宜小于箱形基础外墙外包尺寸的水平投影面积的1/10。对基础平面长宽比大于4的箱形基础，其纵墙水平截面面积不应小于箱形基础外墙外包尺寸水平投影面积的1/18。

无人防设计要求的箱形基础，基础底板不应小于300mm，外墙厚度不应小于250mm，内墙厚度不应小于200mm，顶板厚度不应小于200mm。

箱形基础的顶板和底板纵横方向支座钢筋尚应有1/3～1/2的钢筋连通，跨中钢筋按实际需要的配筋全部连通。钢筋接头宜采用机械连接；采用搭接接头时，搭接长度应按受拉钢筋考虑。

箱形基础的顶板、底板及墙体均应采用双层双向配筋。墙体的竖向和水平钢筋直径均不应小于10mm，间距均不应大于200mm。除上部为剪力墙外，内、外墙的墙顶处宜配置两根直径不小于20mm的通长构造钢筋。

上部结构底层柱纵向钢筋伸入箱形基础墙体的长度应符合下列要求：

(1)柱下三面或四面有箱形基础的内柱，除柱四角纵向钢筋直通到基底外，其余钢筋可伸入顶板底面以下40倍纵向钢筋直径处；

(2)外柱、与剪力墙相连的柱及其他内柱的纵向钢筋应直通到基底。

11.3.2 桩基础

当地基土上部为软弱土，且荷载很大，采用浅基础已不能满足地基强度和变形的要求，可利用地基下部比较坚硬的土层作为基础的持力层设计成深基础。桩基础是最常见的深基础，广泛应用于各种工业与民用建筑中。

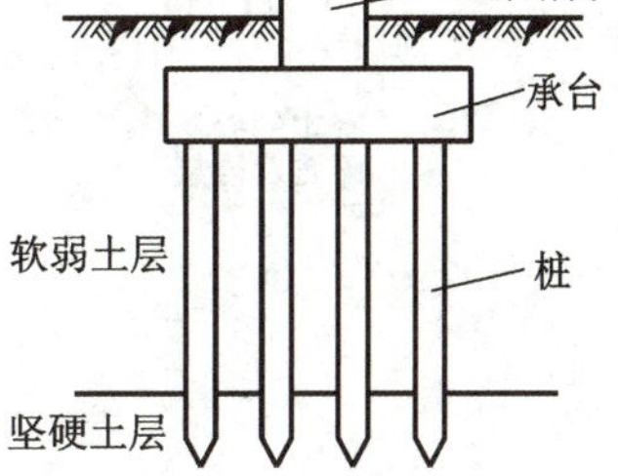

图 11.21 桩基础

桩基础是由桩和承台两部分组成，如图11.21所示。桩在平面上可以排成一排或几排，所有桩的顶部由承台联成一个整体并传递荷载。在承台上再修筑上部结构。桩基础的作用是将承台以上上部结构传来的外力通过承台，由桩传到较深的地基持力层中，承台将各桩联成一个整体共同承受荷载，并将荷载较均匀地传给各个基桩(图11.22)。

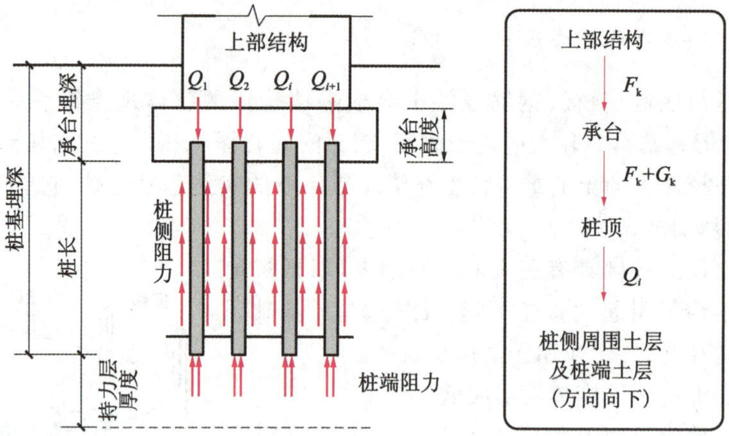

图 11.22 桩基础的传力途径

G_k—承台及其上回填土的自重；Q_1—作用在桩顶竖向荷载

注：土对桩的反作用＝桩侧阻力＋桩端阻力（方向向上）

11.3.2.1 桩的类型

桩可按不同的标准进行分类。

桩按使用功能分类如表 11.8 所示。

表 11.8 桩按使用功能分类

功能分类	受压桩	水平受荷桩	抗拔桩	复合受荷桩
受力特征	承受竖向压力为主	承受水平力为主	承受上拔力为主	承受水平力及竖向力为主

工程中常见的桩是以受压为主，桩顶竖向荷载由侧阻力和桩端阻力共同承受。桩顶荷载根据传力途径分为摩擦型桩和端承型桩两大类和四个亚类，如图 11.23 所示。

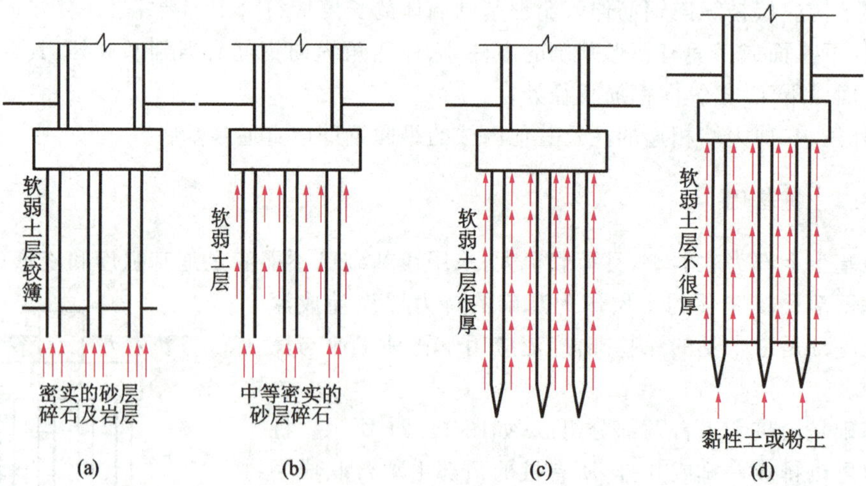

图 11.23 竖向抗压桩类型

(a)端承桩；(b)摩擦端承桩；(c)摩擦桩；(d)端承摩擦桩

桩按施工方法不同，可分为预制桩和灌注桩两大类。预制桩在预制构件厂或施工现场预制，用沉桩设备在设计位置上将其沉入土中并达到所需要的深度的桩。预制桩按材料分为钢筋混凝土预制桩、钢桩和木桩。预制桩按沉桩方式分为打入桩、振冲桩、静压桩等。灌注桩是在现场桩位处成孔，然后放入钢筋骨架，再浇筑混凝土而成的桩。灌注桩按其成孔方法不同分为钻孔灌注桩、沉管灌注桩、人工挖孔灌注桩、爆扩灌注桩等。

预制桩与灌注桩特点比较见表11.9。

表11.9 预制桩与灌注桩特点比较

预制桩	一般规格	常用的有混凝土实心方桩和预应力混凝土空心管桩。 ①普通预制钢筋混凝土桩截面边长一般为250～500mm，限于运输及起吊能力，其长度一般不超过13.5m，桩长度不够时要接桩。 ②预应力管桩刚度、稳定性、耐久性要高于普通桩；直径以400mm、600mm为主，常用的每节长度8～12m，桩长度不够时要接桩
	优点	①可大量工厂化生产、施工速度快； ②不存在泥浆排放，特别适用于大面积施工； ③桩身质量易于保证和控制，不受地下水位影响； ④桩身密度大，抗腐蚀性强
	缺点	①单价较灌注桩高，用钢量大； ②除静压桩外，在沉桩过程中噪音大； ③限于运输及起吊能力，桩长度不够时，接桩时间长，费钢； ④不易穿越较硬土层
灌注桩	一般规格	①沉管灌注桩直径一般为300～500mm，桩长一般不超过25m； ②大直径的灌注桩迅速发展，直径可达3m，实现不要承台，一柱一桩，长度可达100m
	优点	①适用于各种地层，桩长、桩径可灵活调整； ②含钢量较低，比预制桩经济
	缺点	①桩身质量不易保证和控制，容易形成颈缩、沉渣，容易出现蜂窝或加泥现象； ②受地下水位影响； ③泥浆护壁灌注桩存在泥浆排放污染

桩按其他标准分类见表11.10。

表11.10 桩按其他标准分类

分类方法		特点
按挤土效应分类	挤土桩	①对土体影响：成桩过程排挤开大量土体，使周围土体受到扰动，发生土体侧移、地面隆起，同时使土的工程性质发生改变； ②对桩影响：可能造成灌注桩断桩、缩颈；能造成预制桩侧移、上抬、倾斜及断桩； ③有挤土效应的桩型：预制实心桩和桩靴闭口的预应力管桩、闭口钢管桩、沉管混凝土灌注桩
	部分挤土桩	①成桩过程引起部分挤土效应，使周围土体受到一定程度挤压； ②有部分挤土效应的桩型：H型钢桩、开口钢管桩和开口预应力混凝土管桩，冲孔成孔灌注桩等
	非挤土桩	①采用钻孔、挖孔方式将与桩体相同体积的土体排出，对周围土体基本没有扰动而形成的桩； ②非挤土桩型：干作业法钻或挖孔灌注桩、泥浆护壁钻或挖孔灌注桩，以及先钻孔再打入的预制桩等

续表 11.10

<table>
<tr><th colspan="2">分类方法</th><th>特点</th></tr>
<tr><td rowspan="3">按桩径大小分类</td><td>小直径桩</td><td>①指桩径 $d \leqslant 250$mm、长径比 l/d 较大的桩；
②施工空间小、对原有建筑物影响小，施工方便，可在任何土层中成桩，并能穿过原有基础等，起到地基托换作用；
③多用于支护结构、基础加固(静压锚杆托换桩)和复合地基及多层住宅地基等</td></tr>
<tr><td>中直径桩</td><td>①指桩径 $d=250\sim800$mm 的桩；
②在工程中有大量应用，成桩方法和工艺很多</td></tr>
<tr><td>大直径桩</td><td>指桩径 $d>800$mm 的桩。
此类桩大多数为端承桩</td></tr>
<tr><td rowspan="2">按承台与地面相对位置分类</td><td>低承台桩</td><td>①承台底面位于地面(冲刷线)以下；
②低承台桩的受力、位移、稳定性等方面均较好，因此在建筑工程中广泛应用</td></tr>
<tr><td>高承台桩</td><td>①承台底面位于地面以上。高承台桩在桥梁基础工程中得到广泛应用。
②承台位置较高，可避免或减少水下施工，施工方便。但由于承台及桩身露出地面的自由长度，在水平力作用下，上部桩身侧移较大，稳定性较差。
③近年来由于大直径钻孔灌注桩的采用，桩的刚度、强度都很大，在海岸工程、海洋平台工程中都采用高承台桩</td></tr>
<tr><td colspan="2">按桩身材料分类</td><td>①混凝土(灌注桩按构造配筋)及钢筋混凝土桩。
②木桩：桩径 160～260mm，桩长 4～6m。制作运输方便，打桩设备简单，但承载力低。仅在一些加固工程与临时工程中采用。
③钢桩(钢管桩和 H 形桩)：直径 250～1200mm，可批量生产。穿透性强，承载能力高，应用方便，但成本高，易锈蚀</td></tr>
</table>

11.3.2.2 桩身构造要求

(1)桩深与桩径、桩距

桩端进入持力层深度为$(1\sim3)d$，对于黏性土、粉土不宜小于 $2d$，砂土不宜小于 $1.5d$，碎石类土不宜小于 $1d$(d 为桩径)。当存在软弱下卧层时，桩端以下的硬持力层厚度不宜小于 $3d$。预制桩边长不应小于 200mm，预应力混凝土实心桩边长不宜小于 350mm。长径比 l/d，摩擦型桩一般不作严格要求；对端承桩，穿越黏性土、砂土时 $l/d \leqslant 60$，穿越淤泥、湿陷性黄土时 $l/d \leqslant 40$。桩距一般为$(3\sim4)d$。

(2)材料

预制桩混凝土强度等级不宜低于 C30，预应力混凝土实心桩混凝土强度等级不应低于 C40，当采用混凝土预制桩尖时，其桩尖混凝土强度等级不得小于 C30。灌注桩混凝土强度不得低于 C25。主筋宜采用 HRB400、HRB500 钢筋。

(3)主筋保护层厚度

灌注桩主筋保护层不应小于 35mm，水下灌注桩主筋保护层厚度不得小于 50mm；预制桩主筋保护层厚度不宜小于 30mm。

(4)配筋及其他构造

①预制桩

桩身配筋应按吊运、起吊、打桩及使用过程受力特点等计算确定并符合下列构造要求：

a. 主筋直径不宜小于 14mm，箍筋直径不小于 6～8mm，预制桩箍筋间距不应大于 200mm，并在预制桩的桩顶[打入桩桩顶(4～5)d(d 为桩径)范围]和桩尖处箍筋适当加密并设置钢筋网片，桩尖在沉入土中以及使用期间要克服土的阻力，故应把预制桩桩尖所有的主筋焊在一根圆钢上。在密实砂及碎石类土中，可在桩尖处包以钢板桩靴，加强桩尖强度。

b. 预制桩的分节长度应根据施工条件和运输条件确定。接头不宜超过 3 个，预应力管桩接头数量不宜超过 4 个。

c. 桩身混凝土强度达到设计要求强度后方可起吊和搬运。桩在起吊过程受力同一般受弯构件；桩长 20m 以内，吊点一般采用 2 个，吊点位置应按吊点间跨中和吊点处支座负弯矩相等原则布置。在打桩架龙门起吊时，只能采用 1 个吊点。

②灌注桩

桩身配筋按轴心受压构件计算，并符合下列构造要求：

a. 主筋：当桩身直径为 300～2000mm 时，对于承受水平荷载桩，主筋不宜小于 8ϕ12；对于抗压桩和抗拔桩不小于 6ϕ10；主筋应沿桩身周边均匀布置，其净距不小于 60mm，并减少钢筋接头。

b. 配筋长度：端承桩，承受负摩擦力及位于坡地、岸边的抗拔桩，应沿桩身通长布置；因地震作用、冻胀力或膨胀力作用而受上拔力作用桩，应按计算配置通长筋。

摩擦型桩配筋长度不应小于 2/3 桩长。

对于受地震作用的基桩，桩身配筋应穿过可液化土层及软弱土层，进入稳定土层深度不小于一定深度。

c. 箍筋：应采用螺旋式，箍筋直径不小于 6mm，间距 200～300mm。受水平荷载较大的基桩、承受水平地震作用的桩基，以及考虑主筋作用计算桩身受压承载力时，在桩顶 5d(d 为桩径)范围内箍筋要加密，间距不大于 100mm。当钢筋笼长度大于 4m 时，应每隔 2m 设一道直径不小于 12mm 的焊接加劲箍筋。

11.3.2.3 承台构造要求

(1)材料及保护层厚度

承台混凝土材料及强度等级应符合混凝土结构耐久性要求和抗渗要求，见表 11.11。主筋应采用 HRB400、HRB500 钢筋，箍筋宜采用 HRB400、HRB500、HPB300 钢筋。

纵向钢筋的混凝土保护层厚度，无垫层不应小于 70mm，有混凝土垫层时不应小于 50mm。

表 11.11 二类和三类环境桩基结构混凝土耐久性的基本要求

环境类别		最大水灰比	最小水泥含量(kg/m^3)	混凝土最低强度等级	最大氯离子含量(%)	最大碱含量(kg/m^3)
二	a	0.6	250	C30	0.3	3.0
	b	0.55	275	C30	0.2	3.0
三		0.5	300	C30	0.1	3.0

(2)柱下独立承台配筋构造

柱下独立承台的剖面形状有坡形及阶形(图 11.23)。柱下独立桩基承台的边长不应小于500mm。边桩中心至承台边缘的距离不宜小于桩的直径或边长,且桩的外边缘至承台边缘的距离不小于 150mm(图 11.24)。

柱下独立承台配筋,对四桩以上(包括四桩)承台,其钢筋应按双向均匀通长布置,钢筋直径不宜小于 12mm,间距不宜大于 200mm。

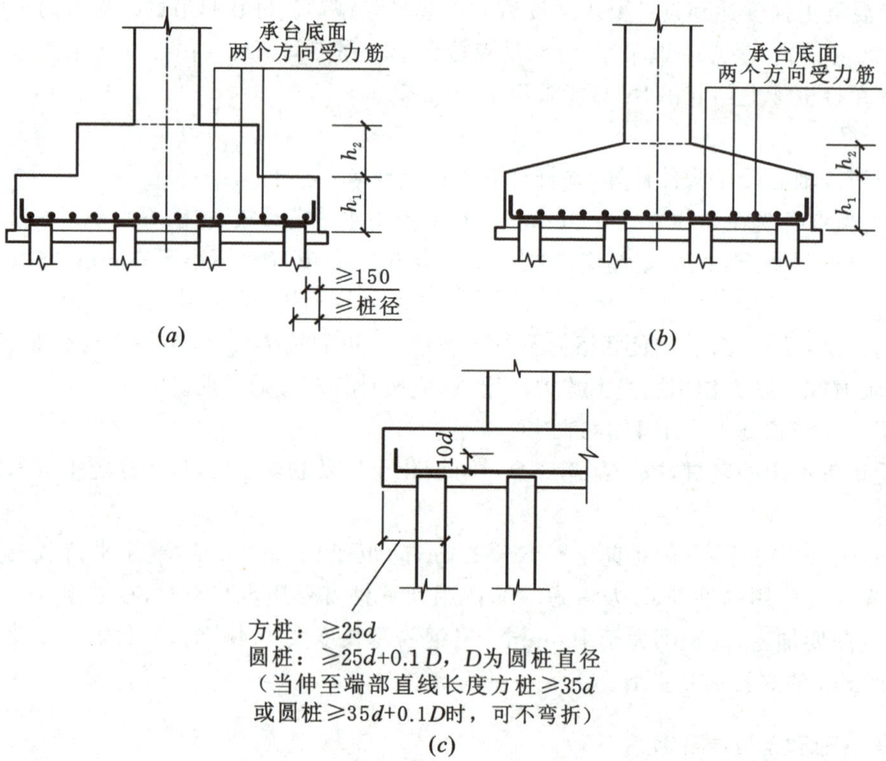

图 11.24　柱下独立承台配筋构造

(a)阶形截面;(b)坡形截面;(c)端部构造

(3)承台梁配筋构造

墙下条形承台梁,桩的外边缘至承台梁边缘的距离不小于 75mm;承台的最小厚度不应小于 300mm,如图 11.25 所示。

承台梁主筋直径不宜小于 12mm,架立筋直径不宜小于 10mm,箍筋直径不宜小于 6mm。

11.3.2.4　桩顶与承台的连接构造

桩顶主筋锚入承台内的长度及桩顶嵌入承台长度如图 11.26 所示。

11.3.2.5　承台之间的连接

单桩承台宜在两个相互垂直的方向上设置连系梁;两桩承台宜在其短向设置连系梁;有抗震要求的柱下独立承台宜在两个主轴方向设置连系梁。连系梁顶面宜与承台位于同一标高。连系梁的宽度不应小于 250mm,梁的高度可取承台中心距的 1/15～1/10。连系梁内上下纵向钢筋直径不应小于 12mm 且不应少于 2 根,并按受拉要求锚入承台。

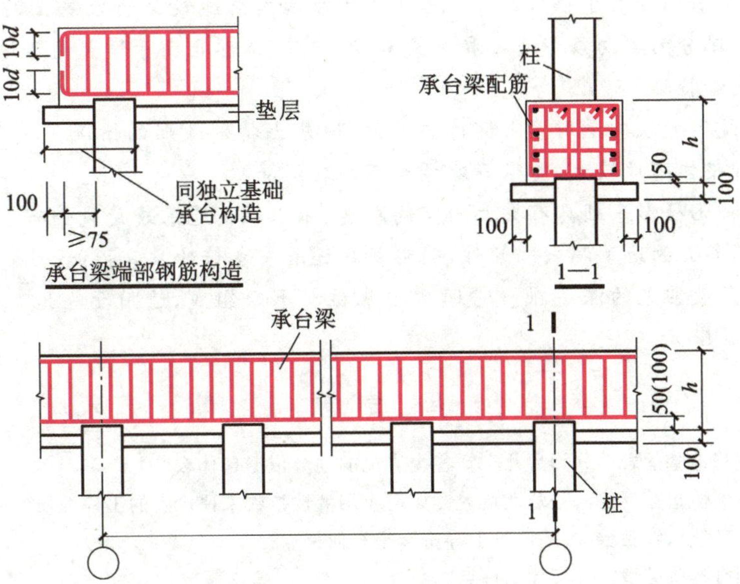

图 11.25　承台梁配筋构造

d—纵筋直径

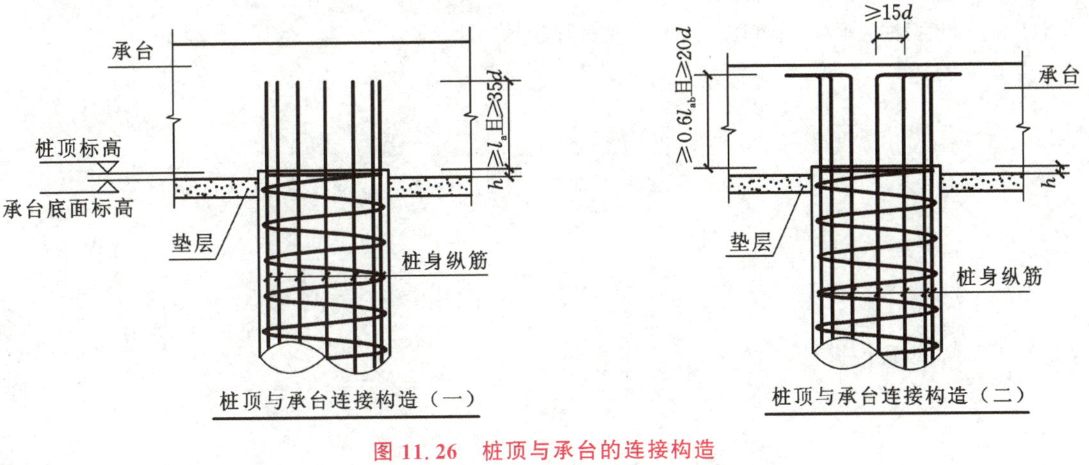

图 11.26　桩顶与承台的连接构造

注：图中 h 为桩顶进入承台高度，桩径＜800mm 时取 50mm，桩径≥800mm 时取 100mm

d—纵筋直径

单元小结

(1)建筑地基用的岩土分为岩石、碎石土、砂土、粉土、黏性土和人工填土。塑性指数描述黏性土的可塑性范围，液性指数描述黏性土的软硬程度。

(2)软土、膨胀土、红黏土、湿陷性黄土是常见的特殊土。

(3)无筋扩展基础属于刚性基础，必须满足台阶宽高比的要求。

(4)扩展基础常指柱下钢筋混凝土独立基础和墙下钢筋混凝土条形基础，这种基础抗弯和抗剪性能良好，特别适用于“宽基浅埋”的情况。

(5)柱下条形基础常用于框架结构，适用于上部结构荷载较大而地基土的承载力又较低时。柱下条形基础分为单向条形基础和交梁基础。它可以防止由于过大的不均匀沉降引起的上部结构的开裂和损坏。

(6)高层建筑筏形基础适用于上部荷载很大、地基土特别软弱的情况。筏形基础，特别是梁板式筏形基础整体刚度较大，能很好地调整不均匀沉降。

(7)箱形基础比筏形基础具有更大的空间刚度，用以抵抗地基或荷载分布不均匀引起的差异沉降和跨越不太大的地下洞穴。此外，箱形基础还具有良好的抗震性能。

(8)桩基础是最常见的深基础。它通常由基桩与承台组成，适用于当地基土上部为软弱土，且荷载很大的情况。

思 考 题

11.1　作为建筑地基的岩土分为哪几类？各类岩土的划分依据是什么？

11.2　什么是液性指数？什么是塑性指数？如何应用液性指数来评价土的工程性质？

11.3　软土、膨胀土、红黏土、湿陷性黄土等特殊土有何特点？

11.4　浅基础有哪些类型？各有什么特点？

11.5　为什么要限制无筋扩展基础的台阶宽高比？

11.6　高层建筑筏形基础的特点有哪些？

11.7　高层建筑箱形基础的特点有哪些？

11.8　试根据桩的承载性状和施工方法对桩进行分类。

12 建筑结构施工图

知识目标

掌握建筑结构施工图的内容、图示特点及识读方法。

能力目标

能正确识读和理解结构施工图。

思政元素举例

规范意识、严谨务实。

12.1 概　　述

结构施工图是表示建筑物各承重构件(如基础、承重墙、柱、梁、板等)的布置、形状、大小、材料、构造及其相互关系的图样。结构施工图还反映其他专业(如建筑、给排水、暖通、电气等)对结构的要求。

结构施工图是房屋建筑施工时的主要技术依据。

12.1.1 结构施工图的基本内容

(1)结构设计说明

一般为说明图纸难以表达的内容,详见12.2节。

(2)基础图

①基础平面图。工业建筑还包括设备基础布置图、基础梁平面布置图等。

②基础详图。

(3)结构平面布置图

①楼层结构平面布置图。工业建筑还包括柱网、吊车梁、柱间支撑、连系梁布置图等。

②屋面结构平面布置图。工业建筑还包括屋面板、天沟板、屋架、天窗架及屋面支撑系统布置图等。

(4)结构详图

①梁、板、柱结构详图。

②楼梯结构详图。

③屋架结构详图。

④其他详图,如天沟、雨篷详图等。

12.1.2　结构施工图的图示特点

各种结构施工图所表达的内容和要求虽各不相同，但它们具有共同的特点。

(1) 图示方法

结构施工图采用正投影法绘制而成。如基础平面图为沿房屋防潮层的水平剖面图；楼层结构平面图为沿房屋每层楼板面的水平剖面图等。

在比例较小的结构布置图中，构件的外形或材料图例难以表示清楚时，允许图内简化不画。

(2) 表达方式

结构施工图采用由整体到局部并逐步详细的表达方式。如先由较小比例的结构布置图表明各构件的布置和定位，再由较大比例的构件详图表明构件的形状、大小、材料和构造，最后由更大比例的节点详图表明细部和连接构造。

(3) 尺寸标注

结构施工图的尺寸标注要求与表达内容的深度有关。如结构布置图中主要标注各构件的定位尺寸，而结构详图则要标注构件的定形尺寸和构造尺寸。

(4) 联系配合

结构施工图的各种图样之间是互相联系、密切配合的。如结构布置图仅表示出构件在房屋结构中的位置，而结构详图则表明构件的具体形状、大小和构造，两者缺一不可。

12.1.3　结构施工图识读的一般方法

结构施工图识读的正确方法是：先看结构设计说明；再读基础平面图、基础结构详图；然后读楼层结构平面布置图、屋面结构平面布置图；最后读构件详图、钢筋详图和钢筋表。各种图样之间不是孤立的，应互相联系进行阅读。

识读施工图时，应熟练运用投影关系、图例符号、尺寸标注及比例，以达到读懂整套结构施工图。

12.2　结构设计说明

结构设计说明一般为结构施工图第一页，当设计说明不足一张时，空余部分可绘图。对局部问题的说明可写在各相关图纸中。

(1)工程概况

如建设地点、抗震设防烈度、结构抗震等级、荷载选用、结构形式等。

(2)地基基础说明

①地基承载力特征值、地下水位和持力层土质情况的概述及对地基土质情况提出注意事项和有关要求。

②地基的处理措施及注意事项和质量要求。

③对施工方面提出的钎探、坑穴孔洞等事项的设计要求。

④验槽要求。

⑤垫层、底板、钢筋等所用材料的强度等级。

(3)墙体说明

①注意事项的概述,施工质量控制等级。

②墙体所用材料的强度等级。

③墙体的抗震构造措施。

④墙体的局部处理说明。

⑤构造柱的截面尺寸、材料及构造要求等。

(4) 其他说明

①梁、板、柱等构件的材料强度等级和有关构造的说明。

②圈梁、过梁的有关说明。

③预留孔洞、预埋件的有关说明。

④对施工的要求及其他有关事项的说明。

⑤标准图集的选用说明。

12.3 基 础 图

基础图是表示建筑物相对标高±0.000 以下基础部分的平面布置和详细构造的图样,是施工时在基地上放灰线、开挖基坑和砌筑基础的依据。

基础图通常包括基础平面图和基础详图。

下面介绍常见的条形基础和独立基础的基础图。

12.3.1 条形基础

12.3.1.1 条形基础平面图

基础平面图是假想用一个水平面在室内地面与基础之间进行剖切,移去上层的房屋和泥土而作出的水平投影。

基础平面图的主要内容及识图时应查看的内容有:

(1)图名、比例。了解是哪个工程的基础,绘图的比例大小。

(2)纵横定位轴线编号。了解有多少道基础、基础间的定位轴线尺寸各是多少,并与房屋平面图进行对照,看是否一致。

(3)基础的平面布置。了解基础墙、柱以及基础底面的形状、大小及其与轴线的关系。

(4)基础梁的位置和代号。可根据代号统计梁的种类、数量及查阅梁的详图。

(5)断面图的剖切位置线及其编号(或注写的基础代号)。了解基础断面图的种类、数量及其分布位置,以便与断面图进行对照阅读。

(6)轴线尺寸、基础大小尺寸和定位尺寸。了解基础各尺寸间关系。

(7)施工说明。了解施工时对基础材料及其强度等的要求。

图 12.1 为某办公楼基础平面图。

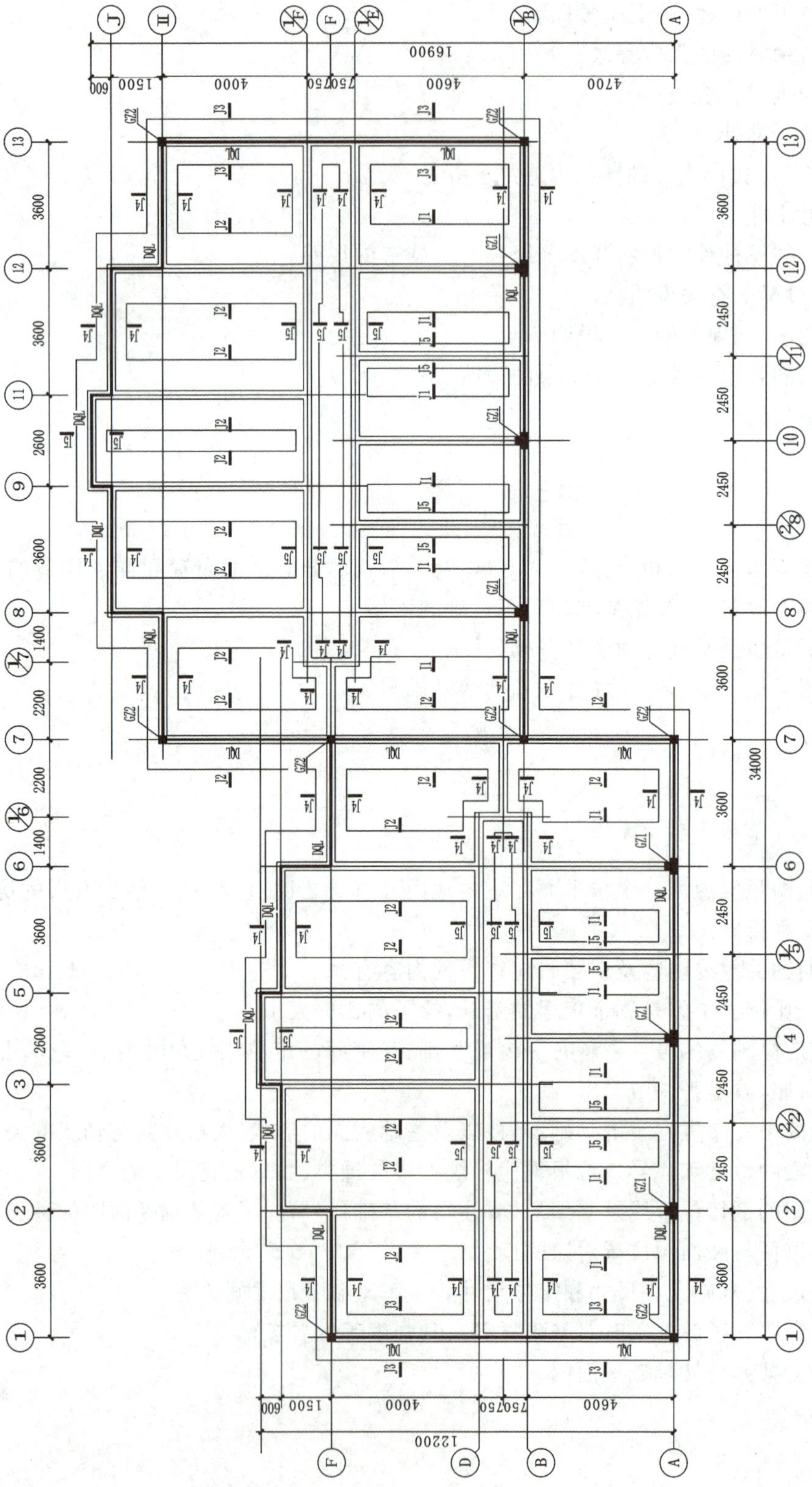

基础布置图 1:100

图12.1　某办公楼条形基础平面图

12.3.1.2　条形基础详图

基础平面图只表明基础的平面布置，而基础各部分的形状、大小、材料、构造及基础的埋置深度等需由基础详图来表达。基础详图一般采用基础的横断面表示。

基础详图的主要内容及识图时应查看的内容有：

(1)图名(基础代号)、比例。用基础详图的名称去对基础平面图的位置，了解其为哪一基础上的断面。

(2)基础断面图中轴线及其编号(若为通用断面图，则轴线圆圈内无编号)。配合找出基础平面图的位置。

(3)基础断面形状、大小、材料及配筋。

(4)基础梁的高、宽尺寸及配筋。

(5)基础断面的详细尺寸和室内外地面、基础底面的标高。了解基础的埋置深度。

(6)防潮层的位置及做法。了解防潮层距±0.000 的位置及其施工材料。

(7)施工说明。了解基础施工的要求。

图 12.2 为某办公楼基础详图。

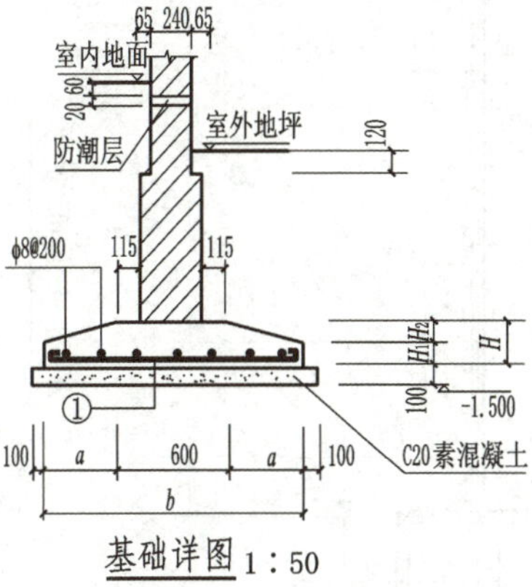

基础	*a*	*b*	钢筋①
J_1	950	2500	ϕ12@100
J_2	700	2000	ϕ12@150
J_3	350	1300	ϕ8@130
J_4	150	900	ϕ8@200
J_5	50	700	ϕ8@200

图 12.2　某办公楼条形基础详图

12.3.2　独立基础

12.3.2.1　独立基础平面图

在工业厂房、大中型民用建筑中常采用排架或框架体系，上部荷载主要通过柱子传至基础，柱子下的基础一般各自独立。

图 12.3 为某综合楼的独立基础平面图。

12.3.2.2　独立基础详图

图 12.4 为某综合楼的独立基础详图。

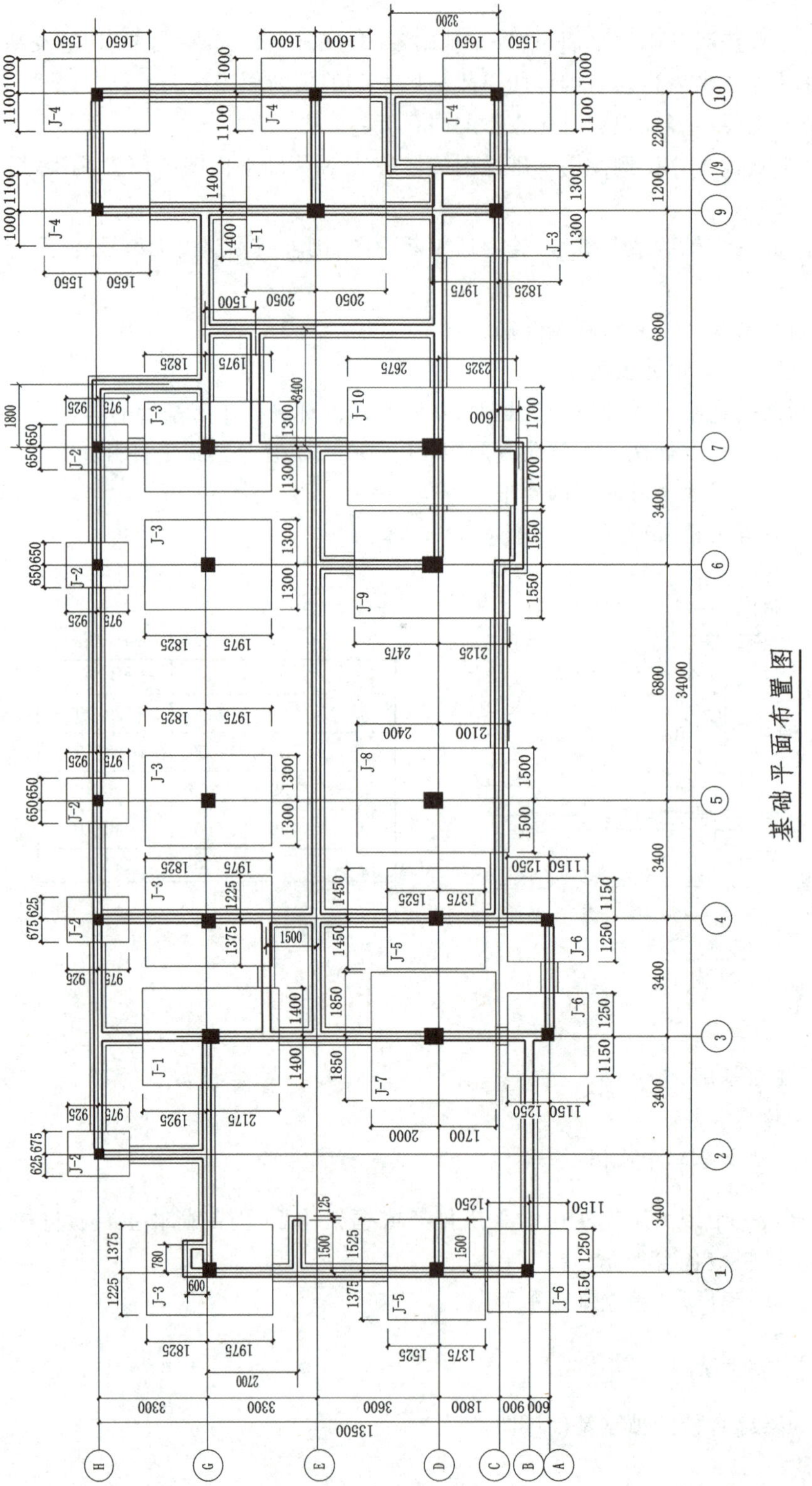

图12.3 某综合楼独立基础平面图

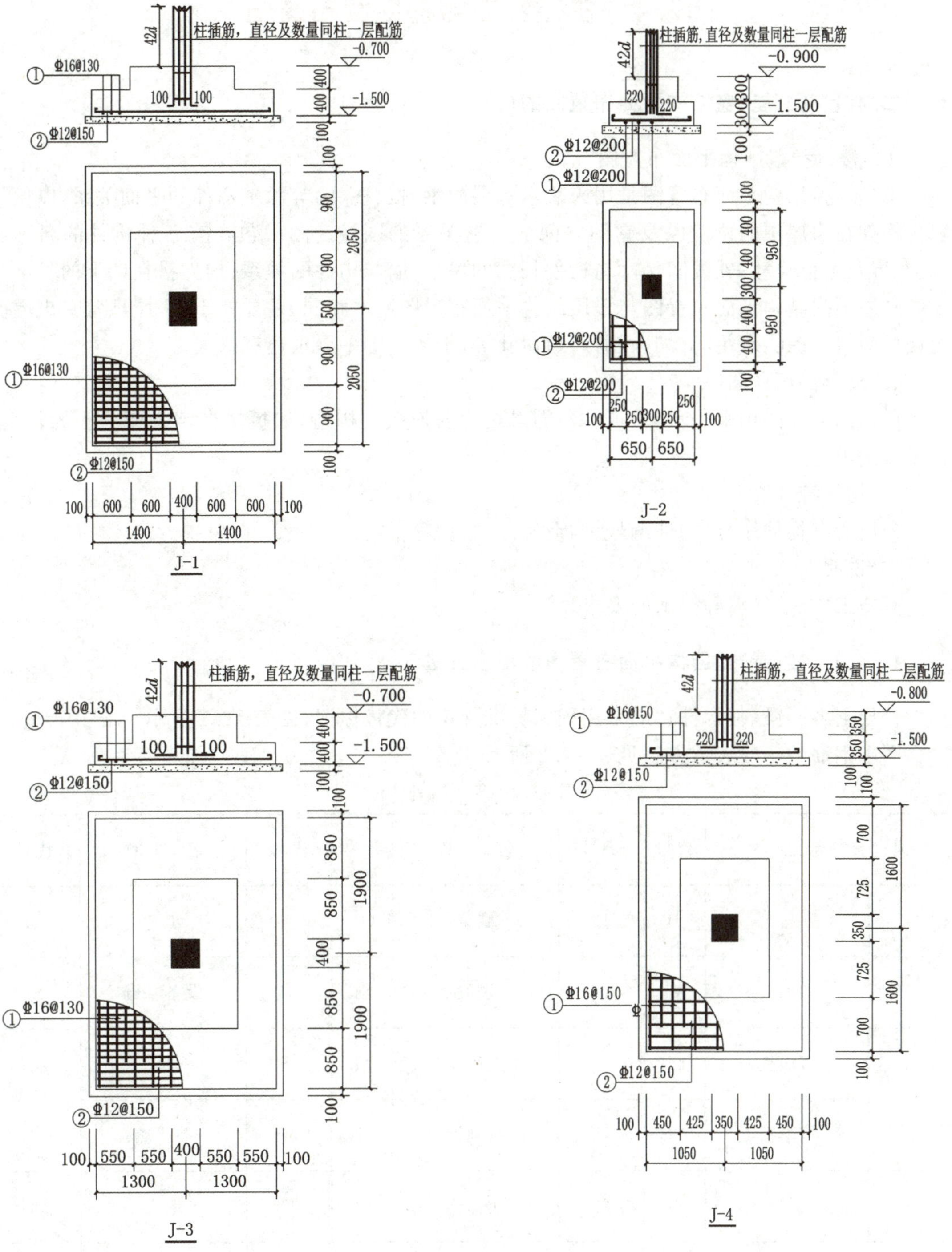

基础详图 1∶50

图 12.4 某综合楼独立基础

12.4　楼(屋)盖结构平面布置图

12.4.1　楼(屋)盖结构平面布置图的内容

(1)楼(屋)盖结构平面布置图

楼(屋)盖结构平面布置图是用来表示每层的梁、板、柱、墙等承重构件的平面关系,以便了解各构件在房屋中的位置以及它们之间的构造关系的图样。图中包含有各种构件的名称编号、布置及定位尺寸;轴线间尺寸与构件长宽的关系;墙与构件的关系;构件搭在墙上的长度。

平屋顶的结构平面布置图与楼层结构平面布置图基本相同,差异在于:平屋顶常有出屋面的楼梯间、检查孔、水箱间、烟囱、通风道留孔等,带挑檐的平屋顶还有檐板。

(2)局部剖面详图

局部剖面详图用来表示梁、板、墙、圈梁之间的连接和构造,如板搭在墙上或梁上的长度、施工方法等。

(3)构件统计表

列出所有构件序号、构件编号、构造尺寸、数量等。

(4)说明

对施工方法、材料等提出的要求。

12.4.2　楼(屋)盖结构平面布置图的图示方法

楼层上各种梁、板构件都应采用国家标准规定的代号标记,见表12.1所示。

图中钢筋的一般表示方法见表12.2所示。

表12.1　常用构件代号

序号	名　称	代号	序号	名　称	代号	序号	名　称	代号
1	板	B	19	圈梁	QL	37	承台	CT
2	屋面板	WB	20	过梁	GL	38	设备基础	SJ
3	楼面板	LB	21	连系梁	LL	39	桩	ZH
4	槽形板	CB	22	基础梁	JL	40	挡土墙	DQ
5	折板	ZB	23	楼梯梁	TL	41	地沟	DG
6	密肋板	MB	24	框架梁	KL	42	柱间支撑	ZC
7	楼梯板	TB	25	框支梁	KZL	43	垂直支撑	CC

续表 12.1

序号	名　　称	代号	序号	名　　称	代号	序号	名　　称	代号
8	盖板或沟盖板	GB	26	屋面框架梁	WKL	44	水平支撑	SC
9	挡雨板或檐口板	YB	27	檩条	LT	45	梯	T
10	吊车安全走道板	DB	28	屋架	WJ	46	雨篷	YP
11	墙板	QB	29	托架	TJ	47	阳台	YT
12	天沟板	TGB	30	天窗架	CJ	48	梁垫	LD
13	梁	L	31	框架	KJ	49	预埋件	M—
14	屋面梁	WL	32	刚架	GJ	50	天窗端壁	TD
15	吊车梁	DL	33	支架	ZJ	51	钢筋网	W
16	单轨吊车梁	DDL	34	柱	Z	52	钢筋骨架	G
17	轨道连接	GDL	35	框架柱	KZ	53	基础	J
18	车挡	CD	36	构造柱	GZ	54	暗柱	AZ

表 12.2　钢筋表示图例

名　　称	图　　例	说　　明
钢筋横断面	•	
无弯钩的钢筋端部		下图表示长短钢筋投影重叠时，可在短钢筋的端部用45°短画线表示
预应力钢筋横断面	+	
预应力钢筋或钢绞线		用粗双点画线
无弯钩的钢筋搭接		
带半圆形弯钩的钢筋端部		
带半圆弯钩的钢筋搭接		
带直弯钩的钢筋端部		
带直弯钩的钢筋搭接		
带丝扣的钢筋端部		
机械连接的钢筋接头		用文字说明机械连接的方式(如冷挤压或直螺纹等)

12.4.3 楼(屋)盖结构平面布置图的识读

以图 12.5、图 12.6 为例，说明楼层结构平面布置图的识读方法。

(1)看图名、比例。了解是哪个工程的哪一层的结构平面图，其比例大小如何。

(2)看预制板的布置及其编号。了解本工程采用哪个地区通用图。

(3)看梁(柱)的布置及其编号。了解本工程的结构形式，图 12.5 为混合结构，图 12.6 为框架结构。

(4)看现浇钢筋混凝土板的位置和代号。配合构件详图识读。

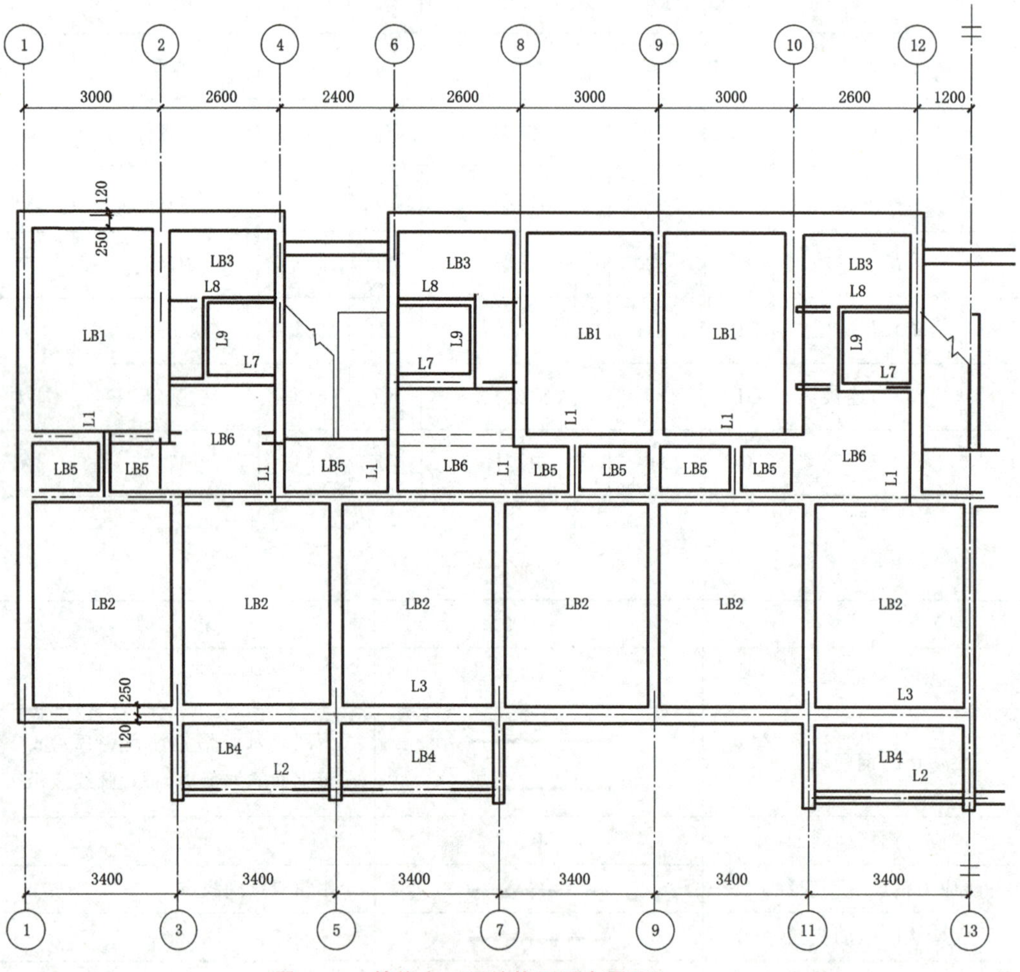

图 12.5 某住宅二层结构平面布置图(1∶100)

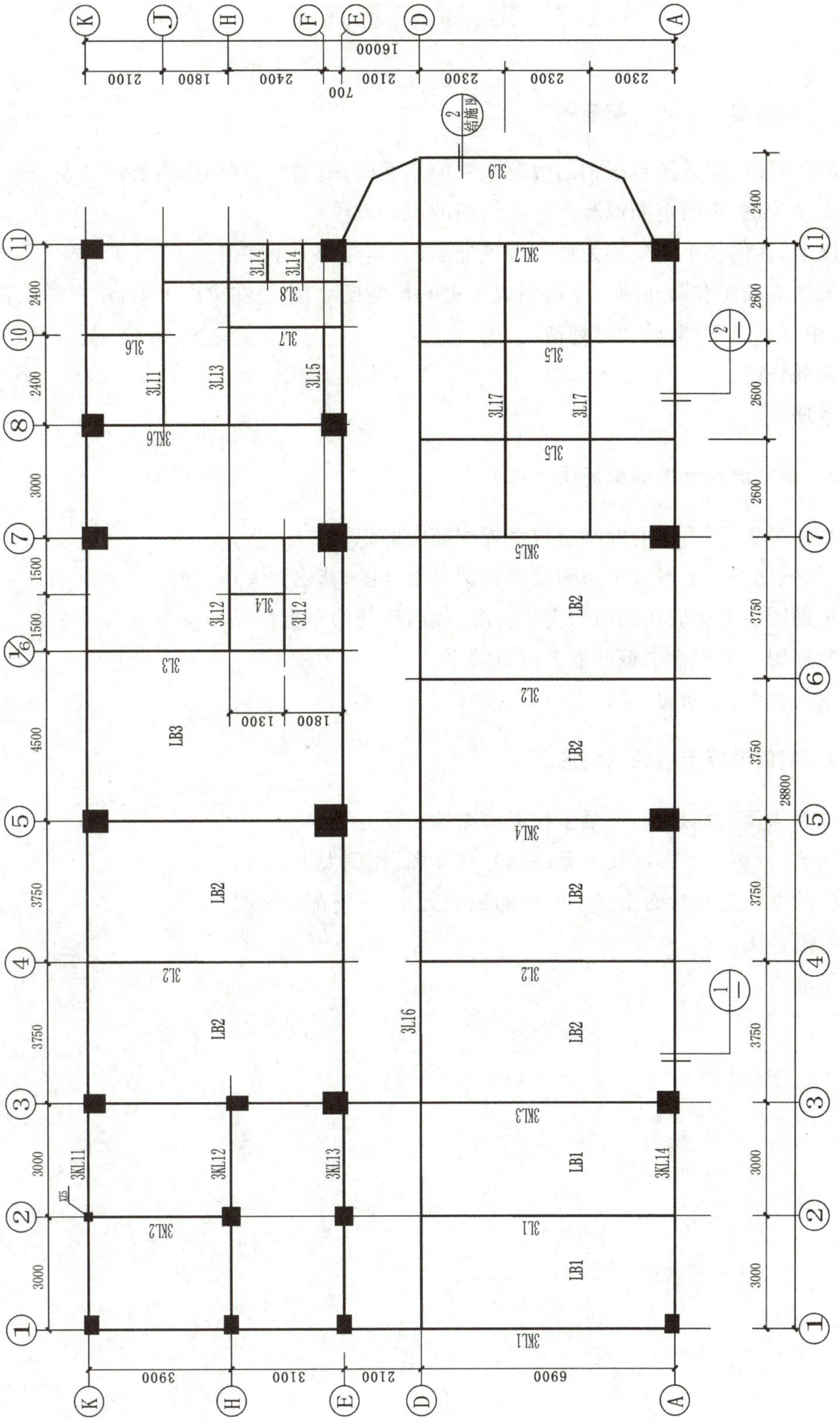

图 12.6 某综合楼三层结构平面布置图(1：100)

12.5 梁、板、柱配筋图

12.5.1 钢筋混凝土梁的配筋图

钢筋混凝土梁的配筋图包括钢筋混凝土梁的立面图、断面图、钢筋详图及钢筋表。

以图 12.7 为例，说明钢筋混凝土梁配筋图的识读方法。

(1)看图名、比例。了解该梁为哪一根梁配筋图，其比例大小如何。

(2)看梁的立面图和断面图。立面图表示梁的长度尺寸，钢筋在梁内上下、左右的配置；断面图表示梁中钢筋上下、前后的排列情况。

(3)看钢筋详图。

(4)看钢筋表。

12.5.2 钢筋混凝土板的配筋图

以图 12.8 为例，说明钢筋混凝土现浇板配筋图的识读方法。

(1)看图名、比例。了解该板为哪层哪一编号板详图，其比例大小如何。

(2)看平面图。了解板在四周的支承情况、板内钢筋的布置情况。

(3)看断面图。了解板中钢筋上下位置关系。

(4)看钢筋详图、钢筋表。

12.5.3 钢筋混凝土柱的配筋图

以图 12.9 为例，说明钢筋混凝土柱配筋图的识读方法。

(1)看图名、比例。了解该柱为哪一编号柱详图，比例大小。

(2)看柱的立面图和断面图。了解柱的截面大小、钢筋配置情况。

(3)看钢筋详图。

(4)看钢筋表。

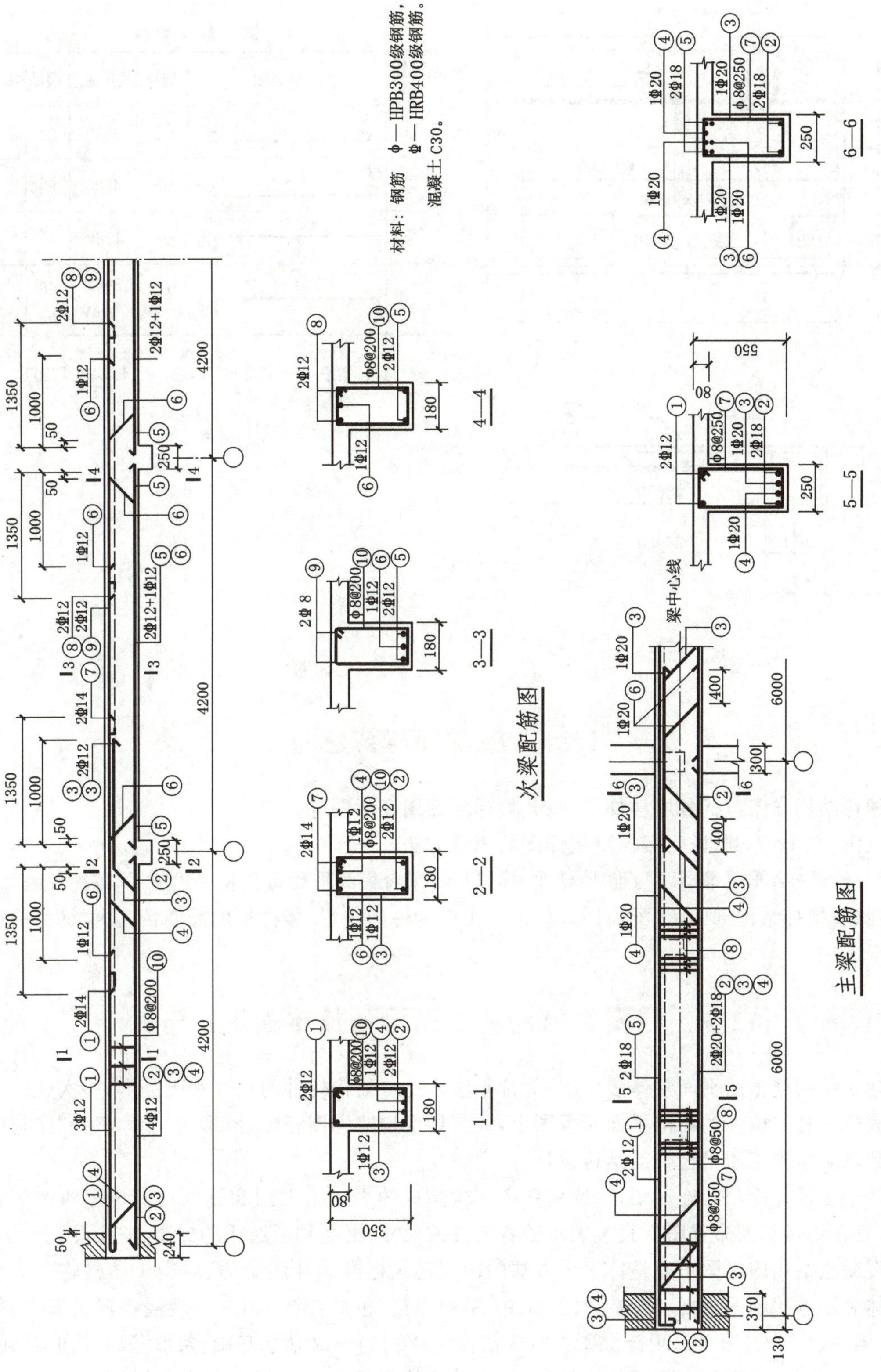
材料：钢筋 Φ — HPB300级钢筋，
⏀ — HRB400级钢筋。
混凝土 C30。
次梁配筋图
1—1
2—2
3—3
4—4
主梁配筋图
5—5
6—6
梁中心线

图 12.7 梁配筋图

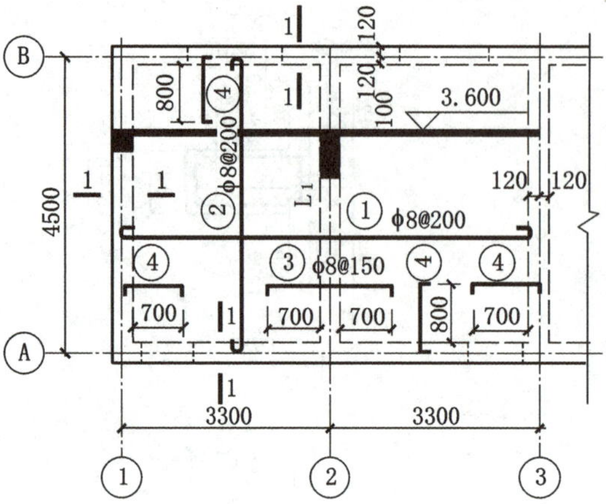

钢　筋　表

钢筋编号	钢筋简图	规格	长度(mm)	根数	备注
①	50　6580　50	φ8	6680	24	
②	50　4480　50	φ8	4580	34	
③	1600　90	φ8	1780	24	
④	700(800)　90	φ8	880 (980)	48 68	

材料：钢筋 φ—HPB300级钢筋，Φ—HRB400级钢筋。
　　　混凝土C25。
板的混凝土保护层为15mm。

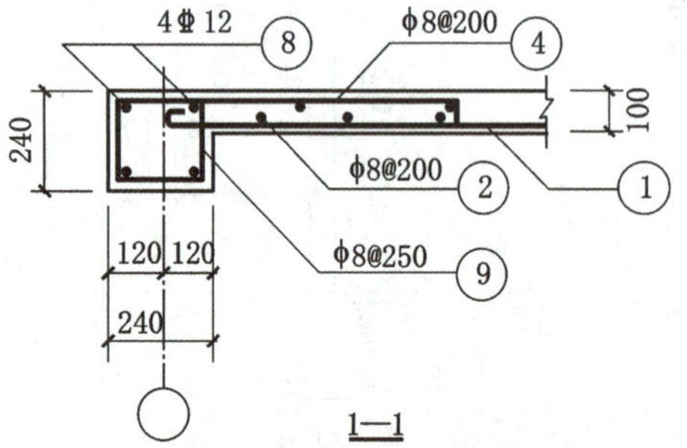

图 12.8　现浇钢筋混凝土楼板配筋图

12.6　楼梯结构详图

楼梯结构详图包括各层楼梯平面图、楼梯剖面图和详图等。

以图 12.10 为例，说明楼梯结构详图的识读方法。

(1)看楼梯结构平面图。了解楼梯梁、梯段板和平台板的平面布置及位置关系，各构件编号。

(2)看楼梯结构剖面图(配筋图)、详图。了解构件的布置、楼梯板的配筋情况、楼梯梁的配筋情况。

12.7　混凝土结构施工图平面整体表示方法

建筑结构施工图平面整体表示法(简称平法)，是将结构构件的尺寸和配筋等，一次整体直接地表达在各类构件的结构平面布置图上，并与标准构造详图相配合，形成一套表达顺序与施工一致且利于施工质量检查的结构设计。

按平法设计绘制的施工图，一般由各类结构构件的平法施工图和标准构造详图两大部分构成，且在结构平面布置图上直接表示了各构件的尺寸、配筋和所选用的标准构造详图。

混凝土结构施工图平面整体表示方法的国家建筑标准设计图集为《混凝土结构施工图平面整体表示方法制图规则和构造详图》G101 系列图集，包括：22G101—1(现浇混凝土框架、剪力墙、梁、板)、22G101—2(现浇混凝土板式楼梯)、22G101—3(独立基础、条形基础、筏形基础、桩基础)。此外，还有与之配套使用的《混凝土结构施工钢筋排布规则与构造详图》G901 系列图集。

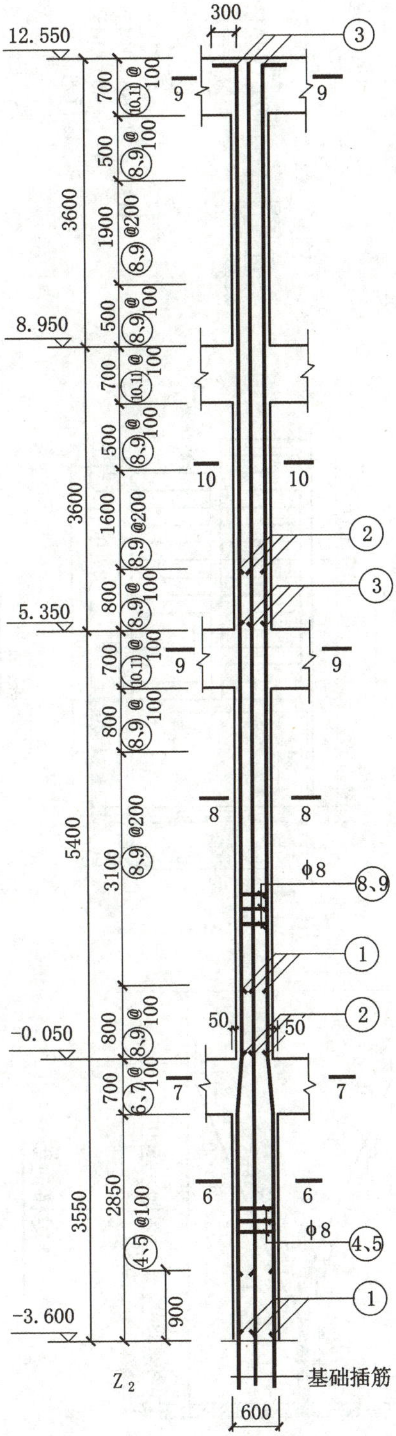

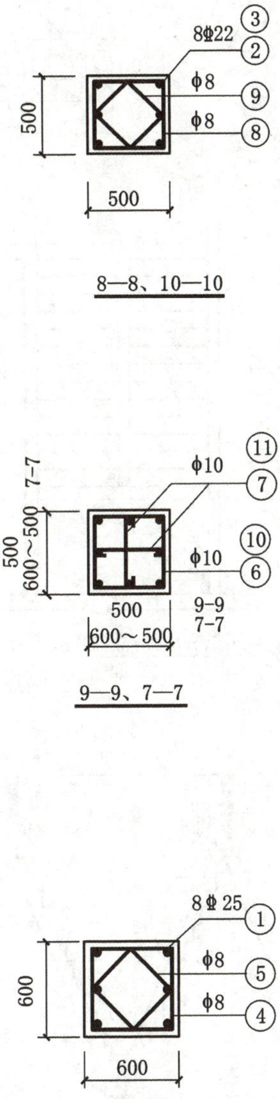

Z₂为某工程带一层地下室的三层框架结构的框架柱。

材料：ϕ— HPB300级钢筋；Φ— HRB400 级钢筋。
混凝土C30。

某框架结构柱详图

图 12.9 柱配筋图

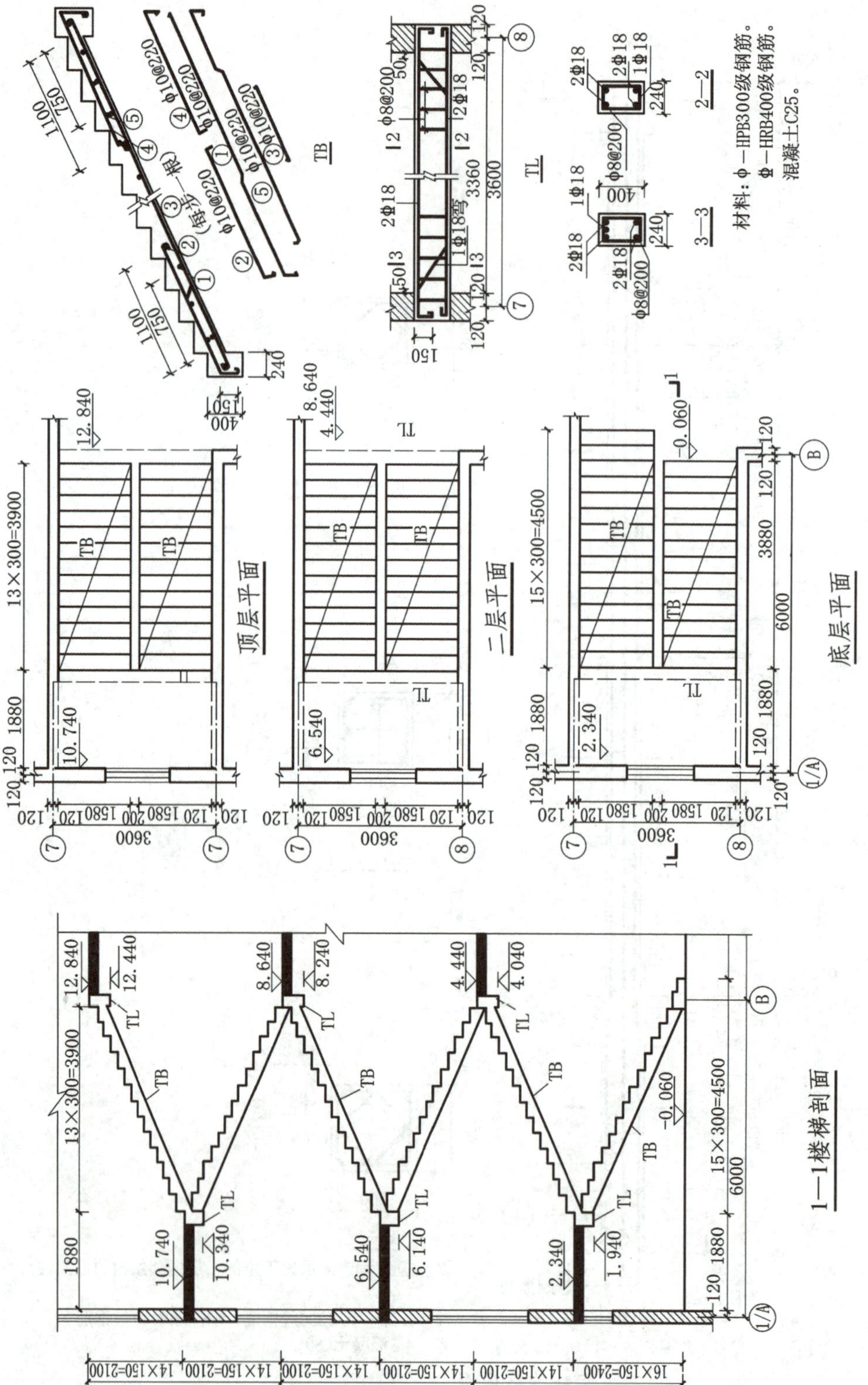

图 12.10　楼梯结构详图

12.7.1 梁

梁平法施工图在梁的平面布置图上采用平面注写方式或截面注写方式。

12.7.1.1 平面注写方式

平面注写方式是指在梁的平面布置图上分别在不同编号的梁中各选一根梁，在其上注写截面尺寸和配筋的具体数值。

平面注写包括集中标注与原位标注，如图 12.11 所示。集中标注表达梁的通用数值，原位标注表达梁的特殊数值。梁的编号由梁类型代号、序号、跨数及有无悬挑代号等组成，见表 12.3。

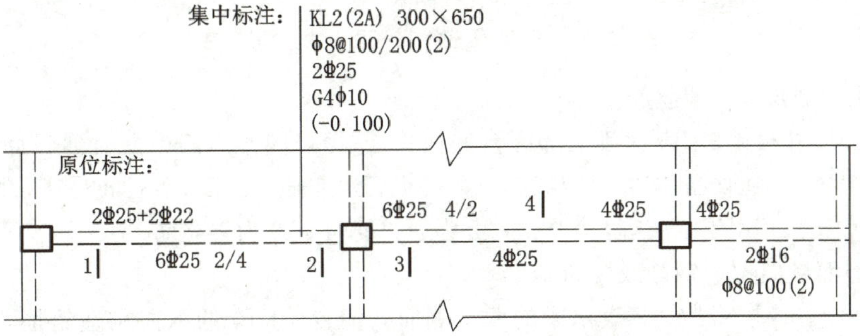

图 12.11 梁平法施工图平面注写方式示例

表 12.3 梁编号

梁 类 型	代号	序号	跨数及是否带有悬挑
楼层框架梁	KL	××	(××)、(××A)或(××B)
屋面框架梁	WKL	××	(××)、(××A)或(××B)
框 支 梁	KZL	××	(××)、(××A)或(××B)
非 框 架 梁	L	××	(××)、(××A)或(××B)
悬 挑 梁	XL	××	(××)、(××A)或(××B)
井 字 梁	JZL	××	(××)、(××A)或(××B)

注：(××A)为一端有悬挑，(××B)为两端有悬挑，悬挑不计入跨数。

梁集中标注的内容有五项必注值及一项选注值：

(1)梁编号

如图 12.11 中"KL2(2A)"表示第 2 号框架梁，2 跨，一端有悬挑。

(2)梁截面尺寸

等截面梁，用 $b\times h$ 表示，如图 12.11 所示"300×650"表示宽为 300mm，高为 650mm；竖向加腋梁用 $b\times h$ $\mathrm{Y}c_1\times c_2$ 表示(c_1：腋长，c_2：腋高)，如图 12.12 所示；水平加腋梁用 $b\times h$ $\mathrm{PY}c_1\times c_2$ 表示；悬挑梁且根部和端部的高度不同时，用斜线分隔根部与端部的高度值，即用 $b\times h_1/h_2$ 表示，如图 12.13 所示。

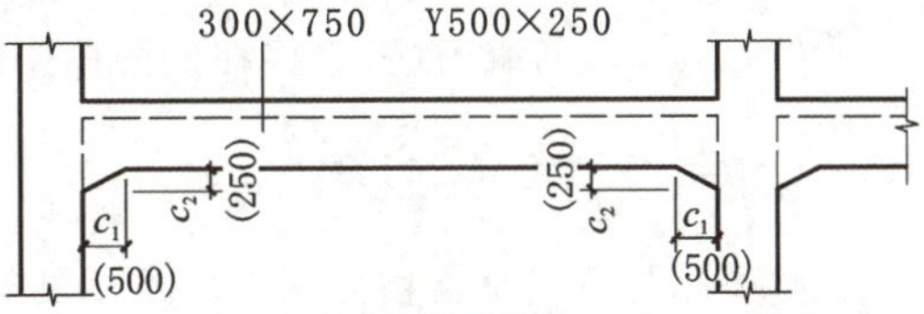

图 12.12 竖向加腋梁截面尺寸注写示意

(3)梁箍筋

包括钢筋种类、直径、加密区与非加密区(不同间距及肢数，用"/"分隔)间距及肢数(写在括号内）。如图 12.11 中"ϕ8@100/200(2)"表示箍筋为 HPB300 钢筋，直径为 8mm，加密区间距为 100mm，非加密区间距为 200mm，均为双肢箍。

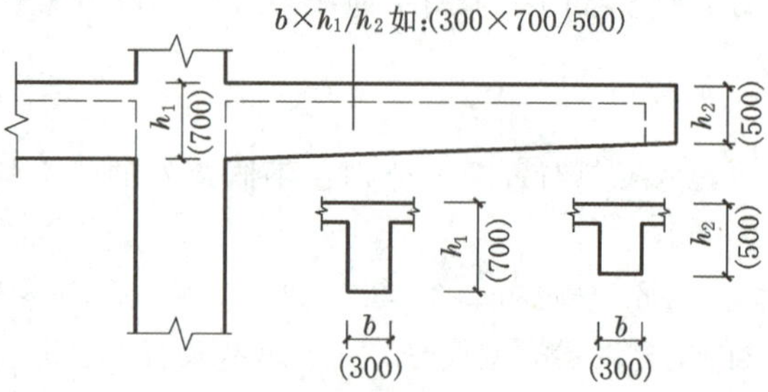

图 12.13　悬挑梁不等高截面尺寸注写示意

(4)梁上部通长筋或架立筋

如图 12.11 中"2Φ25"表示梁上部配置的通长筋；但当同排纵筋中既有通长筋又有架立筋时，应用加号"＋"将通长筋和架立筋相连，且角部纵筋写在加号前面，架立筋写在后面的括号内，如"2Φ22＋(4ϕ12)"用于六肢箍，其中 2Φ22 为通长筋，4ϕ12 为架立筋。

(5)梁侧面纵向构造钢筋或受扭钢筋

①如图 12.11 中"G4ϕ10"表示梁的两个侧面共配置 4ϕ10 的纵向构造钢筋，每侧各配置 2ϕ10；

②梁侧面配置的受扭钢筋，用 N 开头，如"N6Φ20"表示梁的两个侧面共配置 6Φ20 的受扭纵向钢筋，每侧各配置 3Φ20。

(6)梁顶面标高高差，此项为选注值。如图 12.11 中"(－0.100)"表示该梁顶面标高低于其结构层的楼面标高 0.1m。

梁原位标注的内容如下：

(1) 梁支座上部纵筋

①如上部纵筋多于一排时，用"/"将各排纵筋自上而下分开，如图 12.11 中"6Φ25 4/2"表示上一排纵筋为 4Φ25，下一排纵筋为 2Φ25；

②如同排纵筋有两种直径时，用"＋"将两种直径纵筋相连，且角部纵筋写在前面，如图 12.11 中"2Φ25＋2Φ22"表示梁支座上部有四根纵筋，2Φ25 放在角部，2Φ22 放在中部；

③如梁中间支座两边的上部纵筋相同时，可仅标注一边；但当不同时，应在支座两边分别标注。

(2) 梁下部纵筋

①下部纵筋多于一排时，同样用"/"将各排纵筋自上而下分开；

②同排纵筋有两种直径时，同样用"＋"将两种直径纵筋相连，且角筋写在前面；

③梁下部纵筋不全伸入支座时，将梁支座下部纵筋减少的数量写在括号内，如"6Φ20 2(－2)/4"，表示上排纵筋为 2Φ20，且不伸入支座，下一排纵筋为 4Φ20，全部伸入支座。

(3) 附加箍筋或吊筋，直接在平面图中的主梁上标注。

12.7.1.2　截面注写方式

截面注写方式是指在分标准层绘制的梁平面布置图上分别在不同编号的梁中各选择一根梁用剖面号引出配筋图，并在其上注写截面尺寸和配筋的具体数值，如图 12.14 所示。

屋面2	65.670	
塔层2	62.370	3.30
屋面1 (塔层1)	59.070	3.30
16	55.470	3.60
15	51.870	3.60
14	48.270	3.60
13	44.670	3.60
12	41.070	3.60
11	37.470	3.60
10	33.870	3.60
9	30.270	3.60
8	26.670	3.60
7	23.070	3.60
6	19.470	3.60
5	15.870	3.60
4	12.270	3.60
3	8.670	3.60
2	4.470	4.20
1	-0.030	4.50
-1	-4.530	4.50
-2	-9.030	4.50
层号	标高 (m)	层高 (m)

结构层楼面标高
结 构 层 高

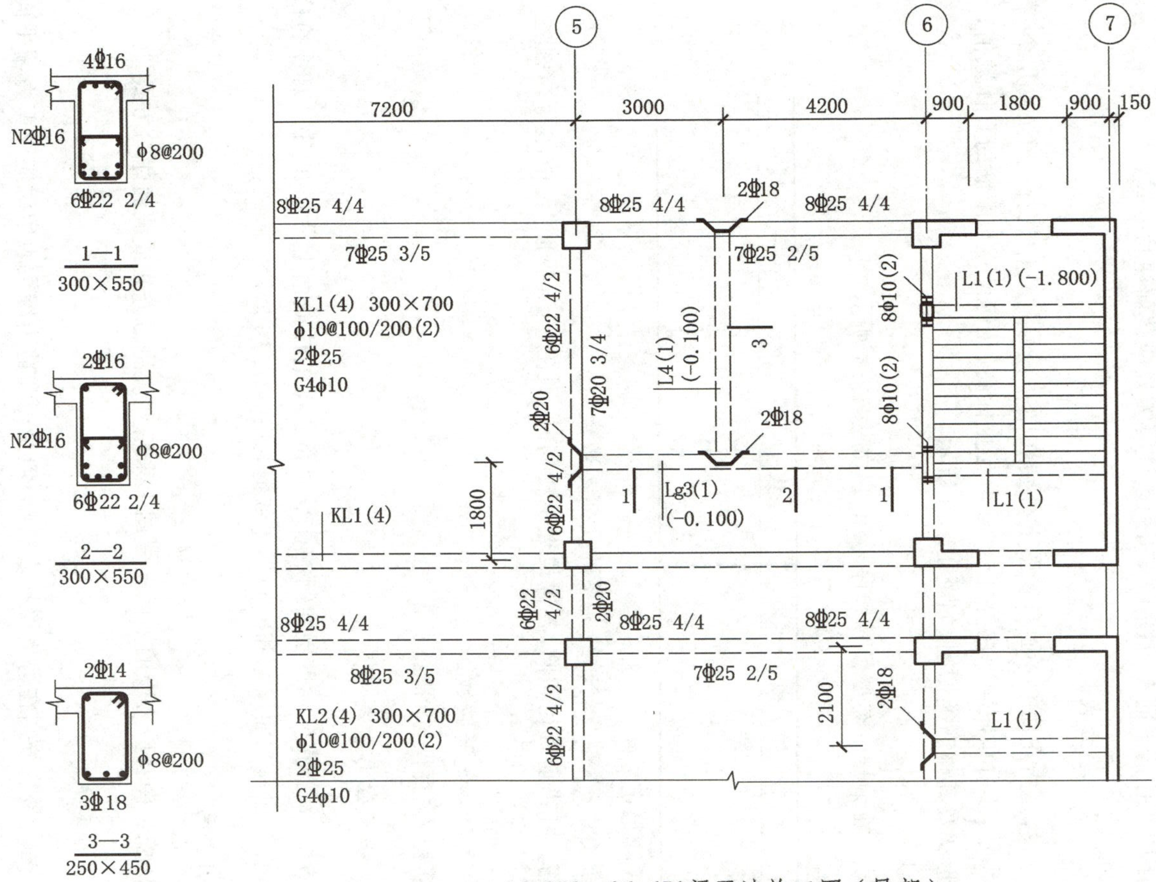

15.870～26.670梁平法施工图（局部）

图 12.14　梁平法施工图截面注写方式示例

12.7.2　柱

柱平法施工图在柱的平面布置图上采用列表注写方式或截面注写方式。

12.7.2.1　列表注写方式

列表注写方式，是指在柱的平面布置图上分别在同一编号的柱中选择一个(或几个)截面标注几何参数代号，然后在柱表中注写柱号、柱段起止标高、几何尺寸与配筋的具体数值，且配以各种柱截面形状及其箍筋类型图，如图 12.15 所示。

列表注写以下内容：

(1) 柱编号。柱编号由类型代号和序号组成，如表 12.4 所示。

表 12.4　柱编号

柱类型	代号	序号
框架柱	KZ	××
转换柱	ZHZ	××
芯柱	XZ	××

(2) 各段柱的起止标高。

(3) 柱截面尺寸 $b \times h$ 及与轴线关系的几何参数数值。

(4) 柱纵筋。柱纵筋直径相同，各边根数也相同时，则在“全部纵筋”栏中注写；除此之外，则分别注写。

(5) 箍筋类型号及箍筋肢数。

(6) 柱箍筋种类、直径与间距。

12.7.2.2　截面注写方式

截面注写方式，是指在分标准层绘制的柱平面布置图的柱截面上分别在同一编号的柱中选择一个截面，直接注写截面尺寸和配筋具体数值，如图 12.16 所示。

12.7.3　剪力墙

剪力墙平法施工图在剪力墙的平面布置图上采用列表注写方式或截面注写方式。

12.7.3.1　列表注写方式

列表注写方式，是指分别在剪力墙柱表、剪力墙身表和剪力墙梁表中对应于剪力墙平面布置图上的编号，在截面配筋图上注写几何尺寸和配筋的具体数值，如图 12.17 所示。

剪力墙按剪力墙柱、剪力墙身、剪力墙梁(简称为墙柱、墙身、墙梁)分别进行编号，编号由类型代号和序号组成，见表 12.5、表 12.6 所示；墙身编号由墙身代号、序号及墙身所配置的水平与竖向分布钢筋的排数组成，且排数注写在括号内，如 Q××(×排)。

表 12.5　墙柱编号

墙柱类型	代号	序号
约束边缘构件	YBZ	××
构造边缘构件	GBZ	××
非边缘暗柱	AZ	××
扶壁柱	FBZ	××

层号	标高(m)	层高(m)
屋面2	65.670	
塔层2	62.370	3.30
屋面1(塔层1)	59.070	3.30
16	55.470	3.60
15	51.870	3.60
14	48.270	3.60
13	44.670	3.60
12	41.070	3.60
11	37.470	3.60
10	33.870	3.60
9	30.270	3.60
8	26.670	3.60
7	23.070	3.60
6	19.470	3.60
5	15.870	3.60
4	12.270	3.60
3	8.670	3.60
2	4.470	4.20
1	-0.030	4.50
-1	-4.530	4.50
-2	-9.030	4.50

结构层楼面标高
结 构 层 高

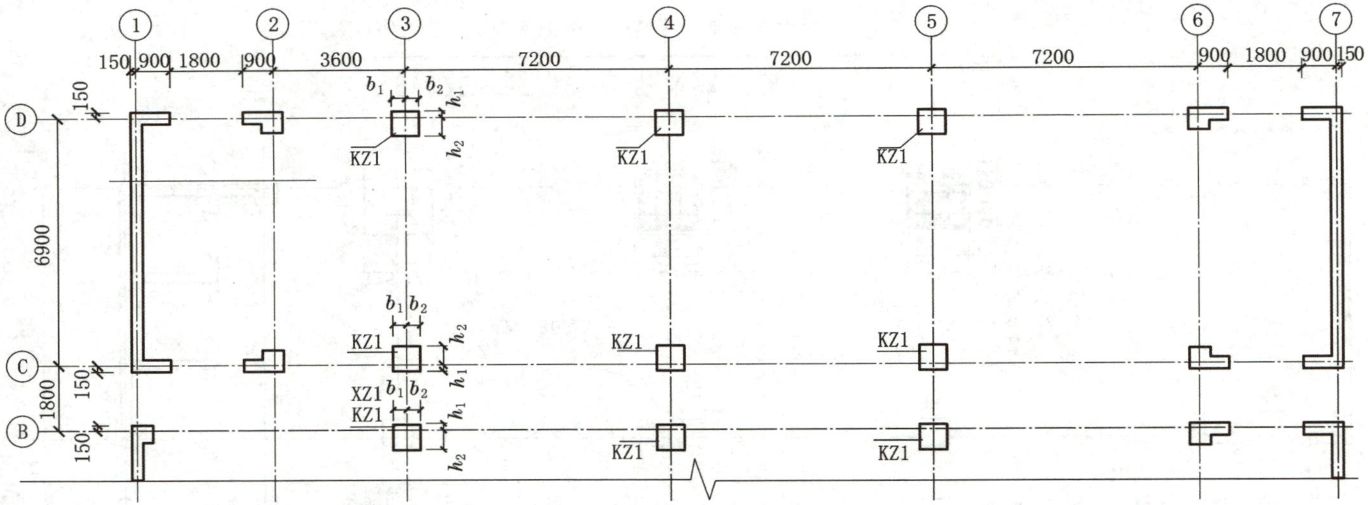

柱 表

柱号	标高	$b\times h$(圆柱直径D)	b_1	b_2	h_1	h_2	全部纵筋	角筋	b边一侧中部筋	h边一侧中部筋	箍筋类型号	箍筋	备注
KZ1	-4.530～-0.030	750×700	375	375	150	550	28Φ25				1(6×6)	φ10@100/200	
	-0.030～19.470	750×700	375	375	150	550	24Φ25				1(5×4)	φ10@100/200	
	19.470～37.470	650×600	325	325	150	450		4Φ22	5Φ22	4Φ20	1(4×4)	φ10@100/200	
	37.470～59.070	550×500	275	275	150	350		4Φ22	5Φ22	4Φ20	1(4×4)	φ8@100/200	
XZ1	-0.030～8.670						8Φ25				按标准构造详图	φ10@200	③×Ⓑ轴KZ1中设置

圆形箍

-4.530～59.070柱平法施工图(局部)

图 12.15 柱平法施工图列表注写方式示例

屋面2	65.670	
塔层2	62.370	3.30
屋面1 (塔层1)	59.070	3.30
16	55.470	3.60
15	51.870	3.60
14	48.270	3.60
13	44.670	3.60
12	41.070	3.60
11	37.470	3.60
10	33.870	3.60
9	30.270	3.60
8	26.670	3.60
7	23.070	3.60
6	19.470	3.60
5	15.870	3.60
4	12.270	3.60
3	8.670	3.60
2	4.470	4.20
1	-0.030	4.50
-1	-4.530	4.50
-2	-9.030	4.50
层号	标高 (m)	层高 (m)

结构层楼面标高
结 构 层 高
上部结构嵌固部位：
-0.030

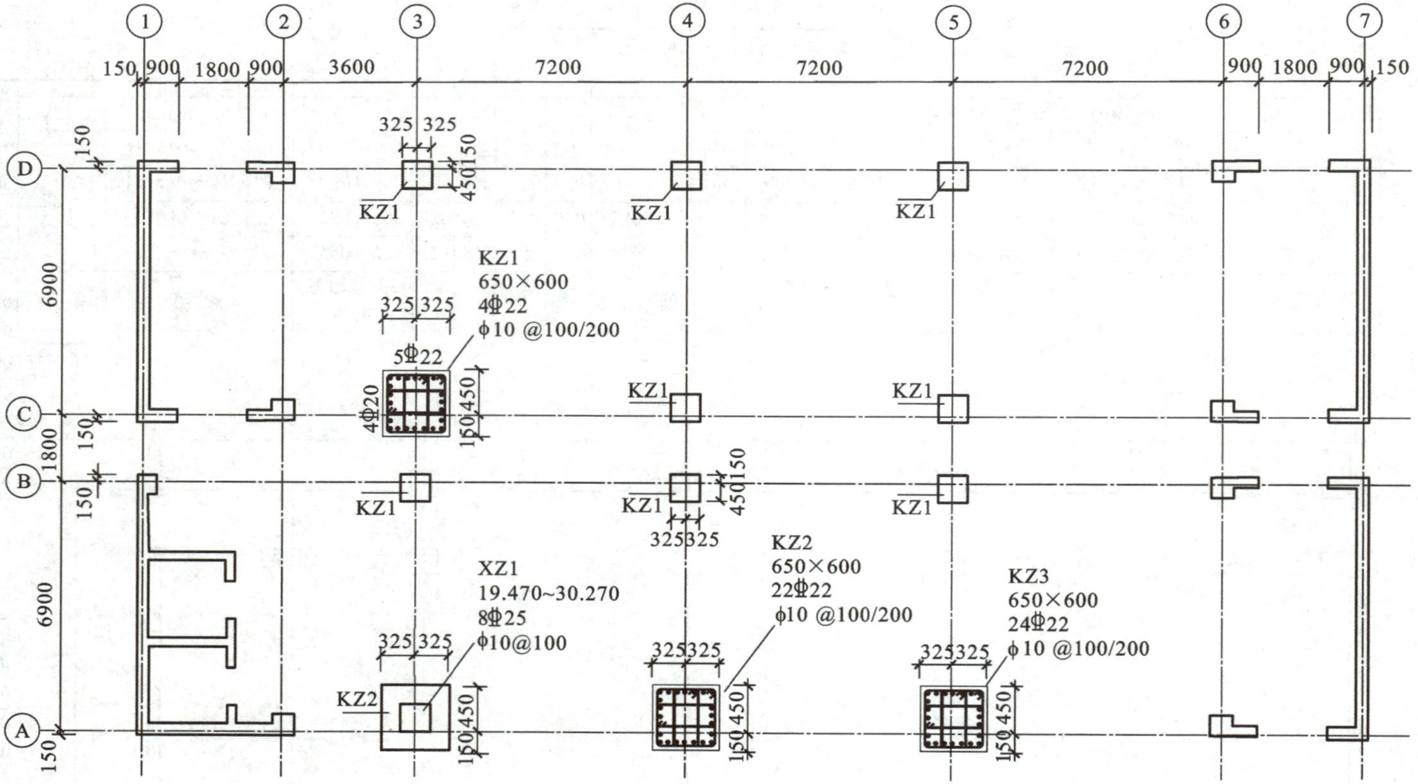

19.470~37.470柱平法施工图（局部）

图 12.16　柱平法施工图截面注写方式示例

层号	标高(m)	层高(m)
屋面2	65.670	
塔层2	62.370	3.30
屋面1(塔层1)	59.070	3.30
16	55.470	3.60
15	51.870	3.60
14	48.270	3.60
13	44.670	3.60
12	41.070	3.60
11	37.470	3.60
10	33.870	3.60
9	30.270	3.60
8	26.670	3.60
7	23.070	3.60
6	19.470	3.60
5	15.870	3.60
4	12.270	3.60
3	8.670	3.60
2	4.470	4.20
1	-0.030	4.50
-1	-4.530	4.50
-2	-9.030	4.50

底部加强部位（3、2、1层）

结构层楼面标高
结构层高
上部结构嵌固部位：
-0.030

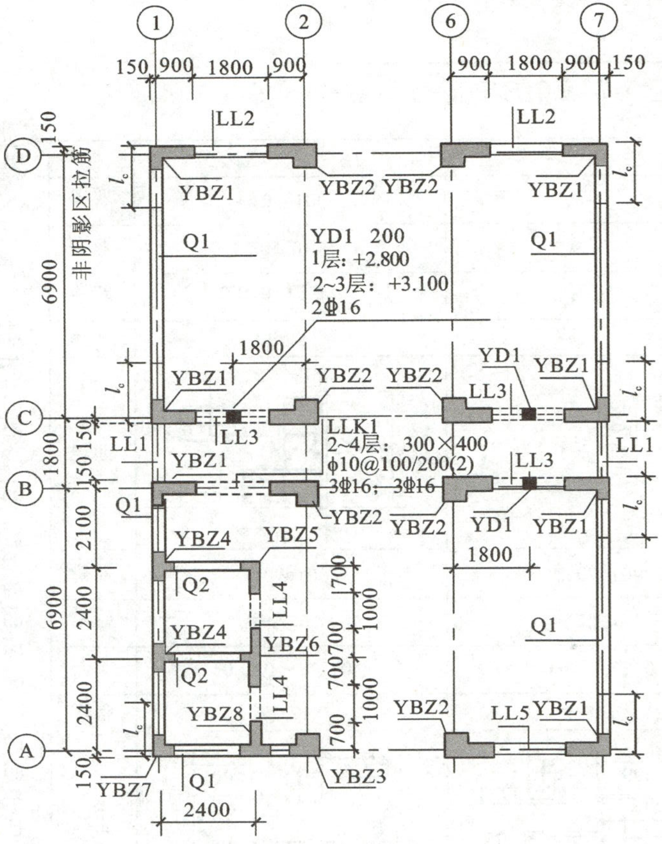

-0.030~12.270剪力墙平法施工图

(*a*)

剪力墙梁表

编号	所在楼层号	梁顶相对标高高差	梁截面 $b\times h$	上部纵筋	下部纵筋	侧面纵筋	箍筋
LL1	2~9	0.800	300×2000	4Φ22	4Φ22	同墙体水平分布筋	φ10@100(2)
	10~16	0.800	250×2000	4Φ20	4Φ20		φ10@100(2)
	屋面1		250×1200	4Φ20	4Φ20		φ10@100(2)
LL2	3	-1.200	300×2520	4Φ22	4Φ22	22Φ12	φ10@150(2)
	4	-0.900	300×2070	4Φ22	4Φ22	18Φ12	φ10@150(2)
	5~9	-0.900	300×1770	4Φ22	4Φ22	16Φ12	φ10@150(2)
	10~屋面1	-0.900	250×1770	3Φ22	3Φ22	16Φ12	φ10@150(2)
LL3	2		300×2070	4Φ22	4Φ22	18Φ12	φ10@100(2)
	3		300×1770	4Φ22	4Φ22	16Φ12	φ10@100(2)
	4~9		300×1170	4Φ22	4Φ22	10Φ12	φ10@100(2)
	10~屋面1		250×1170	3Φ22	3Φ22	10Φ12	φ10@100(2)
LL4	2		250×2070	3Φ20	3Φ20	18Φ12	φ10@120(2)
	3		250×1770	3Φ20	3Φ20	16Φ12	φ10@120(2)
	4~屋面1		250×1170	3Φ20	3Φ20	10Φ12	φ10@120(2)
AL1	2~9		300×450	3Φ20	3Φ20	同墙体水平分布筋	φ8@150(2)
	10~16		250×450	3Φ18	3Φ18		φ8@150(2)
BKL1	屋面1		500×750	4Φ22	4Φ22	4Φ16	φ10@150(2)

剪力墙身表

编号	标高	墙厚	水平分布筋	垂直分布筋	拉筋双向
Q1	-0.030~30.270	300	Φ12@200	Φ12@200	φ6@600@600
	30.270~59.070	250	Φ10@200	Φ10@200	φ6@600@600
Q2	-0.030~30.270	250	Φ10@200	Φ10@200	φ6@600@600
	30.270~59.070	200	Φ10@200	Φ10@200	φ6@600@600

注：当剪力墙厚度发生变化时，连梁LL宽度随墙厚变化。

层号	标高(m)	层高(m)
屋面2	65.670	
塔层2	62.370	3.30
屋面1(塔层1)	59.070	3.30
16	55.470	3.60
15	51.870	3.60
14	48.270	3.60
13	44.670	3.60
12	41.070	3.60
11	37.470	3.60
10	33.870	3.60
9	30.270	3.60
8	26.670	3.60
7	23.070	3.60
6	19.470	3.60
5	15.870	3.60
4	12.270	3.60
3 (底部加强部位)	8.670	3.60
2 (底部加强部位)	4.470	4.20
1 (底部加强部位)	-0.030	4.50
-1	-4.530	4.50
-2	-9.030	4.50

结构层楼面标高
结构层高
上部结构嵌固部位：
-0.030

剪力墙柱表

截面	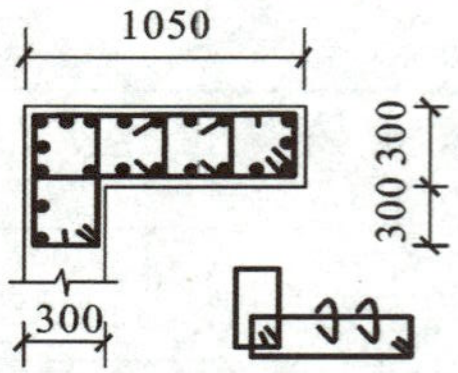 	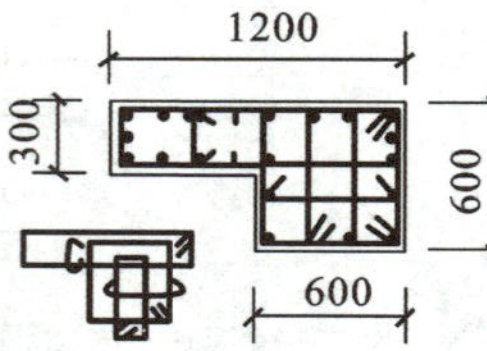 	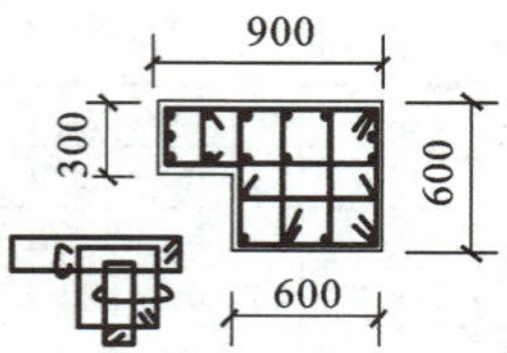 	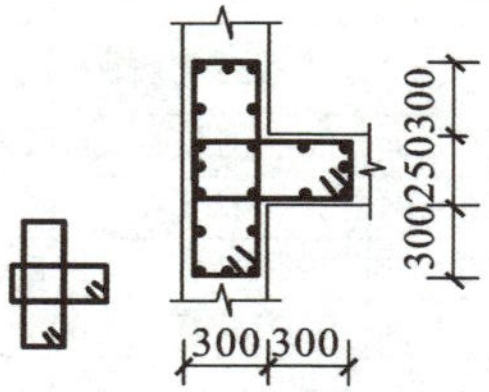
编号	YBZ1	YBZ2	YBZ3	YBZ4
标高	-0.030~12.270	-0.030~12.270	-0.030~12.270	-0.030~12.270
纵筋	24Φ20	22Φ20	18Φ22	20Φ20
箍筋	ϕ10@100	ϕ10@100	ϕ10@100	ϕ10@100
截面	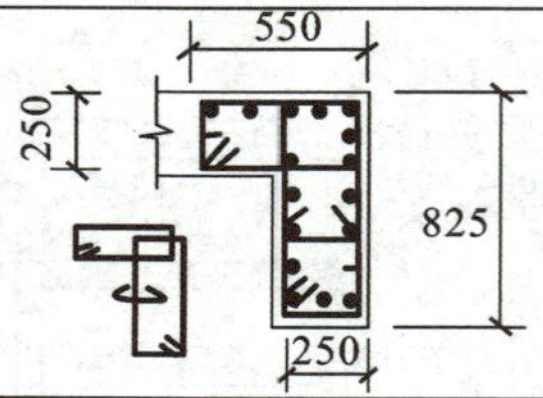 	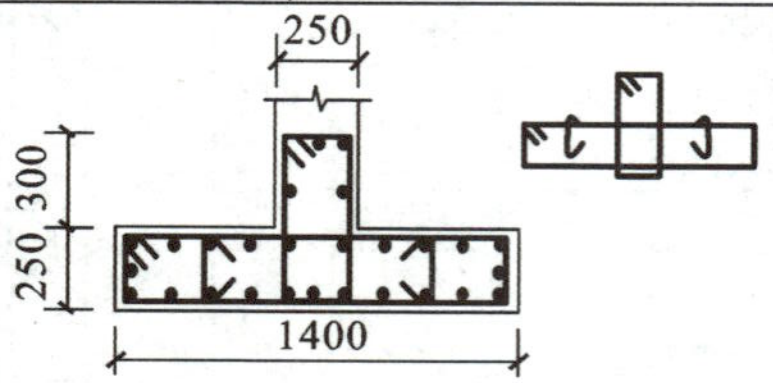 		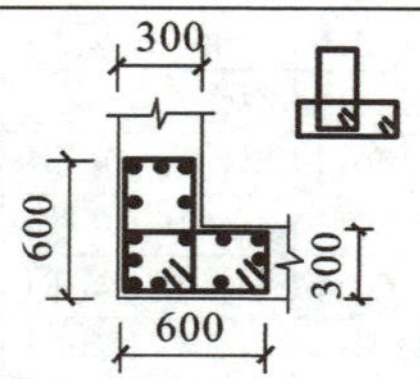
编号	YBZ5	YBZ6		YBZ7
标高	-0.030~12.270	-0.030~12.270		-0.030~12.270
纵筋	20Φ20	28Φ20		16Φ20
箍筋	ϕ10@100	ϕ10@100		ϕ10@100

−0.030~12.270剪力墙平法施工图(部分剪力墙柱表)

(*b*)

图 12.17 剪力墙平法施工图列表注写方式示例

(a)剪力墙梁、剪力墙身；(b)剪力墙柱

表 12.6 墙梁编号

墙梁类型	代　　号	序　　号
连　梁	LL	××
连梁(对角暗撑配筋)	LL(JC)	××
连梁(对角斜筋配筋)	LL(JX)	××
连梁(集中对角斜筋配筋)	LL(DX)	××
连梁(跨高比不小于 5)	LLK	××
暗　梁	AL	××
边框梁	BKL	××

12.7.3.2 截面注写方式

截面注写方式,是指在分标准层绘制的剪力墙平面布置图上直接在墙柱、墙身、墙梁上注写截面尺寸和配筋的具体数值,如图 12.18 所示。

12.7.3.3 剪力墙洞口的表示方法

剪力墙上洞口均在剪力墙平面布置图上原位表达,如图 12.17、图 12.18 所示。

在洞口的中心位置引注以下内容:

(1)洞口编号:矩形洞口为 JD××(××为序号);圆形洞口为 YD××(××为序号)。

(2)洞口几何尺寸:矩形洞口为洞宽×洞高($b \times h$);圆形洞口为洞口直径 D。

(3)洞口中心相对标高:指相对于结构层楼(地)面标高的洞口中心高度。

(4)洞口每边补强钢筋。

12.7.4 现浇混凝土板式楼梯

板式楼梯平法施工图有平面注写、剖面注写和列表注写三种表达方式,这里介绍平面注写方式。

平面注写方式是在楼梯平面布置图上注写截面尺寸和配筋具体数值来表达楼梯平法施工图。

平面注写内容包括集中标注和外围标注。集中标注表达楼梯的类型代号及序号、梯板厚度、踏步段总高度和踏步级数、梯板支座上部纵筋和下部纵筋、梯板分布筋。

板式楼梯类型见表 12.7。

表 12.7 楼梯类型

<table>
<tr><th rowspan="2">楼板代号</th><th colspan="2">适用范围</th><th rowspan="2">是否参与结构整体抗震计算</th></tr>
<tr><th>抗震构造措施</th><th>适用结构</th></tr>
<tr><td>AT</td><td rowspan="2">无</td><td rowspan="2">剪力墙、砌体结构</td><td rowspan="2">不参与</td></tr>
<tr><td>BT</td></tr>
<tr><td>CT</td><td rowspan="2">无</td><td rowspan="2">剪力墙、砌体结构</td><td rowspan="2">不参与</td></tr>
<tr><td>DT</td></tr>
<tr><td>ET</td><td rowspan="2">无</td><td rowspan="2">剪力墙、砌体结构</td><td rowspan="2">不参与</td></tr>
<tr><td>FT</td></tr>
</table>

续表 12.7

楼板代号	适用范围		是否参与结构整体抗震计算
	抗震构造措施	适用结构	
GT	无	剪力墙、砌体结构	不参与
ATa	有	框架结构、框剪结构中框架部分	不参与
ATb			不参与
ATc			参与
BTb	有	框架结构、框剪结构中框架部分	不参与
CTa	有	框架结构、框剪结构中框架部分	不参与
CTb			
DTb	有	框架结构、框剪结构中框架部分	不参与

注：ATa、CTa 低端带滑动支座支承在梯梁上；ATb、BTb、CTb、DTb 低端带滑动支座支承在挑板上。

楼梯平面注写方式如图 12.19 和图 12.21 所示。其中，集中注写的内容有 5 项：第 1 项为梯板类型代号与序号，如 AT××；第 2 项为梯板厚度 h，当为带平板的梯板且踏段厚度和平板厚度不同时，可在梯板厚度后面括号内以字母 P 开头注写平板厚度；第 3 项为踏步段总高度和踏步的级数，之间以“/”分隔；第 4 项为梯板上部纵向钢筋（纵筋）、下部纵向钢筋（纵筋），之间以“；”分隔；第 5 项为梯板分布筋，以 F 开头注写分布筋具体数值，该项也可在图中统一说明。

楼梯钢筋构造如图 12.20、图 12.22 及图 12.23 所示。

12.7.5　现浇混凝土楼面与屋面板

现浇混凝土楼面与屋面板平法施工图是在楼面板和屋面板布置图上采用平面注写的表达方式。

12.7.5.1　有梁楼盖板

板平面注写主要包括板块集中标注和板支座原位标注。当两向轴网正交布置时，图面从左向右为 x 向，从下至上为 y 向。

(1)板块集中标注

板块集中标注的内容包括板块编号、板厚、上部贯通纵筋、下部纵筋以及板面标高不同时的标高高差。

板块编号按表 12.8 的规定。

表 12.8　板块编号

板类型	代号	序号
楼面板	LB	××
屋面板	WB	××
悬挑板	XB	××

注：延伸悬挑板的上部受力钢筋应与相邻跨内板的上部纵筋连通配置。

层号	标高(m)	层高(m)
屋面2	65.670	
塔层2	62.370	3.30
屋面1(塔层1)	59.070	3.30
16	55.470	3.60
15	51.870	3.60
14	48.270	3.60
13	44.670	3.60
12	41.070	3.60
11	37.470	3.60
10	33.870	3.60
9	30.270	3.60
8	26.670	3.60
7	23.070	3.60
6	19.470	3.60
5	15.870	3.60
4	12.270	3.60
3	8.670	3.60
2	4.470	4.20
1	-0.030	4.50
-1	-4.530	4.50
-2	-9.030	4.50

底部加强部位

结构层楼面标高
结构层高

上部结构嵌固部位：
-0.030

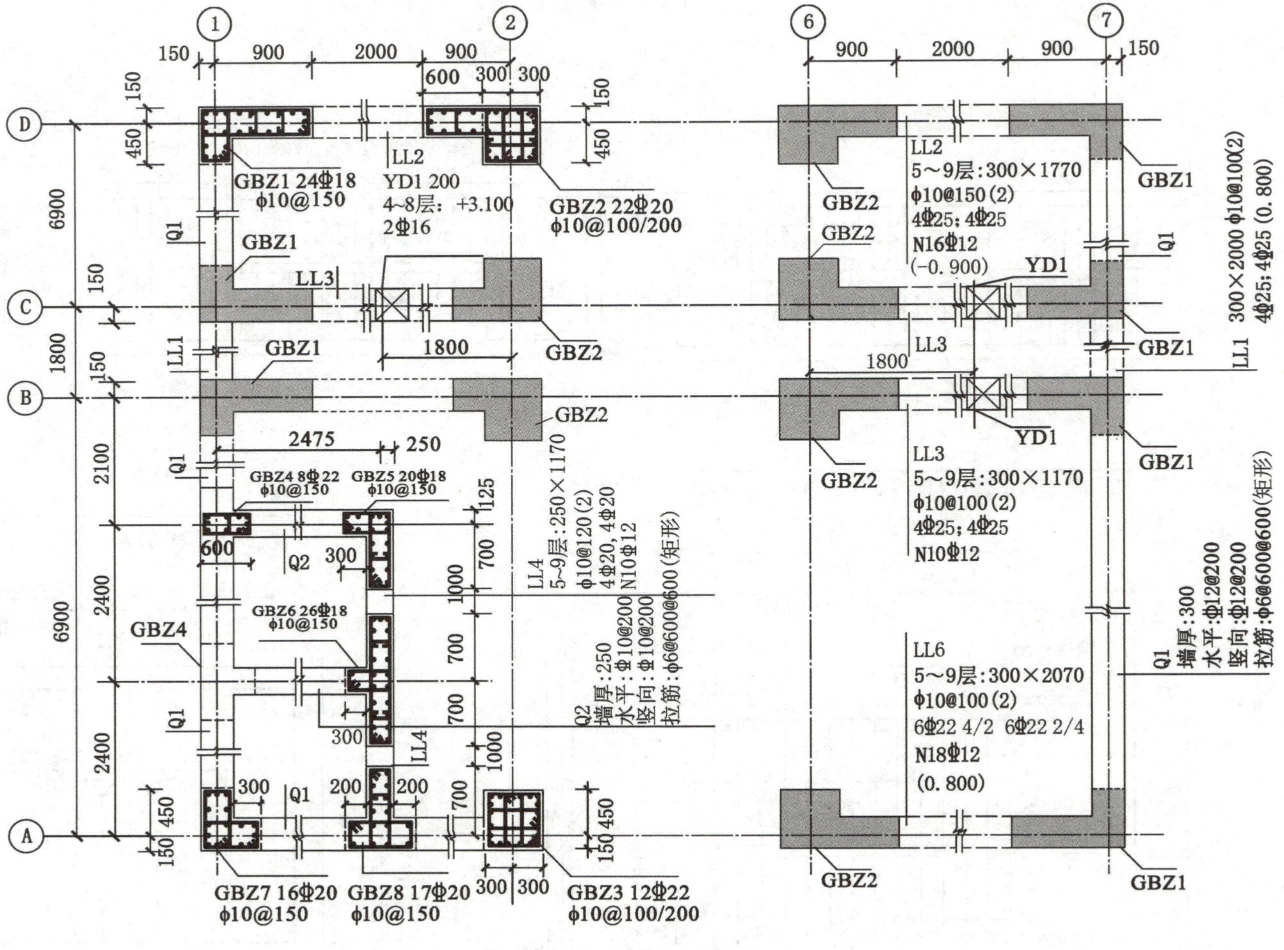

12.270~30.270剪力墙平法施工图

图 12.18 剪力墙平法施工图截面注写方式示例

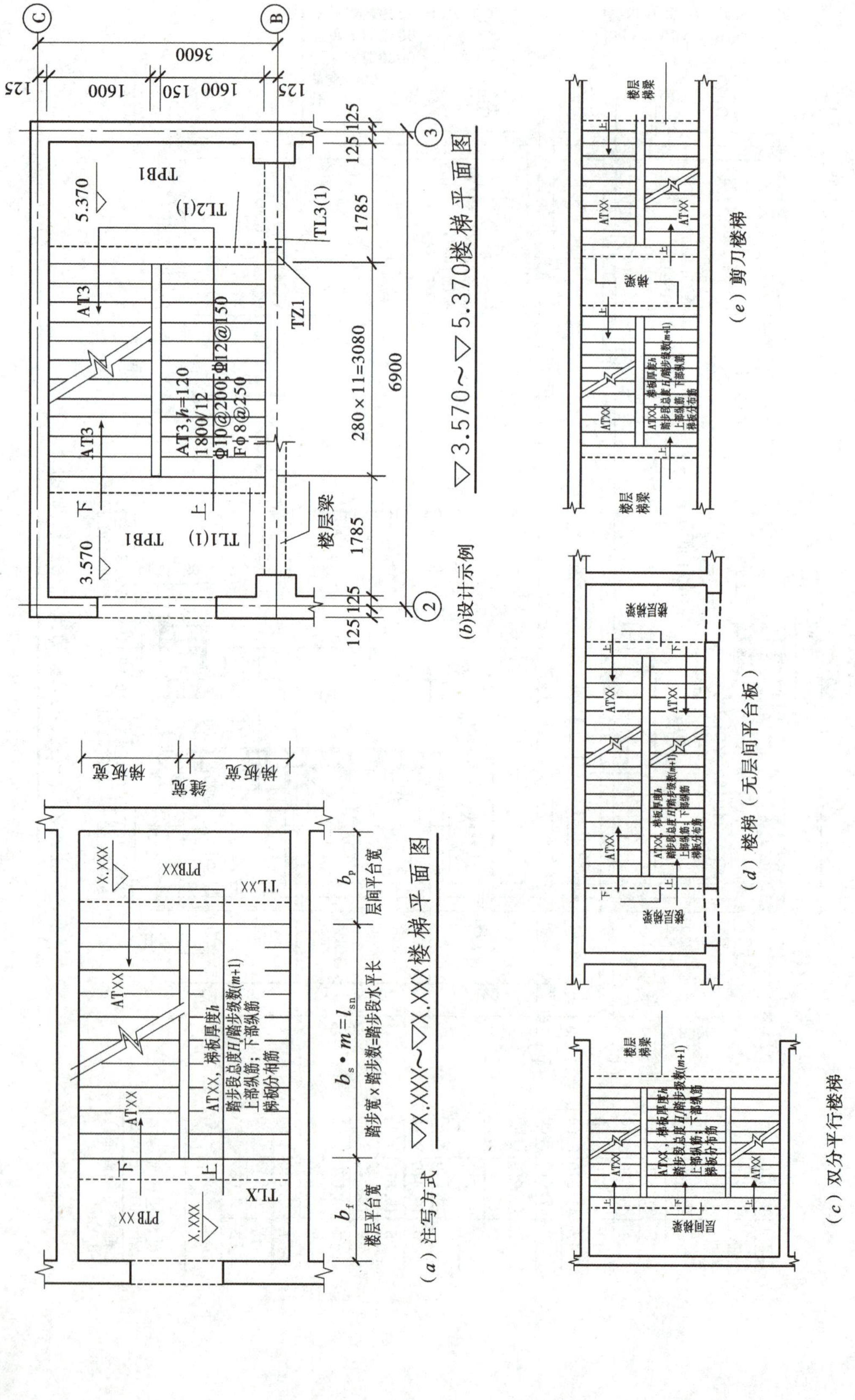

(*a*)注写方式
(*b*)设计示例
(*c*)双分平行楼梯
(*d*)楼梯（无层间平台板）
(*e*)剪刀楼梯

图 12.19 AT 型楼梯平面注写方式

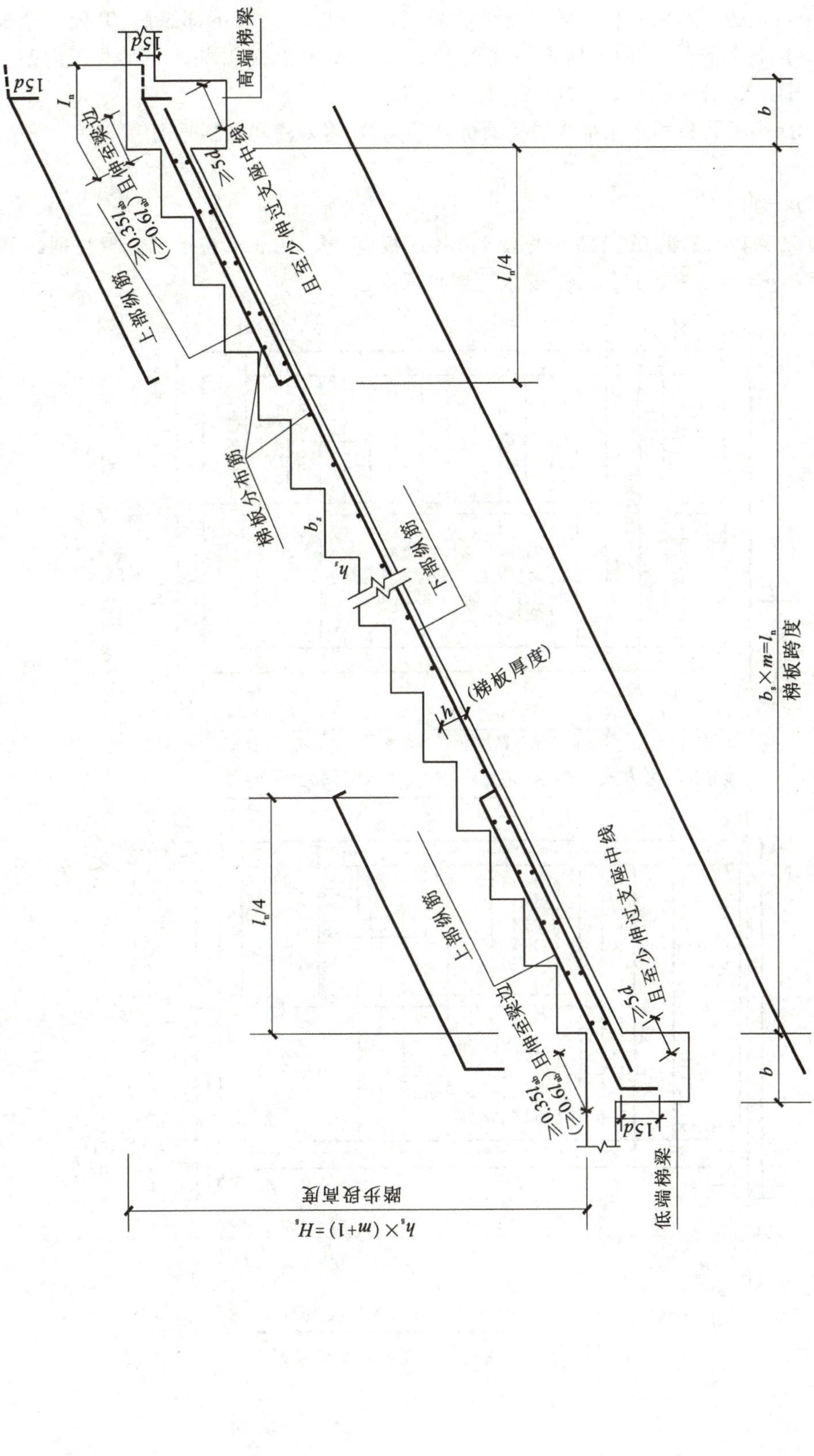

图 12.20　AT 型楼梯钢筋构造

板厚注写为 $h=\times\times\times$（为垂直于板面的厚度）；当悬挑板的端部改变截面厚度时，用斜线分隔根部与端部的高度值，注写为 $h=\times\times\times/\times\times\times$。

纵筋按板块的下部纵筋和上部贯通纵筋分别注写，以 B 代表下部纵筋、T 代表上部贯通纵筋；B&T 代表下部与上部；x 向纵筋以 X 开头，y 向纵筋以 Y 开头。在某些板内配置构造钢筋时，x 向以 X_C 开头注写，y 向以 Y_C 开头注写。

板面标高高差是指相对于结构层楼面标高的高差，将其注写在括号内。

如

LB5　$h=110$

B:XΦ12@120;YΦ10@110　表示 5 号楼面板，板厚 110mm，板下部配置贯通纵筋 x 向为Φ12@120，y 向为Φ10@110，板上部未配置贯通纵筋。

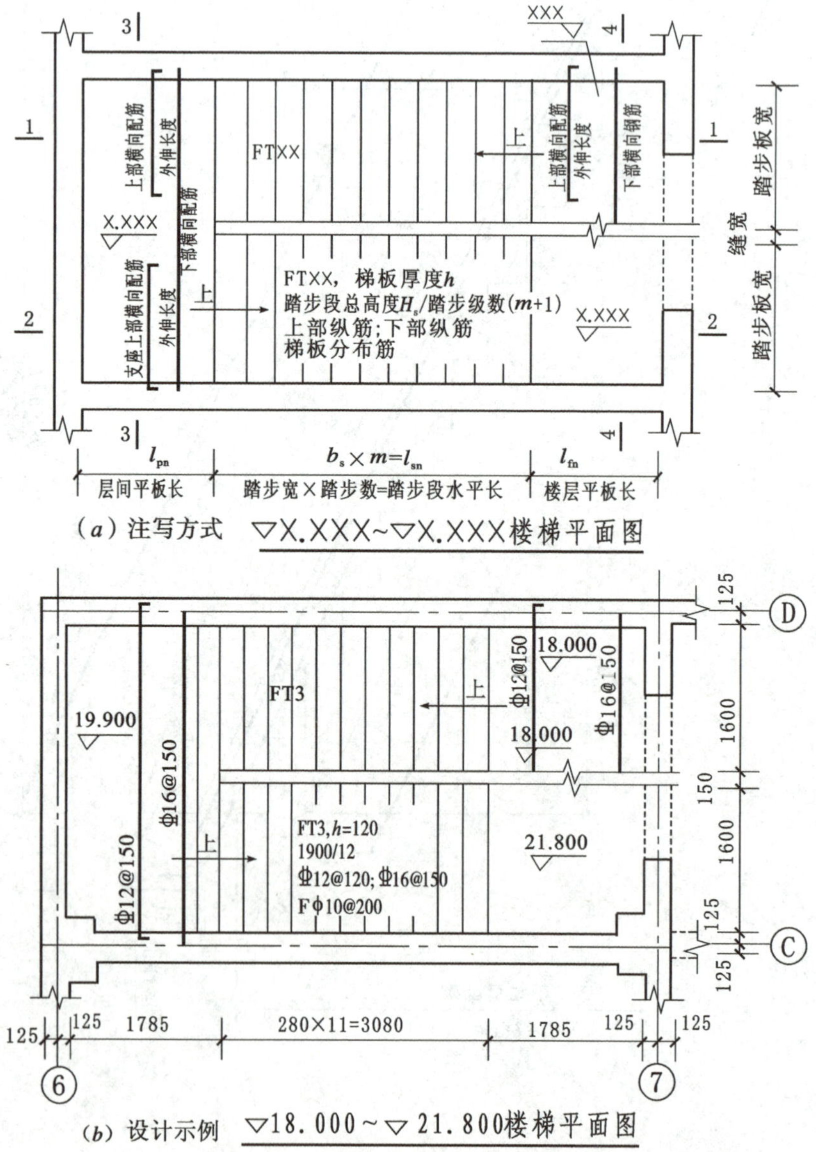

图 12.21　FT 型楼梯平面注写方式

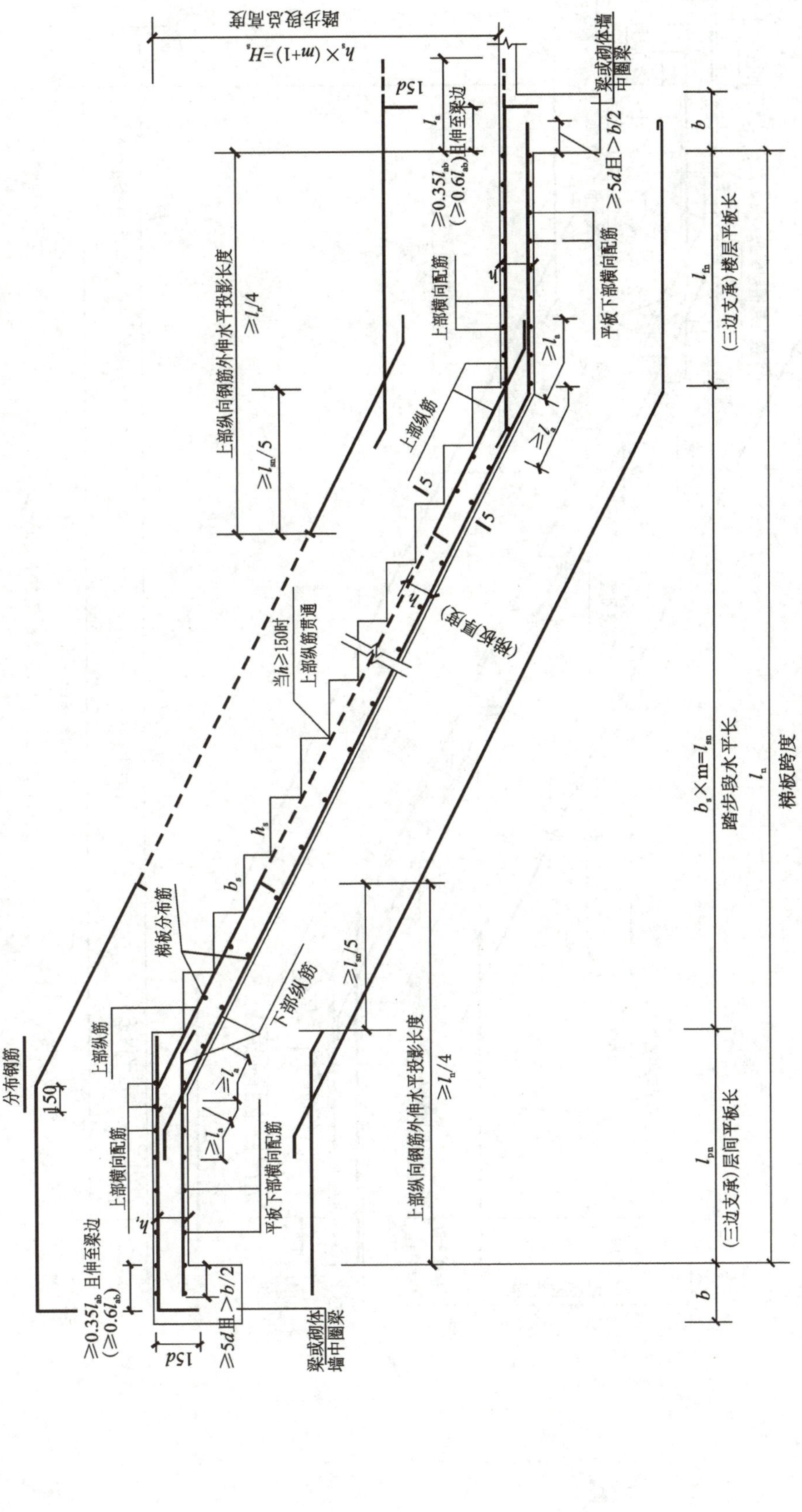

图 12.22 FT 型楼梯配筋构造(1—1 剖面)

(1.楼层平板和层间平板均为三边支承;2.0.35l_{ab} 用于设计按铰接的情况,0.6l_{ab} 用于设计考虑充分利用钢筋抗拉强度的情况。)

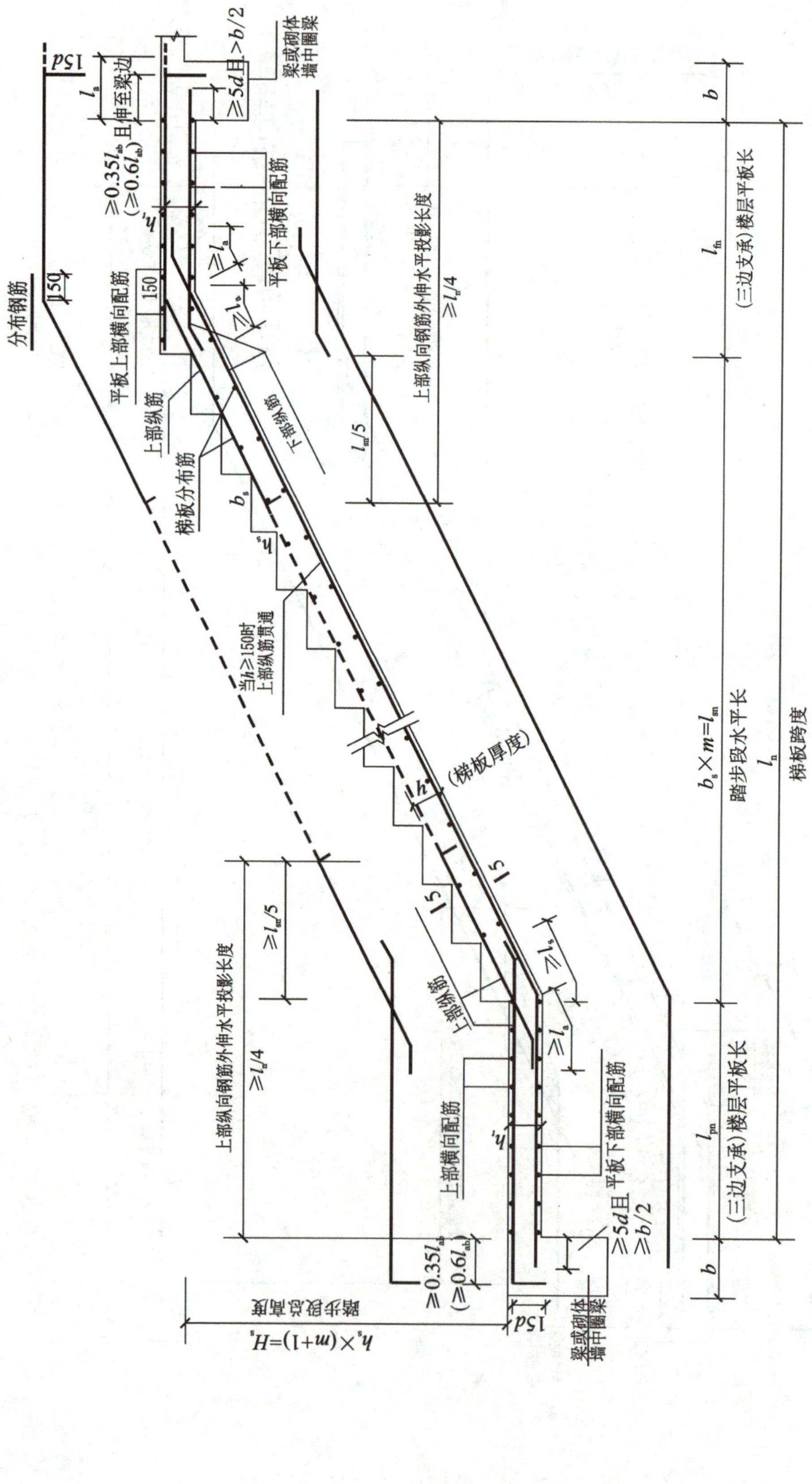

图 12.23 FT 型楼梯配筋构造(2—2)

(1. 楼层平板和层间平板均为三边支承;2. $0.35l_{ab}$ 用于设计按铰接的情况,$0.6l_{ab}$ 用于设计考虑充分利用钢筋抗拉强度的情况)

(2)板支座原位标注

板支座原位标注的内容为：板支座上部非贯通纵筋和悬挑板上部受力钢筋。

如图 12.24 所示，图中一段适宜长度、垂直于板支座的中粗实线代表支座上部非贯通纵筋，线段上方注写钢筋编号、配筋值及横向连续布置的跨数(当为一跨时可不注)。板支座上部非贯通筋自支座边线向跨内的伸出长度注写在线段的下方。若为向支座两侧对称伸出时，可仅在支座一侧线段下方标注伸出长度，如图 12.24(*a*)所示；若为向支座两侧非对称伸出时，应分别在支座两侧线段下方注写伸出长度，如图 12.24(*b*)所示；贯通全跨或延伸至全悬挑一侧的长度值不注，只注明非贯通筋另一侧的延伸长度值，如图 12.24(*c*)所示。

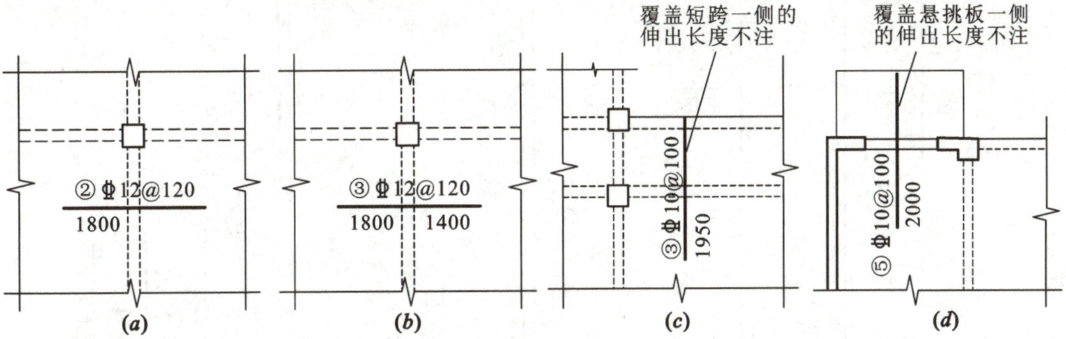

图 12.24 板支座原位标注

(*a*)板支座上部非贯通筋对称伸出；(*b*)板支座上部非贯通筋非对称伸出；
(*c*)、(*d*)板支座非贯通筋贯通全跨或伸出至悬挑端

图 12.25 为楼面板平法施工图示例。

12.7.5.2 无梁楼盖板

板平面注写主要包括板带集中标注和板带支座原位标注。

(1)板带集中标注

板带集中标注的内容包括板带编号、板带厚及板带宽和贯通纵筋。

板带编号按表 12.9 的规定。

表 12.9 板带编号

板类类型	代号	序号	跨数及有无悬挑
柱上板带	ZXB	××	(××)、(××A)或(××B)
跨中板带	KZB	××	(××)、(××A)或(××B)

板带厚注写为 h=×××，板带宽注写为 b=×××。

如

ZSB2(5A)h=300 b=3000

BΦ16@100；TΦ18@200 表示 2 号柱上板带，有 5 跨且一端悬挑；板带厚 300mm，宽 3000mm；板带配置贯通纵筋下部为 16Φ@100，上部为Φ18@200。

(2)板带支座原位标注

板带支座原位标注的内容为板带支座上部非贯通纵筋。

如图 12.26 所示，图中一段与板带同向的中粗实线段表示板带支座上部非贯通纵筋，在线段上方注写钢筋编号和配筋值，在线段的下方注写自支座中线向两侧跨内的伸出长度。若为向两侧对称伸出时，可仅在一侧线段下方标注伸出长度。

层号	标高(m)	层高(m)
屋面2	65.670	
塔层2	62.370	3.30
屋面1(塔层1)	59.070	3.30
16	55.470	3.60
15	51.870	3.60
14	48.270	3.60
13	44.670	3.60
12	41.070	3.60
11	37.470	3.60
10	33.870	3.60
9	30.270	3.60
8	26.670	3.60
7	23.070	3.60
6	19.470	3.60
5	15.870	3.60
4	12.270	3.60
3	8.670	3.60
2	4.470	4.20
1	-0.030	4.50
-1	-4.530	4.50
-2	-9.030	4.50

结构层楼面标高
结构层高

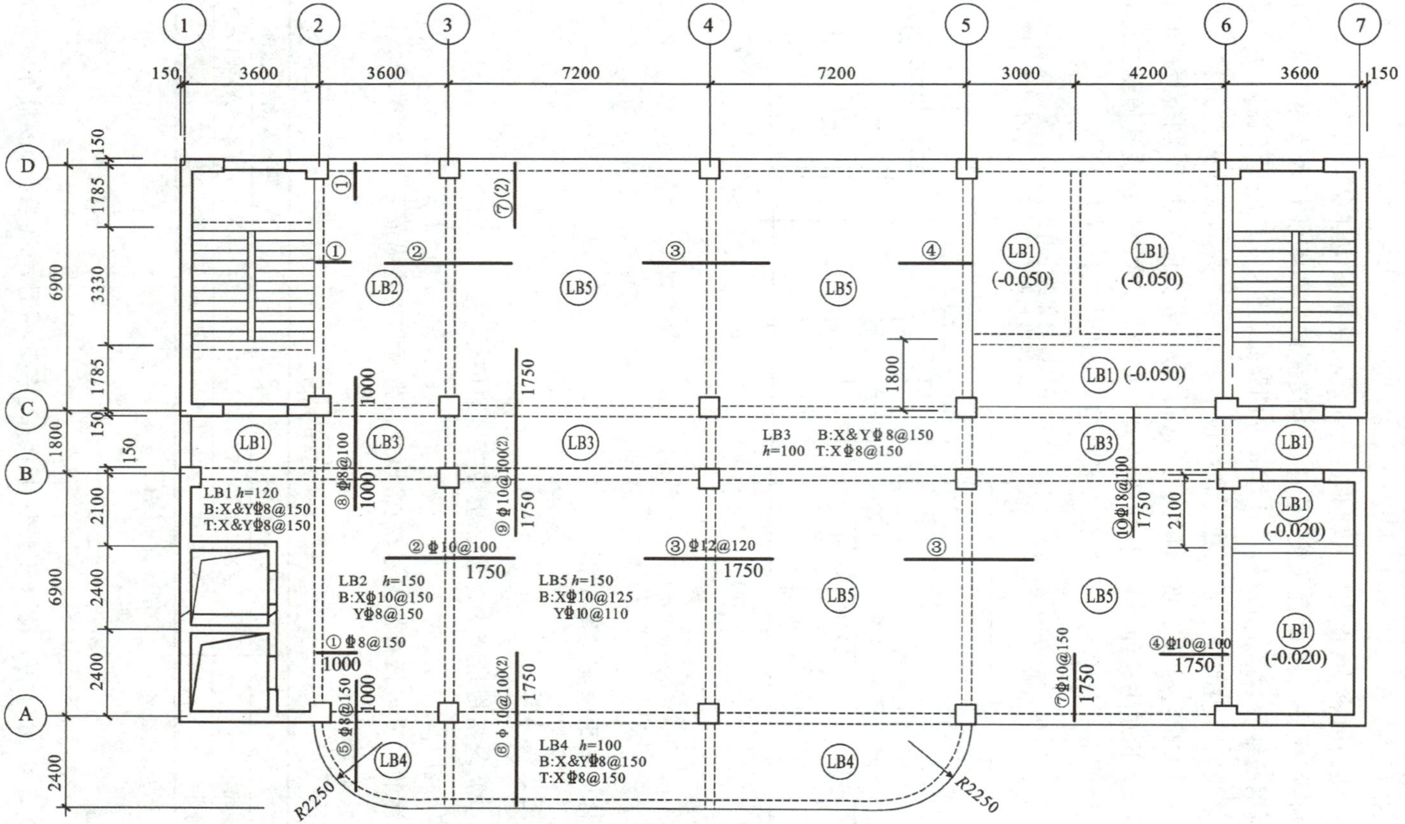

15.870~26.670板平法施工图

(未注明分布筋为Φ8@250)

图 12.25 现浇混凝土有梁楼盖平法施工图示例

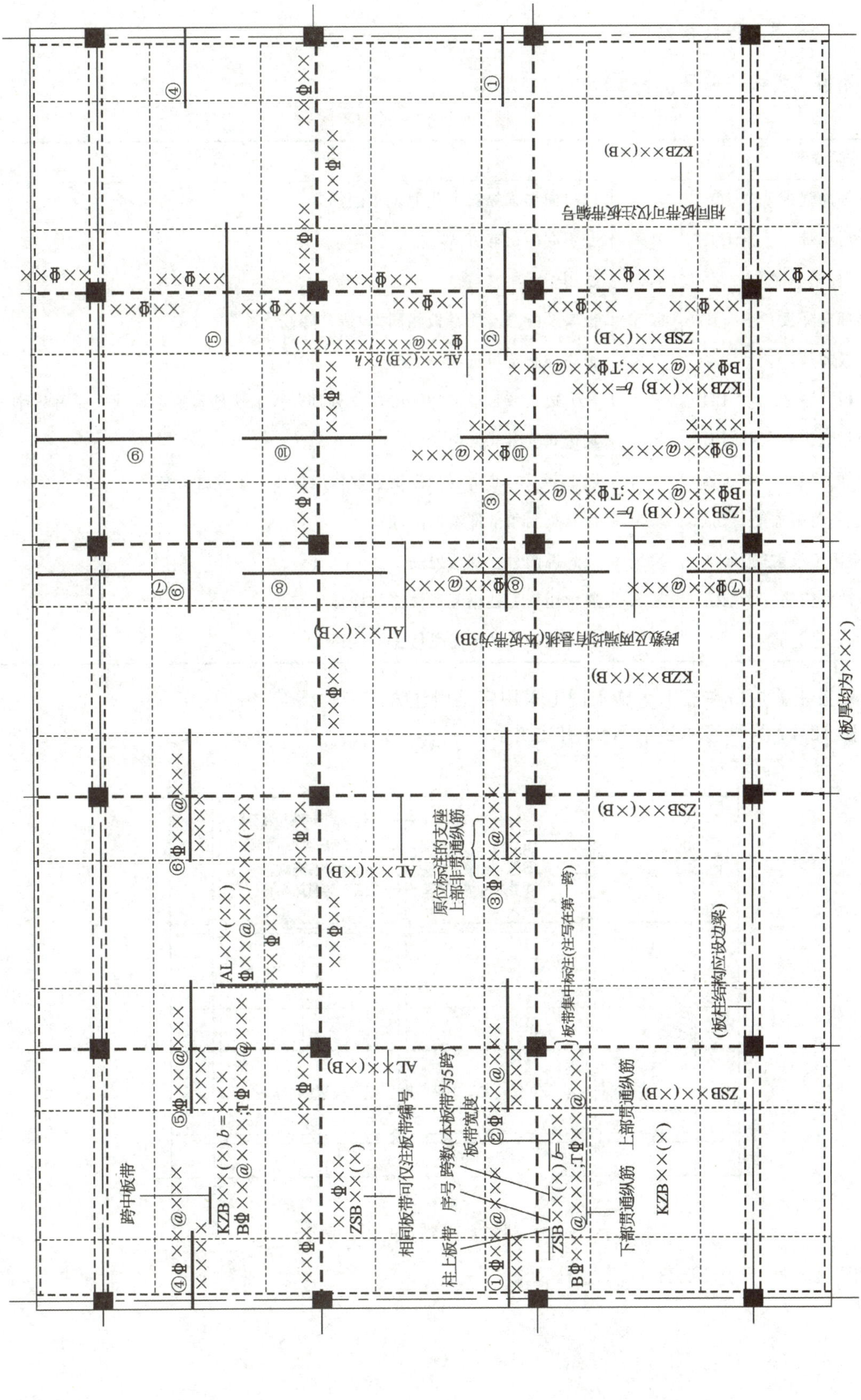

图 12.26 无梁楼盖平法施工图示例

12.7.5.3 楼板相关构造

楼板相关构造编号按表 12.10 的规定。

表 12.10 楼板相关构造类型与编号

构造类型	代号	序号	说明
纵筋加强带	JQD	××	以单向加强纵筋取代原位置配筋
后浇带	HJD	××	有不同的留筋方式
柱帽	ZM×	××	适用于无梁楼盖
局部升降板	SJB	××	板厚及配筋与所在板相同，构造升降高度≤300mm
板加腋	JY	××	腋高与腋宽可选注
板开洞	BD	××	最大边长或直径<1000mm；加强筋长度有全跨贯通和自洞边锚固两种
板翻边	FB	××	翻边高度≤300mm
角部加强筋	Crs	××	以上部双向非贯通加强钢筋取代原位置的非贯通配筋
悬挑板阴角附加筋	Cis	××	板悬挑阴角上部斜向附加钢筋
悬挑板阳角放射筋	Ces	××	板悬挑阳角上部放射筋
抗冲切箍筋	Rh	××	通常用于无柱帽无梁楼盖的柱顶
抗冲切弯起筋	Rb	××	通常用于无柱帽无梁楼盖的柱顶

楼板相关构造在板平法施工图上采用直接引注方式表达。

图 12.27 为纵筋加强带 JQD 引注图示。

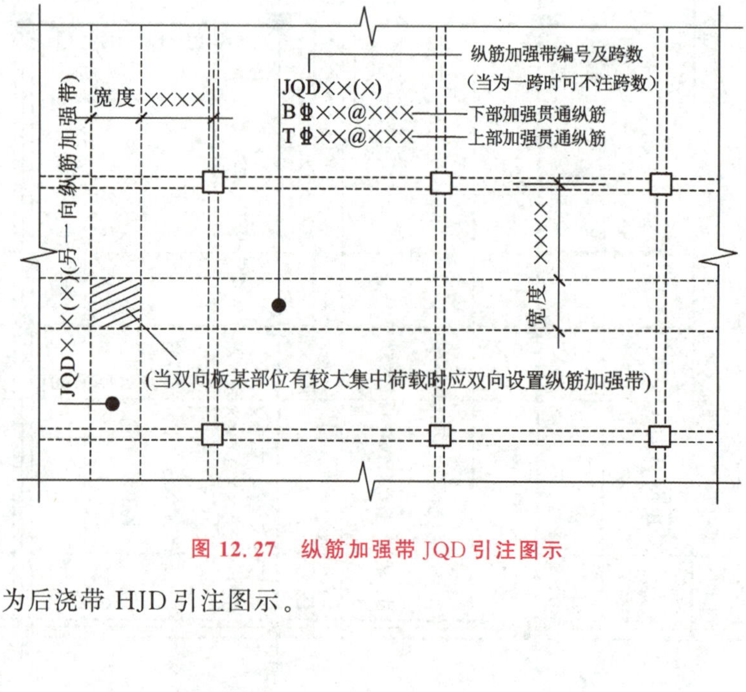

图 12.27 纵筋加强带 JQD 引注图示

图 12.28 为后浇带 HJD 引注图示。

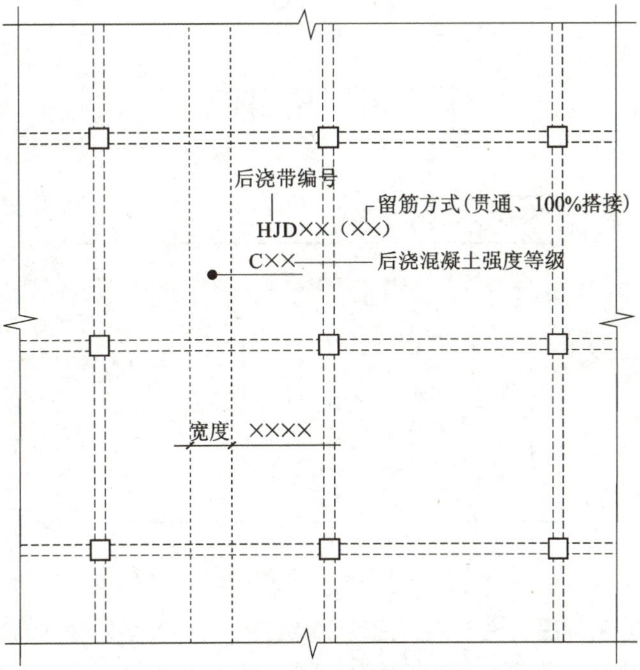

图 12.28 后浇带 HJD 引注图示

12.7.6 独立基础、条形基础、筏形基础、桩基础

12.7.6.1 独立基础

独立基础编号按表 12.11 的规定。

表 12.11 独立基础编号

类型	基础底板截面形状	代号	序号
普通独立基础	阶形	DJj	××
	锥形	DJz	××
杯口独立基础	阶形	BJj	××
	锥形	BJz	××

独立基础平法施工图有平面注写、截面注写和列表注写三种表达方式。

(1)独立基础的平面注写方式

独立基础的平面注写方式分为集中标注和原位标注两部分内容。集中标注是在基础平面图上集中引注基础编号、截面竖向尺寸、配筋及基础底面相对标高高差和必要的文字注解。

图 12.29 所示为阶形截面普通独立基础竖向尺寸标注。

例如：当阶形截面普通独立基础 DJj×× 的竖向尺寸注写为 400/300/300 时，表示 $h_1=400$mm、$h_2=300$mm、$h_3=300$mm，基础底板总厚度为 1000mm。

图 12.30 所示为阶形截面杯口独立基础竖向尺寸标注。其竖向尺寸分两组，一组表达杯口内，另一组表达杯口外，两组尺寸以“,”号分隔，注写为 a_0/a_1，$h_1/h_2/\cdots$。

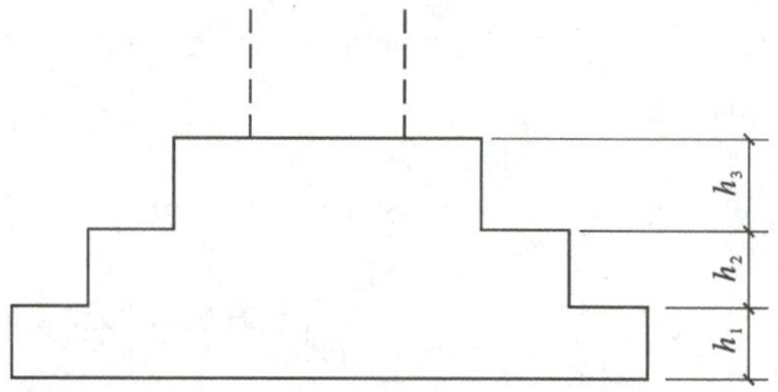

图 12.29　阶形截面普通独立基础竖向尺寸

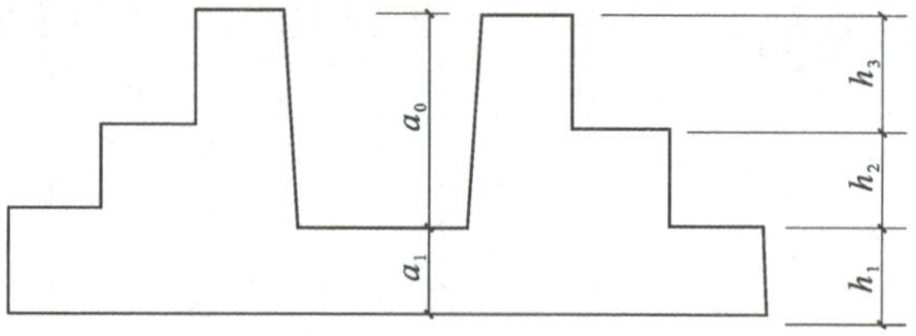

图 12.30　阶形截面杯口独立基础竖向尺寸

图 12.31 为独立基础底板底部双向配筋示意。图中 B:XΦ16@150,YΦ16@200 表示基础底板底部配置 HRB400 钢筋,x 向直径为 16mm,分布间距 150mm;y 向直径为 16mm,分布间距 200mm。

图 12.32 为单杯口独立基础顶部焊接钢筋网示意。图中 Sn 2Φ14 表示杯口顶部每边配置 2 根 HRB400 级直径为 14mm 的焊接钢筋网。

图 12.33 为高杯口独立基础杯壁配筋示意。图中 O 4Φ20/5Φ16/5Φ16,φ10@150/300 表示高杯口独立基础的杯壁外侧和短柱配置 HRB400 竖向钢筋和 HPB300 箍筋,其竖向钢筋为 4Φ20 角筋,x 边中部筋为 5Φ16,y 边中部筋为 5Φ16;其箍筋直径为φ10,杯口壁内间距 150mm,短柱其他范围间距 300mm。

钢筋混凝土和素混凝土独立基础的原位标注是在基础平面布置图上标注独立基础的平面尺寸。

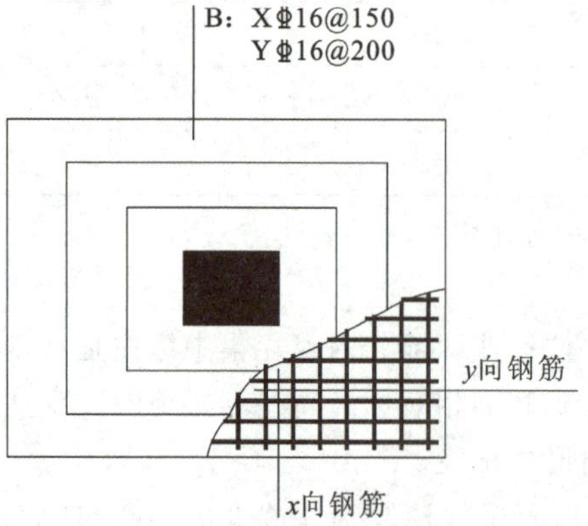

图 12.31　独立基础底板底部双向配筋示意

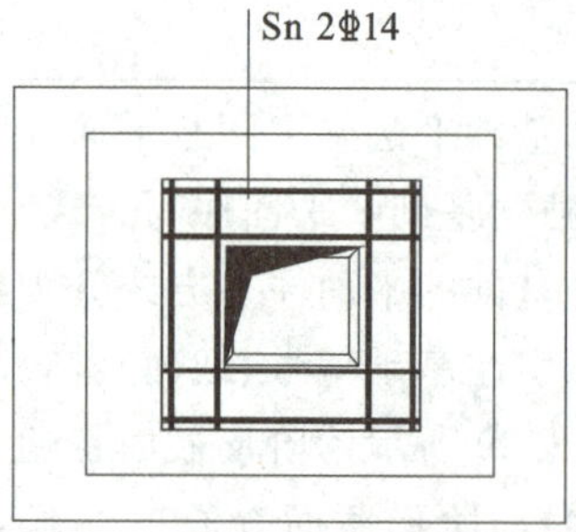

图 12.32　单杯口独立基础顶部焊接钢筋网示意

图 12.34 所示为阶形截面普通独立基础原位标注。其中,x、y 为普通独立基础两向边长,x_i、y_i 为阶宽或锥形平面尺寸。

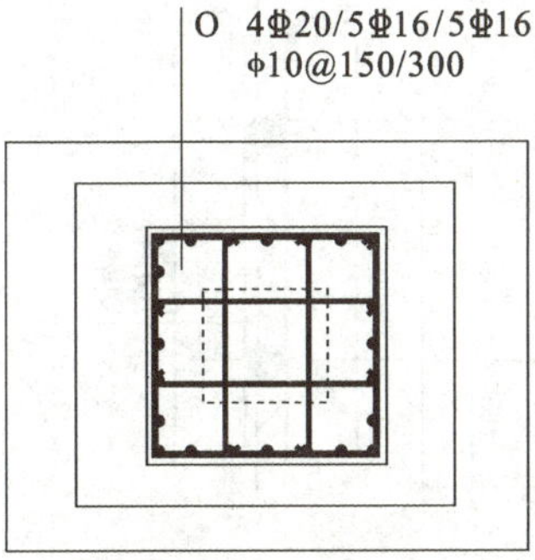

图 12.33 高杯口独立基础杯壁配筋示意

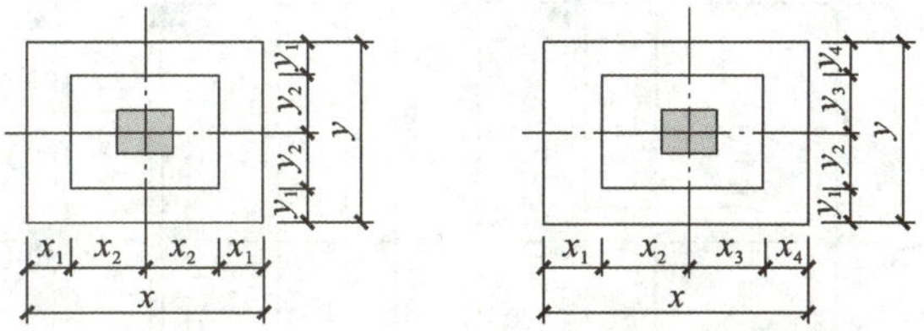

对称阶形截面普通独立基础原位标注　　非对称阶形截面普通独立基础原位标注

图 12.34 阶形截面普通独立基础原位标注

图 12.35 为普通独立基础平面注写方式设计表达示意。

图 12.36 为杯口独立基础平面注写方式设计表达示意。

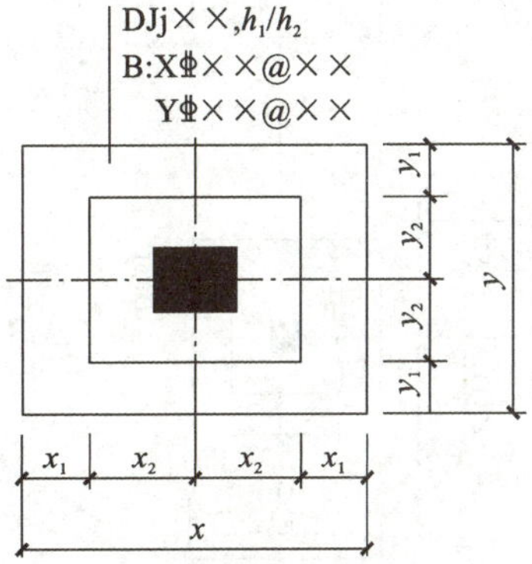

图 12.35 普通独立基础平面注写方式设计表达示意

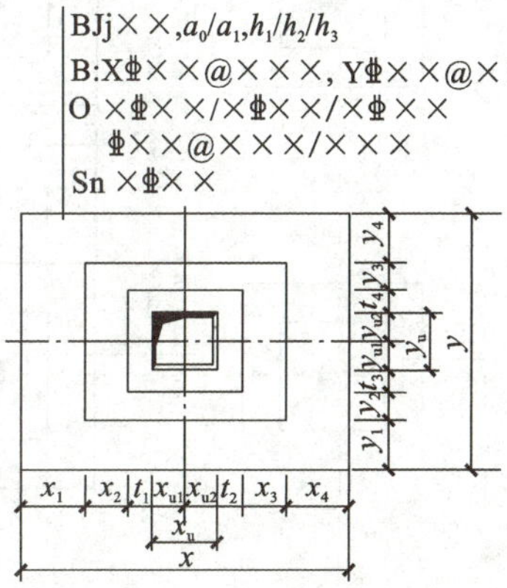

图 12.36 杯口独立基础平面注写方式设计表达示意

采用平面注写方式表达的独立基础设计施工图如图 12.37 所示。

(2)独立基础的截面注写方式

对单个独立基础进行截面注写方式的内容和形式，与传统“单构件正投影表示方法”基本相同。

(3)独立基础的列表注写方式

独立基础的截面注写方式，是对单个基础进行截面标注。对多个同类基础可采用列表注写(结合平面或截面示意图)的方式进行集中表达。

12.7.6.2 条形基础

条形基础编号分为基础梁和条形基础底板编号，按表 12.12 和表 12.13 的规定。

表 12.12 条形基础梁编号

类　　型	代　　号	序　　号	跨数及有否外伸
基础梁	JL	××	(××)端部无外伸 (××A)一端有外伸 (××B)两端有外伸

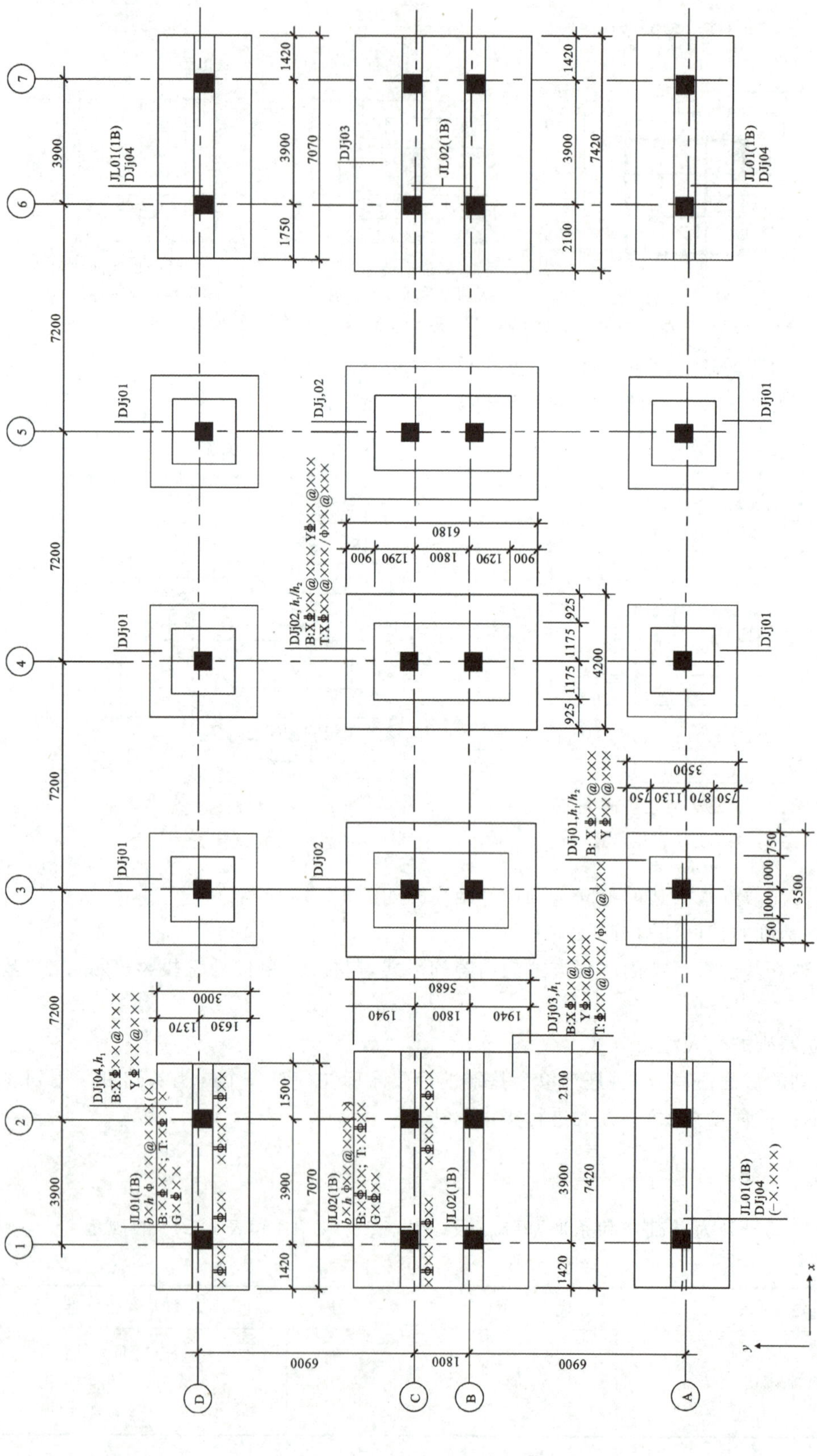

注：1.x、y为图面方向；
2.基础底面基准标高(m)：−×.×××；
±0.000的绝对标高(m)：×××.×××。

图 12.37 采用平面注写方式表达的独立基础设计施工图示意

表 12.13 条形基础底板编号

类型	基础底板截面形状	代号	序号	跨数及有否外伸
条形基础底板	坡形	TJBp	××	(××)端部无外伸 (××A)一端有外伸 (××B)两端有外伸
	阶形	TJBj	××	

注:条形基础通常采用坡形截面或单阶形截面。

(1)基础梁的平面注写方式

基础梁 JL 的平面注写方式分集中注写和原位标注两部分内容。

基础梁的集中标注内容包括基础梁编号、截面尺寸、配筋及当基础梁底面标高与基础底面基准标高不同时的相对标高高差和必要的文字注解。

例如:9Φ16@100/Φ16@200(6)表示配置两种间距 HRB400 箍筋,直径为 16mm,从梁两端起向跨内按间距 100mm 每端各设置 9 道,梁其余部位的间距为 200mm,均为 6 肢箍。

(2)条形基础底板的平面注写方式

条形基础底板 TJBp、TJBj 的平面注写方式,分集中标注和原位标注两部分内容。

条形基础底板的集中标注内容包括条形基础底板编号、截面竖向尺寸、配筋及条形基础底板底面相对标高高差和必要的文字注解。

如图 12.38 所示,B:Φ14@150/φ8@250 表示条形基础底板底部配置 HRB 400 横向受力钢筋,直径为 14mm,间距 150mm;配置 HPB 300 纵向分布钢筋,直径为 8mm,分布间距 250mm。

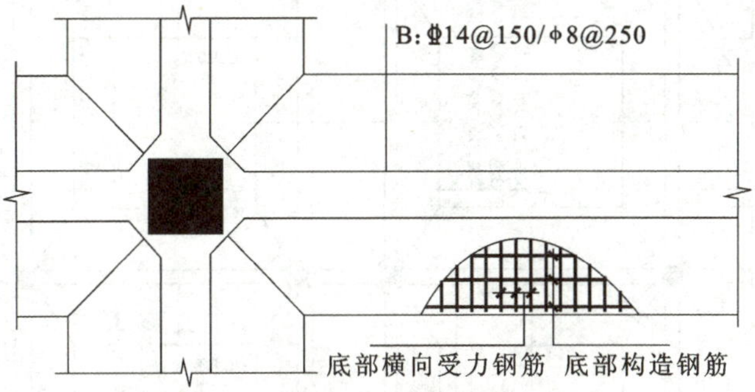

图 12.38 条形基础底板底部配筋示意

图 12.39 为条形基础平面注写方式设计施工图示意。

(3)条形基础的列表注写方式

对多个条形基础,可采用列表注写(结合截面示意图)的方式进行集中表达。

12.7.6.3 梁板式筏形基础

梁板式筏形基础平法施工图是在基础平面布置图上采用平面注写方式进行表达。

梁板式筏形基础由基础主梁、基础次梁、基础平板等构成,其构件编号按表 12.14 的规定。

表 12.14 梁板式筏形基础构件编号

构件类型	代号	序号	跨数及有无外伸
基础主梁(柱下)	JL	××	(××)或(××A)或(××B)
基础次梁	JCL	××	(××)或(××A)或(××B)
梁板式筏形基础平板	LPB	××	

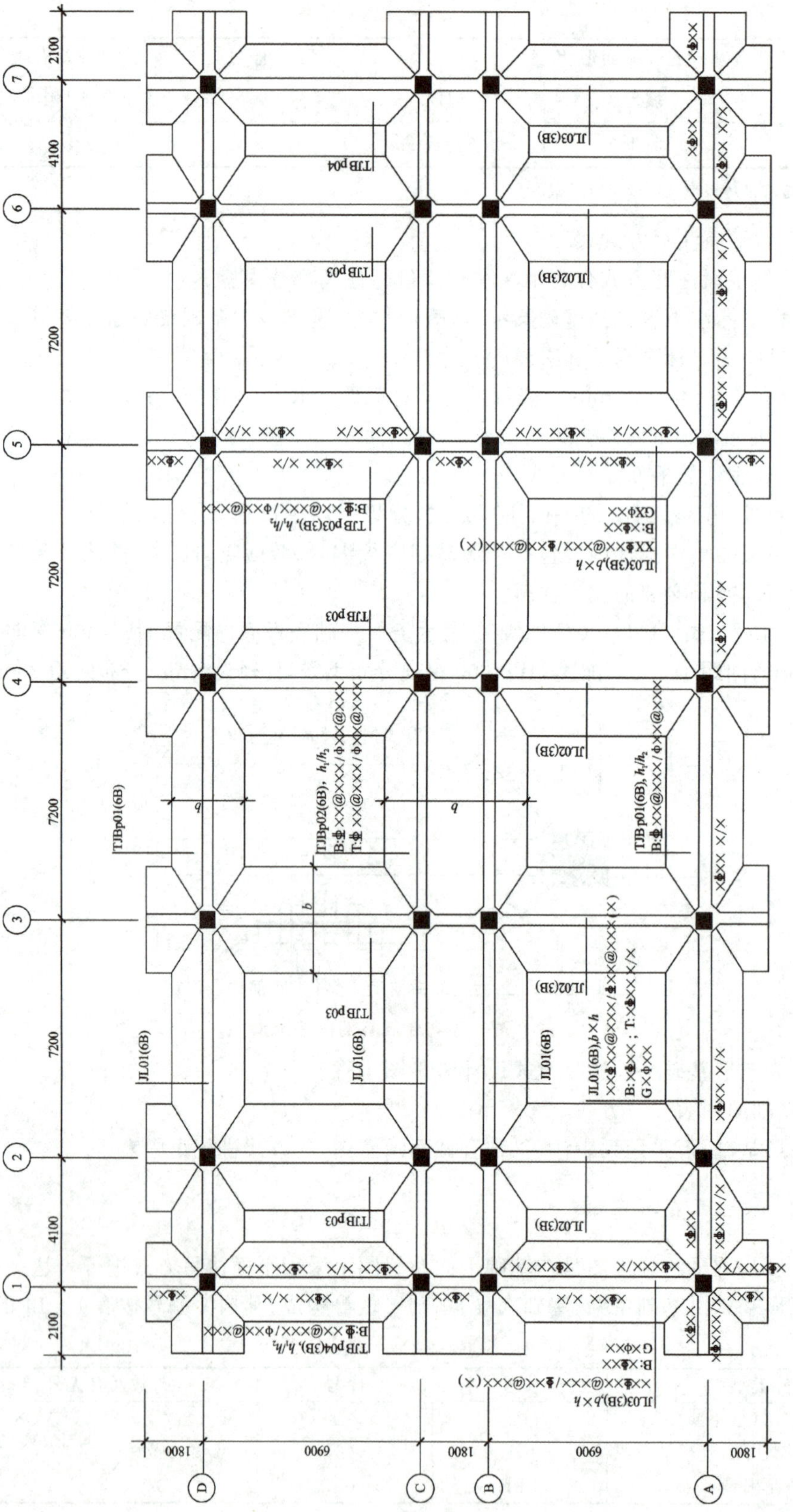

注：基础底面标高(m):-×.×××；±0.000的绝对标高(m):×××.×××。

图 12.39　采用平面注写方式表达的条形基础设计施工图示意

基础主梁 JL 与基础次梁 JCL 的平面注写分集中标注与原位标注两部分内容，如表 12.15 和图 12.40 所示。

表 12.15 基础主梁 JL 与基础次梁 JCL 标注说明

集中标注说明：集中标注应在第一跨引出

注写形式	表达内容	附加说明
JL××(×B)或 JCL××(×B)	基础主梁 JL 或基础次梁 JCL 编号，具体包括：代号、序号、跨数及外伸状况	(×A)：一端有外伸；(×B)：两端均有外伸；无外伸则仅注跨数(×)
$b\times h$	截面尺寸，梁宽×梁高	当加腋时，用 $b\times h$ $Yc_1\times Yc_2$ 表示，其中 c_1 为腋长，c_2 为腋高
××ϕ××@×××/ϕ××@×××(×)	第一种箍筋道数、强度等级、直径、间距/第二种箍筋(肢数)	ϕ——HPB300，Φ——HRB400，$Φ^R$——RRB400，下同
B×Φ××；T×Φ××	底部(B)贯通纵筋根数、强度等级、直径；顶部(T)贯通纵筋根数、强度等级、直径	底部纵筋应有不少于 1/3 贯通全跨，顶部纵筋全部连通
G×Φ××	梁侧面纵向构造钢筋根数、强度等级、直径	为梁两个侧面构造纵筋的总根数
(×.×××)	梁底面相对于筏形基础平板标高的高差	高者前加＋号，低者前加－号，无高差不注

原位标注(含贯通筋)的说明：

注写形式	表达内容	附加说明
×Φ×× ×/×	基础主梁柱下与基础次梁支座区域底部纵筋根数、强度等级、直径，以及用“/”分隔的各排筋根数	为该区域底部包括贯通筋与非贯通筋在内的全部纵筋
×Φ××(×)	附加箍筋总根数(两侧均分)、强度等级、直径及肢数	在主次梁相交处的主梁上引出
其他原位标注	某部位与集中标注不同的内容	原位标注取值优先

注：平面注写时，相同的基础主梁或次梁只标注一根，其他仅注编号。有关标注的其他规定详见制图规则。在基础梁相交处位于同一层面的纵筋相交叉时，设计应注明何梁纵筋在下，何梁纵筋在上。

梁板式筏形基础平板 LPB 的平面注写分板底部与顶部贯通纵筋的集中标注和板底部附加非贯通纵筋的原位标注两部分内容，如表 12.16 和图 12.41 所示。

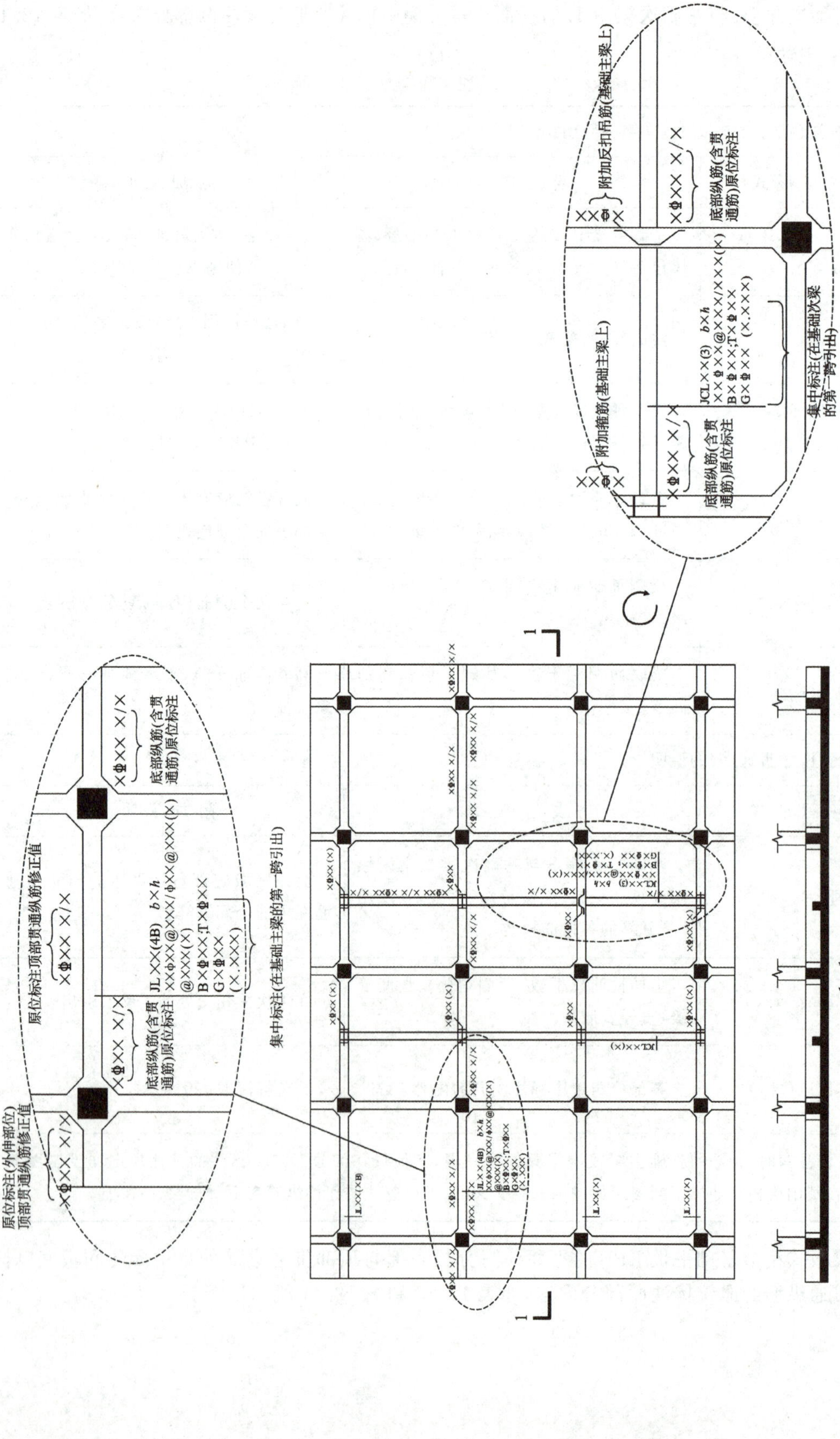

图 12.40 基础主梁 JL 与基础次梁 JCL 标注图示

表 12.16 梁板式筏形基础平板 LPB 标注说明

集中标注说明：集中标注应在双向均为第一跨引出

注写形式	表达内容	附加说明
LPB××	基础平板编号，包括代号和序号	为梁板式基础的基础平板
h=××××	基础平板厚度	
X：BΦ××@×××； TΦ××@×××；(×，×A，×B) Y：BΦ××@×××； TΦ××@×××；(×，×A，×B)	x 或 y 向底部与顶部贯通纵筋强度等级、直径、间距、跨数及外伸情况	底部纵筋应有不少于 1/3 贯通全跨，注意与非贯通纵筋组合设置的具体要求，详见制图规则。顶部纵筋应全跨贯通。用"B"引导底部贯通纵筋，用"T"引导顶部贯通纵筋。(×A)：一端有外伸；(×B)：两端均有外伸；无外伸则仅注跨数(×)。图面从左至右为 x 向，从下至上为 y 向

板底部附加非贯通筋的原位标注说明：原位标注应在基础梁下相同配筋跨的第一跨下注写

注写形式	表达内容	附加说明
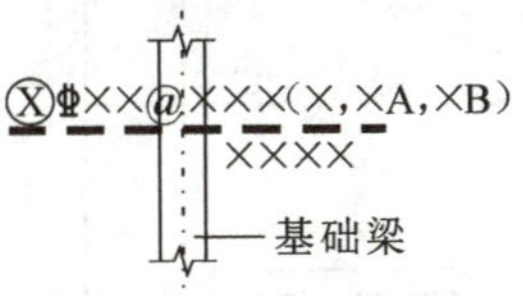	底部附加非贯通纵筋编号、强度等级、直径、间距。(相同配筋横向布置的外伸情况)；自梁中心线分别向两边跨内的延伸长度值	当向两侧对称伸出时，可只在一侧注伸出长度值，外伸部位一侧的伸出长度与方式按标准构造，设计不注。相同非贯通纵筋可只注写一处，其他仅在中粗虚线上注写编号。与贯通纵筋组合设置时的具体要求详见相应制图规则
修正内容原位注写	某部位与集中标注不同的内容	原位标注的修正内容取值优先

注：有关标注的其他规定详见制图规则。

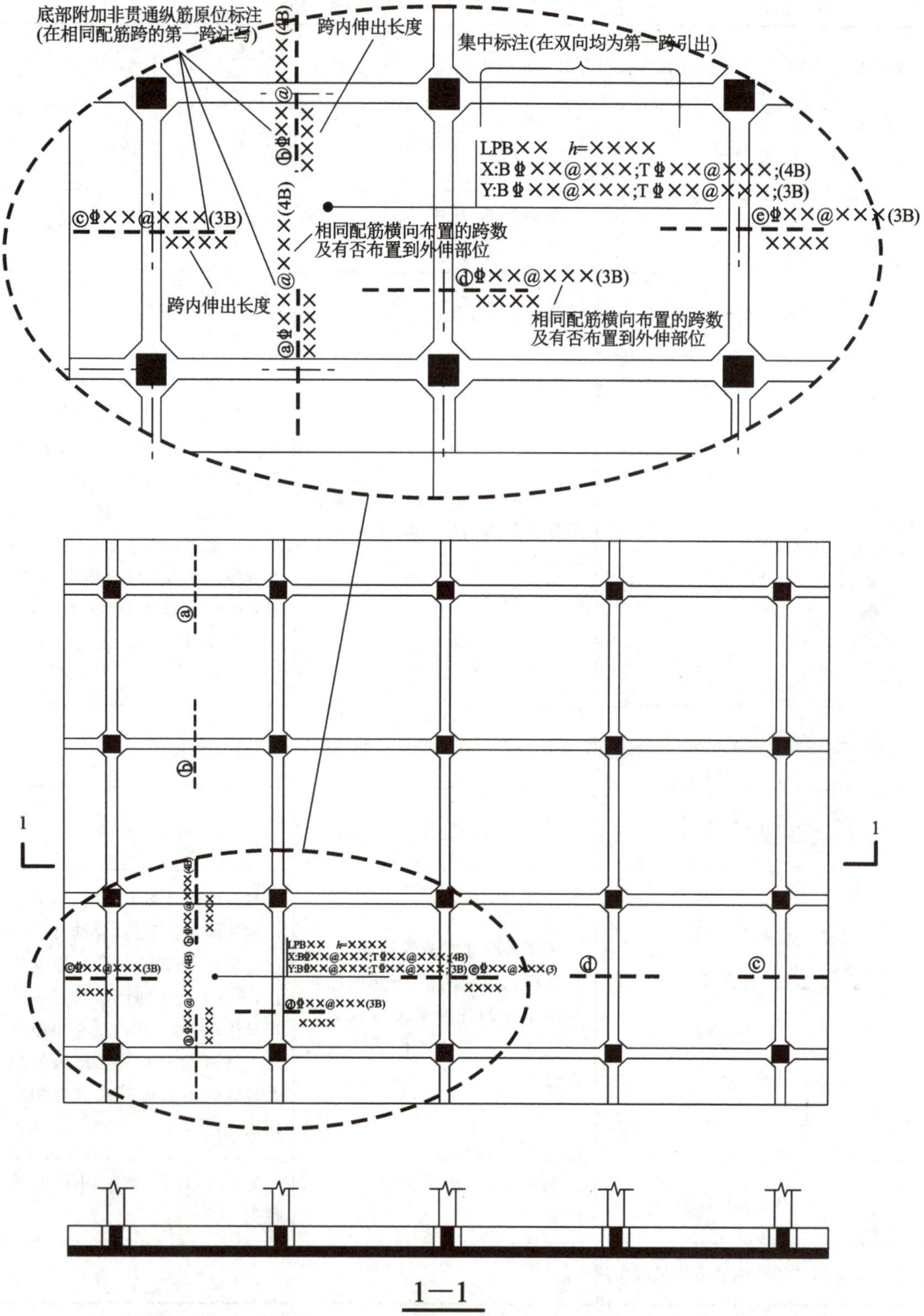

图 12.41 梁板式筏形基础平板 LPB 标注图示

12.7.6.4 平板式筏形基础

平板式筏形基础是在基础平面布置图上采用平面注写方式表达。

平板式筏形基础由柱下板带和跨中板带构成，其构件编号按表 12.17 的规定。

表 12.17 平板式筏形基础构件编号

构件类型	代号	序号	跨数及有否外伸
柱下板带	ZXB	××	(××)或(××A)或(××B)
跨中板带	KZB	××	(××)或(××A)或(××B)
平板式筏形基础平板	BPB	××	

柱下板带 ZXB 与跨中板带 KZB 的平面注写分板带底部与顶部贯通纵筋的集中标注和板带底部附加非贯通纵筋的原位标注两部分内容，如表 12.18 和图 12.42 所示。

表 12.18 平板式筏形基础柱下板带 ZXB 与跨中板带 KZB 标注说明

集中标注说明：集中标注应在第一跨引出		
注 写 形 式	表 达 内 容	附 加 说 明
ZXB××(×B)或 KZB××(×B)	柱下板带或跨中板带编号，具体包括：代号、序号(跨数及外伸状况)	(×A)：一端有外伸；(×B)：两端均有外伸；无外伸则仅注跨数(×)
b=×××	板带宽度(在图注中应注明板厚)	板带宽度取值与设置部位应符合规范要求
BΦ××@×××； TΦ××@×××	底部贯通纵筋强度等级、直径、间距；顶部贯通纵筋强度等级、直径、间距	底部纵筋应有不少于 1/3 贯通全跨，注意与非贯通纵筋组合设置的具体要求，详见制图规则
板底部附加非贯通纵筋原位标注说明：		
注 写 形 式	表 达 内 容	附 加 说 明
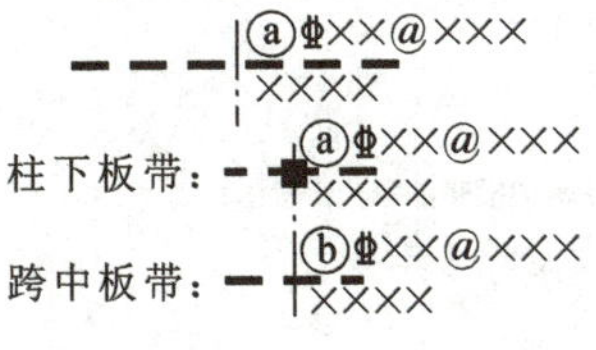	底部非贯通纵筋编号、强度等级、直径、间距；自柱中线分别向两边跨内的伸出长度值	同一板带中其他相同非贯通纵筋可仅在中粗虚线上注写编号。向两侧对称伸出时，可只在一侧注伸出长度值。向外伸部位的伸出长度与方式按标准构造，设计不注。与贯通纵筋组合设置时的具体要求详见相应制图规则
修正内容原位注写	某部位与集中标注不同的内容	原位标注的修正内容取值优先

注：相同的柱下或跨中板带只标注一处，其他仅注编号。有关标注的其他规定详见制图规则。

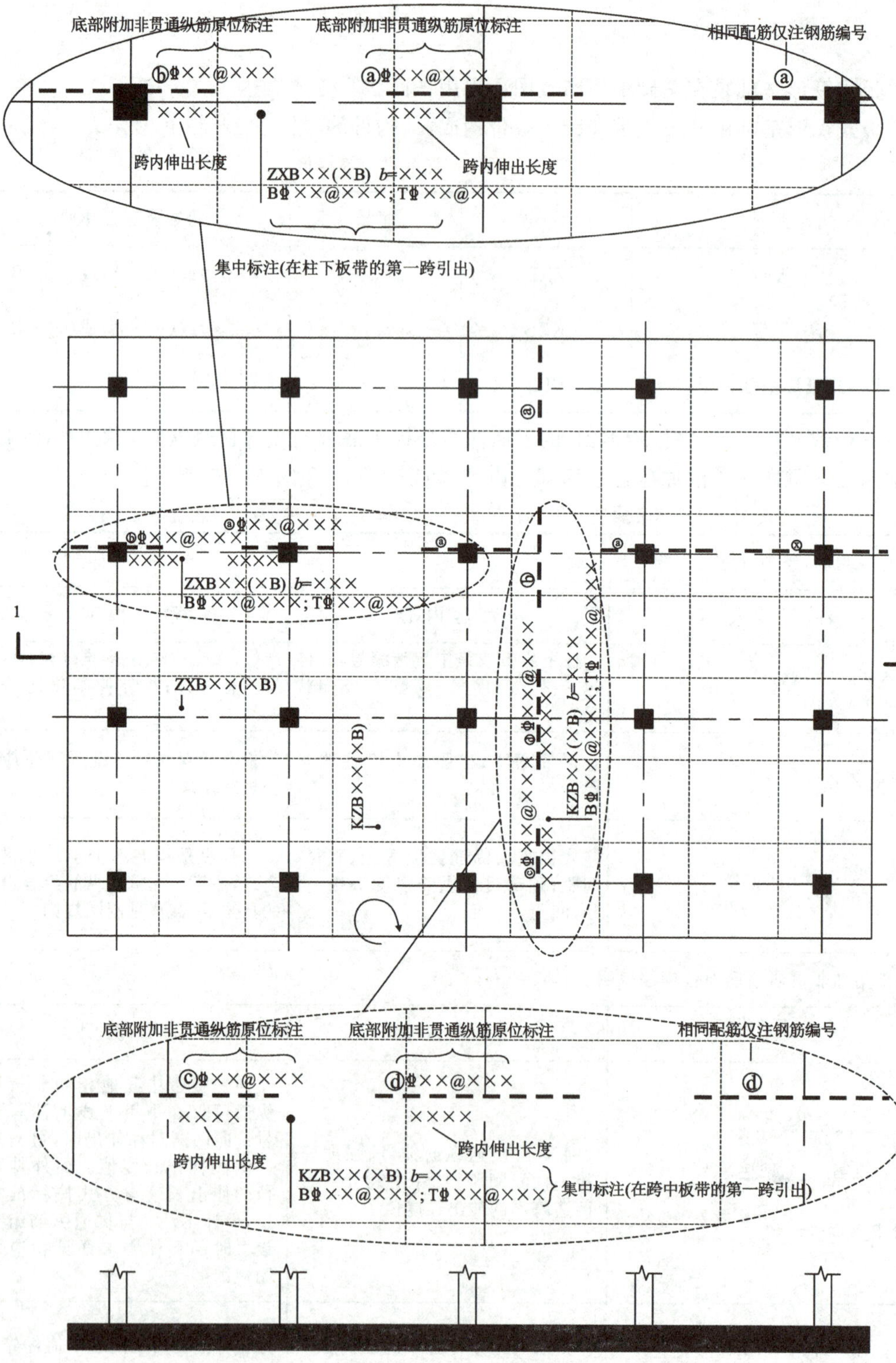

1—1

图 12.42 平板式筏形基础柱下板带 ZXB 与跨中板带 KZB 标注图示

平板式筏形基础平板 BPB 的平面注写分板底部与顶部贯通纵筋的集中标注和板底部附加非贯通纵筋的原位标注两部分内容，如表 12.19 和图 12.43 所示。

表 12.19 平板式筏形基础平板 BPB 标注说明

集中标注说明：集中标注应在双向均为第一跨引出

注写形式	表达内容	附加说明
BPB××	基础平板编号，包括代号和序号	为平板式基础的基础平板
h=××××	基础平板厚度	
X:BΦ××@×××； TΦ××@×××；(×,×A,×B) Y:BΦ××@×××； TΦ××@×××；(×,×A,×B)	x 或 y 向底部与顶部贯通纵筋强度等级、直径、间距、跨数及外伸情况	底部纵筋应有不少于 1/3 贯通全跨，注意与非贯通纵筋组合设置的具体要求，详见制图规则。顶部纵筋应全跨贯通。用“B”引导底部贯通纵筋，用“T”引导顶部贯通纵筋。(×A)：一端有外伸；(×B)：两端均有外伸；无外伸则仅注跨数(×)。图面从左至右为 x 向，从下至上为 y 向

板底部附加非贯通筋的原位标注说明：原位标注应在基础梁下相同配筋跨的第一跨下注写

注写形式	表达内容	附加说明
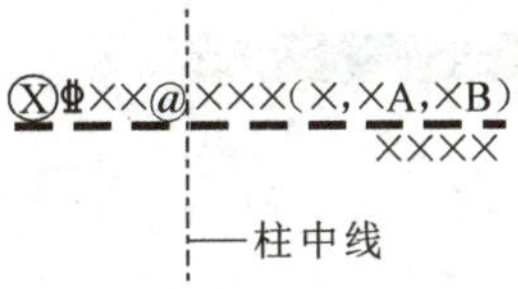	底部附加非贯通纵筋编号、强度等级、直径、间距(相同配筋横向布置的跨数及有否布置到外伸部位)；支座边线分别向两边跨内的伸出长度值	当向两侧对称伸出时，可只在一侧注伸出长度值。外伸部位一侧的伸出长度与方式按标准构造，设计不注。相同非贯通纵筋可只注写一处，其他仅在中粗虚线上注写编号。与贯通纵筋组合设置时的具体要求见相应制图规则
注写修正内容	某部位与集中标注不同的内容	一经原位注写，原位标注的修正内容取值优先

注：有关标注的其他规定详见制图规则。

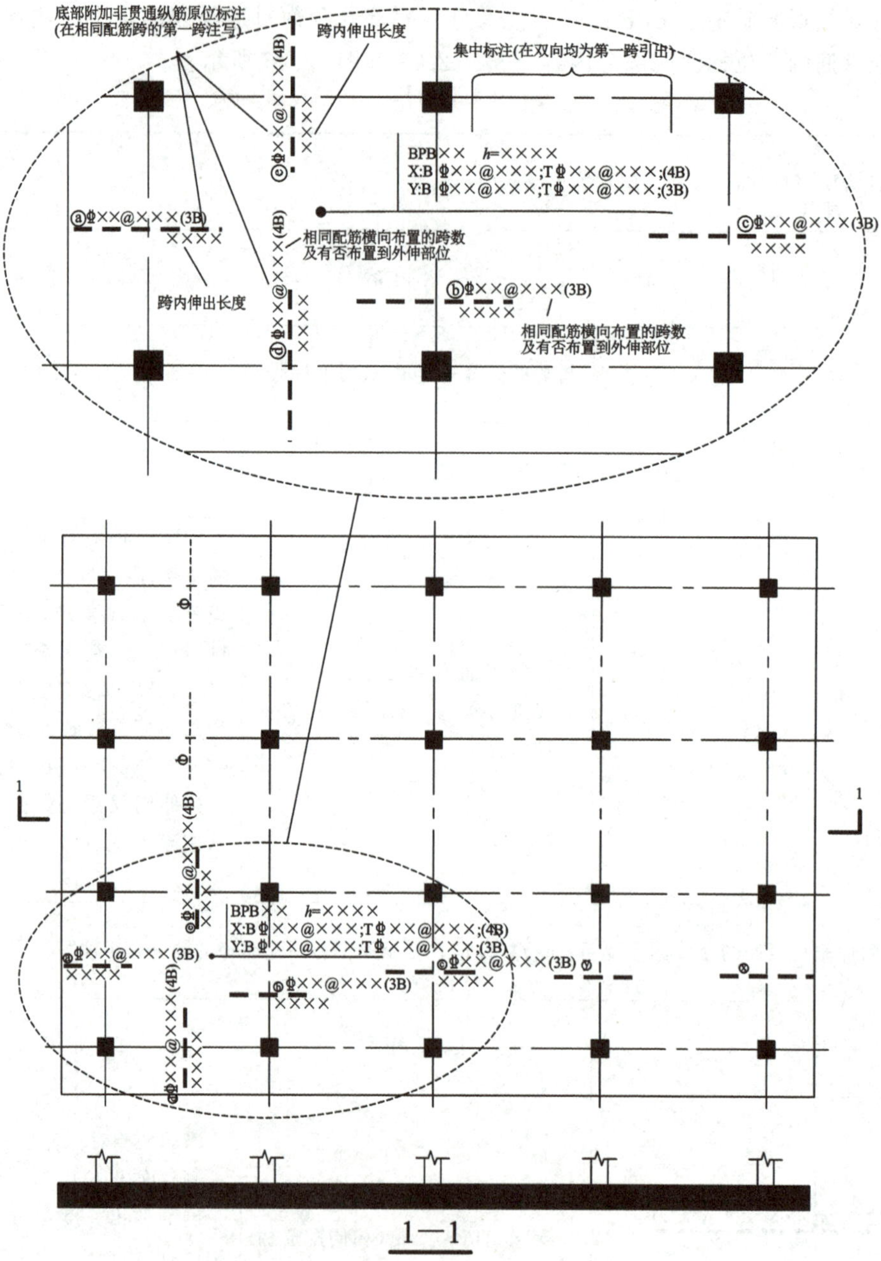

图 12.43　平板式筏形基础平板 BPB 标注图示

12.7.6.5　桩基础

(1)灌注桩

灌注桩平法施工图是在灌注桩平面布置图上采用列表注写方式或平面注写方式进行表达。

平面注写方式,是在灌注桩平面布置图上集中标注灌注桩的编号、尺寸、纵筋、箍筋、桩顶标高和单桩竖向承载力特征值,见图 12.44。

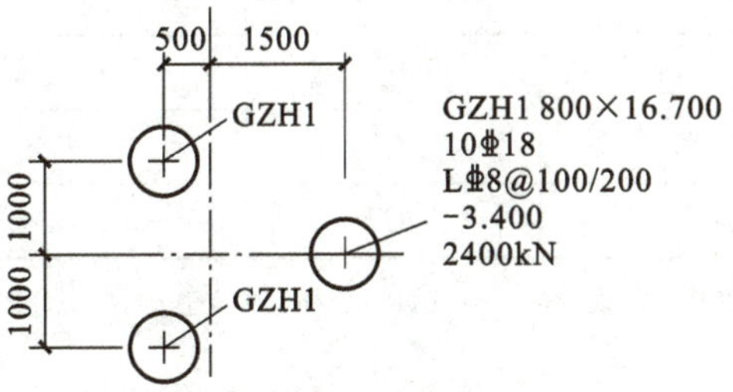

图 12.44　灌注桩平面注写示意

桩编号见表 12.20。

桩尺寸，包括桩径 D 和桩长 L，当为扩底灌注桩时，还应增加扩底端尺寸 $D_0/h_b/h_c$，或 $D_0/h_b/h_{c1}/h_{c2}$。其中 D_0 表示扩底端直径，h_b 表示扩底端锅底形矢高，h_c(h_{c1}，h_{c2})表示扩底端高度，见图 12.45。

表 12.20　桩编号

类型	代号	序号
灌注桩	GZH	××
扩底灌注桩	GZHk	××

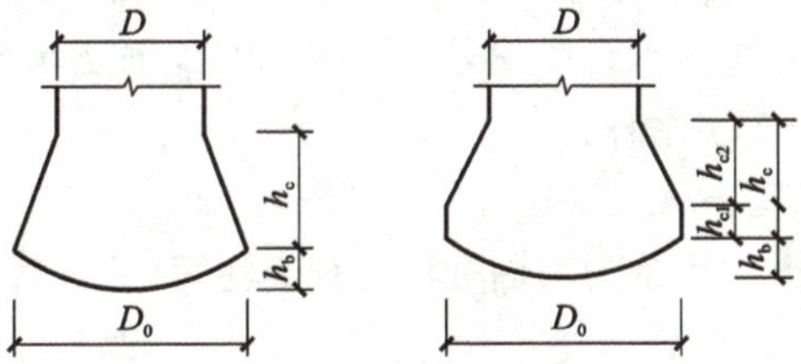

图 12.45　扩底灌注桩扩底端示意

列表注写方式，是在灌注桩平面布置图上，分别标注定位尺寸；在桩表中注写桩编号、桩尺寸、纵筋、螺旋箍筋、桩顶标高、单桩竖向承载力特征值。灌注桩列表注写格式见表 12.21。

表 12.21　灌注桩表

桩号	桩径 D (mm)	桩长 L (mm)	通长纵筋	非通长纵筋	箍筋	桩顶标高 (m)	单桩竖向承载力特征值(kN)
GZH1	800	16.700	16⌀18	—	L⌀8@100/200	−3.400	2400
GZH2	800	16.700	—	6⌀18/6000	L⌀8@100/200	−3.400	2400
GZH3	800	16.700	10⌀18	10⌀20/6000	L⌀8@100/200	−3.400	2400

注：1. 表中可根据实际情况增加栏目。例如：当采用扩底灌注桩时，增加扩底端尺寸。

2. 当为通长等截面配筋方式时，非通长纵筋一栏不注，如表中 GZH1；当为部分通长配筋方式时，通长配筋一栏不注，如表中 GZH2；当为通长变截面配筋方式时，通长纵筋和非通常纵筋均应注写，如表中 GZH3。

桩基承台分为独立承台和承台梁，编号按表 12.22 和表 12.23 的规定。

表 12.22　独立承台编号

类　　型	独立承台截面形状	代　　号	序　　号	说　　明
独立承台	阶形	CTj	××	单阶截面即为平板式独立承台
	锥形	CTz	××	

注：杯口独立承台代号可为 BCTj 和 BCTz，设计注写方式可参照杯口独立基础，施工详图应由设计者提供。

表 12.23　承台梁编号

类　　型	代　　号	序　　号	跨数及有无外伸
承台梁	CTL	××	(××)端部无外伸 (××A)一端有外伸 (××B)两端有外伸

(2)独立承台的平面注写方式

独立承台的平面注写方式分为集中标注和原位标注两部分内容。

独立承台的集中标注是在承台平面上集中引注独立承台编号、截面竖向尺寸、配筋及承台板底面标高(与承台底面基准标高不同时)和必要的文字注解。

独立承台的原位标注是在桩基承台平面布置图上标注独立承台的平面尺寸。

(3)承台梁的平面注写方式

承台梁 CTL 的平面注写方式分集中标注和原位标注两部分内容。

承台梁的集中标注内容包括承台梁编号、截面尺寸、配筋及承台梁底面标高(与承台底面基准标高不同时)和必要的文字注解。

(4)桩基承台的截面注写方式

桩基承台的截面注写方式可分为截面标注和列表注写(结合截面示意图)两种表达方式。

12.7.6.6　基础相关构造

基础相关构造类型与编号见表 12.24。

表 12.24　基础相关构造类型与编号

构造类型	代　　号	序　　号	说　　明
基础连系梁	JLL	××	用于独立基础、条形基础、桩基承台
后浇带	HJD	××	用于梁板、平板式筏形基础、条形基础
上柱墩	SZD	××	用于平板式筏形基础
局部增加板厚	JBH	××	用于梁板、平板式筏形基础
基坑(沟)	JK	××	用于梁板、平板式筏形基础
窗井墙	CJQ	××	用于梁板、平板式筏形基础
防水板	FSB	××	用于独基、条基、桩基加防水板

注：①基础连系梁序号：(××)为端部无外伸或无悬挑，(××A)为一端有外伸或有悬挑，(××B)为两端有外伸或有悬挑。

②上柱墩在混凝土柱根部位，下柱墩在混凝土柱或钢柱柱根投影部位，均根据筏形基础受力与构造需要而设。

12.8 钢屋架施工图

12.8.1 型钢及其连接的表示方法

钢结构是由各种型钢和钢板通过连接组成的。为了正确阅读施工图，首先应知道型钢和连接在钢结构中的表示方法。

12.8.1.1 常用型钢的标注方法

常用型钢的标注方法如表 12.25 所示。

表 12.25 常用型钢的标注方法

序号	名称	截面	标注	序号	名称	截面	标注
1	等边角钢		$b\times t$	9	钢管		$DN\times\times$ $d\times t$
2	不等边角钢		$B\times b\times t$	10	薄壁方钢管		B $b\times t$
3	工字钢		N　Q N	11	薄壁等肢角钢		B $b\times t$
4	槽钢		N　Q N	12	薄壁等肢卷边角钢	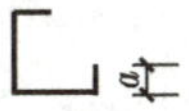	B $b\times a\times t$
5	方钢	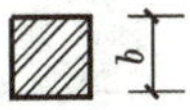	b	13	薄壁槽钢		B $h\times b\times t$
6	扁钢	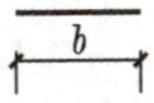	— $b\times t$	14	薄壁卷边槽钢		B $h\times b\times a\times t$
7	钢板		—— $\frac{-b\times t}{l}$	15	薄壁卷边 Z 型钢		B $h\times b\times a\times t$
8	圆钢		ϕd	16	H 型钢		HW×× HM×× HN××
说明	①b 为短肢宽，B 为长肢宽，t 为肢厚；②Q 表示轻型工字钢及槽钢；③N 表示轻型工字钢及槽钢型号；④$\frac{-b\times t}{l}$表示钢板的$\frac{宽\times厚}{板长}$；⑤$DN\times\times$表示内径，$d\times t$ 表示外径×壁厚；⑥薄壁型钢加注 B 字，t 为壁厚；⑦HW、HM、HN 分别表示宽翼缘、中翼缘、窄翼缘 H 型钢						

12.8.1.2 焊接连接的标注方法

(1)焊接及焊缝代号

焊缝要按国家标准规定，采用“焊缝代号”标注。焊缝代号主要由引出线、图形符号、补充符号等组成。引出线是由带箭头的指引线(箭头线)和水平线组成，如图 12.46 所示。图形符号(基本符号)表示焊缝本身的截面形式。补充符号是补充说明焊缝某些特征的符号。具体说明见表 12.26。

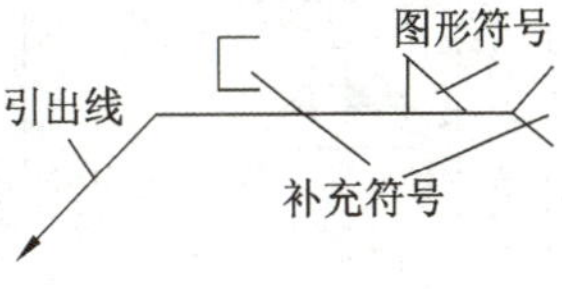

图 12.46 焊缝代号

表 12.26　图形符号(部分)和补充符号

序号	焊缝名称	示意图	图形符号	序号	符号名称	示意图	补充符号	标注方法
1	V形焊缝		V	5	周围焊缝符号	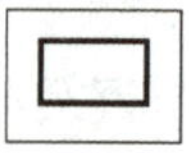	○	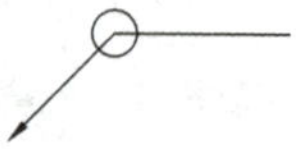
2	单边V形焊缝			6	三面焊缝符号	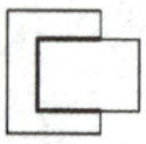	⊏	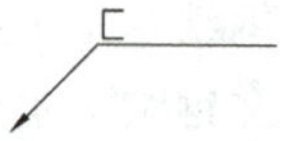
3	角焊缝	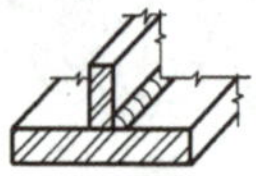		7	带垫板符号		□	
4	I形焊缝		‖	8	现场焊接符号			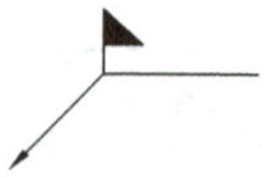
备注	①  表示角焊缝(其垂线一律在左边,斜线在右边);②  表示单边V形焊缝(其垂线一律在左边,斜线在右边);③  现场焊接符号,其旗尖指向基准线的尾部;④补充符号应与基准线相交或相切							

(2)焊缝的标注

①常见焊缝的标注见表12.27。

表 12.27　焊缝标注方法示例

名称	序号	示意图	标注方法	名称	序号	示意图	标注方法
单面焊缝	1	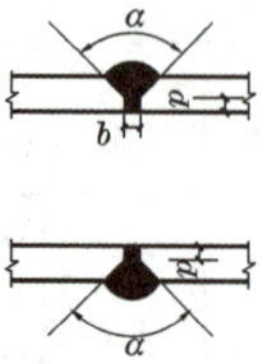	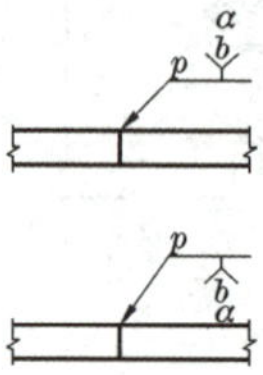	三个及三个以上的焊件	4	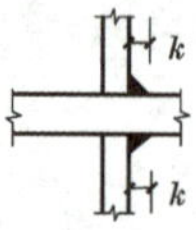	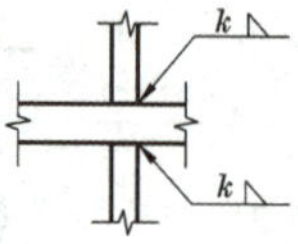
双面焊缝	2	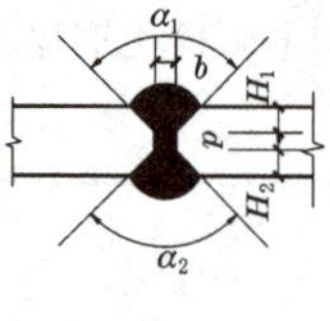	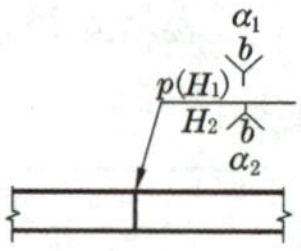	局部焊缝	5	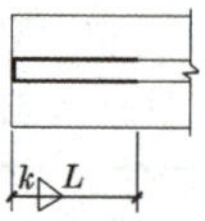	
	3	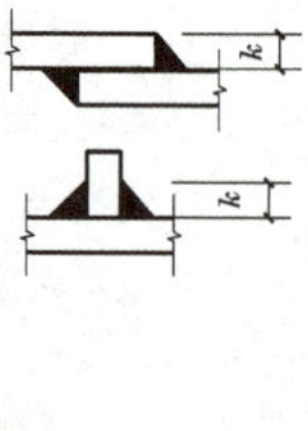	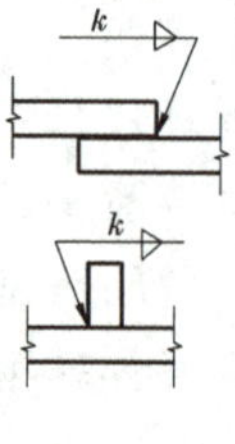	熔透焊缝	6		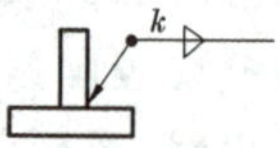
				较长角焊缝	7	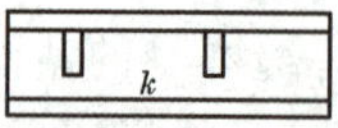	

续表 12.27

说明	①单面焊缝：当箭头指向焊缝所在一面时，应将图形符号和尺寸标注在横线上方；当箭头指向焊缝所在另一面时，应将图形符号和尺寸标注在横线下方。②双面焊缝：当两面尺寸不同时，横线上方表示箭头一面的符号和尺寸，下方表示另一面的尺寸和符号。当两面尺寸相同时，只需在横线上方标注尺寸。③三个及三个以上的焊件相互焊接的焊缝，不得作为双面焊缝标注，其符号和尺寸应分别标注。④熔透的角焊缝符号用涂黑的圆圈表示，并绘在引出线的转折处。⑤较长的角焊缝可不用引出线标注，而直接在角焊缝旁边标出焊角高度值 *k*

②焊缝分布不规则时，在标注焊缝代号的同时，宜在焊缝处加粗线（表示可见焊缝）或栅线（表示不可见焊缝），如图 12.47 所示。

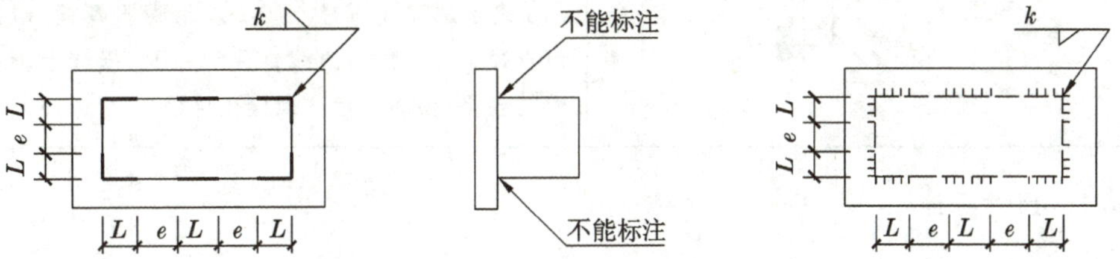

图 12.47 焊缝分布不规则时的画法和标注

③在同一图纸上，当焊缝截面形式、断面尺寸和辅助要求均相同时，可只选择一处标注焊缝的符号和尺寸，并加注“相同焊缝符号”，相同焊缝符号为 3/4 圆弧，绘在引出线的转折处，见图 12.48 所示。

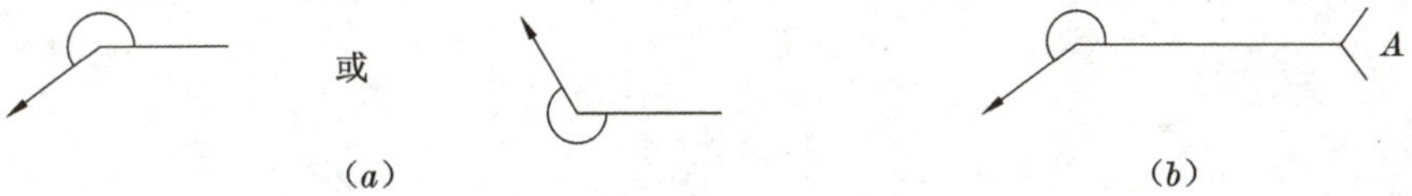

图 12.48 相同焊缝的表示方法

12.8.1.3 螺栓、孔、电焊铆钉的表示方法

螺栓、孔、电焊铆钉的表示方法应符合表 12.28 中的规定。

表 12.28 螺栓、孔、电焊铆钉的表示方法

序号	名称	图例	序号	名称	图例
1	永久螺栓	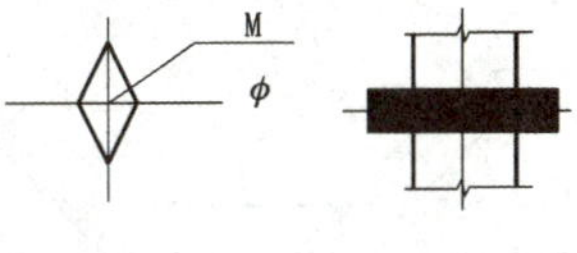	5	圆形螺栓孔	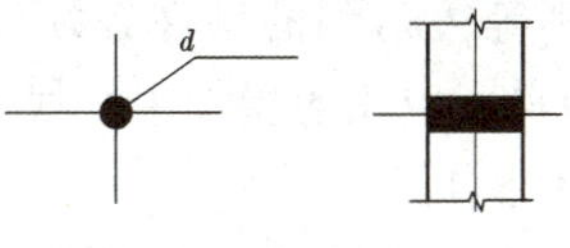
2	高强螺栓	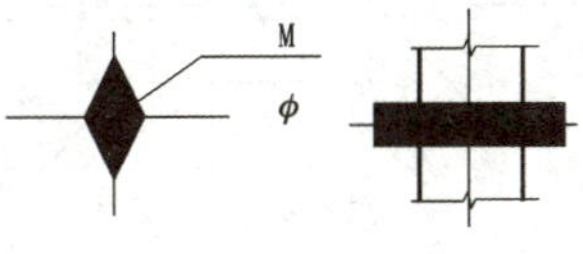	6	长圆形螺栓孔	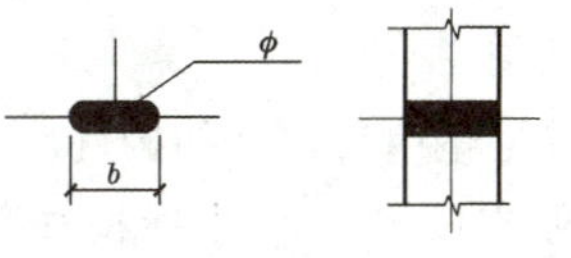

续表 12.28

序号	名称	图例	序号	名称	图例
3	安装螺栓	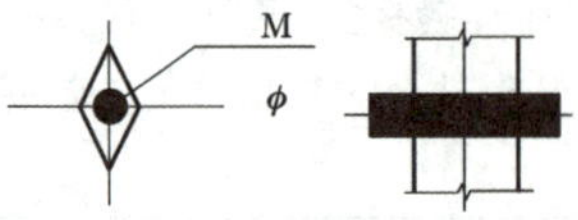	7	电焊铆钉	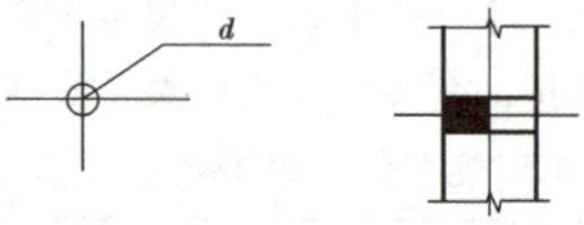
4	胀锚螺栓	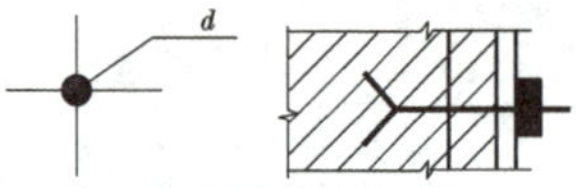	备注		①细“＋”线表示定位线。②M 表示螺栓型号。③ϕ 表示螺栓孔直径。④d 表示膨胀螺栓、电焊铆钉直径。⑤采用引出线标注螺栓时，横线上标注螺栓的规格，横线下标注螺栓孔直径

12.8.2　尺寸标注

钢结构杆件的加工和连接安装要求高，因此，标注尺寸时应达到准确、清楚完整。现将常见的方法列出如下：

（1）两构件的两条很近的重心线应在交汇处将其各自向外错开，见图 12.49。

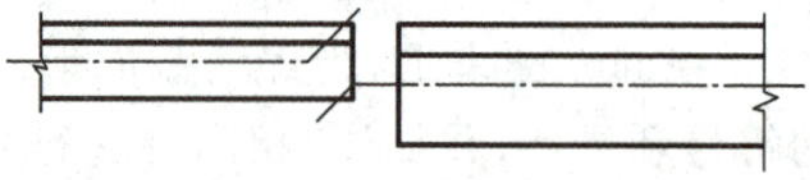

图 12.49　两杆件重心线不重合的表示法

（2）切割板材应标出各线段的长度及位置，见图 12.50。

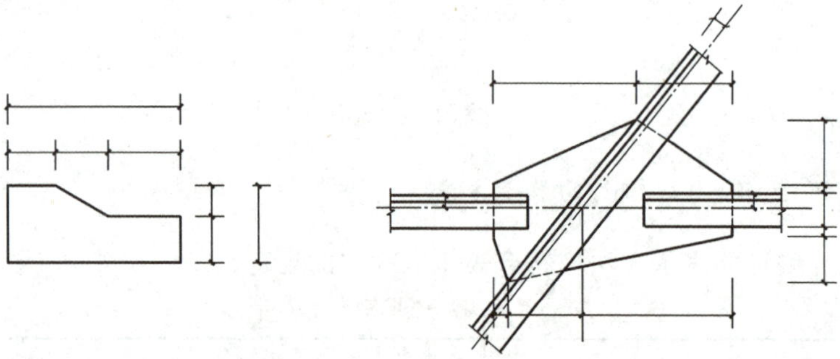

图 12.50　切割板材尺寸标注

（3）不等边角钢的构件必须标出角钢一肢的尺寸 $B(b)$，还应注明屋架中心线到角钢肢背的距离，见图 12.51。

（4）节点板应注明节点板的尺寸和各杆件螺栓孔中心或中心距，以及端部至几何中心线交点的距离，见图 12.52。

（5）双型钢组合截面的构件应注明缀板的数量及尺寸，见图 12.53。引出线横线上方标注缀板的宽度、厚度，引出线下方标注缀板的长度尺寸。

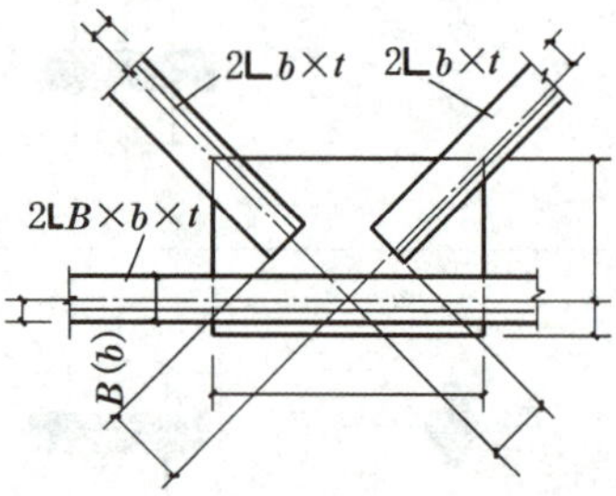

图 12.51　节点板及不等边角钢的标注方法

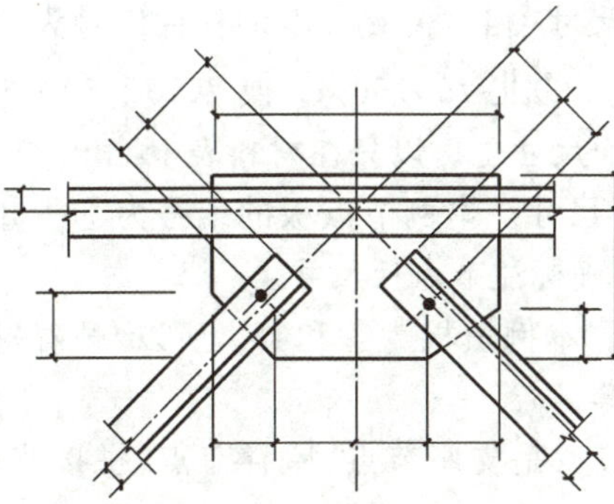

图 12.52 节点板的标注方法

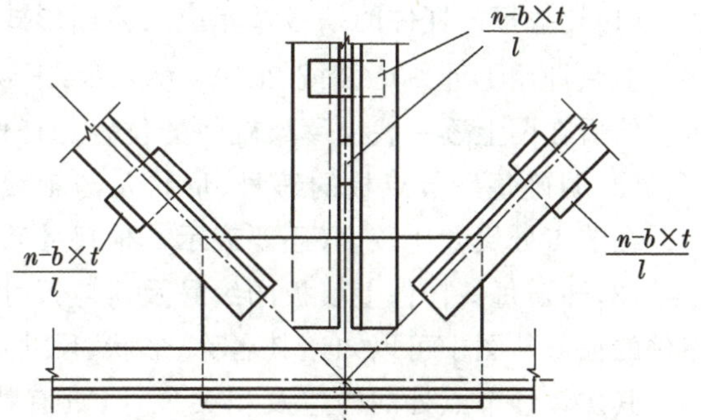

图 12.53 缀板的标注方法

12.8.3 钢屋架施工图的识读

屋架施工图是表示钢屋架的形式、大小、型钢的规格、杆件的组合和连接情况的图形，其主要内容包括屋架简图、屋架详图（包括屋架的立面图，上、下弦平面图，必要的截面图及节点详图、杆件详图、连接板详图、预埋件详图）、钢材用量表和必要的文字说明等。

现结合图 12.54 说明钢屋架施工图的内容及识读方法。

12.8.3.1 屋架简图

屋架简图也叫屋架杆件的几何尺寸图，通常放在图纸的左上角，有时也放在右上角。通常用较小的比例，一般用 1∶200 ～1∶100 绘出，并用细实线表示。其作用是用以表达屋架的结构形式（本例为三角形芬克式屋架）及杆件的几何中心长度（在该图的左半跨已注明）、屋架跨度及屋脊的高度（本例屋架跨度 l=13.06m，屋脊高度 h=2.6m）。另外，在简图的右半跨还应注明每个杆件所受的最大轴力（本例未注明）。

12.8.3.2 屋架详图

它是屋架施工图的核心，用以表达杆件的截面形式、相对位置、长度，节点处的连接情况（节点板的形状、尺寸、位置、数量，与杆件的连接焊缝尺寸，拼接角钢的形状、大小），其他构造连接（螺栓孔的位置及大小）等，它是进行施工放线的依据。屋架详图包括如下几个部分：

1.屋架正立面图

它又是屋架详图的核心部分。为避免图幅过大，通常用两种比例画出。先用 1∶30～1∶20 的比例绘出屋架的几何尺寸，即绘出杆件的轴线（用点画线表示）。再用大一倍的比例（1∶15～1∶10）根据所选杆件的截面，在每一杆件的轴线位置处绘出杆件的截面宽度，尽量使角钢的形心轴与杆件的轴线重合，当不能重合时，允许杆件的几何轴线到肢背距离取 5mm 的倍数，在节点连接处尺寸的比例同杆件的截面比例（1∶15～1∶10）。

施工图中的各零件（杆件、节点板、填板、檩条、支座、加劲肋、拼接角钢等）都要进行详细编号（本例为①～㉕），其次序按主次、上下和左右排列。完全相同的零部件用同一编号，如两个零部件形状和尺寸完全一样，仅因开孔位置或切面等不同，使两构件呈镜面对称时，可采用同一编号而只需在材料表中用正、反字样注明，以示区别。从该图中应识读下列内容：

首先找出每一杆件的编号及位置、尺寸、数量等。

(1)先找每一杆件的编号及相应的截面形式、截面尺寸、相对位置。本例杆件编号为①～⑥。上弦杆用①╖╓ 70×6 或 2L70×6 表示；下弦杆用②、③╝╚ 75×50×6 或 2L75×50×6 表示。然后在图上逐一找出屋架轴线的位置。杆件的截面尺寸也可以只在材料表中给出。

(2)明确每一节点板的编号、形状及与轴线的相对尺寸。本例节点板的编号为⑦～⑪和㉕。在节点处尺寸比较多(还要表示其他尺寸)，必须明确标注节点板尺寸。

(3)知道每一杆件上填板的编号及对应尺寸、数量。本例填板为⑫和⑬。所以，顺着每一零件的编号从图中可以知道其名称、形状、尺寸和数量等。

其次读懂节点处的构造及相关尺寸，具有特点的节点是支座节点、屋脊节点、拼接节点。下面介绍屋脊节点的识读。

在屋脊节点处，用拼接角钢⑯和节点板⑦将上弦杆①以及斜腹杆⑥通过焊缝连接。在该焊缝的连接处，在屋脊节点左侧除上弦杆①与节点板⑦采用工厂焊接外，其余均采用现场焊接，焊缝为塞焊缝和角焊缝。为固定杆件的位置，该处有安装螺栓孔，图中已注明其位置。在节点板⑦上还连接有支撑节点板⑮。读者可从图中识读支座节点和其他节点。

2.上下弦平面图及侧立面图

对构造复杂的上、下弦杆，还应补充画出上、下弦平面图，要把屋架与支撑连接的螺栓孔位置标注清楚。一般对于连支撑和不连支撑的屋架可用同一施工图表示，只需在图中注明哪些编号的屋架有此螺栓孔或无螺栓孔即可。图 12.54 只画出了屋架上弦平面图。该图中详细标注檩托的位置(檩托是用来固定檩条的)。在上弦平面图上还标注了 2 个 21.5mm 螺栓孔位置，该孔是安装上弦横向支撑的螺栓孔。若有中央竖杆及垂直支撑，还应画侧立面图(本例由于跨度小，一般无下弦支撑，下弦简单，下弦平面图未画。无中央竖杆，垂直支撑连接简单，侧立面图也未画)。

3.截面图、节点详图、杆件详图、连接板详图、预埋件详图、剖面图(例如图 12.54 中 1—1、2—2、3—3 剖面图)及其他详图

略。

12.8.3.3　钢材用量表和必要的文字说明

钢材用量表不但用于备料，计算用钢指标，为吊装选择起重机械提供依据，而且可以简化屋架详图的图面内容，因为一般板件的厚度、角钢的规格可以直接由材料表给出。

施工图的文字说明应包括所选用钢材的种类、焊条型号、焊接的方法及对焊缝质量的要求、屋架的防腐做法以及图中没有表达或表达不清楚的其他内容。

单元小结

(1)结构施工图一般包括结构设计说明、基础图、结构平面布置图、结构详图。

(2)基础平面图主要表示基础的平面布置、基础大小和定位尺寸、基础梁的位置。基础详图主要表示基础断面形状、大小、材料及配筋等。

(3)结构平面布置图主要用来表示构件的平面布置。

(4)钢筋混凝土构件详图包括梁、板、柱等钢筋混凝土构件图。通常包括立面图、断面图、钢筋详图及钢筋表。

(5)楼梯结构详图包括各层楼梯平面图、楼梯剖面图和详图等，主要表明楼梯的位置大小、

尺寸及楼梯中梁、板的布置情况等。

(6)现浇混凝土梁、柱、剪力墙、板、楼梯、基础施工图平面整体表示方法有平面注写方式、列表注写方式、截面注写方式和剖面注写方式四种,不同构件的表示方法不同。

思 考 题

12.1 什么是结构施工图?结构施工图包括哪些基本内容?

12.2 结构施工图的图示特点是什么?

12.3 应该怎样识读结构施工图?

12.4 结构平面布置图包含哪些内容?如何识读?

12.5 钢筋混凝土构件详图应如何识读?

12.6 简述楼梯结构详图的内容及识读方法。

12.7 什么是平面整体表示法?如何识读梁、柱、剪力墙平法施工图?

12.8 焊缝代号由哪几部分组成?对照例图中屋架施工图试分析焊缝代号的表示方法。

12.9 对照图 12.54,熟悉焊缝的标注方法。

附录1　钢筋的公称截面面积、计算截面面积及理论质量

附表1.1　钢筋的计算截面面积及理论质量

公称直径(mm)	不同根数钢筋的计算截面面积(mm^2)									单根钢筋理论质量(kg/m)
	1	2	3	4	5	6	7	8	9	
6	28.3	57	85	113	142	170	198	226	255	0.222
6.5	33.2	66	100	133	166	199	232	265	299	0.260
8	50.3	101	151	201	252	302	352	402	453	0.395
8.2	52.8	106	158	211	264	317	370	423	475	0.432
10	78.5	157	236	314	393	471	550	628	707	0.617
12	113.1	226	339	452	565	678	791	904	1017	0.888
14	153.9	308	461	615	769	923	1077	1231	1385	1.21
16	201.1	402	603	804	1005	1206	1407	1608	1809	1.58
18	254.5	509	763	1017	1272	1527	1781	2036	2290	2.00
20	314.2	628	942	1256	1570	1884	2199	2513	2827	2.47
22	380.1	760	1140	1520	1900	2281	2661	3041	3421	2.98
25	490.9	982	1473	1964	2454	2945	3436	3927	4418	3.85
28	615.8	1232	1847	2463	3079	3695	4310	4926	5542	4.83
32	804.2	1609	2413	3217	4021	4826	5630	6434	7238	6.31
36	1017.9	2036	3054	4072	5089	6107	7125	8143	9161	7.99
40	1256.6	2513	3770	5027	6283	7540	8796	10053	11310	9.87
50	1964	3928	5892	7856	9820	11784	13748	15712	17676	15.42

注：表中直径 $d=8.2mm$ 的计算截面面积及理论质量仅适用于有纵肋的热处理钢筋。

附表1.2　钢绞线公称直径、公称截面面积及理论质量

种　　类	公称直径(mm)	公称截面面积(mm^2)	理论质量(kg/m)
1×3	8.6	37.4	0.295
	10.8	59.3	0.465
	12.9	85.4	0.671
1×7 标准型	9.5	54.8	0.432
	11.1	74.2	0.580
	12.7	98.7	0.774
	15.2	139	1.101

附表 1.3　钢丝公称直径、公称截面面积及理论质量

公称直径(mm)	公称截面面积(mm^2)	理论质量(kg/m)
4.0	12.57	0.099
5.0	19.63	0.154
6.0	28.27	0.222
7.0	38.48	0.302
8.0	50.26	0.394
9.0	63.62	0.499

附表 1.4　各种钢筋间距时每米板宽内的钢筋截面面积

钢筋间距(mm)	当钢筋直径(mm)为下列数值时的钢筋截面面积(mm^2)													
	3	4	5	6	6/8	8	8/10	10	10/12	12	12/14	14	14/16	16
70	101.0	179	281	404	561	719	920	1121	1369	1616	1908	2199	2536	2872
75	94.3	167	262	377	524	371	859	1047	1277	1508	1780	2053	2367	2681
80	88.4	157	245	354	491	629	805	981	1198	1414	1669	1924	2218	2513
85	83.2	148	231	333	462	592	758	924	1127	1331	1571	1811	2088	2365
90	78.5	140	218	314	437	559	716	872	1064	1257	1484	1710	1992	2234
95	74.5	132	207	298	414	529	678	826	1008	1190	1405	1620	1868	2116
100	70.6	126	196	283	393	503	644	785	958	1131	1335	1539	1775	2011
110	64.2	114.0	178	257	357	457	585	714	871	1028	1214	1399	1614	1828
120	58.9	105.0	163	236	327	419	537	654	798	942	1112	1283	1480	1676
125	56.5	100.6	157	226	314	402	515	628	766	905	1068	1232	1420	1608
130	54.4	96.6	151	218	302	387	495	604	737	870	1027	1184	1366	1547
140	50.5	89.7	140	202	281	359	460	561	684	808	954	1100	1268	1436
150	47.1	83.8	131	189	262	335	429	523	639	754	890	1026	1183	1340
160	44.1	78.5	123	177	246	314	403	491	599	707	834	962	1110	1257
170	41.5	73.9	115	166	231	296	379	462	564	665	786	906	1044	1183
180	39.2	69.8	109	157	218	279	358	436	532	628	742	855	985	1117
190	37.2	66.1	103	149	207	265	339	413	504	595	702	810	934	1058
200	35.3	62.8	98.2	141	196	251	322	393	479	565	668	770	888	1005
220	32.1	57.1	89.3	129	178	228	292	357	436	514	607	700	807	914
240	29.4	524	81.9	118	164	209	258	327	399	471	556	641	740	838
250	28.3	50.2	78.5	113	157	201	258	314	383	452	534	616	710	804
260	27.2	48.3	75.5	109	151	193	248	302	368	435	514	592	682	773
280	25.2	44.9	70.1	101	140	180	230	281	342	404	477	550	634	718
300	23.6	41.9	65.5	94	131	168	215	262	320	377	445	513	592	670
320	22.1	39.2	61.4	88	123	157	201	245	299	353	417	481	554	628

附录 2　常用型钢规格表

附表 2.1　普通工字钢

符号　h—高度；

b—翼缘宽度；

t_w—腹板厚；

t—翼缘平均厚。

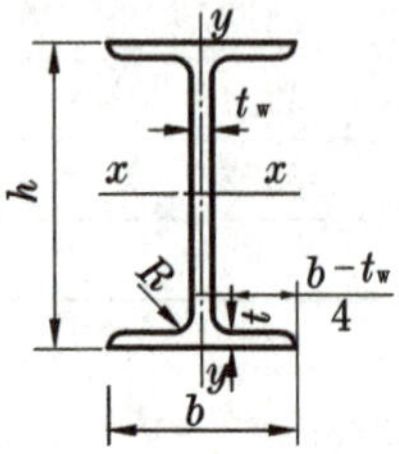

长度：型号 10～18，长 5～19m；
型号 20～63，长 6～19m。

型号	尺寸 h (mm)	b (mm)	t_w (mm)	t (mm)	R (mm)	截面面积 (cm²)	质量 (kg/m)
10	100	68	4.5	7.6	6.5	14.3	11.2
12.6	126	74	5.0	8.4	7.0	18.1	14.2
14	140	80	5.5	9.1	7.5	21.5	16.9
16	160	88	6.0	9.9	8.0	26.1	20.5
18	180	94	6.5	10.7	8.5	30.7	24.1
20a	200	100	7.0	11.4	9.0	35.5	27.9
20b		102	9.0			39.5	31.1
22a	220	110	7.5	12.3	9.5	42.1	33.0
22b		112	9.5			46.5	36.5
25a	250	116	8.0	13.0	10.0	48.5	38.1
25b		118	10.0			53.5	42.0
28a	280	122	8.5	13.7	10.5	55.4	43.5
28b		124	10.5			61.0	47.9
32a		130	9.5			67.1	52.7
32b	320	132	11.5	15.0	11.5	73.5	57.7
32c		134	13.5			79.9	62.7
36a		136	10.0			76.4	60.0
36b	360	138	12.0	15.8	12.0	83.6	65.6
36c		140	14.0			90.8	71.3
40a		142	10.5			86.1	67.6
40b	400	144	12.5	16.5	12.5	94.1	73.8
40c		146	14.5			102	80.1
45a		150	11.5			102	80.4
45b	450	152	13.5	18.0	13.5	111	87.4
45c		154	15.5			120	94.5
50a		158	12.0			119	93.6
50b	500	160	14.0	20	14	129	101
50c		162	16.0			139	109
56a		166	12.5			135	106
56b	560	168	14.5	21	14.5	147	115
56c		170	16.5			158	124
63a		176	13.0			155	122
63b	630	178	15.0	22	15	167	131
63c		180	17.0			180	141

附表 2.2 H 型钢和 T 型钢

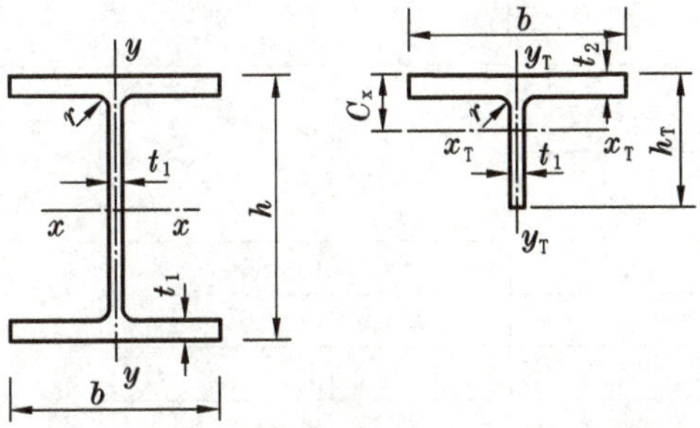

符号 h—H 型钢截面高度；b—翼缘宽度；t_1—腹板厚度；t_2—翼缘厚度。

对 T 型钢：截面高度 h_T，截面面积 A_T，质量 q_T 等于相应 H 型钢的 1/2。HW、HM、HN 分别代表宽翼缘、中翼缘、窄翼缘 H 型钢；TW、TM、TN 分别代表各自 H 型钢剖分的 T 型钢。

H 型钢				T 型钢	
类别	H 型钢规格 ($h\times b\times t_1\times t_2$)	截面面积 A cm²	质量 q kg/m	T 型钢规格 ($h_T\times b\times t_1\times t_2$)	类别
HW	100×100×6×8	21.90	17.2	50×100×6×8	TW
	125×125×6.5×9	30.31	23.8	62.5×125×6.5×9	
	150×150×7×10	40.55	31.9	75×150×7×10	
	175×175×7.5×11	51.43	40.3	87.5×175×7.5×11	
	200×200×8×12	64.28	50.5	100×200×8×12	
	#200×204×12×12	72.28	56.7	#100×204×12×12	
	250×250×9×14	92.18	72.4	125×250×9×14	
	#250×255×14×14	104.7	82.2	#125×255×14×14	
	#294×302×12×12	108.3	85.0	#147×302×12×12	
	300×300×10×15	120.4	94.5	150×300×10×15	
	300×305×15×15	135.4	106	150×305×15×15	
	#344×348×10×16	146.0	115	#172×348×10×16	
	350×350×12×19	173.9	137	175×350×12×19	
	#388×402×15×15	179.2	141	#194×402×15×15	
	#394×398×11×18	187.6	147	#197×398×11×18	
	400×400×13×21	219.5	172	200×400×13×21	
	#400×408×21×21	251.5	197	#200×408×21×21	
	#414×405×18×28	296.2	233	#207×405×18×28	
	#428×407×20×35	361.4	284	#214×407×20×35	
HM	148×100×6×9	27.25	21.4	74×100×6×9	TM
	194×150×6×9	39.76	31.2	97×150×6×9	
	244×175×7×11	56.24	44.1	122×175×7×11	
	294×200×8×12	73.03	57.3	147×200×8×12	
	340×250×9×14	101.5	79.7	170×250×9×14	
	390×300×10×16	136.7	107	195×300×10×16	
	440×300×11×18	157.4	124	220×300×11×18	
	482×300×11×15	146.4	115	241×300×11×15	
	488×300×11×18	164.4	129	244×300×11×18	
	582×300×12×17	174.5	137	291×300×12×17	
	588×300×12×20	192.5	151	294×300×12×20	
	#594×302×14×23	222.4	175	#297×302×14×23	

续附表 2.2

H　型　钢				T　型　钢	
类别	H 型钢规格 $(h \times b \times t_1 \times t_2)$	截面面积 A cm^2	质量 q kg/m	T 型钢规格 $(h_T \times b \times t_1 \times t_2)$	类别
HN	100×50×5×7	12.16	9.54	50×50×5×7	TN
	125×60×6×8	17.01	13.3	62.5×60×6×8	
	150×75×5×7	18.16	14.3	75×75×5×7	
	175×90×5×8	23.21	18.2	87.5×90×5×8	
	198×99×4.5×7	23.59	18.5	99×99×4.5×7	
	200×100×5.5×8	27.57	21.7	100×100×5.5×8	
	248×124×5×8	32.89	25.8	124×124×5×8	
	250×125×6×9	37.87	29.7	125×125×6×9	
	298×149×5.5×8	41.55	32.6	149×149×5.5×8	
	300×150×6.5×9	47.53	37.3	150×150×6.5×9	
	346×174×6×9	53.19	41.8	173×174×6×9	
	350×175×7×11	63.66	50.0	175×175×7×11	
	#400×150×8×13	71.12	55.8	—	
	396×199×7×11	72.16	56.7	198×199×7×11	
	400×200×8×13	84.12	66.0	200×200×8×13	
	#450×150×9×14	83.41	65.5	—	
	446×199×8×12	84.95	66.7	223×199×8×12	
	450×200×9×14	97.41	76.5	225×200×9×14	
	#500×150×10×16	98.23	77.1	—	
	496×199×9×14	101.3	79.5	248×199×9×14	
	500×200×10×16	114.2	89.6	250×200×10×16	
	#506×201×11×19	131.3	103	#253×201×11×19	
	596×199×10×15	121.2	95.1	298×199×10×15	
	600×200×11×17	135.2	106	300×200×11×17	
	#606×201×12×20	153.3	120	#303×201×12×20	
	#692×300×13×20	211.5	166	—	
	700×300×13×24	235.5	185	—	

注："#"表示的规格为非常用规格。

附表 2.3　普通槽钢

符号　同普通工字型钢。

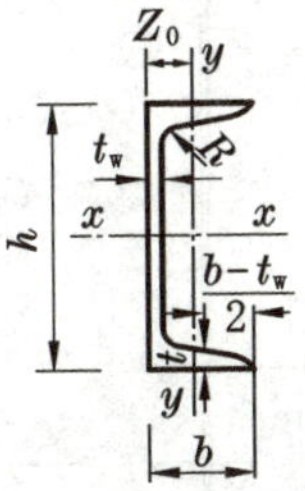

长度：型号 5～8，长 5～12m；
型号 10～18，长 5～19m；
型号 20～40，长 6～19m。

型号	尺寸 h	b	t_w	t	R	截面面积 (cm^2)	质量 (kg/m)
	mm						
5	50	37	4.5	7.0	7.0	6.92	5.44
6.3	63	40	4.8	7.5	7.5	8.45	6.63
8	80	43	5.0	8.0	8.0	10.24	8.04
10	100	48	5.3	8.5	8.5	12.74	10.00
12.6	126	53	5.5	9.0	9.0	15.69	12.31
14a	140	58	6.0	9.5	9.5	18.51	14.53
14b	140	60	8.0	9.5	9.5	21.31	16.73
16a	160	63	6.5	10.0	10.0	21.95	17.23
16b	160	65	8.5	10.0	10.0	25.15	19.75
18a	180	68	7.0	10.5	10.5	25.69	20.17
18b	180	70	9.0	10.5	10.5	29.29	22.99
20a	200	73	7.0	11.0	11.0	28.83	22.63
20b	200	75	9.0	11.0	11.0	32.83	25.77
22a	220	77	7.0	11.5	11.5	31.84	24.99
22b	220	79	9.0	11.5	11.5	36.24	28.45
25a	250	78	7.0	12.0	12.0	34.91	27.40
25b	250	80	9.0	12.0	12.0	39.91	31.33
25c	250	82	11.0	12.0	12.0	44.91	35.25
28a	280	82	7.5	12.5	12.5	40.02	31.42
28b	280	84	9.5	12.5	12.5	45.62	35.81
28c	280	86	11.5	12.5	12.5	51.22	40.21
32a	320	88	8.0	14.0	14.0	48.50	38.07
32b	320	90	10.0	14.0	14.0	54.90	43.10
32c	320	92	12.0	14.0	14.0	61.30	48.12
36a	360	96	9.0	16.0	16.0	60.89	47.80
36b	360	98	11.0	16.0	16.0	68.09	53.45
36c	360	100	13.0	16.0	16.0	75.29	59.10
40a	400	100	10.5	18.0	18.0	75.04	58.91
40b	400	102	12.5	18.0	18.0	83.04	65.19
40c	400	104	14.5	18.0	18.0	91.04	71.47

附表 2.4　等边角钢

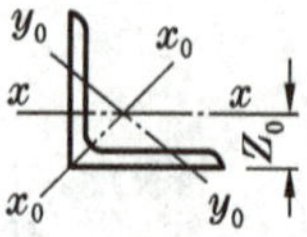

角钢型号	圆角 R (mm)	截面面积 A (cm²)	质量 (kg/m)
∟20×3 4	3.5	1.13 1.46	0.89 1.15
∟25×3 4	3.5	1.43 1.86	1.12 1.46
∟30×3 4	4.5	1.75 2.28	1.37 1.79
∟36×3 4 5	4.5	2.11 2.76 3.38	1.66 2.16 2.65
∟40×3 4 5	5	2.36 3.09 3.79	1.85 2.42 2.98
∟45×3 4 5 6	5	2.66 3.49 4.29 5.08	2.09 2.74 3.37 3.99
∟50×3 4 5 6	5.5	2.97 3.90 4.80 5.69	2.33 3.06 3.77 4.46
∟56×3 4 5 8	6	3.34 4.39 5.42 8.37	2.62 3.45 4.25 6.57
∟63×4 5 6 8 10	7	4.98 6.14 7.29 9.51 11.66	3.91 4.82 5.72 7.47 9.15
∟70×4 5 6 7 8	8	5.57 6.88 8.16 9.42 10.67	4.37 5.40 6.41 7.40 8.37
∟75×5 6 7 8 10	9	7.41 8.80 10.16 11.50 14.13	5.82 6.91 7.98 9.03 11.09
∟80×5 6 7 8 10	9	7.91 9.40 10.86 12.30 15.13	6.21 7.38 8.53 9.66 11.87

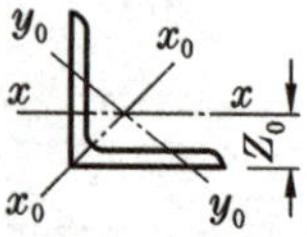

角钢型号	圆角 R (mm)	截面面积 A (cm²)	质量 (kg/m)
∟90×6 7 8 10 12	10	10.64 12.30 13.94 17.17 20.31	8.35 9.66 10.95 13.48 15.94
∟100×6 7 8 10 12 14 16	12	11.93 13.80 15.64 19.26 22.80 26.26 29.63	9.37 10.83 12.28 15.12 17.90 20.61 23.26
∟110×7 8 10 12 14	12	15.20 17.24 21.26 25.20 29.06	11.93 13.53 16.69 19.78 22.81
∟125×8 10 12 14	14	19.75 24.37 28.91 33.37	15.50 19.13 22.70 26.19
∟140×10 12 14 16	14	27.37 32.51 37.57 42.54	21.49 25.52 29.49 33.39
∟160×10 12 14 16	16	31.50 37.44 43.30 49.07	24.73 29.39 33.99 38.52
∟180×12 14 16 18	16	42.24 48.90 55.47 61.95	33.16 38.38 43.54 48.63
∟200×14 16 18 20 24	18	54.64 62.01 69.30 76.50 90.66	42.89 48.68 54.40 60.06 71.17

附表 2.5　不等边角钢

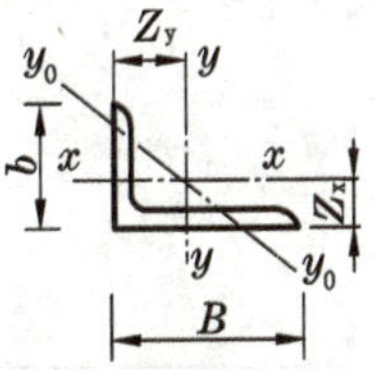

角钢型号 B×b×t	t	圆角 R (mm)	截面面积 A (cm²)	质量 (kg/m)
L 25×16×	3	3.5	1.16	0.91
	4		1.50	1.18
L 32×20×	3	3.5	1.49	1.17
	4		1.94	1.52
L 40×25×	3	4	1.89	1.48
	4		2.47	1.94
L 45×28×	3	5	2.15	1.69
	4		2.81	2.20
L 50×32×	3	5.5	2.43	1.91
	4		3.18	2.49
L 56×36×	3	6	2.74	2.15
	4		3.59	2.82
	5		4.42	3.47
L 63×40×	4	7	4.06	3.19
	5		4.99	3.92
	6		5.91	4.64
	7		6.80	5.34
L 70×45×	4	7.5	4.55	3.57
	5		5.61	4.40
	6		6.64	5.22
	7		7.66	6.01
L 75×50×	5	8	6.13	4.81
	6		7.26	5.70
	8		9.47	7.43
	10		11.6	9.10
L 80×50×	5	8	6.38	5.00
	6		7.56	5.93
	7		8.72	6.85
	8		9.87	7.75
L 90×56×	5	9	7.21	5.66
	6		8.56	6.72
	7		9.88	7.76
	8		11.2	8.78

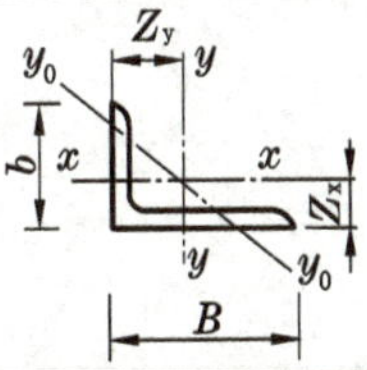

角钢型号 B×b×t	t	圆角 R (mm)	截面面积 A (cm²)	质量 (kg/m)
L 100×63×	6	10	9.62	7.55
	7		11.1	8.72
	8		12.6	9.88
	10		15.5	12.1
L 100×80×	6	10	10.6	8.35
	7		12.3	9.66
	8		13.9	10.9
	10		17.2	13.5
L 110×70×	6	10	10.6	8.35
	7		12.3	9.66
	8		13.9	10.9
	10		17.2	13.5
L 125×80×	7	11	14.1	11.1
	8		16.0	12.6
	10		19.7	15.5
	12		23.4	18.3
L 140×90×	8	12	18.0	14.2
	10		22.3	17.5
	12		26.4	20.7
	14		30.5	23.9
L 160×100×	10	13	25.3	19.9
	12		30.1	23.6
	14		34.7	27.2
	16		39.3	30.8
L 180×110×	10	14	28.4	22.3
	12		33.7	26.5
	14		39.0	30.6
	16		44.1	34.6
L 200×125×	12	14	37.9	29.8
	14		43.9	34.4
	16		49.7	39.0
	18		55.5	43.6

附表 2.6　热轧无缝钢管

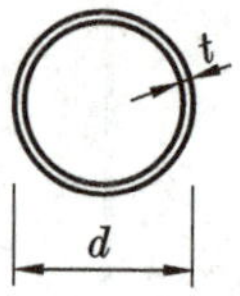

尺寸(mm)		截面面积 A	每米质量
d	t	cm²	kg/m
32	2.5	2.32	1.82
	3.0	2.73	2.15
	3.5	3.13	2.46
	4.0	3.52	2.76
38	2.5	2.79	2.19
	3.0	3.30	2.59
	3.5	3.79	2.98
	4.0	4.27	3.35
42	2.5	3.10	2.44
	3.0	3.68	2.89
	3.5	4.23	3.32
	4.0	4.78	3.75
45	2.5	3.34	2.62
	3.0	3.96	3.11
	3.5	4.56	3.58
	4.0	5.15	4.04
50	2.5	3.73	2.93
	3.0	4.43	3.48
	3.5	5.11	4.01
	4.0	5.78	4.54
	4.5	6.43	5.05
	5.0	7.07	5.55
54	3.0	4.81	3.77
	3.5	5.55	4.36
	4.0	6.28	4.93
	4.5	7.00	5.49
	5.0	7.70	6.04
	5.5	8.38	6.58
	6.0	9.05	7.10
57	3.0	5.09	4.00
	3.5	5.88	4.62
	4.0	6.66	5.23
	4.5	7.42	5.83
	5.0	8.17	6.41
	5.5	8.90	6.99
	6.0	9.61	7.55
60	3.0	5.37	4.22
	3.5	6.21	4.88
	4.0	7.04	5.52
	4.5	7.85	6.16
	5.0	8.64	6.78
	5.5	9.42	7.39
	6.0	10.18	7.99
63.5	3.0	5.70	4.48
	3.5	6.60	5.18
	4.0	7.48	5.87
	4.5	8.34	6.55
	5.0	9.19	7.21
	5.5	10.02	7.87
	6.0	10.84	8.51
68	3.0	6.13	4.81
	3.5	7.09	5.57
	4.0	8.04	6.31
	4.5	8.98	7.05
	5.0	9.90	7.77
	5.5	10.80	8.48
	6.0	11.69	9.17
70	3.0	6.31	4.96
	3.5	7.31	5.74
	4.0	8.29	6.51
	4.5	9.26	7.27
	5.0	10.21	8.01
	5.5	11.14	8.75
	6.0	12.06	9.47
73	3.0	6.60	5.18
	3.5	7.64	6.00
	4.0	8.67	6.81
	4.5	9.68	7.60
	5.0	10.68	8.38
	5.5	11.66	9.16
	6.0	12.63	9.91
76	3.0	6.88	5.40
	3.5	7.97	6.26
	4.0	9.05	7.10
	4.5	10.11	7.93
	5.0	11.15	8.75
	5.5	12.18	9.56
	6.0	13.19	10.36
83	3.5	8.74	6.86
	4.0	9.93	7.79
	4.5	11.10	8.71
	5.0	12.25	9.62
	5.5	13.39	10.51
	6.0	14.51	11.39
	6.5	15.62	12.26
	7.0	16.71	13.12

续附表 2.6

尺寸(mm)		截面面积 A	每米质量
d	t	cm^2	kg/m
89	3.5	9.40	7.38
	4.0	10.68	8.38
	4.5	11.95	9.38
	5.0	13.19	10.36
	5.5	14.43	11.33
	6.0	15.65	12.28
	6.5	16.85	13.22
	7.0	18.03	14.16
95	3.5	10.06	7.90
	4.0	11.44	8.98
	4.5	12.79	10.04
	5.0	14.14	11.10
	5.5	15.46	12.14
	6.0	16.78	13.17
	6.5	18.07	14.19
	7.0	19.35	15.19
102	3.5	10.83	8.50
	4.0	12.32	9.67
	4.5	13.78	10.82
	5.0	15.24	11.96
	5.5	16.67	13.09
	6.0	18.10	14.21
	6.5	19.50	15.31
	7.0	20.89	16.40
114	4.0	13.82	10.85
	4.5	15.48	12.15
	5.0	17.12	13.44
	5.5	18.75	14.72
	6.0	20.36	15.98
	6.5	21.95	17.23
	7.0	23.53	18.47
	7.5	25.09	19.70
	8.0	26.64	20.91
121	4.0	14.70	11.54
	4.5	16.47	12.93
	5.0	18.22	14.30
	5.5	19.96	15.67
	6.0	21.68	17.02
	6.5	23.38	18.35
	7.0	25.07	19.68
	7.5	26.74	20.99
	8.0	28.40	22.29
127	4.0	15.46	12.13
	4.5	17.32	13.59
	5.0	19.16	15.04
	5.5	20.99	16.48
	6.0	22.81	17.90
	6.5	24.61	19.32
	7.0	26.39	20.72
	7.5	28.16	22.10
	8.0	29.91	23.48

尺寸(mm)		截面面积 A	每米质量
d	t	cm^2	kg/m
133	4.0	16.21	12.73
	4.5	18.17	14.26
	5.0	20.11	15.78
	5.5	22.03	17.29
	6.0	23.94	18.79
	6.5	25.83	20.28
	7.0	27.71	21.75
	7.5	29.57	23.21
	8.0	31.42	24.66
140	4.5	19.16	15.04
	5.0	21.21	16.65
	5.5	23.24	18.24
	6.0	25.26	19.83
	6.5	27.26	21.40
	7.0	29.25	22.96
	7.5	31.22	24.51
	8.0	33.18	26.04
	9.0	37.04	29.08
	10	40.84	32.06
146	4.5	20.00	15.70
	5.0	22.15	17.39
	5.5	24.28	19.06
	6.0	26.39	20.72
	6.5	28.49	22.36
	7.0	30.57	24.00
	7.5	32.63	25.62
	8.0	34.68	27.23
	9.0	38.74	30.41
	10	42.73	33.54
152	4.5	20.85	16.37
	5.0	23.09	18.13
	5.5	25.31	19.87
	6.0	27.52	21.60
	6.5	29.71	23.32
	7.0	31.89	25.03
	7.5	34.05	26.73
	8.0	36.19	28.41
	9.0	40.43	31.74
	10	44.61	35.02
159	4.5	21.84	17.15
	5.0	24.19	18.99
	5.5	26.52	20.82
	6.0	28.84	22.64
	6.5	31.14	24.45
	7.0	33.43	26.24
	7.5	35.70	28.02
	8.0	37.95	29.79
	9.0	42.41	33.29
	10	46.81	36.75

续附表 2.6

尺寸(mm)		截面面积 A	每米质量
d	t	cm^2	kg/m
168	4.5	23.11	18.41
	5.0	25.60	20.10
	5.5	28.08	22.04
	6.0	30.54	23.97
	6.5	32.98	25.89
	7.0	35.41	27.79
	7.5	37.82	29.69
	8.0	40.21	31.57
	9.0	44.96	35.29
	10	49.64	38.97
180	5.0	27.49	21.58
	5.5	30.15	23.67
	6.0	32.80	25.75
	6.5	35.43	27.81
	7.0	38.04	29.87
	7.5	40.64	31.91
	8.0	43.23	33.93
	9.0	48.35	37.95
	10	53.41	41.92
	12	63.33	49.72
194	5.0	29.69	23.31
	5.5	32.57	25.57
	6.0	35.44	27.82
	6.5	38.29	30.06
	7.0	41.12	32.28
	7.5	43.94	34.50
	8.0	46.75	36.70
	9.0	52.31	41.06
	10	57.81	45.38
	12	68.61	53.86
203	6.0	37.13	29.15
	6.5	40.13	31.50
	7.0	43.10	33.84
	7.5	46.06	36.16
	8.0	49.01	38.47
	9.0	54.85	43.06
	10	60.63	47.60
	12	72.01	56.52
	14	83.13	65.25
	16	94.00	73.79
219	6.0	40.15	31.52
	6.5	43.39	34.06
	7.0	46.62	36.60
	7.5	49.83	39.12
	8.0	53.03	41.63
219	9.0	59.38	46.61
	10	65.66	51.54
	12	78.04	61.26
	14	90.16	70.78
	16	102.04	80.10
245	6.5	48.70	38.23
	7.0	52.34	41.08
	7.5	55.96	43.93
	8.0	59.56	46.76
	9.0	66.73	52.38
	10	73.83	57.95
	12	87.84	68.95
	14	101.60	79.76
	16	115.11	90.36
273	6.5	54.42	42.72
	7.0	58.50	45.92
	7.5	62.56	49.11
	8.0	66.60	52.28
	9.0	74.64	58.60
	10	82.62	64.86
	12	98.39	77.24
	14	113.91	89.42
	16	129.18	101.41
299	7.5	68.68	53.92
	8.0	73.14	57.41
	9.0	82.00	64.37
	10	90.79	71.27
	12	108.20	84.93
	14	125.35	98.40
	16	142.25	111.67
325	7.5	74.81	58.73
	8.0	79.67	62.54
	9.0	89.35	70.14
	10	98.96	77.68
	12	118.00	92.63
	14	136.78	107.38
	16	155.32	121.93
351	8.0	86.21	67.67
	9.0	96.70	75.91
	10	107.13	84.10
	12	127.80	100.32
	14	148.22	116.35
	16	168.39	132.19

附表 2.7　电焊钢管

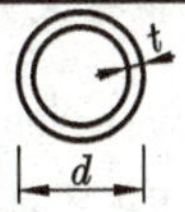

尺寸(mm)		截面面积 A	每米质量
d	t	cm²	kg/m
32	2.0	1.88	1.48
	2.5	2.32	1.82
38	2.0	2.26	1.78
	2.5	2.79	2.19
40	2.0	2.39	1.87
	2.5	2.95	2.31
42	2.0	2.51	1.97
	2.5	3.10	2.44
45	2.0	2.70	2.12
	2.5	3.34	2.62
	3.0	3.96	3.11
51	2.0	3.08	2.42
	2.5	3.81	2.99
	3.0	4.52	3.55
	3.5	5.22	4.10
53	2.0	3.20	2.52
	2.5	3.97	3.11
	3.0	4.71	3.70
	3.5	5.44	4.27
57	2.0	3.46	2.71
	2.5	4.28	3.36
	3.0	5.09	4.00
	3.5	5.88	4.62
60	2.0	3.64	2.86
	2.5	4.52	3.55
	3.0	5.37	4.22
	3.5	6.21	4.88
63.5	2.0	3.86	3.03
	2.5	4.79	3.76
	3.0	5.70	4.48
	3.5	6.60	5.18
70	2.0	4.27	3.35
	2.5	5.30	4.16
	3.0	6.31	4.96
	3.5	7.31	5.74
	4.5	9.26	7.27
76	2.0	4.65	3.65
	2.5	5.77	4.53
	3.0	6.88	5.40
	3.5	7.97	6.26
	4.0	9.05	7.10
	4.5	10.11	7.93
83	2.0	5.09	4.00
	2.5	6.32	4.96
	3.0	7.54	5.92
	3.5	8.74	6.86
	4.0	9.93	7.79
	4.5	11.10	8.71

尺寸(mm)		截面面积 A	每米质量
d	t	cm²	kg/m
89	2.0	5.47	4.29
	2.5	6.79	5.33
	3.0	8.11	6.36
	3.5	9.40	7.38
	4.0	10.68	8.38
	4.5	11.95	9.38
95	2.0	5.84	4.59
	2.5	7.26	5.70
	3.0	8.67	6.81
	3.5	10.06	7.90
102	2.0	6.28	4.93
	2.5	7.81	6.13
	3.0	9.33	7.32
	3.5	10.83	8.50
	4.0	12.32	9.67
	4.5	13.78	10.82
	5.0	15.24	11.96
108	3.0	9.90	7.77
	3.5	11.49	9.02
	4.0	13.07	10.26
114	3.0	10.46	8.21
	3.5	12.15	9.54
	4.0	13.82	10.85
	4.5	15.48	12.15
	5.0	17.12	13.44
121	3.0	11.12	8.73
	3.5	12.92	10.14
	4.0	14.70	11.54
127	3.0	11.69	9.17
	3.5	13.58	10.66
	4.0	15.46	12.13
	4.5	17.32	13.59
	5.0	19.16	15.04
133	3.5	14.24	11.18
	4.0	16.21	12.73
	4.5	18.17	14.26
	5.0	20.11	15.78
140	3.5	15.01	11.78
	4.0	17.09	13.42
	4.5	19.16	15.04
	5.0	21.21	16.65
	5.5	23.24	18.24
152	3.5	16.33	12.82
	4.0	18.60	14.60
	4.5	20.85	16.37
	5.0	23.09	18.13
	5.5	25.31	19.87

参考文献

1 胡兴福.土木工程结构[M].北京:科学出版社,2004.

2 胡兴福.建筑力学与结构知识[M].北京:中国建筑工业出版社,2000.

3 胡兴福.建筑结构[M].北京:中国建筑工业出版社,2003.

4 魏明钟.钢结构[M].2版.武汉:武汉理工大学出版社,2002.

5 龚思礼.建筑抗震设计手册[M].2版.北京:中国建筑工业出版社,2002.

6 高小旺,龚思礼,苏经宇,等.建筑抗震设计规范理解与应用[M].北京:中国建筑工业出版社,2002.

7 唐岱新.砌体结构设计规范理解与应用[M].北京:中国建筑工业出版社,2002.

8 侯治国.混凝土结构[M].2版.武汉:武汉理工大学出版社,2002.

9 许淑芳.砌体结构与木结构[M].北京:中国建筑工业出版社,2003.

10 韩晓蕾.地基与基础[M].北京:中国建筑工业出版社,2003.

11 李国强,李杰,苏小萃.建筑结构抗震设计[M].北京:中国建筑工业出版社,2002.

12 丁天庭.建筑结构[M].北京:高等教育出版社,2003.

13 杜太生.砌体结构[M].2版.北京:科学出版社,2003.

14 刘晓立.土力学与地基基础[M].2版.北京:科学出版社,2003.

15 陈书中,陈晓平.土力学与地基基础[M].武汉:武汉理工大学出版社,2003.

16 龚伟,郭继武.建筑结构[M].北京:中国建筑工业出版社,1995.

17 方鄂华.高层建筑结构设计[M].北京:地震出版社,1990.

18 陶红林.建筑结构[M].北京:化学工业出版社,2001.

19 林恩生.房屋建筑学:下册[M].北京:中国建筑工业出版社,1995.

20 清华大学土木与环境工程系.轻型钢屋盖结构[M].北京:中国建筑工业出版社,1988.

21 韩萱.建筑工程力学[M].北京:机械工业出版社,2000.

22 王文侃.工程力学[M].武汉:武汉工业大学出版社,1998.

23 郭继武,龚伟.建筑结构:上下册[M].北京:中国建筑工业出版社,1995.

24 慎铁刚.建筑力学结构[M].北京:中国建筑工业出版社,2000.

25 包头钢铁设计研究院,中国钢结构协会房屋建筑钢结构协会.钢结构设计与计算[M].北京:机械工业出版社,2001.

26 张建勋.砌体结构[M].武汉:武汉理工大学出版社,2002.

27 东南大学,同济大学,天津大学.混凝土结构:上下册[M].北京:中国建筑工业出版社,2002.

28 吴承霞,吴大蒙.建筑力学与结构基础知识[M].北京:中国建筑工业出版社,1997.

29 彭少民.混凝土结构[M].武汉:武汉理工大学出版社,2002.

30 梁玉成.建筑识图[M].北京:中国环境科学出版社,1998.

31 乐荷卿.土木建筑制图[M].武汉:武汉理工大学出版社,2003.

32 黄展东.建筑工程设计施工详细图集:混凝土结构工程[M].北京:中国建筑工业出版社,2000.